Bildung für Transformationsprozesse

Robert Kebbekus

Bildung für Transformationsprozesse

Modell einer zukunftsfähigen Lehre in der Management- und Organisationswissenschaft

Springer Gabler

Robert Kebbekus
Sankt Augustin, Deutschland

Dissertation zur Erlangung des Dr. rer. pol. der Fakultät III – Wirtschaftswissenschaften, Wirtschaftsinformatik und Wirtschaftsrecht der Universität Siegen
Disputation: 10.12.2024, Dekan: Univ.-Prof. Dr. Marc Hassenzahl, Erstprüfer: Univ.-Prof. Dr. Gustav Bergmann, Zweitprüfer: Univ.-Prof. Dr. Volker Wulf
Originaltitel: Bildung für Transformationsprozesse

ISBN 978-3-658-47588-8 ISBN 978-3-658-47589-5 (eBook)
https://doi.org/10.1007/978-3-658-47589-5

Die Deutsche Nationalbibliothek verzeichnet diese Publikation in der Deutschen Nationalbibliografie; detaillierte bibliografische Daten sind im Internet über https://portal.dnb.de abrufbar.

Planung/Lektorat: Karina Kowatsch
Springer Gabler ist ein Imprint der eingetragenen Gesellschaft Springer Fachmedien Wiesbaden GmbH und ist ein Teil von Springer Nature.
Die Anschrift der Gesellschaft ist: Abraham-Lincoln-Str. 46, 65189 Wiesbaden, Germany

Für meine Mutter und meine Frau Alexa,
ohne euch wäre dieses Buch nicht
möglich gewesen.

Geleitwort

In Möglichkeiten denken, zuversichtlich handeln

Vor Jahren habe ich mit Robert Kebbekus ein Beratungsmodell für die Praxis entwickelt. Wir fuhren unter anderem zu einem mittelständischen Unternehmen, das seine hervorragende Marktposition gefährdet sah. Wir schlugen vor, aus der Vielzahl der Kunden nur wenige wichtige auszuwählen und diese qualitativ zu befragen. Das Ergebnis löste (wie häufig) einen leichten Schock aus, der auf uns projiziert wurde. Letztlich akzeptierte das Management die Diagnose und richtete das Unternehmen neu aus. Schon die systemische Diagnose mit der Einbindung diverser Sichtweisen verändert die Situation zumeist positiv, da mehr Handlungsmöglichkeiten entstehen. Auf das Erkennen und Klären der Problemzusammenhänge folgt die wirksame Transformation durch gezielte Interventionen und das löst Zuversicht aus. Die Reflexion des Geschehens ermöglicht dann den Übergang in lernende, evolutive Systeme.

Die systemisch-relationale Theorie und Methodik erscheint so wirksam, da nicht Menschen manipuliert oder verändert werden, sondern die Kommunikation und die Beziehungen der Akteure untereinander verbessert werden. Alle Konzepte und Methoden wurden so praktisch erprobt und verbessert. So ging es viele Male und wir hatten bald eine Menge Fallstudien zur Verfügung. Zunehmend banden wir auch Studierende in diese Projekte ein, die sich daran erproben und das Erlernte anwenden konnten. Im Wechselspiel von Theorie und Praxis erhalten die Studierenden die Fähigkeit, in Organisationen effektiv zu handeln. Die Akteure in der Praxis sind häufig verblüfft, wie ohne Druck und mit geringem Aufwand wichtige Veränderungen bewirkt werden können.

Robert Kebbekus hat das Format „Zukunftswerkstatt" dann sehr eigenständig weiterentwickelt und für die innovative Lehre ausgearbeitet. Heute ist das Angebot kaum noch wegzudenken aus der Management- und Organisationslehre an der Universität Siegen und erfreut sich großer Beliebtheit bei Studierenden sowie den Organisationen und Unternehmen.

Unternehmen und Organisationen befinden sich zunehmend in hoch dynamischen, komplexen und unübersichtlichen Situationen. Die multiplen Krisen stellen die Organisationen und deren Akteure vor große Herausforderungen, die im Wesentlichen durch eine intensivierte laterale Kommunikation, lernende Organisationsformen und ein vielseitiges Kompetenzspektrum bewältigt werden können. Autokratische und hierarchische Organisationen können die notwendige Komplexität nicht aufbieten. Partizipative Modelle der Organisation binden mehr Akteure in Entscheidungsprozesse ein, die wiederum dadurch qualitativ besser werden und Engagement und Akzeptanz befördern. Für diese anspruchsvollen Aufgaben benötigen die Menschen jedoch auch angemessene Formen der Bildung und Kompetenzentwicklung und genau diese sind Gegenstand dieser empirischen und theoretisch basierten Studie. Robert Kebbekus hat aus verschiedenen Forschungsbereichen eine Fülle von bedeutenden Theorien und Erfahrungen zusammengetragen und zudem zahlreiche qualitativ empirische Untersuchungen vornehmen können. Diese tragen auch dazu bei, die in den Theorien erarbeiteten Konzepte zu überprüfen und zu erweitern. Er löst damit auch den vermeintlichen Widerspruch zwischen deduktiv theoretischen und praktisch, empirischen Ansätzen auf. Theorien sind Anschauungen, die uns ermöglichen, mit verschiedenen Perspektiven die beobachteten Phänome einzuordnen und zu reflektieren. Die praktische und insbesondere qualitative Empirie verknüpft die Theorien mit der Realität und ergibt Hinweise auf deren Leistungsvermögen und deren Relevanz. Mit diesem pluralen Ansatz hat der Autor wesentliche Beiträge geliefert, die eine Weiterentwicklung und Modulation der Lehre ermöglichen.

Bildung in kontingenten Situationen als zentraler Problembereich Wir leben in einer Welt, die von hoher Unsicherheit geprägt ist. Volatilität, Unsicherheit und Komplexität sowie Mehrdeutigkeit prägen das Handeln in Organisationen und erschweren adäquate Entscheidungen. Unternehmensorganisation und -kommunikation befinden sich somit in einem tiefgreifenden Wandel.

Die Krisen haben dazu geführt, dass Nachhaltigkeit schon nicht mehr ausreicht. Die soziale, ökonomische und ökologische Durchhaltbarkeit stützt sich auch auf das Konzept der Resilienz in der komplexen und kontingenten Welt. Selbstorganisation und Mitwirkung sind zentraler Teil der Organisationsentwicklung. Die Mitwirkung aller führt zu höherer Motivation, besserem Engagement und lässt durch die erheblich gesteigerte Eigenkomplexität die Lösung komplexer

Probleme und ein effektives Entscheiden zu. Diese intensivere Mitwirkung und Mitgestaltung erfordert aber auch eine darauf ausgerichtete Bildung und Kompetenzentwicklung, die durch mehr Offenheit, grundsätzliche Problemlösefähigkeit und Reflexionsfähigkeit gekennzeichnet ist.

Langfristig erfolgreiches Agieren in Unternehmen und Organisationen benötigt das effektive Zusammenspiel und eine gelingende Kommunikation von Akteuren aus allen Ebenen und Bereichen mit weitreichenden und vernetzten Fähigkeiten und Kompetenzen, die als Reaktion auf die wachsenden Herausforderungen notwendige Transformationsprozesse in sozialen Systemen erkennen, anstoßen und erfolgreich realisieren können.

Eine effektive Organisation der Akteure mit pluralen Talenten und Fähigkeiten kann dann Metakompetenz erzeugen, also das Potenzial, überraschende, unbestimmte und komplexe Probleme und Krisen jeglicher Art zu bewältigen. Veränderungen werden dabei nicht von einzelnen autonomen Menschen erzeugt. Es ist die Befähigung einer Gemeinschaft mit all ihrer Vielfalt, die in dieser relationalen Welt Transformationen erzeugen kann. Insofern geht es bei der Bildung für Transformationsprozesse neben guten Fachkenntnissen insbesondere um soziale und emotionale Kompetenzen, hohe Kreativität und Innovativität, sowie die Fähigkeit, sich mit anderen auf substanziell neue Problembereiche und Herausforderungen einstellen zu können. Bildung gerade im sozio-ökonomischen Bereich muss sich weniger auf konkrete Inhalte fokussieren als vielmehr auf offene, unbestimmte Herausforderungen und Problembereiche vorbereiten.

Die Betrachtungsweise in dieser Arbeit basiert deshalb auf einem systemisch-relationalem, Paradigma, wobei die kommunikativen Handlungen im Fokus stehen. Die theoretische Basis wird gebildet durch drei wesentliche Ansätze: Den Capability Approach, die Systemtheorie sowie diverse Lerntheorien. Der Capability Approach bildet mit seiner Forderung nach kontextueller Förderung von Menschen eine Brücke zwischen der Theorie sozialer Systeme und der Lerntheorie. Im Kern beschreibt diese Arbeit damit geeignete Befähigungskontexte, die die Problemlösefähigkeit in komplexen und kontingenten Situationen erheblich steigern kann. Die Analyse erfolgt sowohl auf der Ebene des Individuums wie auch von Teams und der Organisation. Es werden Beiträge entwickelt, wie der einzelne Akteur sein Lernen bereichern kann, wie das Zusammenspiel diverser Akteure gelingt und wie und was die kontextuellen Systeme (Organisation, Hochschule) beitragen können.

Forschungsfragen und die relational-systemische Vorgehensweise Robert Kebbekus hat auf Basis seiner langjährigen Bildungsarbeit eine wesentliche Forschungslücke ausfindig gemacht. Er stellt sich die folgende zentrale Forschungsfrage:

Welche Bildungsinhalte, Fähigkeiten und Methoden müssten Studierende lernen, um Transformationen in sozialen Systemen auslösen zu können?

Mit der Beantwortung der Forschungsfrage sollen didaktische Methoden und Lerninhalte für die zukünftige Ausbildung von Studierenden in den Sozialwissenschaften an Universitäten gefunden werden, um Transformationsprozesse in sozialen Systemen realisieren zu können.

In der theoretischen Betrachtung tastet sich der Autor an die Problematik des relationalen Selbst heran. Wir Menschen existieren nur als soziale Wesen, die auf Voraussetzungen angewiesen sind, die sie selbst nicht geschaffen haben. Wir sind von Anfang an auf andere angewiesen, um überhaupt zu leben und wir sind in unsere Entwicklung von anderen bestimmt. Es gibt keine essenzialistische Eigenart, die nur zu entdecken ist, sondern wir werden gefördert oder gehemmt von anderen im sozio-kulturellen Raum. Daraus ergibt sich eine gewaltige Problematik für die Bildungsprozesse und die Kompetenzentwicklung. Bisher herrscht die Betrachtung des Individuums als Lernendem vor, der oder die einzeln bewertet wird. Doch sind unsere individuellen Leistungen nie isolierbar und im Ganzen auch eher marginal, gegenüber den zufälligen oder bewussten „Leistungen" anderer. Ein und derselbe Mensch kann in unterschiedlichen sozio-physischen Kontexten ein vollends Anderer werden. Es hätte die logische Konsequenz, von Einzelbenotungen und individueller Kompetenzbewertung abzugehen und die Autonomie und die Freiheit des Subjekts ganz neu zu denken.

Kompetenzen sind genauso wie Innovationen relational zu verstehen, sie werden erst in bestimmten Relationen wirksam. Eine Metakompetenz ergibt sich erst auf dem effektiven und wohlwollenden Zusammenspiel vieler Akteure.

Die Ausführungen zur Entwicklung der Organisationen, haben ergeben, dass konventionelle Ansätze auf trivialen Annahmen beruhen. Das evoziert ein ebenso trivialisiertes Bild von Menschen und der Mitwelt. In den Worten von Heinz von Foerster werden Unternehmen und Menschen meistens als „triviale Maschinen" betrachtet, die durchschaubar, erklärbar und deren Verhaltensweisen prognostizierbar sind. Er hat hingegen betont, dass Menschen keine trivialen Maschinen sind, es sei denn, sie werden dazu geformt. In diesem Sinne stellt Robert Kebbekus ein nicht-triviales Konzept vor, das der Komplexität von Bildungsprozessen, aber auch der zu bewältigenden Problemsituationen gerecht wird. Es ist hervorzuheben, dass ihm durch die Theorieintegration ein weitaus fundierterer Lösungsvorschlag hinsichtlich des Problemfeldes gelingt, als dies üblicherweise der Fall ist.

Robert Kebbekus beschreibt sein Konzept der Zukunftswerkstatt sehr anschaulich und erfahrungsgetränkt. Das ursprüngliche Konzept der Beratung und Lehre im Praxisbezug, konnte er im Laufe der Jahre immer weiter verfeinern und ausbauen. Robert Kebbekus legt mit dieser Studie einen fundierten und bedeutsamen Beitrag in dem Bereich der sozio-ökonomischen Bildung und Kompetenzentwicklung für Transformationsprozesse vor. Seine Arbeit ist theoretisch fundiert, plural konzipiert und insbesondere für Handlungszusammenhänge in der Praxis geeignet. Für alle Leserinnen und Leser werden somit Konzepte der zukunftsfähigen Organisations- und Managementlehre sowie gangbare Wege zur Verwirklichung der „Zukunftswerkstatt“ aufgezeigt.

Köln Univ.- Prof. Dr. Gustav Bergmann
den 24. 12. 2024

Vorwort

Unsere Zeit ist geprägt von tiefgreifenden Veränderungen, die nahezu alle Bereiche des gesellschaftlichen Lebens betreffen. Digitalisierung, soziale Ungleichheit und der ökologische Wandel fordern neue Denkweisen und Handlungskompetenzen. In diesem Kontext werden Bildung und Metakompetenz zu einem entscheidenden Treiber für Veränderung. Sie befähigt Individuen nicht nur dazu, sich in sozialen Systemen zu orientieren, sondern auch aktiv an ihrer Gestaltung mitzuwirken.

Ein Schlüssel zu nachhaltigem Lernen liegt in einer relationalen Weltsicht, die den Menschen als Teil eines Netzwerks von Beziehungen begreift – zu anderen Menschen, zur Gesellschaft und zur Umwelt. Bildung wird in diesem Kontext nicht isoliert betrachtet, sondern als Teil eines dynamischen Austauschs, in dem soziale Systeme als Treiber und Ergebnis von Transformationsprozessen wirken. Diese Perspektive eröffnet neue Möglichkeiten, wie zukünftige Lernprozesse gestaltet werden können, um Menschen nicht nur für individuelle Ziele zu stärken, sondern auch für die kollektive Gestaltung von Wandel.

Ein zentrales theoretisches Fundament dieses Buches bildet der Capability Approach, der Bildung nicht nur als Wissensvermittlung versteht, sondern als Befähigung zur individuellen und gesellschaftlichen Teilhabe. Der Capability Approach verknüpft dabei persönliche Entwicklung mit der Förderung von Autonomie und Verantwortung – Schlüsselkompetenzen für aktive Mitgestaltung in Transformationsprozessen.

Soziale Systeme wie Organisationen, Institutionen und Netzwerke sind dabei nicht nur Rahmenbedingungen, sondern selbst dynamische Einheiten des Wandels. Bildung muss diesen Systemcharakter verstehen und gezielt Lernräume schaffen, die systemisches Denken fördern. Insbesondere die universitäre Bildung und hier insbesondere die Sozialwissenschaften spielen hierbei eine Schlüsselrolle.

Ziel ist es, neue Perspektiven auf universitäre Bildungsprojekte zu eröffnen und konkrete Ansätze zu liefern, wie Lernprozesse gestaltet werden können, um mit individueller Kompetenzentwicklung Studierende zu befähigen systemische Veränderungen anstoßen zu können.

Dieses Buch widmet sich der Frage, wie universitäre Bildung zur Begleitung und Gestaltung von Transformationsprozessen in sozialen Systemen beitragen kann. Es beleuchtet die Rolle von Bildung in einer vernetzten, dynamischen Welt und zeigt auf, wie Hochschulen durch innovative Lehr- und Lernmethoden die notwendigen Kompetenzen hierfür bei ihren Studierenden entwickeln können. Dabei steht der Mensch im Mittelpunkt: Die Fähigkeit, kritisch zu denken, systemisch zu handeln und Verantwortung zu übernehmen, wird zu einem Schlüssel für gesellschaftliche Transformation.

An dieser Stelle möchte ich allen danken, die mich während der Entstehung dieser Dissertation begleitet und unterstützt haben.

Mein besonderer Dank gilt meinem Doktorvater Prof. Dr. Gustav Bergmann für seine Geduld, fachliche Expertise und konstruktive Anregungen. Seine langjährige Unterstützung und Inspiration in Kombination mit wertvollen Ratschlägen und sein unerschütterlicher Glaube an mein Potenzial haben meine akademische Laufbahn und diese Promotion erst möglich gemacht.

Ein herzlicher Dank gilt Prof. Dr. Volker Wulf, in seiner Rolle als Zweitprüfer, für seine hilfreichen Impulse, sein konsequentes und kritisches Hinterfragen meines Theoriemodells sowie seinen unermüdlichen Einsatz für das Fortbestehen der Zukunftswerkstatt. Weiter danke ich Prof. Dr. Marcus Schweitzer für die Übernahme des Vorsitzes meiner Promotionskommission.

Mein Dank gilt auch meinen Kollegen Dr. Jürgen Daub und Christophe Said für die vielen anregenden Diskussionen, den interdisziplinären Austausch und die Literaturempfehlungen. Weiter Danke ich den Masterstudierenden, die als Interviewpartner fungiert haben und somit die empirischen Daten zu dieser Arbeit geliefert haben.

Mein größter Dank gebührt jedoch meiner Frau Alexa Kebbekus, deren Liebe, Geduld und unerschütterlicher Glaube an mich mich in vielen stressigen Phasen unterstützt haben, sowie meinen beiden Kindern, Tim Julius und Lisa Sophie, die mit ihrem naturgemäß kindlichen Denken und Handeln einen erfrischenden Gegenpol zum wissenschaftlichen Arbeiten geliefert haben.

Diese Dissertation ist das Ergebnis vieler wertvoller Beiträge, und ich bin all jenen dankbar, die mich auf diesem Weg begleitet haben.

Aus Gründen der Lesbarkeit und besseren Verständlichkeit habe ich in diesem Buch auf eine geschlechterneutrale Schreibweise verzichtet. Sämtliche Personenbezeichnungen gelten jedoch gleichermaßen für alle Geschlechter. Die gewählte Form soll keine Diskriminierung darstellen, sondern dient ausschließlich der besseren Verständlichkeit und dem Lesefluss.

Sankt Augustin
Januar 2025

Robert Kebbekus

Zusammenfassung

Unternehmen, Organisationen und Gesellschaften stehen angesichts des Klimawandels, der Entwicklung künstlicher Intelligenz, des demografischen und bildungspolitischen Wandels und geopolitischer Konflikte vor stetig neuen und dynamischen Rahmenbedingungen. Um langfristig erfolgreich agieren zu können, benötigen insbesondere Unternehmen und Organisationen Fachkräfte, die über weitreichende und vernetzte Fähigkeiten sowie Kompetenzen (Metakompetenzen) verfügen. Diese sind notwendig, um stetig zunehmende und verkettete Herausforderungen zu bewältigen und dafür erforderliche Transformationsprozesse in sozialen Systemen erkennen, anstoßen und erfolgreich umzusetzen zu können.

Universitäten und Hochschulen eignen sich aufgrund ihrer aktuellen bildungspolitischen Ausrichtung grundsätzlich für die Ausbildung solcher Spezialisten. Allerdings fehlt es bislang an Forschungsergebnissen, wie übergeordnete Kompetenzen zur Begleitung von Veränderungsprozessen in sozialen Systemen in universitären Bildungsformaten implementiert werden können.

Ziel dieser Forschung war es, zu untersuchen, unter welchen didaktischen und inhaltlichen Bedingungen Studierende der Sozialwissenschaften während eines Bildungsprojekts individuelle Kompetenzen entwickeln können und wie sich diese Kompetenzen als Interventionsformen in sozialen Systemen einsetzten lassen. Im Mittelpunkt stehen die eingesetzten didaktischen Methoden und ihre Wirkung auf die Entwicklung individueller Fähigkeiten, die sich im Verlauf eines solchen Bildungsprojekts einstellen.

Auf Basis des Capability Approach erfordert eine Hochschulausbildung, die methodisch auf der Theorie sozialer Systeme basiert, eine Orientierung an den individuellen und vielfältigen Bedürfnissen der Studierenden. Dies ermöglicht die Entwicklung von Absolventen, die über weitreichendere Kompetenzen verfügen und somit eine Metakompetenz erlangen können, die über das bisherige Kompetenzdenken hinausgeht.

Die Grundlage dafür bilden weitreichende Freiheiten und Entscheidungsbefugnisse der Studierenden bei der Auswahl und Bearbeitung von Bildungsinhalten. Das bestehende Hochschulbildungssystem sieht derzeit keine umfassende individuelle Freiheit der Studierenden bei Lernen und Kompetenzentwicklung vor. Die Prämissen und Anforderungen an Bildung und Kompetenzentwicklung orientieren sich primär an den Bedürfnissen des Arbeitsmarktes und der Rolle der Absolventen als Fachkräfte.

Hinzu kommen fehlendes Wissen über soziale Systeme, um aktuelle und zukünftige Herausforderungen angemessen zu bewältigen.

Die Theorie sozialer Systeme liefert eine Vielzahl an Erkenntnissen darüber, wie soziale Systeme nachhaltig verändert werden können. Viele dieser Methoden und Einsichten sollten in die Curricula sozialwissenschaftlicher Studiengänge aufgenommen werden, um eine Bildung für Transformationsprozesse zu ermöglichen.

Berücksichtigt man zudem gegenwärtige Bedürfnisse der Studierenden, selbst entscheiden zu dürfen, welche Bildungsinhalte sie zu welcher Zeit und mit welchen Methoden erlernen möchten, stoßen die aktuellen Studienangebote an ihre Grenzen.

Diese Arbeit stellt eine Ausbildung von Studierenden in der Management- und Organisationswissenschaft vor, die im Ergebnis soziale und gesellschaftliche Verhältnisse im Hinblick auf die Bedürfnisse eines individuellen und sinnvollen Lebens beeinflussen kann. Eine solche Ausrichtung stellt den Menschen mit seinen Wünschen und Bedürfnissen nach einem guten Leben in den Mittelpunkt und nicht seinen optimalen Einsatz auf dem Arbeitsmarkt.

Inhaltsverzeichnis

Abkürzungsverzeichnis

Abb.	Abbildung
bzw.	Beziehungsweise
CA	Capability Approach
ebd.	Ebenda
ECTS	European Credit Transfer and Accumulation System
EU	Europäische Union
ESIB	National Unions of Students in Europe
et. al.	und andere
EUA	European University Association
f.	folgende
ff.	fortfolgende
HDI	Human-Development-Index
i.A.	in Anlehnung
JQI	Joint Quality Initiative
KMK	Kultusministerkonferenz
MM	Master Management und Märkte
OECD	Organisation for Economic Co-operation and Development
PÖ	Plurale Ökonomik
s.	siehe
S.	Seite
SME	Small and Mid-sized Enterprise
SWS	Semesterwochenstunden
Tab.	Tabelle
UN	United Nations
Vgl.	Vergleiche

Abbildungsverzeichnis

Tabellenverzeichnis

Exkursverzeichnis

Einleitung 1

1.1 Einführung in das Forschungsthema

Unternehmen, Organisationen und Gesellschaften sehen sich in den vergangenen Jahrzehnten stetig wachsenden Herausforderungen gegenüber. Der Ursprung liegt in einem immerwährenden, kontingenten Wandel von Rahmenbedingungen.[1] Die multiplen Krisen verstärken sich gegenseitig und bilden eine unübersichtliche Gemengelage mit hoher Komplexität und Dynamik. Die ökologische Krise mit dem Artenschwund, der Klimaerwärmung und diverser Arten von Verschmutzung, die sozialen Krisen wie soziale Ungleichheit, Hunger und Elend sowie gesellschaftliche Instabilität bis hin zu gewaltvollen Konflikten verstärken sich nochmals gegenseitig.

Technologische Innovationen können als Lösungsbeitrag dienen oder aber zudem Krisen verschärfen. Neue Möglichkeiten eines nachhaltigen und resilienten Umgangs kann eine Bildung zur Transformation schaffen. Akteure in Unternehmen und Organisationen können Befähigungskulturen ausbilden und sich damit auch in lernende, robuste und vielgestaltige Problemlösungsinsitutionen verwandeln.

Fähigkeiten, Wissen und Können sind in Unternehmen und Organisationen jedoch oftmals nicht oder nur unzureichend vorhanden. Unternehmen und Organisationen werden hier als soziale Systeme aufgefasst, die ihre Kompetenzen relational, also im Zusammenwirken der Mitwirkenden ausbilden.

[1] Vgl. Faix et al. (2021), S. 3.

R. Kebbekus, *Bildung für Transformationsprozesse*,
https://doi.org/10.1007/978-3-658-47589-5_1

Langfristig erfolgreiches Agieren in Unternehmen und Organisationen erfordert das Zusammenspiel und eine gelingende Kommunikation von Fachkräften als Spezialisten mit weitreichenden und vernetzten Fähigkeiten und Kompetenzen, die als Reaktion auf die wachsenden Herausforderungen notwendige Transformationsprozesse in sozialen Systemen erkennen, anstoßen und erfolgreich realisieren können.[2] Eine effektive Organisation der Akteure mit pluralen Talenten und Fähigkeiten kann dann Metakompetenz erzeugen, also das Potenzial, überraschende, unbestimmte und komplexe Probleme und Krisen zu bewältigen.

Veränderungen werden dabei nicht von einzelnen autonomen Menschen erzeugt. Es ist die Befähigung einer Gemeinschaft mit all ihrer Vielfalt, die in dieser relationalen Welt Transformationen erzeugen kann.

Universitäten und Hochschulen eignen sich potenziell mit ihrer grundsätzlich bildungspolitischen Ausrichtung für die Ausbildung solcher Spezialisten. Universitäten haben eine im Hochschulgesetz des Landes NRW definierte Aufgabe: „Die Universitäten dienen der Gewinnung wissenschaftlicher Erkenntnisse sowie der Pflege und Entwicklung der Wissenschaften durch Forschung, Lehre, Studium, Förderung des wissenschaftlichen Nachwuchses und dem Wissenstransfer […].“[3] Spätestens seit dem »Gipfel von Lissabon« im Jahre 2000 ist die Forderung nach praxisnaher universitärer Ausbildung mit starkem Fokus auf den nachgelagerten Arbeitsmarkt stetig gestiegen.[4]

Die aktuelle Literatur, sowie Studien zu dieser Forderung nach mehr Praxisbezug, zeigen jedoch ein anderes Bild. Danach entspricht das Lernumfeld an deutschen Hochschulen nicht den Anforderungen an die Lebensrealität und den individuellen Bedürfnissen an die Kompetenzentwicklung von Studierenden, um nach ihrer Ausbildung als Veränderungsberatende erfolgreich zu sein. Aktuelle Forschungen aus der Hochschulbildung zeigen, dass Studierende aktuell lediglich als passive Empfängerinnen und Empfänger eines eng umrissenen Bildungsangebots in Erscheinung treten, welches sie in standardisierten Prüfungsformen wiedergeben müssen.[5] Das Lernangebot orientiert sich dabei oftmals nicht an der persönlichen Entwicklung des Studierenden als Individuum und bildet im Ergebnis nicht bedarfsgerecht und vorbereitend für das anstehende Leben aus.[6] In der Bologna-Reform wurde der Begriff der Employability als wichtige Entwicklung für die Zukunft gefordert. Employability definieren Rump und Eilers als „[…]

---

[2] Vgl. Bergmann (2016), S. 55, 294.

[3] Hochschulgesetz des Lands NRW, §3, Aufgaben (2006), o.S.

[4] Vgl. Ribolits (2009), S. 11.

[5] Vgl. Bäuerle et al. (2020): Wirtschaft neu Lernen, S. 3.

[6] Vgl. Hericks, 2018, 217; Bäuerle et al., 2021, 3.

Fähigkeit, fachliche, soziale und methodische Kompetenzen unter sich wandelnden Rahmenbedingungen zielgerichtet und eigenverantwortlich anzupassen und einzusetzen, um eine Beschäftigung zu erlangen oder zu erhalten“[7].

Exkurs 1.1 Rahmenbedingungen der Hochschullehre – Die Bologna-Reform
Die vergangenen Jahrzehnte sind geprägt von strukturellen Veränderungen an deutschen Universitäten und Hochschulen. Sichtet man einschlägige Literatur finden sich dazu zwei zentrale Strömungen, die einen zentralen Einfluss auf die Hochschulbildung haben und somit relevant für diese Arbeit sind.

Zum einen sind die Auswirkung der *Bologna-Reform* als Hochschulreformprozess aus dem Jahr 1999 relevant, die mit hochschulpolitischen Diskussionen, der Einführung der Bachelor und Master Programme, der Modularisierung der Studiengänge, sowie der studienbegleitenden Prüfungspraxis einhergingen.[8] Besonders die Corona-Pandemie und die einhergehenden sozioökonomischen Folgekrisen haben zeigen können, dass die Lösung solcher Herausforderungen durch aktuelle standardökonomische Bildung nur unzureichend, unflexibel und dogmatisch behandelt zu werden scheint.[9]

Zweitens wächst die Zahl von Lehrenden an Hochschulen, die durch Ereignisse wie beispielsweise Wirtschafts- und Finanzkrisen, die andauernden und einschneidenden geopolitischen Entwicklungen der vergangenen Jahre, aber auch die Klimakrise ihre eigene Lehrtätigkeit grundlegend überdenken.[10]

Nachfolgend sollen diese beiden Strömungen mit ihren wichtigsten Ausprägungen vorgestellt und kritisch diskutiert werden.

Bologna-Prozess und seine Auswirkung auf Deutschland
Die Anfänge der Bologna-Reform sind zurückzuführen bis in die 50er Jahre durch den Europarat mit ersten Debatten über das Rollenbild von Universitäten.[11] Es folgt in den 60er Jahre ein stärkeres Engagement durch die *OECD (Organisation for Economic Co-operation and Development)* gefolgt vom *Weißbuch zur Bewerkstelligung des europäischen Binnenmarktes.*[12] Dabei gehören die Bereiche Bildung und Ausbildung zu den Maßnahmen zur Herstellung eines gemeinsamen Binnenmarktes. Vorgeschlagen werden beispielsweise die Anerkennung von

[7] Rump/Eilers (2006), S. 21.
[8] Vgl. Schmidt (2012), S. 57.
[9] Vgl. Bäuerle et. al. (2021), S. 2.
[10] Vgl. Bäuerle et. al. (2021), S. 1.
[11] Vgl. Hericks, (2018), S. 19.
[12] Vgl. KOM: (1985) Nr. 310, o.S.

beruflichen und akademischen Abschlüssen, sowie die Freizügigkeit von Studierenden. Schon damals wird festgelegt, dass: „Die Union ihren Beitrag zu einer qualitativ hochstehenden Bildung [...]“[13] leisten soll.

1988 wird die *Magna Charta Universitatum*[14] verabschiedet, diese wird von über 388 Hochschulrektoren/-innen europäischer Universitäten unterzeichnet und soll die zentrale Rolle der Universität in der Zukunft der europäischen Gesellschaft unterstreichen.[15]

Es schließt sich 1997 mit der Unterzeichnung des *Lissabon-Anerkennungskonvention* ein völkerrechtlicher Vertrag über die Anerkennung von Qualifikationen im Hochschulbereich an.[16] 1998 wird die *Sorbonne-Erklärung* mit dem Ziel einer gemeinsamen Architektur der europäischen Hochschulbildung unterzeichnet, diese geht einher mit der Einführung der *ECTS* mit dem Ziel die Anrechenbarkeit und Übertragung von Studienleistungen zu vereinheitlichen.[17] Mit der Unterzeichnung der *Bologna-Erklärung* in 1999 wird der eigentliche *Bologna-Prozess* angestoßen. Dieser sieht eine Harmonisierung des europäischen Hochschulrahmens bis 2010 vor, welcher sich im internationalen Wettbewerb behaupten können soll.[18] Darauf folgen 2000 und 2001 die *Bologna-Seminare* als international ausgerichtete Experten Workshops mit dem primären Ziel Lösungen einer besseren Praxistauglichkeit der bisher allgemein formulierten Maßnahmen der Bologna-Erklärung zu erhalten.[19] In den darauffolgenden Jahren finden weitere Folgekonferenzen statt: Die erste in Prag, bekannt als *Prager Kommunique* beschäftigte sich 2001 mit der erneuten Bekräftigung der Bologna-Zielsetzungen, dem folgt in Göteborg die *Göteborg-Erklärung*, bei der die National Unions of Students in Europe die Einbindung von Studierenden in den Bologna-Prozess einfordert. In Salamanca wird mit der *Salamanca-Botschaft* die EUA[20] gegründet. Die EUA-Mitglieder vertreten Grundsätze, von denen für diese Arbeit vor allem die Hochschulbildung auf Basis von Forschung interessant ist.[21]

---

[13] Kommission der Europäischen Gemeinschaften Art. 165 AEUV (1985), o.S.

[14] Vgl. Magna Charta Universitatum (1988), o.S.

[15] Vgl. Blättler (2019), S. 37.

[16] Vgl. Bundesgesetzblatt (2007) S. 712.

[17] Vgl. Blättler (2019), S. 43.

[18] Vgl. Blättler (2019), S. 29 ff.

[19] Anmerkung: 2000 in Portugal, 2001 in Helsinki, 2001 in Schweden.

[20] European University Association: Ein Zusammenschluss der CRE-Association of European Universities und der Confederation of EU-Rectors.

[21] Vgl. Blättler, Imhof (2019), S. 170 f.

In Prag wurden zudem die europäischen Hochschulvereinigungen EU, EURASHE[22] sowie die europäische Dachorganisation der Studierendenvertretung ESU[23] als sogenannte beratende Mitglieder des Bologna-Prozesses anerkannt.[24]

2002 wurden Teilzeitstudiengänge und die studienbegleitende Prüfung durch die Bund-Länder-Kommission für Bildungsplanung und Forschungsförderung empfohlen.[25]

In Berlin findet die zweite Folgekonferenz 2003 mit dem Ergebnis der Berliner Erklärung statt, bei der die Bologna-Reform von nun an „[…] explizit als ein Standbein einer umfassenderen bildungspolitischen Reformagenda betrachtet"[26] wird.

Die *JQI (Joint Quality Initiative)* als ein Netzwerk von Spezialisten aus 12 Ländern der EU beschäftigte sich mit Fragen der Qualitätssicherung und Akkreditierung von Bachelor- und Masterstudiengängen.[27] Es wurden jedoch nur allgemeine und nicht fachspezifische Vorschläge für die Festlegung der Kompetenzen und Fertigkeiten gemacht, die in einem Bachelor- oder Masterstudiengang gelehrt werden sollten.

2005 erfolgte die dritte Folgekonferenz in Bergen mit dem Kommuniqué *von Bergen* mit einem Fokus auf der Erarbeitung von Grundlagen für die gegenseitige Anerkennung von Abschlüssen innerhalb eines Europäischen Qualifikationsrahmens.[28]

2007 erfolgte auf der vierten Folgekonferenz mit der *London Kommuniqué* die Schaffung eines Europäisches Registers für Qualitätssicherung in der Hochschulbildung.[29]

Auf der fünften Folgekonferenz in Leuven und Louvain-la-Neuve im Jahr 2009 erfolgte der Versuch einer Bilanzierung der vergangenen Arbeit und Entwicklung. Kernziel war unter anderem die Fort- und Weiterentwicklung des lebenslangen Lernens. Hervorzuheben ist nach Blättler hierbei der Fokus auf Lernergebnisse und einer starken Fixierung auf die Beschäftigungsfähigkeit und damit die Wettbewerbsfähigkeit der Europäischen Union.[30]

---

22 European Association of Institutions in Higher Education.

23 European Students' Union.

24 Vgl. Keller (2019), S. 11.

25 Vgl. Henricks (2018), S. 23.

26 Abel (2012) S. 3.

27 Vgl. Henricks (2018), S. 24.

28 Vgl. Henricks (2018), S. 24.

29 Vgl. ehea.info (2007), S. 3.

30 Vgl. Blättler/ Imhof (2019), S. 55.

2010 fand die Bologna-Jubiläumskonferenz in Wien und Budapest mit der *Budapest-Wien Erklärung* als Ergebnis statt. Inhaltlich zogen die Teilnehmer Bilanz über den bisherigen Erfolg seit 1999 und bekannten sich zu weiteren notwendigen Anstrengungen, um die geplanten Ziele in die Tat umzusetzen.

Eine weitere Konferenz fand unter Federführung des Bundesbildungsministerium statt. Der Fokus lag seinerzeit auf der Verbesserung der Studierbarkeit, sowie der Flexibilität der Studiengänge.[31] Erstmals konnte die europäische Bildungsgewerkschaft hierbei erreichen, dass die Schaffung eines förderlichen Arbeitsumfeldes für Hochschulbeschäftigte als Ziel im *Kommuniqué* platziert werden konnte.

Das ist bemerkenswert, denn die Hochschulmitarbeiter standen zwar seit Beginn der Reform im Fokus des Bologna-Prozesses, jedoch ihre Rolle als Lehrende mit starkem Einfluss auf die Gestaltung und Entwicklung von Lehr- und Lernprozessen, sowie in der Studierendenbetreuung wurde nicht berücksichtigt.[32]

In Bukarest fand 2012 die siebte Bologna-Folgekonferenz statt. Im *Bukarest Kommuniqué* wurde der zukünftige Arbeitsschwerpunkt auf die internationale Mobilität der Studierenden gelegt, zudem wird die Employability als wichtiges Ziel hervorgehoben.

2015 trafen sich die Minister in Jerewan, um über die beruflichen Qualifizierungen von Studierenden und über die Organisation von Studiengängen auf bestimmte berufliche Qualifizierungen zu beraten.[33]

Darüber hinaus wurde die optimierte Unterstützung der Lehrenden als Ziel formuliert und in der folgenden Konferenz im Jahr 2018 erneut bekräftigt. Darauf aufbauend wurde erstmalig eine Beratungsgruppe zum Thema Lernen und Lehre eingerichtet, die zukünftig Verbesserungsvorschläge für innovatives Lernen unterbreiten sollte.[34]

Die Bologna-Reform wurde in weiten Teilen europaweit umgesetzt und erhöhte die Regelungsdicht stark. Auf Basis der ländergemeinsamen Strukturvorgaben legte die KMK[35] detaillierte Vorgaben zu formalen Fragen des Studiums fest. Diese bezogen sich beispielsweise auf die Bezeichnung von Abschlüssen, Typen von Studiengängen, Studiendauer, Akkreditierung und Modalitäten der

[31] Vgl. Henricks (2018), S. 26.

[32] Vgl. Keller (2019), S. 12.

[33] Vgl. Henricks (2018), S. 27.

[34] Vgl. Keller (2019), S. 12.

[35] Kultusminister Konferenz.

Modularisierung.[36] Im Ergebnis lassen sich für Deutschland sechs Charakteristika anführen:

1. ***Stufung und Abfolge der Studiengänge:*** Die Basis bildet ein Bachelor-Studium, auf das ein Master-Studium aufbaut. Der Bachelor dient dabei als Regelabschluss eines Hochschulstudiums.
2. ***Berufsqualifizierung:*** Alle Studienabschlüsse qualifizieren für das Berufsleben – auch bereits der Bachelor.
3. ***Explizite Vermittlung von Schlüsselqualifikationen:***[37] Dies können entweder »integrativ« in bereitgestellten Modulen oder »additiv« im Rahmen des Fachstudiums erfolgen. Für die Beschäftigungsfähigkeit wird den Schlüsselqualifikationen eine zentrale Bedeutung eingeräumt.
4. ***ECTS***[38]***:*** Der Arbeitsaufwand der Studierenden wird in Leistungspunkten, anstatt wie bisher üblich in Semesterwochenstunden (SWS) berechnet. 30 Stunden entsprechen dabei einem Leistungspunkt. Neu ist, dass zum Arbeitsaufwand nun nicht mehr nur die Teilnahme an Veranstaltungen zählt, sondern auch die Zeit, die für das Selbststudium aufgewendet wird.
5. ***Modularisierung des Studiums:*** Module werden jetzt als eigenständige Lehr- und Lerneinheiten definiert, die durch festgelegte Lernziele bestimmt werden.
6. ***Studienbegleitende Prüfungen*** sogenannte Modulprüfungen ersetzen nun weitgehend die vorherigen Abschlussprüfungen.

Der Bologna-Prozess hatte zwei zentrale Zielsetzungen, zum einen die Europäische Union „[...] zum wettbewerbsfähigsten und dynamischsten wissensbasierten Wirtschaftsraum in der Welt zu machen“[39]. Zum anderen die Sicherstellung der Wettbewerbsfähigkeit des Europäischen Hochschulraums im Vergleich zu anderen Regionen – insbesondere Nordamerika und Südostasiens.[40]

Dabei scheint der Fokus weniger auf den auszubildenden Menschen und stärker an den Bedürfnissen des Arbeitsmarktes und somit einem ökonomischen Ziel ausgerichtet zu sein. Indizien dafür sind vor allem die schwach ausgeprägte Einbindung von Vertretern der Hochschullehrenden, sowie der Studierenden selbst,

[36] Vgl. im Folgenden Winter (2015), o.S.

[37] Anmerkung: Winter versteht darunter überfachlichen Fähigkeiten und Fertigkeiten, die systematisch im jeweiligen Studienkonzept klar zu dokumentieren sind.

[38] European Credit Transfer and Accumulation System.

[39] Europäischer Rat (2000), o.S.

[40] Keller (2019), S. 14.

Andreas Keller[41] fragen sich an dieser Stelle, ob es zukünftig „[…] noch Perspektiven für eine Transformation hin zu einem Projekt, in dem die Interessen von Studierenden und Beschäftigten an guten Studien- und Arbeitsbedingungen, aber auch der Gesellschaft an optimalen Bedingungen für die Produktion und Reproduktion von Wissen besser zur Geltung kommen“[42] geben kann?

Die Forderungen der Bologna-Reform nach einer kompetenzorientierten Lehre, bei der Lehr- und Lernprozesse so ausgerichtet werden sollten, dass Studierende spezifische Fähigkeiten erlangen, welche sie in ihrem beruflichen und sozialen Handeln benötigen, scheint in ihrer praktischen Umsetzung komplex zu sein.[43]

Exkurs Ende

Als Ergebnis hat sich der Begriff der Kompetenzentwicklung zum zentralen Leitmotiv für jede Hochschule oder Universität entwickelt, die jedoch den Balanceakt meistern muss, sowohl den akademischen Bildungsansprüchen als auch den Anforderungen des Arbeitsmarktes gerecht zu werden.[44] Vertreter aus dem Bereich der Hochschulbildung sehen diese Entwicklung kritisch und warnen vor Verschulung.[45] Besonders ausführlich lässt sich das in einem 2014 erstellten Fachgutachten der Hochschulrektorenkonferenz nachlesen. Interessant sind an dieser Stelle die Ergebnisse der Autoren des Gutachtens in Bezug auf ein neu zu entwickelndes Kompetenzverständnis mit notwendiger neuer Lehr- und Lernkultur. Der Fokus dabei soll neben der „[…] Anwendungs- und Kompetenzorientierung auch Theorie-Praxis-Verknüpfungen, berufsfeldbezogene Schlüsselkompetenzen sowie integrierte Praktika, spezielle Forschungs- und Praxisbezüge bzw. Projektstudien […]“[46] beinhalten.

Dabei sieht sich die Hochschule nach Ansicht der Autoren des Fachgutachtens mit der Situation konfrontiert eine kleine Gruppe von Studierenden als Nachwuchswissenschaftler/-innen und eine weit größere Gruppe für das Berufsleben auszubilden zu müssen.[47]

---

[41] Andreas Keller ist Stellvertretender Vorsitzender und Vorstandsmitglied für Hochschule und Forschung der Gewerkschaft Erziehung und Wissenschaft (GEW).

[42] Keller (2019), S. 14.

[43] Vgl. Hericks (2018), S. 217.

[44] Vgl. Schubarth/Speck, K. (2014), S. 7.

[45] Vgl. Lenzen (2012), S. 25.

[46] Schubarth/Speck (2014), S. 9.

[47] Vgl. Schubarth/Speck (2014), S. 11.

Die Forschung entwickelte in den letzten Jahrzehnten immer neue Erklärungsmodelle zum Prozess des Lernens. Aus dem Lernen heraus entwickelt sich als Reifung die Kompetenz mit dem Ziel über erlerntes Wissen hinaus eine individuelle Problemlösefähigkeit auszubilden – gewissermaßen das Wissen, wie etwas zu lösen wäre.[48]

Lernen lässt sich somit grundsätzlich als Prozess für die Aneignung neuen Wissens – als Resultat – verstehen. Als einen Kommunikationsprozess, bei dem aus einer Quelle auf der Seite eines Senders, bspw. dem Dozenten, eine individuelle Auslegung beim Empfänger, bspw. dem Studierenden abläuft. Die Reize werden dabei interpretiert und führen unweigerlich zu einem Prozess der Veränderungen und Weiterentwicklung.[49]

Aus den Grundannahmen der behavioristischen Lerntheorie, bei der Mensch lediglich als passiver Wissensaufnehmer fungiert, haben sich kognitivistische Lerntheorien entwickelt, die den Menschen als lernenden Organismus betrachten. Die moderne konstruktivistische Lerntheorie fußt auf der Hypothese, dass jedwedes Wissen auf Sinneswahrnehmungen und Kognition beruht, welche im Gehirn geschaffen wird. Diesen Lerntheorien schließen sich Lernstufenkonzepte, beispielsweise von Gregory Bateson oder Albert Bandura an, die Lernen unterschiedlichen Niveauebenen zuweisen.[50]

Wie bereits oben angeführt entwickelt sich in einem Reifungsprozess aus dem erlernten Wissen die Kompetenz. Bei der Abfrage dieses Wissens unterscheidet man in episodisches Wissen und semantisches Wissen, wobei sich das episodische Wissen aus selbst erlebten Zusammenhängen und das semantische Wissen aus inhaltlichem/begrifflichem Wissen zusammensetzt.[51] Der Begriff der Kompetenzen findet sich vorrangig in der pädagogischen, betrieblichen und psychologischen Praxis wieder.

Notwendig für Individualität und Kreativität ist Freiheit, denn ein Mangel an individueller Freiheit oder einer Wahlmöglichkeit mindert die daraus entstehenden Verwirklichungschancen, verhindert Lernen und Kompetenzentwicklung und behindert individuelle und gesellschaftliche Wohlfahrt.[52] Vor allem mit Blick auf gesellschaftliche Teilhabe und dem Recht nach der Befähigung eines jeden Studierenden, die Inhalte und Methoden erlernen zu dürfen, die er als Individuum in seinem zukünftigen Leben zu benötigen glaubt und der damit verbundenen Freiheit

[48] Vgl. Schubarth/Speck (2014), S. 15.

[49] Vgl. Bergmann/Daub (2006), S. 88.

[50] Vgl. Bergmann, Daub (2006), S. 90.

[51] Vgl. Misoch (2015), S. 58.

[52] Vgl. Nussbaum (2012), S. 200; Sen (2012), S. 95, 281.

zu entscheiden, was er an Universitäten lernen möchte, besteht mit Blick auf die Forderungen des Capability Approach als Verwirklichungschancenansatz weiterer Verbesserungsbedarf.[53]

Der Capability Approach als Befähigungstheorie stellt dafür Grundlagen bereit, mit denen eine individuelle und kollektive Kompetenzentwicklung begründet werden kann. Zwei zentrale Forscher in diesem Segment stellen Amartya Sen sowie Martha Nussbaum dar. Die beiden Forscher halten fest, dass ein Mangel an individueller Freiheit oder Wahlmöglichkeit die daraus entstehenden Verwirklichungschancen mindert und infolgedessen das Lernen und somit auch eine Kompetenzentwicklung verhindert.[54]

Aus diesem Grund ist die Wirkung der Erforschung von individueller Freiheit bei der Bearbeitung der Forschungsfrage und somit auch im Forschungsdesign unerlässlich.

Aktuell bleiben die individuellen Bedürfnisse und deren Förderung bei der Kompetenzentwicklung und -bewertung bisher weitestgehend unberücksichtigt. In der aktuellen Betrachtung zur Kompetenzentwicklung, -bewertung und -beschreibung finden sich regelmäßig unter dem Begriff der Kompetenzmessung Methoden und Vorgehensweisen, mit denen eine »objektive« Bewertung des Entwicklungsstandes eines Einzelnen oder gar einer Gruppe vorgenommen werden sollen. Diese haben ihren Ursprung in der Psychologie und werden heute vorrangig in der Mitarbeiterbewertung eingesetzt.[55] Sie sollen so unternehmensübergreifende Einheitlichkeit garantieren. Dabei ändern sich die Sichtweisen und Prioritäten der Bewertungsgrundlagen regelmäßig, sodass man hier auch von einer »Kompetenzmode« sprechen könnte. Zudem scheinen die aktuell vorherrschenden Bewertungsmethoden und Ansätze eher sehr allgemein ausgerichtet und weniger das Ziel verfolgend eine sinnvolle und persönliche Entwicklung des jeweiligen Individuums voranzutreiben.

Innerhalb der Lerntheorie werden die didaktischen und pädagogischen Grundlagen für Lernen und Kompetenzentwicklung bereitgestellt, die als selbstorganisiertes Handeln dazu befähigen, komplexe Probleme lösen zu können.[56]

Als dritter Aspekt müssen Unternehmen und Organisationen als soziale Systeme mit ihren Gesetzmäßigkeiten hinsichtlich ihrer Entwicklungs- und Einflussmöglichkeiten und einem daraus abgeleiteten systemischen Denken im Hinblick auf die Veränderungsberatung sozialer Systeme berücksichtigt werden.[57]

---

[53] Vgl. Özdemir (2019), S. 2.

[54] Vgl. Sen (2000), S. 10, 29.

[55] Vgl. Erpenbeck et al (2017), S. XIX.

[56] Vgl. Erpenbeck/von Rosenstiel (2003) S. IX.

[57] Vgl. Simon (2014), S. 8.

Diesem Forschungsprojekt liegen somit drei Theorien zugrunde, die sich mit der Gestaltung besserer Rahmenbedingungen für zukunftsorientiertes Lernen beschäftigen: dem Capability Approach, der Lerntheorie, sowie der Theorie sozialer Systeme.

Der Capability Approach untersucht unterschiedliche Handlungs- und Daseinsformen, die mit der freien Entscheidung verbunden sind, sich für eine individuelle Lebensform entscheiden zu können, die als erstrebenswert erachtet wird.[58] Somit stellt das Lernen mit dem Fokus auf die aktuellen und zukünftigen Bedürfnisse von sozialen Systemen ein Angebot von derart orientierten Lernkontexten mit dem Ziel der Kompetenzentwicklung vom Studierenden dar. Der Capability Approach als Befähigungstheorie stellt dafür Grundlagen bereit, mit denen eine individuelle Kompetenzentwicklung begründet werden kann.

Die Lernforschung hat festgestellt, dass sich Kompetenz aus dem Lernen mit dem Ziel über erlerntes Wissen hinaus eine individuelle Problemlösefähigkeit auszubilden, entwickelt.[59] Lernen und Kompetenzentwicklung sind im Sinne der Persönlichkeitsentwicklung und Bildung ein evolutionärer Prozess, bei dem individuelle Sach-, Sozial- und Selbstkompetenz entwickelt wird und letztlich den Menschen zu einer mündigen Selbstbestimmung führt.[60]

Den dritten Forschungsbereich stellt die Theorie sozialer Systeme mit der systemischen/psychologische Organisationsentwicklung dar. Bei der Arbeit an sozialen Systemen hinsichtlich Lernangeboten und Anpassungshilfen stellt die psychologische Perspektive der Systemtheorie in Form der systemischen Therapieformen in der Beratung von Menschen und Organisationen eine zentrale Verbindung zwischen Organisationen mit ihren Akteuren und dem Einfluss von außen dar.[61]

Der Capability Approach bildet mit seiner Forderung nach kontextueller Förderung von Menschen eine Brücke zwischen der Theorie sozialer Systeme und der Lerntheorie und stellt dabei das Recht auf individuelle Handlungs- und Entwicklungsmöglichkeiten in den Vordergrund.[62]

Aktuell fehlt es aber an Forschungsergebnissen, wie übergeordnete Kompetenzen zur Begleitung von Veränderungsprozessen in sozialen Systemen in universitären Bildungsformaten implementiert werden könnten und stellt somit eine Forschungslücke dar.[63]

---

[58] Vgl. Otto/Ziegler (2010), 9.

[59] Vgl. Bergmann (2006), S. 301.

[60] Vgl. Roth (1966), S. 14, 446.

[61] Vgl. Simon (2014), S. 9.

[62] Vgl. Özdemir (2019), S. VII.

[63] Vgl. Löw-Beer (2003), S. 97.

Im Rahmen dieser Arbeit werden daher die Prozesse des Lernens unter dem Einfluss verschiedener didaktischer Methoden innerhalb eines universitären Bildungsprojektes untersucht und anhand ihrer Wirkung auf die individuelle Kompetenzentwicklung von Studierenden und die Fähigkeit Transformationsprozesse in Unternehmen auslösen zu können beschrieben.

Die Ergebnisse dieser Arbeit stellen somit einen Vorschlag für die Neuausrichtung der Bildung für Transformationsprozesse und damit eine wertvolle Bereicherung für beispielsweise die Organisationswissenschaften und die Managementforschung dar.

Innerhalb des hier untersuchten Bildungsprojektes erscheinen Studierende mit unterschiedlichen Entwicklungsstufen hinsichtlich ihrer Kompetenzen und verlassen dieses ebenso am Ende. Eine objektive Beurteilung der Entwicklung von Kompetenzen scheint – nach traditionellen Kriterien – zu einseitig, oberflächlich und letztlich nicht geeignet dem Individuum gerecht zu werden. Zumal bisher die über den definierten Zeitraum eines Semesters erfolgte Kompetenzentwicklung möglicherweise nur unzureichend überprüft wird. Die Gründe dafür scheinen schon die unterschiedlichen Entwicklungsstufen der teilnehmenden Personen und die möglichen Schwierigkeitsstufen bzw. der Anspruch (individueller Schwierigkeitsgrad) einer zu bearbeitenden Fragestellung durch die Studierendengruppe zu sein.

Im Kern dieser Forschungsarbeit soll innerhalb einer deskriptiven Beschreibung der Transformationsprozess in Bildungsprojekten auf Basis des Capability Approach und der Kompetenzentwicklung am Bildungsprojekt »Zukunftswerkstatt« mit seinen Ausprägungen wissenschaftlich untersucht und seine Wirkung auf die Studierenden dargestellt werden.

Im Ergebnis soll so die Transformation eines universitären »Wissens« hin zu einem praxisorientierten »Können« hinsichtlich der Interventionen eines sozialen Systems auf Basis der erlernten Kompetenzen überprüft werden. Dabei liegt der Schwerpunkt insbesondere auf den Einfluss der didaktischen Methoden, die im Bildungsprojekt verwendet werden. Besonders betont wird dabei die Bedeutung von Freiheit und Selbstorganisation.

Ausgehend von der im nächsten Kapitel vorgestellten Forschungsfrage und dem daraus resultierenden Anspruch einer individuellen Betrachtung der beteiligten Studierenden werden auf Basis einer qualitativen Erhebung die Kompetenzentwicklung hinsichtlich der Fähigkeit von Studierenden bewusste Transformationen in sozialen Systemen erzeugen zu können im Bildungsprojekt der Zukunftswerkstatt analysiert und reflektiert.

Den Bildungskontext für dieses Forschungsprojekt bilden Studierende als Teilnehmer an dem Bildungsprojekt Zukunftswerkstatt der Universität Siegen.

1.2 Forschungsfrage und Ziel der Arbeit

Seit über 10 Jahren konzipiere und begleite ich die Seminare der Zukunftswerkstatt am Lehrstuhl von Prof. Dr. G. Bergmann an der Universität Siegen.[64] Die Konzeptionierung dieses Bildungsprojektes erfolgte seinerzeit mit dem Ziel Angebote für Studierende zu schaffen, mit denen diese ihr bisher an der Universität erlerntes Wissen praxisnah innerhalb eines beteiligten Unternehmens als Kooperationspartner auf eine spezifische Fragestellung anwenden können. Der Fokus dieser Fragestellungen liegt standardmäßig auf Organisationsentwicklung und den damit zusammenhängenden Herausforderungen. Die Studierenden arbeiten hier als Gruppe mit jeweiligen Einzelschwerpunkten und führen die Ergebnisse zu einer gemeinsamen Arbeit zusammen. Dabei wird das Ziel einer relationalen Kompetenzentwicklung verfolgt, der Einzelne lernt immer nur mit und von anderen und stärkt zugleich die kollektive Kompetenz.

Die Studierenden sollen dabei drei zentrale Elemente im zeitlichen Seminarprozess durchlaufen. Zum einem mit dem Verstehen der Ausgangssituation, den Rahmenbedingungen, sowie den beteiligten Akteuren außerhalb des untersuchten Unternehmens. Zweitens sollen die Studierenden Wege finden, in das Innerste der Organisation mit ihren Werten, Regeln und Geschichten vorzudringen. Sie sollen dabei auf qualitativer Ebene z. B. durch Gespräche und Interviews mit Inhabern, Mitarbeitern usw. die internen Rahmenbedingungen kennen- und beschreiben lernen. Abschließende gilt es die bisher erlangten Informationen in Veränderungsstrategien zu übersetzten, um eine auf den realen Bedürfnissen aufgebaute Veränderung bzw. Transformation zu realisieren.

Wie bei benoteten Prüfungsleistungen an Universitäten üblich, müssen die Studierenden am Ende der Veranstaltung eine schriftliche Ausarbeitung und Präsentation der Ergebnisse abgeben. Die anschließende Beurteilung findet in Form einer klassischen Bewertung (Punkteskala) durch den Dozenten statt und wirft regelmäßig Fragen auf Seiten des Dozenten und der Studierenden auf. Nämlich dann, wenn die einzelnen Studierenden im Nachgang erfragen, wo sie sich noch verbessern können und warum beispielsweise eine bestimmte Note vergeben wurde. Grundsätzlich stellt man sich an dieser Stelle des Seminars als Dozent die Frage was eigentlich bewertet werden soll. Natürlich gibt es standardisierte Kriterien-/ bzw. Bewertungskataloge für Abschlussarbeiten, Klausuren, Seminararbeiten usw. bei denen Punkte für fehlerfreie Wiedergabe von Wissen, dem richtigen Lösen von Gleichungen, dem korrekten Zitieren usw. gegeben werden. Spätestens jedoch bei der Bewertung einer individuellen Leistung des

[64] Anmerkung: Prof. Dr. G. Bergmann wurde im Februar 2024 emeritiert.

Prüflings, wie beispielsweise eigene zu Papier gebrachte Gedanken und Überlegungen, Lösungsansätze und -wege, wird die Subjektivität der eigenen Rolle als Bewertender unverkennbar. Hängt die Bewertung dieser individuellen Leistung nicht mit hoher Wahrscheinlichkeit von den jeweiligen Präferenzen und Wünschen des Prüfers ab? Die Bewertung der erlangten Kompetenzen hinsichtlich einer Organisationsentwicklungsfähigkeiten eines Studierenden findet sich nie. Die Kompetenz des Studierenden eine gestellte Aufgabe mit eigenem Ermessen lösen und dabei auf eigene Erfahrungen und das in diesem Kontext erlangte Wissen zurückzugreifen scheint als Werk bzw. Fähigkeit nicht oder nur unzureichend bewertet. Eine hohe Hürde scheint dabei der hohe Grad an Individualität und Freiheit zu sein. Prof. Dr. G. Bergmann meinte in einem Vorgespräch dazu nur „Wenn alle gleichbehandelt werden, wird man keinem gerecht“.

An dieser Stelle ist es wichtig, die Perspektive der Kompetenzmessung oder Benotung als Bewertungsmaßstab präziser zu definieren. So findet naturgemäß die Messung und Bewertung von Kompetenz in allgemeinbildenden- und berufsbildendem Sektor, Hochschulen und Universitäten, aber auch in Unternehmen statt.

Sichtet man aktuelle Literatur zum Thema der Kompetenzbewertung fällt auf, dass aktuell Bewertungskriterien unter vielen Gesichtspunkten oberflächlich erscheinen und lediglich quantitativ bewertet werden. Die Kataloge und quantitative Analyse der Kriterien erleichtern zwar die Bewertungsaufgabe, jedoch mit einhergehendem Verlust der Individualität einer gruppendynamischen Kompetenz – vor allem wenn man die individuelle Entwicklung über einen definierten Zeitraum berücksichtigen möchte.

Grundsätzlich stellt sich hier die Frage, was und wie individuelle Kompetenzentwicklung mit dem innewohnenden Ziel der Praxisnähe sinnvoll zu messen und bewerten wäre.

Wie schon oben angedeutet werden in der Fachliteratur unter dem Begriff der Kompetenzmessung häufig Methoden und Vorgehensweisen beschrieben, die eine »objektive« Beurteilung des Entwicklungsstandes von Einzelpersonen oder Gruppen ermöglichen sollen. Diese Verfahren werden vor allem in der Mitarbeiterbewertung genutzt und zielen darauf ab, eine unternehmensübergreifende Einheitlichkeit sicherzustellen. Dabei unterliegen die Bewertungsgrundlagen regelmäßig einem Wandel in Bezug auf Perspektiven und Prioritäten. Darüber hinaus scheinen die derzeit gängigen Bewertungsmethoden und Ansätze stärker an den Anforderungen des Arbeitsmarktes orientiert zu sein, anstatt die sinnvolle und individuelle Entwicklung des Menschen in den Vordergrund zu stellen.

Im Rahmen des hier untersuchten Bildungsprojekts zeigen die Studierenden unterschiedliche Entwicklungsstände, sowohl zu Beginn als auch am Ende des

Projekts. Eine objektive Bewertung ihrer Leistungen erscheint nach traditionellen Maßstäben einseitig, oberflächlich und letztlich auch ungerecht. Besonders problematisch ist, dass die über den Zeitraum eines Semesters stattfindende Weiterentwicklung bzw. Kompetenzentwicklung entweder gar nicht oder nur unzureichend erfasst wird. Dies hat verschiedene Ursachen, unter anderem die unterschiedlichen Entwicklungsstände der Teilnehmer und der damit verbundenen variierenden Schwierigkeitsgrade der zu bearbeitenden Aufgaben innerhalb der Studierendengruppe. Im Folgenden werden die wichtigsten und markantesten Unterschiede dieser Aspekte dargestellt.

Inhomogene Zusammensetzung

Die Zusammenstellung der einzelnen Seminargruppen erfolgt zufällig. Die Studierenden melden sich über das UNISONO Online-Portal zu den Seminaren an und können Prioritäten zu den angebotenen Seminarveranstaltungen der Fakultät angeben. Die Zuteilung zu den einzelnen Veranstaltungen erfolgt dann automatisch durch einen Verteilalgorithmus. Im Ergebnis kommt es so zu einer Gruppe mit Mitgliedern diversen Ausprägungen hinsichtlich ihres Geschlechts, Alters, Kompetenzen und Fähigkeiten wie eigener akademischer Entwicklungsstand (Semester), Art der bisherigen beruflichen und akademischen Ausbildung (Studienschwerpunkte Bachelor, besuchte Universität, Lebenserfahrungen und persönliche Fähigkeiten, Vorlieben usw.).[65]

Erwartungen von Studierenden

Studierende haben unterschiedliche Erwartungen an ein Lehrangebot, diese Erwartungen haben diverse Ausprägungen, so erwarten einige Studierende ein für sie nützliches Lehrangebot mit Inhalten für die persönliche Weiterentwicklung beispielsweise ihrer Präsentations- oder Gruppenarbeits-Skills. Andere erwarten vorrangig interessante Führungskräfte aus den kooperierenden Unternehmen kennen zu lernen, um so ihr persönliches Netzwerk auszubauen. Retrospektiv haben alle teilnehmenden Studierenden eine spezifische Erwartung an die Seminarveranstaltung.

Erwartungen der beteiligten Unternehmen als Kooperationspartner

Unter den beteiligten Dritten werden Unternehmen verstanden, die als Kooperationspartner fungieren und durch ihre Fragestellung die Forschungsfrage bereitstellen. Die Erwartungen sind hier zu Beginn des Seminars regelmäßig geringer

---

[65] Anmerkung: Dabei fällt mir immer wieder auf, wie unterschiedlich Studierende an Aufgabenstellung herangehen und dabei Lösungswege finden und anwenden.

als in der zeitlichen Mitte. In der Regel sind die Unternehmen den Umgang mit Studierendengruppen auf Augenhöhe nicht gewohnt, vor allem im Hinblick auf die bestehende akademische Kompetenz der Studierenden, die sich im Vorfeld (vor dem ersten Kennenlernen) intensiv mit der Fragestellung auseinandergesetzt haben. Im Anschluss daran steigt dann auch die Erwartungshaltung an die Ergebnisse und Handlungsempfehlungen stetig an.

Fähigkeit und Erfahrung des begleitenden Dozenten

Der begleitende Dozent oder Lehrende sollte idealerweise über eigene Erfahrungen über die Inhalte verfügen, welche er vermitteln möchte. Im Fall der Zukunftswerkstatt sind das die der akademischen universitären Ausbildung, sowie der beratenden Erfahrung in der Organisationsentwicklung. Es ist notwendig die unterschiedlichen Bedürfnisse der beteiligten internen und externen Akteure zu kennen und adäquat auf deren Erwartungen reagieren zu können. Über den Ablauf des Seminars kommen diverse Hilfsmittel, wie unterstützende Präsentationen und Vorträge, Sprechstunden, Coachingangebote, Vorlagen usw. zum Einsatz und helfen die jeweiligen Bedürfnisse aller Beteiligten an Unterstützung und Hilfestellung zu erfüllen.

Hinzu kommen die im Vorfeld notwendigen Abstimmungsrunden bei der Themenauswahl, dem organisatorischen Ablauf mit dem Kooperationsunternehmen, sowie dem Vorbereiten der Vorlesungsunterlagen. Vor allem mit Fokus auf eine individuelle Kompetenzentwicklung bei den Studierenden ist die individuelle Betreuung der Studierenden notwendig und zielführend, da Menschen jeweils in spezifischer Weise lernen und sehr unterschiedliche Voraussetzungen haben. Eine differenzierte Förderung erscheint daher unerlässlich.

Im Ergebnis durchleben alle teilnehmenden Studierenden über den Zeitraum des Seminars einen Entwicklungs- oder Veränderungsprozess; dieser ist sehr individuell und spiegelt somit auch die Ergebnisse und Lösungen. Die Erfassung eben dieser individuellen Weiterentwicklung soll elementarer Bestandteil dieser Forschungsarbeit sein und im Ergebnis einen Mehrwert für die ideale Gestaltung von zukünftigen Bildungsprojekten mit einem Fokus auf praxisnaher und lebensdienlicher Kompetenzentwicklung an Universitäten sein.

Aufgrund der ausgemachten Forschungslücke soll die folgende Forschungsfrage beantwortet werden:

»Welche Bildungsinhalte, Fähigkeiten und Methoden müssten Studierende lernen, um Transformationen in sozialen Systemen auslösen zu können?«

Mit der Beantwortung der Forschungsfrage sollen didaktische Methoden und Lerninhalte für die zukünftige Ausbildung von Studierenden in den Sozialwissenschaften an Universitäten gefunden werden, um Transformationsprozesse in sozialen Systemen realisieren zu können.

Neben der oben angeführten zentralen Forschungsfrage ergeben sich weitere Fragen, auf die mit dieser Forschungsarbeit Antworten gesucht werden sollen:

1. Wie funktioniert am Beispiel des Bildungsprojekts der Zukunftswerkstatt der Universität Siegen der Transfer vom erlernten **universitären Wissen** hin zu einem **praxisnahen Können**?
2. Auf welcher **methodischen und didaktischen Basis** muss eine solche Lehrveranstaltung aufbauen, um ein zukunftsfähiges Ergebnis bei den Studierenden sicherzustellen?
3. Wie müssen **Anleitungen und Hilfestellungen** in den jeweiligen Phasen eines so gearteten Bildungsprojektes gestaltet werden, um den unterschiedlichen Bedürfnissen und Ausgangssituationen allen Akteuren gerecht zu werden und eine individuelle, aber zielgerichtete Kompetenzentwicklung möglich zu machen?
4. Welche Wirkung hat dabei die **persönliche Freiheit** Entscheidungen eigenständig zu treffen und einen eigenen Lösungsweg entwickeln zu können?

1.3 Methodologische und wissenschaftstheoretische Ausrichtung

1.3.1 Einführung in den theoretischen Rahmen dieser Dissertation

Seit dem »Gipfel von Lissabon« im Jahre 2000 ist die Forderung nach praxisnaher universitärer Ausbildung mit starkem Fokus auf den nachgelagerten Arbeitsmarkt stetig gestiegen.[66] Die Forderungen an kompetenzorientierte Inhalte, bei dem Lehr- und Lernprozesse so ausgerichtet werden, dass Studierende spezifische Kompetenzen erwerben, die sie in ihrem beruflichen und gesellschaftlichen Handeln benötigen, scheinen jedoch in ihrer praktischen Umsetzung bisher nicht erreicht zu sein.[67]

Mit Blick auf die Befähigung eines jeden Studierenden, die Inhalte und Methoden erlernen zu dürfen, die er als Individuum in seinem zukünftigen Leben

[66] Vgl. Ribolits (2009), S. 11.

[67] Vgl. Hericks (2018,) S. 217; Bäuerle et al. (2021), S. 3.

zu benötigen glaubt und der damit verbundenen Freiheit zu entscheiden, was er an Universitäten lernen möchte, besteht mit Blick auf die Forderungen des Capability Approach als Verwirklichungschancenansatz weiterer Verbesserungsbedarf.[68] Denn ein Mangel an individueller Freiheit oder einer Wahlmöglichkeit mindert die daraus entstehenden Verwirklichungschancen, verhindert Lernen und Kompetenzentwicklung und behindert individuellen und gesellschaftliche Wohlfahrt.[69]

Innerhalb der Lerntheorie werden die didaktischen und pädagogischen Grundlagen für Lernen und Kompetenzentwicklung bereitgestellt, die als selbstorganisiertes Handeln dazu befähigen, komplexe Probleme lösen zu können.[70]

Als dritter Aspekt müssen Unternehmen und Organisationen als soziale Systeme mit ihren Gesetzmäßigkeiten hinsichtlich ihrer Entwicklungs- und Einflussmöglichkeiten und einem daraus abgeleiteten systemischen Denken im Hinblick auf die Veränderungsberatung sozialer Systeme berücksichtigt werden.[71]

Diesem Forschungsprojekt liegen somit drei Theorien zugrunde, die sich mit der Gestaltung besserer Rahmenbedingungen für zukunftsorientiertes Lernen beschäftigen: der Capability Approach, die Lerntheorie, sowie die Theorie sozialer Systeme (Abb. 1.1).

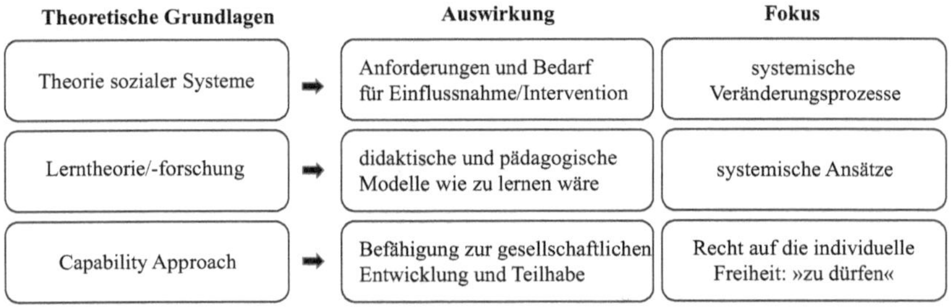

Abb. 1.1 Theoretischer Rahmen

Der Capability Approach untersucht unterschiedliche Handlungs- und Daseinsformen, die mit der freien Entscheidung verbunden sind, sich für eine individuelle Lebensform entscheiden zu können, die als erstrebenswert erachtet

68 Vgl. Özedmir (2019), S. 2.

69 Vgl. Nussbaum (2012), S. 200; Sen (2012), S. 95, 281.

70 Vgl. Erpenbeck/von Rosenstiel (2003), S. IX.

71 Vgl. Simon (2014), S. 8.

wird.[72] Somit stellt das Lernen mit dem Fokus auf die aktuellen und zukünftigen Bedürfnisse von sozialen Systemen ein Angebot von derart orientierten Lernkontexten mit dem Ziel der Kompetenzentwicklung vom Studierenden dar. Der Capability Approach als Befähigungstheorie stellt dafür Grundlagen bereit, mit denen eine individuelle Kompetenzentwicklung begründet werden kann. Amartya Sen sowie Martha Nussbaum postulieren, dass ein Mangel an individueller Freiheit oder einer Wahlmöglichkeit und die daraus entstehenden Verwirklichungschancen mindert und infolgedessen das Lernen und somit auch eine Kompetenzentwicklung verhindert.[73]

Die Lernforschung besagt darüber hinaus, dass sich Kompetenz aus dem Lernen mit dem Ziel über erlerntes Wissen hinaus eine individuelle Problemlösefähigkeit auszubilden, entwickelt.[74] Lernen und Kompetenzentwicklung sind im Sinne der Persönlichkeitsentwicklung und Bildung ein evolutionärer Prozess, bei dem individuelle Sach-, Sozial- und Selbstkompetenz entwickelt wird und letztlich den Menschen zu einer mündigen Selbstbestimmung führt.[75]

Der dritten Forschungsbereich stellt die Theorie sozialer Systeme mit der systemischen/psychologische Organisationsentwicklung dar. Bei der Arbeit an sozialen Systemen hinsichtlich Lernangeboten und Anpassungshilfen stellt die psychologische Perspektive der Systemtheorie in Form der systemischen Therapieformen in der Beratung von Menschen und Organisationen eine zentrale Verbindung zwischen Organisationen mit ihren Akteuren und dem wichtigen Einfluss von außen dar.[76]

Der Capability Approach bildet mit seiner Forderung nach kontextueller Förderung von Menschen eine Brücke zwischen der Theorie sozialer Systeme und der Lerntheorie und stellt dabei das Recht auf individuelle Handlungs- und Entwicklungsmöglichkeiten in den Vordergrund.[77]

1.3.2 Wissenschaftstheoretischer Begründungsrahmen

Das Erkenntnisinteresse dieser Dissertation lässt sich einem interpretativen, hermeneutischen Ansatz zuordnen. Im Rahmen dieser Arbeit sollen didaktische

[72] Vgl. Otto/Ziegler (2010), S. 9.

[73] Vgl. Sen (2000), S. 10, 29; Nussbaum (2012), S. 23.

[74] Vgl. Bergmann/Daub (2006), S. 301.

[75] Vgl. Roth (1966), S. 14, 446.

[76] Vgl. Simon (2014), S. 9.

[77] Vgl. Özdemir (2019), S. VII.

Methoden entwickelt werden, die Studierenden mit Kompetenzen versorgen um damit notwendige Transformationsprozesse in sozialen Systemen erkennen, anstoßen und begleiten zu können.

Zum einen soll dafür die Kompetenzentwicklung von Studierenden im Zusammenhang mit den eingesetzten didaktischen Methoden im Rahmen der universitären Ausbildung verstanden und beschrieben werden. Zum anderen sollen die Reaktionen von Unternehmen und Organisationen als soziale Systeme als Reaktion auf die erlernten Kompetenzen der Studierenden untersucht werden.

Von den Studierenden erlangte Kompetenzen führen als Interventionsformen zu Veränderungsprozessen in sozialen Systemen. Die seitens der Unternehmensvertreter geschilderten eingetretenen Veränderungen stellen als Reaktionen des sozialen Systems wiederum einen Indikator für die Nützlichkeit der eingesetzten didaktischen Methoden bei der Ausbildung von Studierenden dar. Der Zusammenhang zwischen didaktischen Methoden innerhalb des Bildungsprojektes, den sich daraus entwickelnden Kompetenzen bei den beteiligten Studierenden und deren Einfluss als Intervention innerhalb der untersuchten sozialen Systeme soll in eine kategoriale Ordnung überführt werden.

Ziel ist es, die Eignung und Ausprägung didaktischer Methoden innerhalb der Ausbildung von Studierenden der Sozialwissenschaften an Universitäten mit dem Fokus auf Veränderungsprozesse in sozialen Systemen bewerten und zukünftige Orientierung für mögliche Korrekturen geben zu können.

1.3.3 Forschungsdesign

Unternehmen und Organisationen werden im Rahmen dieser Arbeit als soziale Systeme betrachtet. Kennzeichnend für soziale Systeme ist immer das Vorhandensein von zwei Merkmalen, zum einen Kommunikation, zum anderen Muster, mit denen sie sich in ihrem Kommunizieren selbst reproduzieren.[78] Soziale Systeme konstituieren sich aus kommunikativen Handlungen und somit resultieren alle Lösungen, wie auch Probleme aus bestimmten Formen der Interaktion.[79] Zentrale Elemente der Theorie sozialer Systeme (Systemtheorie) sind Ordnung und Interaktionen der einzelnen Elemente, das Hauptaugenmerk liegt dabei in der Wechselwirkung zwischen Handlungen und der resultierenden Wirkung in einem jeweiligen System. Mit Bezug auf die Forschungsfrage dieser

[78] Vgl. Willemse/von Ameln (2018), S. V.

[79] Vgl. Luhmann (1985), S. 192 f.

Arbeit sind die beteiligten Systeme, also die Seminargruppe mit Studierenden, sowie das beforschte Unternehmen mit Inhabern und Mitarbeitern relevant. Diese Zusammenhänge zwischen den Handlungen und der Wirkung, lassen sich qualitativ darstellen und folgen in der Analyse einer deduktiven Logik.[80] Die nachfolgende induktive Vorgehensweise hat das Ziel aus der theoretischen Grundlage abgeleitete Kategorien von Rahmenbedingungen und deren Wirkung als Interventionsformen abzuleiten. Die Analyseebene wird durch das untersuchte Bildungsprojekt geprägt, die Analyseeinheit bildet die Entwicklung von Kompetenzen und Fähigkeiten der Studierenden, während die Studierenden selbst und die beteiligten sozialen Systeme die Beobachtungseinheit umfassen.

1.3.4 Ziel der Forschungsarbeit

Im Kern dieser Dissertation soll innerhalb einer deskriptiven Beschreibung der Transformationsprozess in Bildungsprojekten auf Basis des Capability Approach und der Kompetenzentwicklung am Seminartyp »Zukunftswerkstatt« mit seinen Ausprägungen wissenschaftlich untersucht und seine Wirkung auf die Studierenden dargestellt werden. Dabei soll die oben eingeführte Forschungsfrage als Ausgangspunkt dienen. Im Ergebnis soll so die Transformation eines universitären »Wissens« hin zu einem praxisorientierten »Können« geprüft und in seinen Ausprägungen/Merkmalen beschrieben werden. Die erlernten Kompetenzen bauen dabei auf den eingesetzten methodischen und didaktischen Rahmenbedingungen auf und sollen Veränderungsprozesse in sozialen Systemen ermöglichen.

1.3.5 Methodisches Vorgehen

Um die notwendigen didaktischen Methoden bei der universitären Ausbildung von Studierenden im Hinblick auf die Kompetenzen zur Einleitung von Veränderungsprozessen in sozialen Systemen bestimmen zu können, werden in einem ersten Schritt auf deduktivem Weg mithilfe von Theorien und Studien der Systemtheorie, der Lerntheorie, sowie des Capability Approach erste methodische Ansätze herausgearbeitet. Diese werden dann induktiv innerhalb des Bezugsrahmens von Einflussfaktoren aus dem Datenmaterial weiterentwickelt.

[80] Vgl. Kühl et al. (2009), S. 17 f.

Aus der hier vorherrschenden sozialanthropologischen Perspektive eignet sich bei diesem Forschungsvorhaben die Methode der qualitativen Forschung, da die jeweilige Wirklichkeit der untersuchten Personengruppe konstruiert wird.[81] Weil hierbei die Erfahrungen der Studierenden auf episodisches Wissen bzw. Erfahrungen beruhen, bei der die Erfahrungen aus selbst erlebten Inhalten im Gedächtnis gespeichert werden, bietet sich das teilstrukturierte Interview an.[82]

1.3.6 Datenerhebung

Für die qualitative Erhebung sind zwei Typen von qualitativen Daten relevant: die Studierenden des Bildungsprojektes, sowie die innerhalb des Bildungsprojekt untersuchten sozialen Systeme.

Die Untersuchung der Lern- und Kompetenzentwicklung der Studierenden erfolgt im Rahmen von qualitativen Interviews, bei denen die individuellen Entwicklungsmerkmale in der Studierendengruppe erhoben werden. Dabei erfolgt eine Einteilung in drei Gruppen:

1. Semesterstart (Kompetenzen vor dem Bildungsprojekt),
2. Semesterende (Kompetenzen nach dem Bildungsprojekt),
3. Teilnehmer des Bildungsprojektes nach Studienabschluss im Beruf (Kompetenzen, die im Arbeitsumfeld eingesetzt werden).

Ein weiterer Fokus in der Analyse soll auf der Verknüpfung zwischen den eingesetzten didaktischen Methoden und der Kompetenzentwicklung der Studierenden gelegt werden. Das erhobene Datenmaterial soll mithilfe der qualitativen Inhaltsanalyse ausgewertet werden.[83]

Um die eingetretenen Reaktionen und Veränderungen in den sozialen Systemen selbst bewerten zu können, wird die Methode der dichten Beschreibung nach Clifford Geertz angewendet.[84] Diese Methode soll im Rahmen dieser Forschungsarbeit weiterentwickelt werden und Erkenntnisse über Lernfortschritte und Kompetenzentwicklungen, die sich kommutativ innerhalb von sozialen Systemen nachweisen lassen, hervorbringen. Die Analyse erfolgt anhand von drei

[81] Vgl. Froschauer/Lueger (2020), S. 7.

[82] Vgl. Froschauer/Lueger (2020), S. 59.

[83] Vgl. Mayring (2010), S. 15.

[84] Vgl. Geertz (1983), S. 8.

Fallbeispielen, innerhalb derer relevante Ereignisse, jeweils eine semesterbegleitende Beforschung durch die Studierenden und die Reaktion des sozialen Systems, respektive der Unternehmensvertreter, beschrieben wurden. (s.h. dazu Kapitel 5.)

Im Rahmen von Gesprächen und Treffen mit Vertretern der innerhalb des Bildungsprojektes untersuchten Unternehmen und Organisationen sollen dafür die erstellten Mitschriften aus Gesprächen und Beobachtungsprotokolle herangezogen werden, um die Reaktionen der sozialen Systeme durch die Interventionen der Studierendengruppe untersuchen zu können.

Dabei werden die festgehaltenen Ereignisse in Form von Kommunikation innerhalb eines sozialen Systems als Bedeutungsunterscheidungen verstanden, die dann als Erzählung interpretiert werden können.[85] Durch die hermeneutische Denkweise, bei der die erstellten Protokolle als Ausdruck menschlichen Diskursen, Praktiken und Verhalten zu deuten sind, lässt sich im Umkehrschluss Veränderungskultur durch Praktiken und Verhalten lesen und interpretieren.[86]

Die Grundlage für den Interviewleitfaden stellt das im Vorfeld aufgestellte theoretische Grundgerüst dar. Die Abfolge der Fragen steht dabei fest und soll die Berücksichtigung aller Einflüsse auf die Kompetenzentwicklung sicherstellen.

1.4 Struktur und Aufbau der Arbeit

Die Arbeit gliedert sich in sieben Kapitel. Die Einleitung mit der Einführung in das Forschungsthema, der Vorstellung der Forschungsfrage und des Forschungsziels, der methodologischen und wissenschaftstheoretischen Ausrichtung, sowie der Struktur der Arbeit bilden das erste Kapitel.

Im zweiten Kapitel folgt die Vorstellung des methodischen Vorgehens mit der Forschungsmethode, dem erhobenen Datenmaterial und dessen Erhebung. Im dritten Kapitel werden mit dem konzeptionellen und theoretischen Bezugsrahmen die notwendigen theoretischen Begriffe vorgestellt. Im vierten Kapitel erfolgt die Vorstellung des untersuchten Bildungsprojekts der »Zukunftswerkstatt«. Im fünften Kapitel erfolgten die Auswertung und Vorstellung der Ergebnisse aus der empirischen Erhebung. Im sechsten Kapitel erfolgt die Vorstellung einer möglichen praktischen Umsetzung anhand des Lern- und Lösungszyklus. Den Abschluss bildet das siebente Kapitel mit einer Zusammenfassung und einem abschließenden Fazit.

---

[85] Vgl. Ellrich (1999), S. 10.

[86] Vgl. Geertz (1983), S. 15.

1.5 Mein Weg zu dieser Forschungsarbeit

Der hier vorliegenden Forschungsarbeit gingen über 10 Jahre konzeptioneller Entwicklung und Vorbereitung, sowie weitere drei Jahre der qualitativen Forschung und Verschriftlichung voraus. In Anbetracht der Relationalität halte ich es für sinnvoll, meinen Lebensweg in Bezug auf diese Forschungsarbeit kurz darzustellen, um so auch meinen Antrieb für die Erstellung dieser Forschungsarbeit zu verdeutlichen.

Der Ausgangspunkt war eine Beiratssitzung eines Familienunternehmens im Jahr 2007, an der mein Doktorvater, Prof. Dr. G. Bergmann, und ich teilnahmen. Ein Vertreter der Hagebau schlug Prof. Bergmann vor, eine Marktstudie mit Studierenden durchzuführen, um neue Perspektiven auf eine Fragestellung und mögliche Lösungsansätze zu gewinnen.

Am Lehrstuhl für Innovations- und Kompetenzmanagement an der Universität Siegen, geleitet von meinem heutigen Doktorvater Prof. Bergmann, fand daraufhin das erste Praxisseminar mit Studierenden und der Hagebau unter dem Titel »Zukunftswerkstatt« statt.

Im Lauf der Jahre meldeten sich immer neue Unternehmen, die neue Fragestellungen mit Studierenden bearbeiten wollten. Besonders auffällig und interessant waren drei Aspekte: Erstens die Reaktionen der beteiligten Unternehmen, die die Arbeit der Studierenden stets als wertvoll und hilfreich bewerteten. Zweitens zeigte sich während und nach der Veranstaltung eine hohe Bereitschaft zur Veränderung seitens der Unternehmensvertreter. Drittens zeigte sich, dass die inhaltlichen Ergebnisse der Gruppenarbeiten wesentlich besser ausfielen als die vorab praktizierten klassischen Einzelleistungen von Studierenden.

Wenn ich auf mein bisheriges Leben zurückblicke, sehe ich, dass ich viele Dinge ausprobiert und angepasst, andere jedoch wieder aufgegeben habe. Dennoch zieht sich ein roter Faden durch meine Erfahrungen: mein anhaltendes Interesse an der Interaktion und den Beziehungen zwischen Menschen.

Beziehungen zwischen Menschen sind das Fundament unseres sozialen Lebens und prägen maßgeblich unser Wohlbefinden und unsere Entwicklung. Diese Verbindungen reichen von familiären Bindungen über Freundschaften bis hin zu beruflichen Netzwerken und romantischen Partnerschaften. Jede Art von Beziehung bringt einzigartige Dynamiken und Herausforderungen mit sich, die sowohl persönliche als auch gemeinschaftliche Erfahrungen bereichern können. Die Qualität und Tiefe dieser Beziehungen hängen von Kommunikation, Empathie und gegenseitigem Respekt ab. Beziehungen sind zudem auch eine wichtige Quelle der Inspiration und des Wachstums.

Herausfordernd für mich waren immer Teams oder Gruppen von Menschen die gemeinsam etwas bewegen wollten, sei es bei meiner ehrenamtlichen Tätigkeit als Führungskraft und Ausbilder im Katastrophenschutz, bei meiner Arbeit als Lehrstuhlmitarbeiter an der Universität oder im Rahmen meiner Beratung als systemischer Organisationsentwickler. Es waren immer Dynamiken von Gruppen, die entstehen, wenn unterschiedliche Persönlichkeiten zusammen an etwas arbeiten oder ihre Freizeit miteinander verbringen. Mich haben immer die Beziehungen zwischen den einzelnen Akteuren und die daraus entstehenden Dynamiken in ihren Bann gezogen. Zu Beginn kannte ich noch nicht die theoretischen Hintergründe beispielsweise aus Psychologie und Systemtheorie, die das Verhalten von Menschen und Gruppen zu erklären versuchen. Ich konnte aber auf mein Gefühl vertrauen, wenn es darum ging Dynamiken zu nutzen und Menschen zu einen.

Ich habe früh realisiert, dass der autonome Mensch bei solchen Vorhaben vollkommen hilflos ist, erst in Kooperation mit anderen kann er etwas bewegen, lernen, sich weiterentwickeln und zu einem wertvollen Teil der Gesellschaft werden. Der Mensch ist dabei relational, er steht mit allen anderen in Verbindung, er ist mit allen anderen vernetzt.

Um ein Forschungsvorhaben wie dieses konzipieren und umsetzten zu können bedurfte es natürlich auch bei mir viele Menschen in meinem direkten und indirekten Umfeld, ohne die ein solches Ergebnis nicht zustande gekommen wäre. Im Austausch mit anderen werden Lösungen für Problemstellungen deutlich, er inspiriert Neues auszuprobieren und schenkt vor allem Kraft ein solches Vorhaben zu Ende zu bringen. Dazu gehören meine Familie und Freunde, aber auch Arbeitskollegen und andere Wissenschaftler die einem auf Fluren, Kolloquien, Tagungen oder Seminaren begegnen.

Das hier untersuchte Bildungsprojekt der Zukunftswerkstatt ist für mich ein Praxislabor für die Erprobung eigene Ideen und Gedanken, die aus 20 Jahren eigener Erfahrung entstanden sind. Ich hatte das Vergnügen an drei Hochschulen meine Abschlüsse zu machen. An allen gab es gute und weniger gute Bildungsprojekte, aber alle waren nicht so, wie ich mir eine lebensdienliche akademische Bildung vorstellen würde.

Vor meiner akademischen Ausbildung hatte ich eine Ausbildung im Handwerk abgeschlossen, auch hier konnte keine Rede von einer menschengerechten, fairen und lebensdienlichen Ausbildung sein. »Du bist hier, um zu arbeiten, ausruhen kannst du am Wochenende«, mit diesen Worten wurde ich in die Arbeitswelt aufgenommen. Für meine Eltern, Vater Handwerksmeister, Mutter Bürokauffrau, war das ein ganz normales Leben. Nur nicht für mich.

Nach meiner Gesellenprüfung als Jahrgangsbester habe ich mein Abitur nachgeholt und ein ingenieurwissenschaftliches Studium begonnen, welches ich nach drei Semestern abgebrochen habe. In den Ingenieurwissenschaften kommen, oder kamen seinerzeit, Menschen und ihre individuellen Bedürfnisse nicht vor.

Ein sozialwissenschaftliches Studium sollte hier Abhilfe schaffen, was es inhaltlich nicht tat, aber es eröffnete mir durch meine Anstellung am Lehrstuhl für Innovations- und Kompetenzmanagement von Prof. Dr. Gustav Bergmann den Zugang zu einer Denkweise über den Menschen, seine Beziehungen und Rollen in sozialen Systemen hinsichtlich ihrer nachhaltigen Weiterentwicklung, die ich so noch nie erfahren hatte.

In dieser Zeit war ich aktives Mitglied im Katastrophenschutz (Technisches Hilfswerk) und als Führungskraft und Ausbilder zum einen für die fachliche Ausbildung meiner Helfer, sowie die sichere Führung und Anleitung in Einsatzfall verantwortlich. Dieser ehrenamtlichen Tätigkeit bin ich über 20 Jahre treu geblieben. Für mich war und ist diese Zeit eine der lehrreichsten, wenn es darum geht, Menschen mit Kompetenzen und psychischem Gleichgewicht zu versorgen, um in Gefahrensituationen, beispielsweise bei der Rettung von Menschen oder Sachgütern, einen kühlen Kopf zu bewahren und situationsbedingt richtig zu handeln. Ich habe dort gelernt, Menschen zu ermutigen über ihre Grenzen hinaus zu gehen und mit bereits abgeschriebenen Persönlichkeiten eine funktionierende und kameradschaftliche Einheit aufzubauen.

Während meiner Zeit als studentische Hilfskraft hatte ich Gelegenheit, den Lehrstuhlinhaber über mehrere Jahre hinweg bei Beratungsprojekten im Bereich der Organisationsentwicklung zu unterstützen. Das war aufregend und vollkommen neu für mich. Bei diesen Aufträgen standen nie Zahlen oder Organigramme im Vordergrund, sondern stets die Beziehungen der beteiligten Akteure. Diese Erfahrung hat mir eine solide Basis für meine heutige freiberufliche Beratungstätigkeit vermittelt und mein Verständnis für soziale Systeme und deren Besonderheiten in Veränderungs- und Transformationsprozessen geprägt. In meinen eigenen Projekten als freiberuflicher Organisationsentwickler für Familienunternehmen unterstütze ich seit 2005 Inhaber und Führungskräfte dabei, notwendige Transformationsprozesse gemeinsam mit allen Beteiligten erfolgreich umzusetzen.

2014 und 2015 habe ich gemeinsam mit meiner Coaching-Kollegin Dana Haralambie zwei Lehrbücher veröffentlicht. Diese Werke sind stark praxisorientiert und sollen eine Brücke zwischen theoretischen Grundlagen und den praktischen Anforderungen von Familienunternehmen schlagen, insbesondere im Hinblick auf lösungsorientierte Ansätze in der Organisations- und Personalentwicklung.

Wie bereits erwähnt, wurden die Seminare der Zukunftswerkstatt seit 2007 als Lehrveranstaltungen des Lehrstuhls semesterweise angeboten. Die methodische und inhaltliche Ausrichtung dieser Seminare basiert auf meinen Erfahrungen und Vorstellungen einer lebensdienlichen akademischen Bildung sowie den dafür erforderlichen Kompetenzen. Diese Orientierung zielt darauf ab, den Studierenden die Möglichkeit zu bieten, Kompetenzen in Gruppen zu entwickeln und praktisch anzuwenden. Als wissenschaftlicher Mitarbeiter hatte ich dadurch die Gelegenheit, eigenverantwortlich ein Bildungsprojekt zu gestalten und dieses für meine Forschung zu nutzen.

Zusammenfassend lässt sich auch bei meinem Weg zu dieser Forschungsarbeit feststellen, dass eine derartige Leistung nur in der Gruppe möglich ist. Diese Erfahrung steht im Einklang mit dem im Folgenden beschriebenen aktuellen Forschungsstand und meinen Ergebnissen. Dies ist weniger dem Zufall als vielmehr der Tatsache zu verdanken, dass wir in einer vernetzten und relationalen Welt leben und uns kontinuierlich weiterentwickeln.

Methodisches Vorgehen 2

2.1 Forschungsmethode

Mit Bezug auf die Forschungsfrage in Abschnitt 1.2 und die darauf aufbauend wissenschaftstheoretische Ausrichtung wurde unter Berücksichtigung des Forschungsgegenstandes, sowie des Forschungsfeldes ein qualitativer Forschungsansatz ausgewählt. Die Bearbeitung der Forschungsfrage und der dafür notwendigen Datenerhebung und -auswertung erfolgt in Form einer Einzelfallstudie. Die Auswertung und Analyse der erhobenen qualitativen Daten erfolgen durch eine Software zur qualitativen Datenverarbeitung. Die dafür zugrundeliegenden wissenschaftstheoretischen Annahmen wurden bereits oben in Abschnitt 1.3 dargestellt.

2.2 Datenmaterial und dessen Erhebung

2.2.1 Interviewleitfaden, dessen Entwicklung und Begründung

Um die spezifischen Rahmenbedingungen der individuellen Kompetenzentwicklung besser zu verstehen, ist es notwendig, die Studierenden hinsichtlich ihrer persönlichen Entwicklung und Einschätzungen zu befragen. Diese Befragung soll in Form von teilstrukturierten Interviews durchgeführt werden, da dies einerseits ermöglicht, dass der Interviewer gezielt Rückfragen stellen kann, und andererseits eine didaktische Struktur in der Reihenfolge der Fragen umgesetzt werden kann. Dabei erfolgt eine Einteilung in drei Gruppen:

R. Kebbekus, *Bildung für Transformationsprozesse*,
https://doi.org/10.1007/978-3-658-47589-5_2

1. Gruppe G1, Studierende zum Semesterstart (Fokus: Kompetenzen vor dem Bildungsprojekt)
2. Gruppe G2, Studierende zum Semesterende (Fokus: Kompetenzen nach dem Bildungsprojekt)
3. Gruppe G3, Teilnehmer des Bildungsprojektes nach Studienabschluss im Beruf (Fokus: Kompetenzen, die im Arbeitsumfeld eingesetzt werden).

Die Grundlage für alle drei Interviewleitfäden stellt das im Vorfeld aufgestellte theoretische Grundgerüst dar. Die Abfolge der Fragen steht dabei fest und soll die Berücksichtigung aller Einflüsse auf die Kompetenzentwicklung sicherstellen.

Da innerhalb der Datenerhebung insgesamt drei Gruppen befragt wurden, wurde in ähnlicher Vorgehensweise zwei weitere Fragebögen entwickelt. Der Fokus der einzelnen Fragebögen lag dabei immer auf der Untersuchung der Lern- und Kompetenzentwicklung der Studierenden mit den jeweiligen Spezifikationen. Die drei Fragebögen haben damit eine gemeinsame Grundstruktur, berücksichtigen aber die oben angeführten Spezifikationen.[1]

Grundsätzlich sollte darauf geachtet werden, die Persönlichkeitsrechte der am Forschungsprojekt beteiligten Personen nicht durch die Ergebnisse bzw. die gemachten Aussagen der Interviewpartner zu gefährden.[2] Daher wird das Ziel des Interviews vorab kurz erläutert und die erhobenen Daten ausschließlich anonymisiert verarbeitet.

Den Einstig in das Interview (Vorgespräch) flankierten Informationen zum Hintergrund und dem Ziel der Erhebung. Da sich der Interviewer und alle Interviewpartner/-innen persönlich aus der zu untersuchenden vorangegangenen Lehrveranstaltung kennen, ist eine Vorstellungsrunde nicht notwendig.

Inhaltlich wurden vor dem Interview die geltenden Rahmenbedingungen, wie Zeitrahmen, Aufzeichnung, Verhalten bei Rückfragen, Anonymisierung usw. besprochen. Das Einverständnis zum digitalen Aufzeichnen des Interviews wurde nach Start der Aufzeichnung abgefragt.

Kernbestandteil des Interviewleitfadens sind Schlüsselfragen, die sich in drei Hauptkategorien aufteilen:

1. Notwendige Arten und Ausprägungen von Kompetenzen, mit dem Fokus auf bereits individuell vorhandene Kompetenzen
2. Intensität der eigenen Weiterentwicklung von Kompetenzen über einen definierten Zeitrahmen

[1] Vgl. Fragebögen im Anhang.

[2] Vgl. Lamneck/Krell (2016), S. 691.

3. Wirkung von methodischen und didaktischen Rahmenbedingungen im Ablauf des Bildungsprojekts

Die erwähnten didaktischen Methoden wurden bei jedem bisher durchgeführten Bildungsprojekt der Zukunftswerkstatt zu festen Zeitpunkten durch den Dozenten eingesetzt. Somit sind ihnen alle interviewten Personen der Gruppen 2 und 3 ausgesetzt. Die Reihenfolge der Hauptkategorien findet sich im Interviewleitfaden wieder.

Die Auswahl der drei Hauptkategorien baut auf den Ergebnissen der vorangegangenen Literaturrecherche, sowie den Auswertungen der vorab durchgeführten schriftlichen Befragung auf. Vor allem bei der Wirkung der jeweiligen didaktischen Methoden wurde bereits im Vorfeld mit Schwierigkeiten bei der Differenzierung durch die interviewten Personen gerechnet; dieses bewahrheitete sich vor allem in Hinblick auf die im Zentrum der Untersuchung stehende Freiheit bei der Lösung von Aufgaben innerhalb des Seminars.

Der Interviewleitfaden beginnt mit Fragen zur beruflichen und akademischen Vorbildung, dem aktuellen Studiengang und Alter. Dem folgt die Frage nach zentralen Kompetenzen, die für eine zufriedenstellende Bewältigung der Arbeitsaufgaben im Seminar notwendig sind, gefolgt von den persönlichen Kompetenzverbesserungen über den Seminarverlauf. Dabei sollen hier die eigenen Erfahrungen und Fähigkeiten als Basis für die Weiterentwicklungen dienen. Das sollte vor allem wegen der individuell ausgeprägten Kompetenzen der einzelnen Seminarteilnehmenden geschehen, da vermutet wird, dass die Weiterentwicklungspriorität der Studierenden darauf liegt Kompetenzen in bereits bestehenden Kompetenz- und Fähigkeitsbereichen weiterzuentwickeln bzw. auszubauen.

Bei der Bewertung der unterschiedlichen didaktischen Methoden sollte, neben den eingesetzten medialen Hilfsmitteln, auch die Wirkung von Dritten (Dozent, Unternehmensvertreter usw.), Impulsvorträge der Arbeitsgruppen, sowie der Austausch und die Diskussion innerhalb und außerhalb der Arbeitsgruppen analysiert und hinsichtlich ihrer Wirkung auf die Kompetenzentwicklung bewertet werden. In diesem Teil wird dann auch der Freiheitsbegriff in Form von Selbstorganisation eingebracht und soll von den Interviewten beurteilt werden.

Die beiden letzten Fragen betreffen den Kontakt mit Unternehmensvertretern und den gruppeninternen- und externen Austausch bzw. Diskussion. Diese Fragen wurden bewusst so gewählt und stellt keine Redundanz zu den vorab gestellten Fragen zu den Wirkungen der didaktischen Methoden dar. Grundlage ist die Vermutung des Autors, dass die Erinnerungsfunktion bzw. das Abrufen von Erinnerungen (Erinnerungsvermögen), welches als episodisches Gedächtnis an die vorherigen Fragen anknüpft, weitere Erinnerungen als Ergebnis preisgeben.[3] Sie können daher als Vertiefungsfragen angesehen werden.

Nach der Durchführung von Probeinterviews wurde eine weitere Frage als Abschlussfrage eingefügt, nämlich die nach der Rahmenbedingung individueller Freiheit bei der Lösung der gestellten Aufgaben. Der Grund dafür liegt darin, dass der Begriff in den Antworten für die Auswertung zu verklausuliert genannt worden ist, um seine Wirkung auf die Kompetenzentwicklung gesichert bewerten zu können. So soll eine zu unscharfe Deutung beim Kodieren vermieden werden.

In gleicher Weise wurde ein dritter Fragebogen für die Studierenden nach dem Studienabschluss in beruflicher Anstellung formuliert; dieser Leitfaden ist retrospektiv angelegt und berücksichtigt zudem die Erfassung von Kompetenzen im Arbeitsalltag.

Grundsätzlich wurden alle Fragen offen formuliert, um den Interviewten in einen gewissen Redefluss zu bringen. Rückfragen sollten nur sehr dezidiert gestellt werden, um das Interview in den gewünschten Bahnen zu halten. Geschlossene Fragen oder Suggestivfragen werden nicht gestellt. Den Rahmen für die Gesprächsführung bildeten Empfehlungen von Froschauer und Lueger.[4] Der entwickelte Fragebogen wurde als Basis für die Weiterentwicklung nach den drei Probeinterviews konzipiert – als Probeinterviewleitfaden. Der Grund dafür liegt in der Vermutung, dass die Auslegung einzelner Fragen unterschiedlich ausfällt und für den Begriff der Kompetenz, neben unterschiedlichen Synonymen wie beispielsweise Fähigkeiten, Skills, Erfahrungen und Wissen auch keine explizite Unterscheidung in beispielsweise fachliche, persönliche und soziale Kompetenz vorgenommen wird.[5]

Bei der Entwicklung des Leitfadens wurden erste Fragen auf Basis des theoretischen Wissens und der bisherigen Erfahrungen konzipiert. Dieser Katalog an Fragen wurde dann durch kritisches Hinterfragen immer weiter reduziert. Im Ergebnis konnten die verbleibenden Fragen den oben genannten drei Kategorien zugeordnet werden. Bestehende vermeintliche Überschneidungen in den Fragen resultieren aus Vertiefungsfragen, die am Ende gestellt wurden. Im Anschluss erfolgte eine erneute Überprüfung hinsichtlich Überschneidungen und Redundanzen. Besonderes Augenmerk wurde auf die Rolle und Fragestellung des Interviewers gerichtet.

---

[3] Vgl. Hoffmann/Engelkamp (2013), S. 5 ff.

[4] Vgl. Froschauer/Lueger (2003), S. 51 ff.

[5] Anmerkung: In der Literatur finden sich, je nach Forschungsrichtung, eine Vielzahl von weiteren Kompetenzklassen.

Durch die bisherige Arbeit des Interviewers als Dozent wurden die Gespräche mit Studierenden regelmäßig mit den Augen der Formatverbesserung gesehen; im Sinne einer Feedbackrunde oder Lessons Learned Session. Daher war die Einnahme einer Metaebene und dem Interesse an Aussagen ohne deren sofortige Bewertung eine notwendige Bedingung. Dadurch sollte vermieden werden, Fragen einzubauen, die das Wissen des Forschers bestätigen bzw. die Analyse manipulieren.

Bei der Formulierung der Fragen wurde darauf geachtet, die Fragen so präzise wie nötig, jedoch für die Beantwortung so offen möglich zu gestalten. Verständnisprobleme – inhaltliche wie sprachliche – waren nicht zu erwarten.

Der Fragebogen wurde dann an forschende Kollegen am Lehrstuhl mit der Bitte um kritische Durchsicht weitergeleitet, die getätigten Anmerkungen flossen ebenfalls in den Fragebogen ein.

Abschließend wurden drei Probeinterviews mit dem Interviewleitfaden geführt. Dabei wurden zwei Interviews mit Personen vor Ort und eines als Videokonferenz durchgeführt. In diesen Interviews wurden kleine Schwächen des Fragebogens bzw. der formulierten Fragestellungen erkennbar. Zum einen bestätigte sich die bereits oben vermutete unklare Deutung des Kompetenzbegriffes, welche in einer notwendigen Anpassung der Fragenformulierung mündete. Zum anderen zeigte sich, wie schon bei der Vorbereitung vermutet, dass eine zentrale Frage fehlte, in der auf Freiheit im Sinne einer Handlungs- und Entscheidungsfreiheit im Seminarverlauf eingegangen wurde. In einem abschließenden Überarbeitungsschritt wurden die Mängel beseitigt.

Weitere Erkenntnisse aus den Probeinterviews waren, dass ein geringerer Zeitbedarf für die Durchführung pro Interview als im Vorfeld angenommen benötigt wurde, und die Notwendigkeit einer stärkeren Interaktion und Rückfragen mit den Interviewpartnern geringer war als ursprünglich eingeplant. Dabei dienten die Rückfragen/Nachfragen immer dem Zweck, bereits getätigte Aussagen inhaltlich zu präzisieren und den Fokus des Interviewten wieder auf die Beantwortung der Frage zu richten.

Nach jedem Interview erfolgte eine obligatorische Phase des Ausklingens mit einem kurzen Feedback und Smalltalk. Dieser Teil wurde nicht aufgenommen oder dokumentiert.

In dem nun folgenden Kapitel sollen die eigentlichen Rahmenbedingungen des Interviews selbst, die Akquise der Interviewpartner und die Interviewregie vorgestellt und beschrieben werden.

2.2.2 Akquise der Interviewpartner und Interviewregie

Im Focus der geplanten Untersuchungssemester liegen die Wintersemester 2020/2021, 2021/2022 und 2022/2023. Die Interviewpartner sind alle persönlich bekannt und konnten im Vorfeld zu dem geplanten Vorhaben angesprochen, informiert und akquiriert werden. Die Studierendengruppe innerhalb eines Seminars setzt sich in der Regel aus drei Masterstudiengängen zusammen. Zum einen der Studiengang »Plurale Ökonomik« (PÖ), dem Studiengang »Management und Märkte« (MM) und dem Studiengang »Entrepreneur and Small and Medium Enterprises Management« (SME). Der Studiengang PÖ steht im besonderen Fokus dieser Forschungsarbeit. Die Gründe liegen in der aktuellen didaktischen Ausrichtung des Studiengangs. Diese Rahmenbedingungen lassen diese Gruppe als sehr attraktiv für die Beantwortung der Forschungsfrage erscheinen, da diese Studierenden ihr Studium mit einer gewissen Freiheit absolvieren dürfen und sollen. Im Rahmen der Leitfadenkonzeptionierung sollte idealerweise ein Leitfaden für alle beteiligten Studiengänge entwickelt und angewendet werden. Aus diesem Grund wurden die Probeinterviews auch mit jeweils einem Studierenden aus den drei Studiengängen durchgeführt. Die zufällig ausgewählten Interviewpartner wurden 14 Tage vor dem Interviewtermin kontaktiert und eingeladen. Die Interviews fanden um 10:00 Uhr morgens in den Räumen der Uni Siegen statt, die Ausnahme bildete ein Interview via ZOOM. Im Nachgang lässt sich festhalten, dass sich inhaltlich (qualitativ) kein Unterschied zwischen den digitalen und physischen Interviews feststellen lässt. Die Dauer für die Interviews wurde auf maximal 60 Minuten geschätzt. Nach den Interviews lässt sich aber festhalten, dass eine Zeit von 40 Minuten ausreichend ist. Als Raum wurde ein heller und freundlicher Konferenzraum gewählt, den die Studierenden bereits aus anderen Veranstaltungen kennen. Für alle Beteiligten wurde Wasser bereitgestellt. Alle Interviews wurden digital aufgezeichnet, um eine gute inhaltliche Verwertbarkeit der Aussagen sicherstellen zu können. Als Aufnahmegerät wurde ein Mobiltelefon (iPhone) verwendet, da die damit erstellten Datensätze problemlos und sicher auf anderen Endgeräten verarbeitet werden konnten.

Nach einer kurzen Einleitung zum Thema der Befragung und den zu erwartenden Inhalten wurden die Interviews gestartet.

Grundsätzlich wurden alle Fragen offen gestellt, um den Interviewten in einen gewissen Redefluss zu bringen. Rückfragen wurden nur sehr dezidiert gestellt, um das Interview in den gewünschten Bahnen zu halten. Alle Interviews liefen nach einem einheitlichen Muster ab, in dem beginnend mit einer Einleitungsphase mit leichten Fragen gestartet wird, auf welches dann ein Hauptteil mit komplexeren Fragen und abschließend eine Ausleitungsphase folgen. Die Moderation erfolgte iterativ von Interview zu Interview, um ein zufriedenstellendes Ergebnis zu erhalten.

Die vorab beschriebene Vorgehensweise konnte zahlreiche Informationen generieren, die wertvolle Erkenntnisse zur Beantwortung der zentralen Forschungsfrage liefern konnten.

2.2.3 Materialaufarbeitung

Die im Rahmen dieses Forschungsvorhabens verwendenden Aufzeichnungen von Interviews wurden in einem ersten Schritt transkribiert und für die Weiterverarbeitung aufbereitet. Im nächsten Schritt erfolgte die Übertragung in die Software für die qualitative Datenanalyse MAXQDA. Die aufgezeichneten Leitfadeninterviews wurden dafür im Vorfeld wörtlich und inklusive verwendeter Füllwörter transkribiert und als Worddateien gespeichert (siehe Anhang). Diese Dateiformate konnten dann in die MAXQDA Software übertragen werden.

Um eine gute Lesbarkeit sicherzustellen, werden die verwendeten wörtlicher Zitate im Rahmen dieser Studie auf ihre wesentlichen Aussageinhalte gekürzt und wiedergegeben.

2.2.4 Materialauswertung

Die Auswertung der vorliegenden Daten erfolgt nach Methoden und Regeln der qualitativen Inhaltsanalyse. Dabei werden die geführten Interviews anhand der strukturierenden qualitativen Inhaltsanalyse sowie die Mitschriften der Workshops und Beobachtungsprotokolle mit Unternehmensvertretern durch eine Weiterentwicklung der Methode der dichten Beschreibung nach Clifford Geertz ausgewertet.

2.2.4.1 Strukturierende Inhaltsanalyse

Das erhobene Datenmaterial in Form der Interviews wird mithilfe der qualitativen Inhaltsanalyse nach Mayring und Kuckartz ausgewertet.[6] Die qualitative Inhaltsanalyse ist eine systematische Auswertungsmethode für Texte innerhalb der der empirischen Sozialforschung, die in der hermeneutischen Tradition steht.[7] Das Material wird dabei als Objektivation der sozialen Wirklichkeit verstanden, dabei

---

[6] Vgl. Mayring (2022), S. 15; Kuckartz/Rädiker (2024), S. VIII.

[7] Vgl. Krüger/Riemeier, 2014, S. 133.

werden die individuellen Vorstellungen des Interviewten zu einem bestimmten Aspekt rekonstruiert.

Mit dem theoretischen Rahmen als Grundlage erfolgt eine Interpretation der Aussagen des Interviewten im Hinblick auf deren Ursprung (Erfahrungen) dieser Vorstellung.[8] So sollen die einzelnen Vorstellungen der Interviewten Personen in zusammenhängende Vorstellungskonstrukte zusammengeführt werden.[9]

Im Rahmen der strukturierenden/fokussierten Inhaltsanalyse werden bei Kuckartz sechs Arbeitsschritte vorgeschlagen.[10] Dabei berücksichtigt dieser auch die Abhandlungen nach Mayring, sodass dieser technisch und formal Berücksichtigung findet.[11] Der Ablauf einer Inhaltsanalyse baut auf die folgenden sechs Schritte auf:

1. Vorbereiten der Daten, organisieren und explorieren
2. Entwicklung eines Kategoriesystems
3. Codieren der Interviews, Basiscodieren
4. Vertiefendes Codieren, Feincodieren
5. Analyse nach dem Codieren
6. Verschriftlichung und Dokumentation des Analyseprozesses[12]

Im Rahmen der Vorbereitung, Organisation und Exploration des vorliegenden Datenmaterials liegt das Ziel in einem Kennenlernen der Inhalte. Dieses erfolgt mit enger Berücksichtigung der Forschungsfrage und hat unter anderem das Ziel die eigenen Gedanken und Annahmen im Vorfeld kritisch zu hinterfragen.[13] Dabei sollen die vorliegenden Interviews gesichtet und selektiv einer genaueren Untersuchung unterzogen werden. Im Ergebnis können dann schon erste Notizen oder Anmerkungen zu Aussagen erzeugt und erste Zusammenfassungen generiert werden.

Im zweiten Arbeitsschritt erfolgt auf Basis des verwendeten Interviewleitfadens die Ermittlung eines ersten Kategoriesystems.[14]

---

[8] Vgl. Mayring, 2010, S. 18.
[9] Vgl. Krüger/Riemeier, 2014, S. 142.
[10] Vgl. Kuckartz/Rädiker (2024), S. XX.
[11] Vgl. Kuckartz/Rädiker (2024), S. XVII.
[12] Vgl. Kuckartz/Rädiker (2024), S. XX.
[13] Vgl. Kuckartz/Rädiker (2024), S. 22.
[14] Vgl. Kuckartz/Rädiker (2024), S. 43.

An dieser Stelle sollten bereits Gütekriterien Berücksichtigung finden. Gütekriterien stellen eine Qualitätssicherung innerhalb der qualitativen Sozialforschung dar.[15] Im Rahmen der durchgeführten qualitativen Forschung dieser Dissertation wurden für die geführten Interviews die folgenden Gütekriterien angewendet:

1. Verfahrensdokumentation
2. Argumentative Interpretationsabsicherung
3. Regelgeleitetheit
4. Nähe zum Gegenstand
5. Kommunikative Validierung
6. Triangulation[16]

Für die inhaltliche Auswertung der Mitschriften aus Gesprächen und Beobachtungsprotokolle als deutende Kulturanalyse nach Clifford Geertz existieren keine expliziten Gütekriterien. Dennoch werden innerhalb der Literatur die folgenden Schritte innerhalb der Analyse angewendet:

1. Berücksichtigung des Kontextes kultureller Praktiken.[17]
2. Start mit einer kurzen inhaltlichen Skizze der beobachteten Begebenheit aus Sicht des Beobachters.[18]
3. Verdichten der Situation und Interpretation aus verschiedenen Perspektiven heraus.[19]
4. Abschluss durch Herleiten einer theoretischen Erklärung der beschriebenen Situation.[20]

Im dritten Schritt erfolgt das Kodieren des vorliegenden Daten- bzw. Textmaterials mit den vorab festgelegten Kategorien. Im Kodieren werden bestimmten Textstellen im Datenmaterial (Aussagen im Interview) Kategorien zugeordnet. Für neue Aspekte innerhalb des Datenmaterials werden zudem neue Kategorien vergeben, dadurch gewinnt die Auswertung an Präzision und Validität.[21]

[15] Vgl. Froschauer/Lueger 2020, S. 201.

[16] Vgl. Mayring, 2023, S. 118.

[17] Vgl. Roidner, (1973), S. 115.

[18] Vgl. Wolff, 2000, S. 89.

[19] Vgl. Geertz, 1983, S. 15.

[20] Vgl. Wolff, 2000, S. 91.

[21] Vgl. Kuckartz/Rädiker (2024), S. 55.

Im vierten Schritt erfolgt erstmalig eine Fokussierung auf die Basiskategorien und den damit verknüpften Textstellen oder wie in diesem Fall Interviewaussagen. Dieses Vorgehen folgt einem strukturierenden Charakter, bei dem die Feinkodierung durch die Bildung von Subkategorien erfolgt.[22]

Die fünfte Phase eröffnet einen großen Raum für weiterführende qualitative Analysen. Dabei lassen sich fall- und kategoriebasierte Analysen unterscheiden. Abgerundet wird diese durch die Möglichkeiten der Visualisierung und weiterführender Diagnosefunktionen.[23]

Die Verschriftlichung und Dokumentation des Analyseprozesses bilden als sechste Phase den Abschluss. Der Fokus liegt hier in der Erstellung eines Berichtes auf Basis der vorangegangenen qualitativen Forschung. Zitate der befragten Personen tragen dabei zur Plausibilisierung der Ergebnisse bei. Innerhalb der Dokumentation des Analyseprozesses erfolgt zudem die Offenlegung und Begründung des Forschungsprozesse, sowie des Kategoriesystems mit seinen Definitionen.[24]

2.2.4.2 Dichte Beschreibung

Auf Seite der untersuchten Unternehmen und Organisationen als soziale Systeme wurde durch ein einheitliches schriftliches Verfahren (Protokoll) über einen Zeitraum von drei Jahren die Abschlusspräsentation mit Studierendengruppen, sowie die geführten Abschlussgespräche mit Unternehmens-/Organisationsvertretern dokumentiert. Innerhalb dieser Arbeit werden drei dieser Datensätze durch eine weiterentwickelte Methode der dichten Beschreibung nach Clifford Geertz analysiert. Dabei wird das, was in einem sozialen System passiert, beobachtet, beschrieben und interpretiert; dieses alles geschieht auf Basis eines beobachteten und vorhandenen Selektionsvermögen.[25] Die Interpretationscodes werden dabei aus den geführten Gesprächen selbst generiert, die geführt wurden. Ziel ist dabei eine Horizonterweiterung, die über den der Sinnproduzenten hinausgeht und damit mit einer eigenverantwortlichen Unterscheidungs- und Bezeichnungsfähigkeit des Beobachters einhergeht.[26] Geertz misst dabei der Rede metaphorische Bedeutung in der Rede des Beobachters zu. Damit ist soziale Kommunikation ein verschlüsseltes Bild oder symbolische Kommunikation und beschreibt den

---

[22] Vgl. Kuckartz/Rädiker (2024), S. 68.

[23] Vgl. Kuckartz/Rädiker (2024), S. 110.

[24] Vgl. Kuckartz/Rädiker (2024), S. 122.

[25] Vgl. Daub (2017), S. 51.

[26] Vgl. Ellrich (1999), S. 148.

beobachtenden Beobachter.[27] Beschreibungen oder Geschichten sind somit auf der einen Seite Beobachtungsbeschreibungen, und auf der anderen Seite Interpretationsleistungen, die letztlich auf nichts anderes als Unterscheidungsverhältnisse von sozialen Systemen Bezug nehmen.[28]

Die Präsentation der Studierendengruppe erfolgt am Ende eines Semesters in den Räumen des beforschten Unternehmens/Organisation. Dabei werden den Unternehmensvertretern die Ergebnisse der Untersuchung in Form einer Präsentation vorgestellt. Die Studierendengruppe präsentiert neben den Ergebnissen zu den einzelnen Bereichen auch Vorschläge für die Verbesserung eines negativ bewerteten vorgefundenen Zustands. Dieses erfolgt immer in der identischen Reihenfolge (Unternehmenskultur allgemein, Führungs-, Motivationskultur, sowie die Mitarbeiterweiterbildung und -förderung). Im Anschluss findet eine Diskussion der Ergebnisse statt. Dabei haben die Unternehmensvertreter die Möglichkeit Rückfragen an die Studierendengruppe zu stellen.

Einige Wochen nach der Ergebnispräsentation erfolgt ein Workshop mit dem Dozenten und Unternehmensvertretern. Dabei wird durch den Dozenten noch einmal im Detail auf die Ergebnisse der Kulturanalyse und den möglichen Ansätzen für Verbesserungen oder Korrekturen, beispielsweise bei der Motivationskultur der Mitarbeiter, gesprochen. Der Workshop erfolgt auch hier nach einem festgelegten protokolierten Ablauf. Die Anmerkungen und Rückfragen der Unternehmensvertretern werden dabei in einen Text überführt und somit dokumentiert.

Die Mitschriften der Workshops und Beobachtungsprotokolle werden mithilfe der dichten Beschreibung nach Clifford Geertz analysiert. Bei der Anfertigung dichter Beschreibungen werden die drei Phasen Beschreibung, Interpretation und Deutung durchlaufen.[29]

Im Rahmen dieser Arbeit erfuhr die oben beschriebene Methode eine Weiterentwicklung. Dabei werden die drei Phasen der Beschreibung, Interpretation und Deutung in einen eigenen Analyseprozess überführt. Dieser Analyseprozess soll anhand eines Dreiklangs aus Situation, Interventionsmethode und Ergebnis durchgeführt werden und sich stärker auf den Ursache-Wirkungs-Zusammenhang beziehen. Dieser steht wiederum in direktem Zusammenhang mit den Kompetenzen der Studierenden und den daraus abgeleiteten Interventionsformen innerhalb der sozialen Systeme.

[27] Vgl. Daub (2017), S. 52.

[28] Vgl. Schmidt (2003), S. 122.

[29] Vgl. Bausch 2023, S. 82.

Die dichte Beschreibung entsteht dabei aus dem Zusammenspiel von Beschreiben und Verstehen und erfolgt immer aus der Perspektive des sozialen Systems selber.[30] Dabei reichen Wahrnehmungen einer sozialen Interaktion nicht aus, auch die Wahrnehmungen müssen eine Interpretation erfahren.[31] Für die Analyse der Protokolle bedeutet das die Berücksichtigung aller das soziale System betreffenden Perspektiven, wie beispielsweise der umgebenden Umwelt, der Positionen im Unternehmen, oder der Motivation. Zentral ist die eigene Reflexivität des Forschenden. Durch die hermeneutische Denkweise, bei der Protokolle als Texte als Ausdruck menschlichen Diskursen, Praktiken und Verhalten zu deuten ist, lässt sich im Umkehrschluss die Reaktion des sozialen Systems auf die Interventionen Kultur durch Diskurse, Praktiken und Verhalten lesen und interpretieren.[32]

Dafür werden die teilweise stichpunktartigen Mitschriften und Protokolle in eine ausführliche Textform gebracht und interpretiert. Die erste Ebene stellen die Informationen erster Ordnung dar, sie sind die Informationen der Unternehmen-/ oder Organisationsvertreter selbst. Diese können nur von Beteiligten des sozialen Systems selbst formuliert werden.

Die zweite Ebene sind Informationen in Form von Interpretationen, die Unternehmen-/oder Organisationsvertreter als Teil ihres sozialen Systems selbst vornehmen; diese sind durch deren Wahrnehmungen geprägt und dürfen daher nicht mit einer Realität verwechselt werden. Sie bilden damit die zweite Ordnung.

Informationen der dritten Ordnung sind all die Interpretationen, die durch den Forschenden selbst, im Zuge der Interpretation der Unternehmen-/oder Organisationsvertreter, interpretiert werden.[33]

Die Analyse der dichten Beschreibung dient zudem der Triangulation als Gütekriterium der hier angewendeten qualitativen Forschung, da sie dabei hilft, die analysierten Aussagen der Interviews aus der Perspektive der sozialen Systeme zu überprüfen.

[30] Vgl. Geertz (1974), S. 54.

[31] Vgl. Bausch (2023), S. 82.

[32] Vgl. Geertz (1974), S. 15.

[33] Vgl. Bausch (2023), S. 88.

Konzeptioneller und theoretischer Bezugsrahmen 3

3.1 Lehren und Lernen – eine Übersicht

Seit Anbeginn der Menschheit ist das Dasein des Menschen geprägt vom Lehren und Lernen. Beginnend mit seiner Geburt durch die Verbindung von Eltern und Kleinkind, im Kindergarten von Erziehern und Kindergartenkind, später in der Schule zwischen Lehrern und Schülern, ggf. im Studium mit Dozenten und Studierenden, der Erwerbstätigkeit und im weiteren Leben bei jedwedem Umgang mit Menschen.

Die heutigen Gesellschaftsformen und der Einfluss immer neuerer technologischer, sozialer oder ökologischer Entwicklungen haben eine kontinuierliche Weiterentwicklung vom Wissen über Lehren und Lernen eines Menschen zur Folge. Die Herausforderung in der aktuellen Bildungslandschaft liegt darin, neben den aktuellen und ergiebigen Quellen für Wissen, wie beispielsweise dem Internet, den Fokus nicht mehr nur auf die reine Wissensweitergabe zu richten, sondern diesen zu erweitern und die lernenden Studierenden in ihrem Prozess des Lernens durch adäquate Hilfen, wie beispielsweise zielführende Lehrmethoden oder Interventionen zu unterstützen.[1]

Im folgenden Kapiteln werden in einem ersten Schritt die Begriffe »Lehren« und »Lernen« abgegrenzt, die historische Entwicklung der Lehr-Lern-Theorie betrachtet und dessen Bedeutung für diese Arbeit diskutiert.

[1] Vgl. Böss-Ostendorf/Senf (2014), S. 14.

R. Kebbekus, *Bildung für Transformationsprozesse*,
https://doi.org/10.1007/978-3-658-47589-5_3

3.1.1 Begriffsbestimmung Lehren

Es existieren in der Literatur zahlreiche unterschiedliche Theorien und Auffassungen über das Lehren. Lehre kann dabei in verschiedenen Formen vollzogen werden, mit Fokus auf das Thema dieser Arbeit soll hier nicht eine allumfassende Aufarbeitung des Lehrbegriffs erfolgen, sondern eine zielführende Betrachtung der für diese Arbeit wichtigen Forschungsfelder und deren Entwicklung.

Lehren kann aus der pädagogischen, sowie der lernpsychologischen Perspektive betracht und diskutiert werden. Wobei sich die pädagogische bzw. didaktische Perspektive verstärkt mit Lernzielen und -inhalten, der Betrachtung der bildungstheoretischen und -soziologischen Bedingungen, sowie die Implikationen von Schule und Unterricht auseinandersetzt.[2] Die psychologischen Theorien des Lehrens beschreiben und erklären hingegen auf Basis von behavioristischen, kognitivistischen oder konstruktivistischen Grundannahmen die Wirksamkeit des Unterrichts.[3]

Wichtiges Forschungsfeld ist dabei die Lehr-Lern-Forschung der pädagogischen Psychologie.[4] Darin werden allgemein- und entwicklungspsychologische, sowie neurowissenschaftliche Erkenntnisse über Lernen und Entwicklung integriert.[5]

Mit der Beschreibung und Erklärung des Lehrhandelns, des Unterrichtgeschehens, sowie der Analyse von Lernprozessen seitens des Lernenden liegt ihr Fokus auf dem Individuum und dessen Interaktion in pädagogischen Situationen.[6]

3.1.1.1 Lehren aus pädagogischer Perspektive

Seinen etymologischen Ursprung hat der Begriff aus dem gotischen *»laisjan«* für Wissen machen. Im althochdeutschen *»lēra«* bedeutete der Begriff unter anderem Wissen und Erkenntnisse zu vermitteln.[7]

Seit dem Altertum wird Lehren und Lernen „[…] als das gemeinsame [...] Handeln zweier (oder mehrerer) Partner verstanden, durch das wenigstens einer

[2] Vgl. Hasselhorn/Gold (2013), S. 230.

[3] Vgl. Hasselhorn/Gold (2013), S. 228.

[4] Anmerkung: Die Begriffe Instruktionspsychologie und Pädagogischen Psychologie sind gleichbedeutend und werden daher häufig synonym verwendet.

[5] Vgl. Hasselhorn/Gold (2013), S. 229.

[6] Vgl. Hasselhorn/Gold (2013), S. 230.

[7] Vgl. Schröder (2002), S. 63, Kluge (1989), S. 435; Pfeifer (1993), o.S.

von ihnen sich Lerngegenstände in Form von praktischen oder theoretischen Fertigkeiten aneignet“[8].

In seinem Wörterbuch der Pädagogik definiert Böhm: „Lehren als die Weitergabe von Wissen, Erfahrung und Überzeugung an eine oder mehrere Personen“ [9].

Etwa bis in die Mitte des 20. Jahrhunderts dominierten Reiz-Reaktions-Theorien und demzufolge die Lehrmeinung es genüge eine gut gestaltete Lehrsituation, um die Lernenden zum gewünschten Verhalten (dem Lernen) zu bringen.[10] Da zu dieser Zeit noch keine fundierten Lehrtheorien existierten, wurde nach Skinner zwischen der »Theorie des Lernens« und der »Kunst des Lehrens« unterschieden.[11] Dem folgte unter dem Einfluss des amerikanischen Psychologen und Pädagogen Robert Gagné die technologische Disziplin des Instructional Design.[12] Diese hatte den Anspruch auf Basis ihrer behavioristischen Wurzeln Ergebnisse der Lernforschung in Vorlagen für eine neues Design von Lernumgebungen zu übertragen.[13] In den folgenden Jahre folgte dann eine stetig wachsende Zuwendung zu kognitiven Theorien des Lernens.[14] In der Neuzeit erweitern psychologische Theorien der situierten Kognition aufbauend auf dem Instructional Design neue Perspektiven mit sozialem Handeln in authentischen Lernsituationen den bestehenden Katalog an Theorien.[15]

In der Moderne ist Lehre ein umfassender Begriff der Didaktik, der Verhalten beschreibt, bei dem Erfahrungen mit dem Ziel vermittelt werden, Lernen als Ergebnis zu fördern.[16] Lehren ist somit nur mit Lernen denkbar. Lehren ermöglicht einem weiteren Individuum sich Fähigkeiten anzueignen oder insbesondere eine Tätigkeit nachzuahmen. Darauf aufbauend lassen sich zwei weitere Merkmale herleiten, die später von Bedeutung sind, zum einen die Differenzierung zum Lernen, bei der das Lehren absichtlich und bewusst im Gegensatz zum oftmals unbewussten Lernen vollzogen wird. Zum anderen besteht die Absicht der Lehre

[8] Seel (2003), S. 26.

[9] Böhm/Seichter (2018), S. 300.

[10] Vgl. Seel (2003), S. 26.

[11] Vgl. Skinner (1954), S. 86 ff.

[12] Vgl. Niegemann et al. (2004), S. 19.

[13] Vgl. Seel (2003), S. 27.

[14] Vgl. Tennyson (1997), S. 56 f.

[15] Vgl. Seel (2003), S. 27.

[16] Vgl. Schröder (2002), S. 59.

eine Lernwirksamkeit zu erlangen, sie ist also lernorientiert.[17] Diese Lernwirksamkeit als das gewünschte Ergebnis von Lehre kann dabei nur im Rahmen von Bedingungen, wie beispielsweise dem Lernumfeld, der Stoffaufbereitung usw. vom Lehrenden angeboten bzw. dargebracht werden; ob der Lernende dieses Angebot annimmt, ist ihm überlassen.

Nach Hartwig Schröder hat Lehren zudem eine Dienstfunktion, womit er eine „[...] lernwirksame Auseinandersetzung mit den Gegebenheiten dieser Welt“[18] versteht. Weiter nennt er dabei drei wichtige Funktionen des Lehrens:[19]

1. *Initiierungsfunktion*, bei der eine begünstigende Anregung und Mobilisierung den Lernenden dazu animiert, sich mit der Situation lernend auseinanderzusetzen.
2. *Übermittlungsfunktion*, bei der durch didaktisches Umformen oder Aufbereiten von Inhalten durch geeignete Medien Erfahrungen beim Lernenden bewirkt werden sollen.
3. *Stabilisierungsfunktion*, bei der durch geeignete methodische Gestaltung von Erprobungs- und Übungsphasen das Gelernte gegen das Vergessen abgesichert werden soll.

Dem Lehrprozesse unterliegen zudem verschiedener Faktoren, welche direkte Auswirkungen auf seinen Verlauf und seine Effektivität haben. Dazu gehören nach Schröder:[20]

1. Individuelle Fähigkeiten des Lernenden – Interessen, Fähigkeiten
2. Fähigkeiten des Lehrenden – Motivationsfähigkeit, Art der Vermittlung
3. Arten von Lehrzielen – Einsicht, Entfaltung von Fähigkeiten
4. Lehrinhalte – Lehrstoffe
5. Lehrmethode – darbietend, erarbeitendes, exemplarisch Lehren

3.1.1.2 Formen des Lehrens

Der Ursprung des Lehrens im klassischen Sinne kann im »sokratischen« Lehren als dialogische Lehrweise des Sokrates ausgemacht werden. In Platons überlieferter Auffassung, dass alles Wissen als »Idee« bereits angelegt ist, wird Wissen nicht von extern in den Menschen hineingebracht, sondern folgt der Logik des

[17] Vgl. Schröder (2002), S. 60.

[18] Schröder (2002), S. 60.

[19] Vgl. im Folgenden Schröder (2002), S. 60.

[20] Vgl. Schröder (2002), S. 61.

Wiedererinnerns an etwas Vergessenes.[21] Ziel des Lehrers ist die Erweckung der Idee zu wahrer Erkenntnis und zu Wissen.

Josef Dolch nimmt 1971 auf Basis der Dominanz der Lehrer-Schüleraktivität eine Dreiteilung der Lehrformen in darbietend-gebende Lehrform, herausholend-erörternde Lehrform, sowie anreizend-aufgebende Lehrform vor.[22] Daraus habe sich im Zeitverlauf das darbietende Lehren und erarbeitendem Lehren weiterentwickelt. Mit dem Fokus auf das schulische Lehren können die fünf folgenden Lehrformen aufgezeigt werden.[23]

Bei der *darbietend-gebende Lehrform* übernehmen beispielsweise das Vorzeigen, Erzählen, und Aufzählen als Vermittlungsformen die Vermittlung von Wissen und nutzen somit den Grundsatz der Anschauung als zentrale Grundlage des Lehrens.[24] Diese Form des „[...] Lehrens vollzieht sich als sinnenfällige, sachbezogene und demonstrative Lehrform [...], die eine sehr geringe Aktivität des Lernenden bedarf, bei der allerdings der [Lernende] kaum eigene Aktivitäten zeigen kann“ [25]..

Bei der Form des *erarbeitenden Lehrens* gilt die Aktivierung des Lernenden als wichtige Prämisse. Der Lernende soll durch die persönliche und unmittelbare Beschäftigung mit einer Begebenheit (Bildungsinhalt) eigene Erfahrungen sammeln und durch seine Involviertheit lernen eine Begebenheit auch zukünftig lösen zu können.[26] Der Gruppenunterricht ist dabei die am stärksten verbreitete Form des erarbeitenden Lehrens, da durch die Involviertheit der einzelnen Gruppenmitglieder im Umgang mit der Aufgabe auch die Sozialerfahrung untereinander entwickelt werden soll.[27]

Das *exemplarische Lehren* zeichnet sich durch seinen engen Bezug zur kategorialen Bildung aus, bei dem „[...] der im Bildungsinhalt (Stoff) wirksame Bildungsgehalt die Kategorien (Bestimmungsprinzipien) der Welt und des Erkennens [...]“[28] erschließt. Im Ergebnis formiert sich Bildung aus dem sich wechselseitigen Erschließen vom Menschen und seiner Welt.[29]

---

[21] Vgl. Schröder (2002), S. 61.

[22] Vgl. Dolch (1971), zitiert bei Schröder (2002), S. 61.

[23] Vgl. Schröder (2002), S. 61.

[24] Vgl. Schröder (2002), S. 61.

[25] Schröder (2002), S. 61.

[26] Vgl. Schröder (2002), S. 63.

[27] Vgl. Schröder (2002), S. 63.

[28] Klafki (1964), zitiert bei Schröder (2002), S. 63.

[29] Vgl. Schröder (2002), S. 65.

Vorrangiges Ziel des exemplarischen Lehrens ist die Kürzung der Stoffmenge auf deren bildungswirksamen Inhalte, bei einhergehender Steigerung der Bildungswirksamkeit.

Somit tritt die Stoffmenge für Repräsentativität, sowie das Allgemeingültige und Grundsätzliche in den Hintergrund.[30] Klafki schreibt dazu „Am potentiellen Thema müssen sich allgemeinere Zusammenhänge, Beziehungen, Gesetzmäßigkeiten, Strukturen, Widersprüche, Handlungsmöglichkeiten erarbeiten lassen.“[31] Beispiele stehen so als Vertreter für eine große Zahl gleichartiger Problemstellungen und reduzieren mit dem Fokus auf die allgemeine Gültigkeit die Notwendigkeit alle Eventualitäten und Ausprägungen lernen zu müssen. Umgesetzt wird dieses durch das „[...] Prinzip der quantitativen Reduktion und der qualitativen Verdichtung“[32].

Das exemplarische Lehren setzt die Leistung des Transfers – als die Fähigkeit Gelerntes auf ähnliche Situationen anwenden zu können – seitens des Lernenden voraus.[33]

Programmiertes Lernen zeichnet sich durch einen exakt vorgeplanten Unterrichtsverlauf, die Einteilung der Lerninhalte in einzelne Lernschritte, Berücksichtigung der Lerngeschwindigkeit mit einhergehender Anpassung der Lernschritte, Einbindung des Lernenden durch Fragen im Ablauf der Lernschritte, sowie der Spiegelung des Lernerfolgs in Richtung des Lernenden aus.[34] Entscheidenden Einfluss auf die Weiterentwicklung der von *Sidney Leavit Pressey* gegen 1926 begründeten Lehrtheorie hatte *Burrhus Frederic Skinner*, mit der *constructed response*, bei der die Lernenden ihre Antworten selber formulieren und nicht wie bisher aus Antworten auswählen mussten.[35] In der heutigen Zeit findet sich programmiertes Lernen in interaktiven Lernformen, sowie in EDV gestützten Unterrichtsformaten wieder.

Im Rahmen *des fächerübergreifenden Lehren* wird ein Unterrichtsinhalt auf unterschiedliche Unterrichtsfächer verteilt, so kann eine zentrale Fragestellung wie beispielsweise die »Reduzierung des Energieverbrauchs eines Wohnhauses«

---

[30] Vgl. Schröder (2002), S. 63.

[31] Klafki (1999), S. 21.

[32] Kaiser/Kaiser (1998), 292 f.

[33] Vgl. Schröder (2002), S. 64.

[34] Vgl. Schröder (2002), S. 64.

[35] Vgl. Skinner (1954), S. 86 ff.

auf elementare physikalische, aber auch auf mediale und kommunikationsfokussierte Lehrangebote ausgedehnt werden.[36] Im Ergebnis sollen neben dem Erkennen von sinnvollen Zusammenhängen, sowie der Kompetenz einen Sachverhalt auch in übergeordneten Strukturen verorten zu können, soll die soziale Entwicklung forciert werden.[37] Es existieren bei Schröder zudem weiter Lehrformen, wie das kreative Lehren, oder das Lehren durch das Internet.

In der Literatur finden sich weitere Lernformen, zum einen das »fächerintegrierende Lehren«, das »erfahrungsbezogene Lehren«, sowie das »erfahrungsvermittelnde Lehren«.[38] Gemeinsam ist diesen Lehrformen ihre unscharfe Abgrenzung voneinander, da diese integrativ miteinander verschmelzen.[39]

Eine weitere Klassifizierung von Lehrformen nach der »Vermittlungstechnik«, sowie der »Vermittlungshilfen« findet sich bei Bönsch, er definiert des »Problematisieren«, als Versuch, Lernende und Lerninhalt zusammenzubringen, um das Interesse des Lernende anzuregen, sowie das „Strukturieren« im Sinne des Ordnens und Systematisierens.[40]

3.1.1.3 Lehren aus Sicht der pädagogischen Psychologie

Seit Beginn der Psychologie als wissenschaftliche Disziplin befasste sich diese auch mit dem menschlichen Lehren und Lernen. In der pädagogischen Psychologie sind die beiden Begriffe Lehren und Lernen traditionell eng miteinander verknüpft. Ein Grund dafür liegt in der Überschneidung der pädagogischen und kognitiven Psychologie. Die Theorien und Modelle des Lehrens sind sowohl in der allgemeinen Didaktik als auch durch die empirischen Lehr-Lern-Forschung in der pädagogischen Psychologie entwickelt worden.[41]

Die Entwicklung von Theorien und Modellen erfolgt in vielen Teilen deckungsgleich zur didaktischen und pädagogischen Sichtweise, daher decken sich die Ausführungen bisweilen, sollen aber der Vollständigkeit halber dennoch mit einem psychologischen Fokus aufgeführt werden. Bis weit über die Mitte des 20. Jahrhunderts waren es die Reiz-Reaktions-Theorien, die prägend für die pädagogische Psychologie waren. Seinerzeit war man der Meinung, dass eine gut gestaltete Lernsituation ausreichen würde, um einen Lernenden zu jedem

[36] Vgl. Schröder (2002), S. 66.
[37] Vgl. Schröder (2002), S. 64.
[38] Vgl. Ragaller (2000), 188 ff.
[39] Vgl. Schröder (2002), S. 66.
[40] Vgl. Bönsch (2000), S. 28 f.
[41] Vgl. Hasselhorn/Gold (2013), S. 228.

gewünschten Verhalten zu bewegen.[42] Aufgrund fehlender Lehrtheorien wurde nur zwischen der »Theorie des Lernens« und der »Kunst des Lehrens« differenziert.[43] Grundsätzlich wird in der pädagogischen Psychologie unter dem Begriff der Instruktion, die Anleitungs-, Darbietungs- und Steuerungskomponente einer Lehrperson hervorgehoben.[44]

Hasselborn und Gold definieren Lehren als „[...] ein methodisches Vorgehen, das explizit und bewusst, absichtlich und geplant eingesetzt wird, um erfolgreiche Lernvorgänge unterschiedlicher Art auszulösen oder zu beeinflussen"[45]. Im pädagogischen Kontext geht es dabei um die Aneignung von Fähigkeiten und Kenntnissen, sowie eine Entwicklung von Interesse.[46] Zentrale Unterscheidungsmerkmale der Psychologie zur allgemeinen Didaktik, bzw. den Fachdidaktiken liegen im Interesse an dem Individuum begründet. Dabei steht die Interaktion des Lehrenden, sowie die Erklärung des Unterrichtsgeschehens und der Lernprozesse seitens des Lernenden im Fokus.[47]

Wie schon oben angemerkt ist die Lehr-Lern-Forschung eng mit der pädagogischen Psychologie verbunden. Im Kern sollen darin die Gesetzmäßigkeiten der Lehre und Lernens gefunden werden. In seinen Anfängen galt es damals »den guten Lehrer« zu finden und Antworten auf zwei Fragen zu erhalten, zum einen nach den Resultaten guten Unterrichts, und zum anderen nach den dafür notwendigen Mitteln.[48] Die frühen Forschungsergebnisse werden heute als *Produkt-Forschung* bezeichnet.[49] Weil sich die Ergebnisse empirisch nicht belegen ließen, folgte 1986 die Prozess-Produkt-Forschung als neuer Ansatz, bei dem sich mehr am Unterrichtsgeschehen orientiert und mit dem Lernerfolg des Lernenden in Verbindung gebracht wurde.[50]

Eine neue Denkweise brachte Robert Gagné, der die technologische Disziplin des Instructional Design etablierte.[51] Diese hatte den Anspruch auf Basis ihrer behavioristischen Wurzeln Ergebnisse der Lernforschung in Vorlagen für

---

[42] Vgl. Seel (2003), S. 26.

[43] Vgl. Skinner (1958), S. 86 ff.

[44] Vgl. Hasselhorn/Gold (2013), S. 228.

[45] Hasselhorn/Gold (2013), S. 229.

[46] Vgl. Hasselhorn/Gold (2013), S. 228.

[47] Vgl. Hasselhorn/Gold (2013), S. 229.

[48] Vgl. Hasselhorn/Gold (2013), S. 230.

[49] Vgl. Gage (1963), o.S.; Rosenshine/Furst (1973), o.S.

[50] Vgl. Brophy/Good (1986), o.S.

[51] Anmerkung: Siehe hierzu Kapitel 3.3.4.1. und 3.3.4.2. in dieser Arbeit.

eine neues Design von Lernumgebungen zu übertragen.[52] Ihr Fokus lag auf der Wirksamkeit von Lehr- und Lernprozessen.[53] Die in den Anfängen des Instructional-Design-Modelle waren stark technologisch orientiert und hatten nach heutigem Verständnis ein naives mechanisches Verständnis vom Lehren und Lernen.[54] Das Instructional-Design lässt sich in ein *behavioristisch orientiertes* und *kognitionspsychologisch fundiertes* Modell differenzieren.

3.1.1.3.1 Behavioristisch orientiertes Instructional-Design-Modell

Das von John Caroll entwickelte *behavioristisch orientiertes Instructional-Design-Modell* setzt die Lernzeit in den Mittelpunkt.[55] Dabei betrachtete er den Lernerfolg eines Lernenden als Funktion (Lernerfolg = aktive Lernzeit / benötigte Lernzeit), dabei bildet als Lernvoraussetzung, also die Komplexität der Aufgabenstellung, sowie die kognitive Fähigkeit des Lernenden dem Unterricht folgen zu können, die Einflussfaktoren auf die Lernzeit aus.[56] Somit hat die Qualität des Unterrichts einen entscheidenden Einfluss auf den Lernerfolg, dem Lehrenden fällt dabei die enge Begleitung des Lernprozesses durch Interaktion mit dem Lernenden in Form von Bekräftigungen, Verstärkungen und Rückmeldungen zu.[57] Caroll nennt weiter die Unmissverständlichkeit der Begriffe und Erläuterungen, die Strukturierung von Inhalten, ein hohes Maß an Wiederholungen, sowie das praktische Üben als Ausprägungen guten Unterrichts.[58]

Eine Weiterführung des Modells erfolgte durch Bloom, der die Merkmale guter Unterrichtsqualität weiter ausführt und auf das Konzept des zielerreichenden Lernens aufsetzt.[59] Der Lehrende soll dabei den zu vermittelnden Unterrichtsstoff schrittweise vorstellen und regelmäßig nach jeder Unterrichtssequenz Rückmeldung an den Lernenden geben. Lernende, die das Lernziel nicht erreicht haben, werden mit zusätzlichen Übungen und Anweisungen gefördert, bis die gesetzten Lernziele erfüllt werden.[60] Als problematisch stellte sich die Abhängigkeit von der Qualität des Lehrendenfeedbacks, sowie der spezifischen Leistungsanforderungen an die Lernenden heraus, dabei wurden leistungsstarke

[52] Vgl. Vgl. Seel (2003), S. 27.
[53] Vgl. Lipowsky (2015), S. 71.
[54] Vgl. Reinmann-Rothmeier/Mandel (2001), S. 627.
[55] Vgl. Caroll (1963), S. 724.
[56] Vgl. Lipowsky (2015), S. 72.
[57] Vgl. Caroll (1963), S. 730.
[58] Vgl. Caroll (1963), S. 730.
[59] Vgl. Bloom (1971), S. 50 ff.
[60] Vgl. Bloom (1971), S. 57.

Lernende durch die hohe Anzahl von Wiederholungen in ihrem Fortschritt gehemmt.[61] In der praktischen Umsetzung waren zudem die Einteilung des Lernstoffs in kleine Einheiten, die eher passive Rolle der Lernenden, sowie der hohe zeitliche Aufwand für die regelmäßigen Angleichung der Lernziele aller Lernenden problematisch.[62]

3.1.1.3.2 Kognitionspsychologisch fundiertes Instructional-Design-Modell

David Ausubel ist der Ansicht, dass die kognitive Struktur von Menschen hierarchisch geordnet ist, dabei ist sie in Ebenen unterteilt.[63] Auf oberen Ebene finden sich allgemeinere Begriffe und Konzepte, die sich weiter nach unten in individuellere Bedeutungen und Konzepte segmentieren. Lernen gelingt nur, wenn neues Wissen in diese Strukturen integriert werden kann. Er schlägt dafür Prinzipien vor, mit denen dieses gelingen soll; der Lehrende spielt dabei eine zentrale Rolle:[64]

1. Advance Organizer: Strukturierung des Unterrichtsgegenstandes und damit Möglichkeiten der gedanklichen Verankerungen
2. Deduktives Vorgehen: Vom Allgemeinen zum Speziellen
3. Integrative Aussöhnung: Beziehungen, Ähnlichkeiten und Unterschiede in Bezug auf inhaltliche Aspekte verdeutlichen
4. Sequenzielle Organisation: Lehrperson verdeutlicht die Abhängigkeiten zum besseren Lernen.
5. Verfestigung: Breit angelegte Übungen und Wiederholungen

Bruner hält es dagegen für zielführender die Lernenden in einem ersten Schritt mit Einzelfällen bestimmter Aufgaben zu konfrontieren, um sich darauf aufbauend weiterführende Zusammenhänge zu erschließen.[65] Sie sollen so zu den Erbauern ihrer eigenen Lernprozesse werden, dem Lehrenden soll dabei die Rolle des zurückgenommenen Moderators zuteilwerden, der die Lernenden zum Entdecken animiert bzw. anleitet.[66]

---

[61] Vgl. Arlin (1984), S. 82.

[62] Vgl. Lipowsky (2015), S. 72.

[63] Vgl. Ausubel (1974), o.S.

[64] Vgl. Lipowsky (2015), S. 72.

[65] Vgl. Bruner (1961), S. 24.

[66] Vgl. Bruner (1961), S. 30.

Bis heute halten die fachlichen Diskussionen zwischen Vertretern der Cognitive-Load-Theorie und Anhängern des problemorientierten Lernens an. Streitpunkt ist dabei die Menge an Lernlenkung und Strukturierung durch den Lehrenden.[67] Neuere Forschungsergebnisse zeigen, dass entdeckende Lernumgebungen dem Einsatz lehrergelenkten Ausführungen nicht unbedingt unter- oder überlegen sind. Wichtige Einflussfaktoren sind vielmehr die Lernvoraussetzungen der Lernenden, die Merkmale der Lernumgebung, der Grad der Strukturierung, sowie die intendierten Kompetenzen.[68]

Entdeckendes Lernen ist besonders effektiv, wenn der Unterrichtsstoff strukturiert ist, die Lernenden ermutigt werden, ihre erarbeiteten Lösungen oder Inhalte der Gruppe anhand von Beispielen und möglichen Lösungen zu erklären, und der Lehrende zielgerichtetes Feedback gibt.[69]

3.1.1.3.3 Situierte Kognition und Konstruktivismus

In der Neuzeit erweitern psychologische Theorien der »situierten Kognition« aufbauend auf dem Instructional Design neue Perspektiven mit sozialem Handeln in authentischen Lernsituationen die bestehenden Theorien.[70]

Die vorab umrissenen Entwicklungen der Lehr-Lern-Forschung mit ihren kognitionspolitischen Grundannahmen hatten sich an einer regelhaften und symbolischen Verarbeitung von Informationen orientiert, also dem Lehren von sachlogischen Inhalten des Lerngegenstandes als Grundlage. Mit dem Konstruktivismus setzte ein Perspektivwechsel ein, der die Selbststeuerung und Eigenverantwortung des Lernenden in den Fokus der Forschung brachte.[71] Fortan wurden offene Lernumgebungen generiert, die Lernen in einem authentischen Handlungsraum ermöglichen sollten.[72]

Der Begriff des Konstruktivismus wird in vielen unterschiedlichen Zusammenhängen und in verschiedenen wissenschaftlichen Disziplinen gebraucht. Für diesen Teil der Arbeit soll es auf die lernpsychologische Bedeutung reduziert werden. Der Einfluss der konstruktivistischen Sichtweise nahm seit den 1990er

---

[67] Vgl. Hmelo-Silver et al. (2007), o.S; Kirschner et al. (2006), o.S; Schmidt et al. (2007); o.S.

[68] Vgl. Hasselhorn/ Gold (2013), S. 234.

[69] Vgl. Alfieri et al. (2011), S. 2 ff.

[70] Vgl. Seel (2003), S. 27.

[71] Vgl. Hasselhorn/Gold (2013), S. 236.

[72] Vgl. Hasselhorn/Gold (2013), S. 230.

Jahren stetig zu. Im Zusammenhang mit Lernumgebungen, die auf konstruktivistischen Annahmen aufbauen, werden häufig die Begriffe des situierten und problemorientierten Lernens zusammengefasst.[73]

Im Gegensatz zur vorherigen Orientierung der Lerngegenstandorientierung und der Vorstellung Lerninhalte als Wissenspakete vom Lehrenden zum Lernenden übertragen zu können, geht das konstruktivistische Paradigma davon aus, dass Lernen kontextgebunden und individuell vollzogen wird.[74] Diese Art des Lernens kann lediglich durch Aktivitäten des Lehrenden begleitet, jedoch keinesfalls geplant und überwacht werden.[75]

Die konstruktivistische Forschungsmeinung fußt auf der Annahme „[...] eines selbstgesteuerten, auf Eigentätigkeit beruhenden, individuell unterschiedlich verlaufenden und meist in sozialen Kontexten verankerten Lernprozesses“[76].

Eric De Corte bietet eine umfassendere Definition des konstruktivistischen Lernens.[77] Er beschreibt es als einen Prozess, der konstruktiv, kumulativ, selbstgesteuert, situationsbezogen und individuell differenziert ist, wobei gleichzeitig der Austausch mit anderen notwendig ist. Dieser Prozess umfasst die Ansammlung von Wissen sowie die Bildung von Zuschreibungen und Bedeutungen.

Grundsätzlich übernimmt der Unterricht, mithilfe eines Lehrenden, die Rolle einer Lernumgebung, innerhalb derer Lernen begünstigt wird. In der Regel ist dieses dann eine „[...] kognitiv anregende, meist situierte und problemorientierte Lernumgebungen mit komplexen und authentischen Problemen“[78].

Im Ergebnis wird so der Aufbau eines tragfähigen und flexiblen Wissens ermöglicht und die Anwendung, sowie den Transfer auf zukünftige Problemstellungen oder Aufgaben mit neu erworbenen Fähigkeiten und Kenntnissen gefördert (Abb. 3.1).[79]

Die heute bekanntesten konstruktivistisch-orientierten Instruktionsmodelle sind das Modell der »Anchored-Instruction-Ansatz«, sowie der »Cognitive-Apprenticechip-Ansatz«.

---

[73] Vgl. Lipowsky (2015), S. 73.

[74] Vgl. Hasselhorn/Gold (2013), S. 236.

[75] Vgl. Hasselhorn/Gold (2013), S. 236.

[76] Hasselhorn/Gold (2013), S. 237.

[77] Vgl. im Folgenden De Corte (2000), S. 254

[78] Hasselhorn/Gold (2013), S. 237.

[79] Vgl. Reinmann-Rothmeier/Mandel (2001), S. 627.

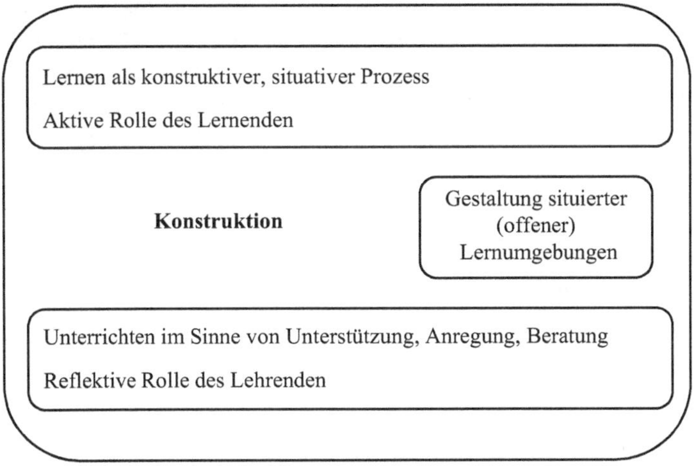

Abb. 3.1 Konstruktivistische Position zum Lehren und Lernen[80]

3.1.1.3.4 Anchored-Instruction-Ansatz

Entwickelt wurde der Anchored-Instruction-Ansatz von einer Gruppe an der Vanderbilt-Universität in Nashville, USA. Zentrales Element dieses Ansatzes sind sogenannte narrative Anker, die beispielsweise in Form einer komplexen Geschichte den Lernenden vorgestellt werden.[81] Die Geschichte ist dabei nicht vollständig. Aufgabe der Lernenden ist es, die Aufgabe mit den bisher erhaltenen Informationen in der Gruppe kooperativ und selbstständig zu lösen. Die Lehrkraft übernimmt dabei die Rolle des Moderators und nimmt sich in seiner Präsenz zurück.[82]

3.1.1.3.5 Cognitive-Apprenticechip-Ansatz

Im Cognitive-Apprenticechip-Ansatz, der auf Collins, Brown und Newman[83] zurückgeht fordert eine stärkere Involviertheit der Lehrperson mit einhergehender ausgeprägterer Anleitung der Lernenden.[84] Der Grund liegt in einer möglichen Überforderung der Lernenden, dabei wird im Laufe der Unterrichtseinheit das

[80] Eigene Darstellung i.A. an Reinmann-Rothmeier/Mandel (2001), S. 626.

[81] Vgl. Lipowsky (2015), S. 75.

[82] Vgl. Lipowsky (2015), S. 75.

[83] Vgl. Collins et al. (1989), S.

[84] Vgl. Lipowsky (2015), S. 75.

Ausmaß an Lernsteuerung – Präsens der Lernperson – immer weiter reduziert. Eine zentrale Rolle des Lehrenden ist es ihr Wissen durch »lautes Denken« verbal mitzuteilen.[85]

Nachfolgend sind nach Frank Lipowsky die wichtigsten Elemente für den Cognitive-Apprenticechip-Ansatz aufgeführt:[86]

1. Modeling: Vorzeigen, Vormachen, lautes Denken der Lehrperson
2. Coaching: Begleitung des Lernenden durch die Lehrperson
3. Scaffolding: Vermittlungsbemühung der Lehrperson, um eine Lernbrücke zwischen dem bestehenden Wissen des Lernenden und der gestellten Aufgabe herzustellen
4. Fading: Zurückfahren der Unterstützung durch die Lehrperson
5. Articulation: Lernende sollen ihre Lösungen, Gedanken, Ideen usw. verbal wiedergeben.
6. Cooperation: Kooperative Bearbeitung von Aufgabenstellungen
7. Reflection: Austausch und Reflektion mit anderen

Kritisch äußern sich Klauer und Leutner zum Begriff des Konstruktivismus in der Instruktionspsychologie, sie beziehen sich auf die schon durch Dewy[87] am Anfang des 20. Jahrhunderts eingeführte konstruktivistische Grundidee, die das Lernen als aktiven Prozess des Lernenden beschreibt.[88] Auch Studien konnten zeigen, dass sich im Rahmen der Wirksamkeit von konstruktivistisch orientierter, problemorientierter und offener Lernumgebungen kein einheitliches Bild darstellen lässt.[89] So kommen Dochy et al. zu dem Ergebnis, dass bessere Lernerfolge erlangt werden, wenn der Lerninhalt als Ziel den Erwerb von Löse- und Anwendungsfähigkeiten hat, geringere Erfolge konnten demnach bei konzeptuellem Wissen festgestellt werden.[90] Zu ähnlichen Ergebnissen kommen auch Giaconia und Hedges, die geringe Unterschiede zwischen offenen und gelenkten Unterrichtsformen ausmachen können.[91]

Lernwirksam sind offene Lernumgebungen dann, wenn der Unterrichtsgegenstand durch die Lehrperson strukturiert und die Lernenden kognitiv stimuliert

[85] Vgl. Lipowsky (2015), S. 75.
[86] Vgl. Lipowsky (2015), S. 75.
[87] Vgl. Dewy (1902), S. 254.
[88] Vgl. Klauer/Leutner (2012), S. 20.
[89] Vgl. Lipowsky (2015), S. 74.
[90] Vgl. Dochy (2003), S. 16.
[91] Vgl. Giaconia/Hedges (1982), o.S.

werden. Ziel ist es, die Lernenden anzuregen, neue Informationen mit bereits vorhandenem Wissen zu kombinieren und somit ihre bestehenden Konzepte auszudehnen.[92]

Zusammenfassend lässt sich festhalten, dass der konstruktivistisch geprägte Cognitive-Apprenticechip-Ansatz sich gut eignet, um Lernende anzuregen ihr bestehendes Wissen auf neue Problemfelder, bzw. Aufgaben auszuweiten und so neue Erfahrungen auf bestehenden auszubauen.

Ähnlich wie die oben aufgeführte konstruktivistische geprägte Lernumgebung beschäftigen sich die direkte und indirekte Instruktion mit dem für und wider der Lernumgebungsgestaltung; diese wird vor allem in der angloamerikanischen Literatur beschrieben.

Die *direkte Instruktion* beschreibt dabei einen primär lehrergelenkten Unterricht, mit Zielvorgaben, einer verständlichen Darbietung von Inhalten, einem iterativen Vorgehen, Lehrerfragen mit unterschiedlicher Schwierigkeit, angeleitetes und selbstständigen Einüben, regelmäßigem Feedback durch den Lehrenden, sowie eine regelmäßige Überprüfung der Lernfortschritte der Lernenden.[93]

Die *indirekte Instruktion* bezeichnet einen Sammelbegriff für Konzepte bei denen der Lernende selbst den Unterrichtsgegenstand, sowie das Lernmaterial strukturiert, transformiert oder konstruiert.[94] Die Rolle des Lehrenden ist dabei eher zurückhaltend. Formen dieser Methode sind beispielsweise das entdeckende Lernen »discovery learning«, das forschende Lernen »inquiry based learning«, das problemorientierte Lernen, sowie offene Unterrichtsformen und konstruktivistisch-orientierte Lernumgebungen.[95]

3.1.1.3.6 Angebots-Nutzen-Modell

Die deutsche Unterrichtsforschung hat auf Basis der beiden Forscher Fend und Helmke mit dem Angebots-Nutzen-Modell ein integratives systemisches Modell entwickelt, welches den Erfolg des Lernens an Schulen untersucht.[96] Das Modell ist eine Art Metamodell mit komplexen Variablen, die den Schulerfolg auf einem hohen Abstraktionsniveau als Rahmenmodell abbildet.[97] Die folgenden Variablengruppen bindet das Modell ein:

---

[92] Vgl. Hardy et al. (2006), o.S; Lipowsky (2002), o.S.

[93] Vgl. Rosenshine/Stevens (1986), o.S.

[94] Vgl. Borich (2017), S. 282 ff.

[95] Vgl. Borich (2017), S. 282 ff.

[96] Vgl. Fend (1981), o.S; Helmke (2012), o.S.

[97] Vgl. Lipowsky (2015), S. 76.

1. Schulerfolg: Beinhaltet neben der Lern- und Leistungsentwicklung auch die affektiv-motivationale und persönlichkeitsbezogene Entwicklung der Lernenden[98]
2. Unterricht: Unterscheidung zwischen dem gemachten Bildungsangebot und der Angebotsnutzung des Lernenden
3. Lehrer: Lehrerkompetenzen und Lehrermerkmale als wichtige Bestimmungszahlen für die Güte und Umfang der Unterrichtsangebote[99]
4. Lernende: Festlegung der lernenden Entwicklung durch deren individuellen Voraussetzungen.[100]
5. Klassenzusammensetzung: Einfluss der mittleren Leistungsfähigkeit einer Klasse
6. Merkmale der Schule: Leistungserwartung, Fokus auf Unterricht, kooperatives Kollegium
7. Schulklima, Lernfortschrittüberprüfung, Einbindung der Eltern

3.1.1.3.7 Selbstgesteuertes oder selbstreguliertes Lernen aus Sicht der Lehre

Folgt man der Auffassung das Wissen als Wissenskonstruktion erworben wird, steigt die Verantwortung des Lernenden für ihr eigenes Lernen.[101] Die Lernenden bestimmen somit selbst darüber was und in welchem Umfang gelernt wird. Der Lehrende übernimmt dabei die Rolle des Assistenten und hat als Aufgabe das Lernen optimal zu unterstützen und dem Lernenden frühzeitig die Kompetenz zum Selberlernen zu vermitteln.[102] Das Ziel ist dabei dem Lernenden die Techniken und Methoden zu vermitteln, die ihn befähigen immer besser selbst zu lernen.

Kritisch wirkt sich dabei das individuelle fachspezifisches Vorwissen des Lernenden aus, welches eine direkte Wirkung auf den Lernerfolg hat.[103] So lernt ein Lernender mit Vorwissen auf einem Gebiet schneller Neues hinzu als eine Person ohne dieses Vorwissen.[104]

---

[98] Vgl. Lipowsky (2015), S. 76.

[99] Vgl. Baumert/Kunter (2006), S. 473 ff; Kunter et al. (2011); Lipowsky (2006), S. 48 ff; Reusser et al. (2011), S. 643.

[100] Vgl. Hattie (2009), o.S. zitiert bei Lipowsky (2015), S. 76.

[101] Vgl. Klauer/Leutner (2012), S. 16.

[102] Vgl. Klauer/Leutner (2012), S. 17.

[103] Vgl. Klauer/Leutner (2012), S. 16.

[104] Vgl. Helmke/Schrader (2010), S. 292.

3.1.1.3.8 Lehrlings-Lernen aus Sicht der Lehre

Mit Fokus auf die Perspektive der Situiertheit existieren zwei Arten von Lernumgebungen, zum einen das Lehrlings-Lernen, sowie das problemorientierte Lernen. Die traditionelle Handwerkslehre bildet das Vorbild für das Lehrlingslernen.[105] Bei dieser Form der Wissensvermittlung wird im Kontext authentischer Aufgaben gelernt. Der Lehrling beschäftigt sich dabei nicht mit künstlichen Aufgaben, sondern mit anwendbarem, für seine zukünftige Berufsausübung hilfreichem Wissen und Fähigkeiten.[106] Den Gegensatz bildet die hohe Bedeutung von kognitiven Fähigkeiten in der modernen Gesellschaft, die traditionell in den Schulen vermittelt werden und Collins et al. das Modell der kognitiven Lehre („cognitive apprenticeship")[107] entwickeln ließen.[108]

Kennzeichnend für das Modell der kognitiven Lehre ist der Einsatz authentischer Lernaufgaben sowie instruktionalen Phasen, dabei gibt der Lehrende ein Modell vor, wie er selber eine gestellte Aufgabe bzw. ein Problem lösen würde.[109] Nach dem Beobachten des Modells startet der Lernende selber an der gestellten Aufgabe zu arbeiten und erweitert so über immer komplexer werdende Aufgaben sein Wissen.[110] Im Ergebnis sollen die Lernenden im Laufe der Zeit die Rolle eines Experten einnehmen und vollenden damit eine Entwicklung von peripherer Partizipation zur vollen Partizipation.[111]

Exkurs 3.1 Systemtheoretische Besonderheiten der Organisation Universität
In der hochschulpolitischen Diskussion ist der enge Zusammenschluss von Forschung und Lehre eine gleichermaßen selbstverständliche und zudem unhinterfragte Begebenheit.[112]

Der Begriff Hochschullehre setzt sich aus zwei Begriffen zusammen, zum einen der Hochschule und zum anderen der Lehre. Dabei ist das Bildungsangebot der Hochschule, im Gegensatz zu anderen Bildungseinrichtungen, eng an der

[105] Vgl. Renkel (2009), S. 747.
[106] Vgl. Renkel (2009), S. 747.
[107] Anmerkung: Eine detaillierte Vorstellung des „cognitive apprenticeship" Ansatzes erfolgte bereits weiter oben.
[108] Vgl. Collins et al. (1989), S. 3.
[109] Vgl. Renkel (2009), S. 747.
[110] Vgl. Renkel (2009), S. 747.
[111] Vgl. Renkel (2009), S. 747.
[112] Vgl. Hilbrich/Schuster (2013), S. 72.

akademischen Bildung und der aktuellen wissenschaftlichen Diskussion ausgerichtet.[113] Diese Verknüpfung soll in der folgenden Betrachtung Berücksichtigung finden, daher spielt bei der eingehenden Auseinandersetzung, neben den klassischen Disziplinen wie Lehr- und Lerntheorie, auch die Bologna-Reform, gesellschaftliche Megatrends und Transdisziplinarität als Richtungsweiser für die zukünftigen Herausforderungen in der Hochschullehre eine wichtige Rolle.

Eine systemtheoretische Besonderheit ist dabei, dass diese Einheit von Forschung und Lehre nicht als eine Einheit in der Organisation Universität verortet ist, sondern vielmehr eine Leistung darstellt, die von Personen erbracht wird.[114] Luhmann verdeutlicht, dass aus einer systemtheoretischen Sicht die Vereinigung der beiden Aufgaben als Koppelung zu betrachten ist, da die Universität zwei zentrale Systembezüge – das Erziehungs- und das Wissenschaftssystem – organisatorisch zusammenfügen muss.[115] Nach Luhmann bleibt die Publikation Träger der Forschung und die Interaktion in Hörsälen und Seminarräumen der Träger der Lehre.[116] Diese unterscheiden sich aber hinsichtlich ihrer organisationalen Gestaltung und ihrer Kommunikation, so findet in Wissenschaftssystemen die Kommunikation primär über Veröffentlichen bzw. Publikationen in „[...] operative[n] Medien[...]“ [117] statt. Die Kommunikation im Erziehungssystem findet durch die Interaktion im Hörsaal oder Seminar statt.[118] Diese Trennung wird für die Bearbeitung der Forschungsfragen von Relevanz sein, da sie direkten Einfluss auf Bildungsprojekte und deren erfolgreiche Ausgestaltung hat.

Ende des Exkurses

3.1.1.4 Zusammenfassung und Diskussion zum Thema Lehren

Die vorangegangenen Ausführungen konnten zeigen, dass man unter Lehren die Anleitung zum Lernen versteht. Pädagogische bzw. pädagogisch-psychologische Perspektiven untersuchen dabei, wie Lehren den Prozess des Lernenden als Informationsverarbeitung fördern und unterstützen kann, um als Ergebnis auf der Seite des Lernenden Wissen aufbauen zu können.[119]

---

[113] Vgl. Schmohl/Philipp (2021), S. 9.

[114] Vgl. Hilbrich/Schuster (2013), S. 72.

[115] Vgl. Luhmann (1997), S. 784 f; Stichweh (2005), S. 123.

[116] Vgl. Luhmann (1997), S. 784 f.

[117] Luhmann (1992), S. 432.

[118] Vgl. Hilbrich/Schuster (2013), S. 73.

[119] Vgl. Renkel (2009), S. 738.

Dabei werden Lernumgebungen gestaltet, um Lernprozesse zu fördern. Die Sichtweise des Lehrenden hat sich auf Basis, der sich weiterentwickelnden Forschungserkenntnisse verändert. Im Laufe der Jahrzehnte hat sich vor allem der Blick auf die Rolle des Lehrenden gewandelt und mündet heute eher in der Rolle eines Unterstützers oder Coach für den Lernenden. Dabei gibt es keine einheitliche Position wie die optimale Lehre gestaltet sein muss.[120] Vielmehr muss nach Lernziel (deklaratives Wissen oder prozedurales Wissen), Lernvoraussetzungen (Vorwissen), sowie den Randbedingungen (institutionelle Vorgaben) spezifiziert werden.[121]

Die folgende Abbildung soll die vorangegangenen Ausführungen zu der Entwicklung der Lehrtheorien noch einmal systematisieren (Tab. 3.1).

Tab. 3.1 Systematik der Auffassung über Lehren[122]

Tradition	Lerntheorie (Lernen als)	Lerntheorie (Lehren als)	Lehrtätigkeit
verhaltensorientiert-empirisch • Thorndike • Skinner • Gagné	• Wissenserwerb durch Assoziationslernen • Reaktionslernen	• Primat der Instruktion • Verhaltenskontrolle • Aktives Lernen	• Lernzielanalyse und Sequenzierung • Leistungsrückmeldung und -kontrolle
kognitiv-rationalistisch • Gagné • Ausubel • Mayer	• Wissenserwerb durch symbolische Informationsverarbeitung • Verstehens lernen	• Primat der Kognition • Veränderung der kognitiven Strukturen • Aktives Lernen	• Anleiten, Darbieten, Erklären • Lernstrategien • Lerntransfer
kognitiv-konstruktivistisch • Piaget • Bruner • Aebil	• Wissenskonstruktion • Entdeckendes Lernen	• Primat der Konstruktion • Reaktives Lehren • Entdeckenlassen Lehren	• Problemsituation und Werkzeuge bereitstellen • Kognitive Konflikte erzeugen
sozio-konstruktivistisch • Wygotski • Rogoff • Brown	• Wissenskonstruktion • Lernen durch geteilte Kognition	• Primat der Ko-Konstruktion • Entdeckenlassendes Lehren	• Kooperative Settings und authentische Problemsituation bereitstellen

Zentrales Ziel ist es den optimalen Lernprozess bei den Lernenden auszulösen, um damit lernförderlich zu sein.[123]

[120] Vgl. Renkel (2009), S. 741.

[121] Vgl. Renkel (2008), S. 119.

[122] Eigene Darstellung i.A. an Hasselhorn/Gold (2013), S. 240.

[123] Vgl. Renkel (2009), S. 742.

Es steht außer Frage, dass kognitive Ansätze im Rahmen der Lehr-Lern-Forschung der aktuelle Stand der Forschung sind. Der noch recht junge Situiertheitsansatz scheint dabei der vielversprechendste zu sein, wenn es um die Ablösung althergebrachter Sichtweisen geht. In der aktuellen Forschung gibt es mindestens vier diskutierte Möglichkeiten, welches Modell zukünftig tonangebend innerhalb der Lehr-Lern-Forschung sein wird. Dabei handelt es sich oftmals um marginale Unterscheidungen und Begriffsdeutungen. Alle vereint jedoch die Ansicht, dass die Rolle des Lehrenden eine eher begleitende Funktion innehat, die dem Lernenden einen Rahmen in Form eines Bildungsprojektes bereitstellt, welches das Ziel verfolgt Problemlöse- und Anwendungsfähigkeiten zu vermitteln. Dabei ist der Bezug zu möglichst realen oder realnahen Problemstellungen und ein Arbeitsraum mit maximalen Freiheiten hinsichtlich der möglichen Lösungswege zentral, da hierbei die Lernenden auf Basis von Freiheit und Selbstorganisation individuell lernen können. In Kombination mit einem zurückhaltend agierenden Lehrenden wie im Indirect-Instruction-Modell strukturiert, transformiert oder konstruiert er lediglich den Unterrichtsgegenstand, sowie das Lernmaterial.[124] Der Lehrende vermittelt dabei nur einen theoretischen Hintergrund und Methoden, die den Lernenden befähigen immer besser selbst zu lernen und sich neue Wissensfelder zu erschließen.

Für den Lernenden geben die vorangegangenen Rahmenbedingungen einen Impuls für die individuelle Kompetenzentwicklung zu Lernen da er sie anregt ihr bestehendes Wissen auf neue Problemfelder, bzw. Aufgaben auszuweiten und so neue Erfahrungen auf bestehenden auszubauen.[125]

Mit Bezug auf das hier untersuchte Bildungsprojekt spielt der narrative Anker aus dem Modell des Anchored-Instruction-Ansatzes eine wichtige Rolle. Dabei werden in den vorbereitenden Gesprächen zwischen den Unternehmensvertretern und den Dozenten Besonderheiten und Herausforderungen zu den jeweiligen Kooperationspartnern vorbereitet. Diese Informationen werden in Form einer Geschichte den Lernenden vorgestellt.[126] Die vorgestellte Geschichte ist dabei nicht vollständig, sondern umfasst nur erste grobe Inhalte. Aufgabe der Lernenden ist es dann, die Aufgabe mit den bisher erhaltenen Informationen in der Gruppe kooperativ und selbstständig zu lösen. Die Lehrkraft übernimmt dabei die Rolle des Moderators und nimmt sich in seiner Präsens zurück.[127] In Kombination mit Inhalten aus dem Cognitive-Apprenticechip-Ansatz, bei dem der Lehrende durch

---

[124] Vgl. Borich (2017), S. 282 ff.

[125] Vgl. Giaconia/Hedges (1982), o.S.

[126] Vgl. Lipowsky (2015), S. 75.

[127] Vgl. Lipowsky (2015), S. 75.

»lautes Denken« und dem Stellen von gezielten und lenkenden Fragen verfolgt der Lehrende das Ziel eine Lernbrücke zwischen dem bestehenden Wissen des Lernenden und der gestellte Aufgabe herzustellen.[128] Dieses ist besonders im Rahmen der Anwendung von komplexem beratungspsychologischen Wissen notwendig, da hier die praktische Erfahrung eines Lehrenden in der Anwendung innerhalb eines sozialen Systems dem Lernenden wichtige Hilfestellungen geben kann.

3.1.2 Begriffsbestimmung Lernen

Lernen kann in unterschiedlichen Formen stattfinden. In Bezug auf das Thema dieser Arbeit wird keine umfassende Analyse des Lehrbegriffs angestrebt, sondern vielmehr eine gezielte Untersuchung einiger für diese Arbeit relevanter Forschungsbereiche. Weiter ist der Begriff des Lernens untrennbar mit dem Begriff der Lehre verbunden, somit ist eine Trennschärfe zwischen diesen beiden Begriffen nicht immer gegeben.

Lernen kann aus verschiedenen Perspektiven betrachtet werden, zum einen hinsichtlich der Frage nach der Lernfähigkeit des Menschen, was lernen ist und welche individuellen Bedingungen dafür gegeben sein müssen, zum andern aber auch welche Begabungs- und Entwicklungsvoraussetzungen notwendig für erfolgreiches Lernen sind?[129] Dabei ist Lernen die wichtigste Zieldimension von Bildungsprozessen und bezieht sich typischerweise auf den Wissenserwerb.[130] In den folgenden Ausführungen wird der Begriff Lernen gleichbedeutend mit Wissenserwerb verstanden.

Homo discens – der lernende Mensch. Der Begriff des Lernens, setzt ein vorausgehendes Menschenbild voraus, welches aufbauend auf eine konstruktivistische Weltanschauung sich die Frage stellt: „Was soll der Mensch sein?“ [131]. Mit Blick auf die Pädagogik bestimmt den Mensch grundsätzlich seine Lernfähigkeit und damit die Fähigkeit Erfahrungen im Wechselspiel mit der inneren und äußeren Welt zu machen, die sein Verhalten und seine Denkprozesse langfristig verändern.[132] Menschen lernen auf unterschiedlichsten Wegen, Lernwirkungen können dabei etwa durch zuhören, schreiben, sprechen, lesen, schmecken, oder

---

[128] Vgl. Lipowsky (2015), S. 75.

[129] Vgl. Hasselhorn/Gold (2013), S. 35.

[130] Vgl. Renkel (2015), S. 4.

[131] Wolf (2021), S. 43.

[132] Vgl. Wolf (2021), S. 43.

weitere Sinne entstehen.[133] Zentral ist dabei das Lernen ein Kommunikationsvorgang ist, der immer eine Kommunikationsquelle und einen Empfänger beinhaltet Für den Begriff Lernen existieren in der Literatur viele Definitionsansätze. Im Altertum versteht Platon unter Lernen „Wiedererinnerung [...] der Ideen, die die Seele immer schon in sich trägt und die anlässlich konkreter Sinneseindrücke reaktiviert werden“[134]. Für Aristoteles bedeutet Lernen die „[…] Aufnahme und Speicherung von Sinnesdaten“[135].

1925 stellt der Psychologe Kurt Koffka das Gedächtnis in den Mittelpunkt seiner Forschung, bei der er darlegt „All unser Lernen beruht darauf, daß wir ein Gedächtnis haben“[136].

Knut Illeris definiert als Erziehungswissenschaftler Lernen als „[...] jeden Prozess, der bei lebenden Organismen zu einer beständigen Veränderung ihrer Kapazitäten führt, der aber nicht allein dem Vergessen, der biologischen Reife oder dem Alterungsprozess geschuldet ist“[137].

Erich Weber definiert „Mit Lernen meint man [...] eine andauernde Veränderung im menschlichen Verhalten, von dem aus auf entsprechende dispositionelle Veränderungen geschlossen werden kann, wobei diese Veränderungen nicht primär organisch, sondern durch Umwelteinflüsse ausgelöst werden, also durch Erfahrungen zustande kommen“[138].

Kaiser und Kaiser definieren Lernen recht umfangreich als: „Lernen ist ein [...] relativ dauerhafter Erwerb einer neuen oder die Veränderung einer schon vorhandenen Fähigkeit, Fertigkeit oder Einstellung umschrieben werden. Leistungszuwachs oder -veränderung werden dabei nicht als Folge eines natürlichen Reife- oder Wachstumsprozesses angenommen, sondern als Ergebnis einer Auseinandersetzung des Lernenden mit Gegenständen seiner Umwelt“.[139] Lernen ist dabei ein Prozess, mit einhergehender Verhaltensänderungen, der sich durch seine Bindung an Erfahrungen wesentlich von anderen Veränderungsprozessen (wie beispielsweise Reifungsvorgängen) unterscheidet.[140]

---

[133] Vgl. Bergmann/Daub (2006), S. 88.

[134] Raithel et al. (2009), S. 67.

[135] Böhm (2000), S. 308.

[136] Koffka (1927), S. 109.

[137] Illeris (2010), S. 13.

[138] Weber (1977), S. 46.

[139] Kaiser/Kaiser (2001), S. 104.

[140] Vgl. Hasselhorn/Gold (2013), S. 37.

In der heutigen Zeit prägt der Satz »Lernen als Wissenskonstruktion« im Rahmen des kognitionspsychologischen Verständnisses vom Lernen die aktuelle Forschungsmeinung.[141]

Weiteres zentrales Element bei dem Erhalt von Wissen ist eine Form von Gedächtnis, dessen Vorhandensein seit der Kognitiven Wende und der Einsicht, dass jedwedes lernen von einer mentalen Veränderung begleitet wird, unstrittig ist.[142]

Der Prozess des Lernens als Art der Wissensgenerierung kann auf verschiedenen Wegen definiert werden. Der erste Ansatz soll hier über Lerntheorien erfolgen, diese befassen sich mit Modellen und Hypothesen und dem abgeleiteten Versuch Lernen aus psychologischer Sicht darzustellen.[143] Der zweite Ansatz sind Lernformen, die aus pädagogischer Sicht Methoden beschreiben, um dem Lernenden selbst das Lernen zu ermöglichen.[144]

3.1.2.1 Lerntheorien

Im folgenden Teil sollen die wichtigsten drei Lerntheorien in ihrer zeitlichen Abfolge vorgestellt werden, dafür wurde eine Eingrenzung in Behaviorismus, Kognitivismus und dem pädagogischen Konstruktivismus vorgenommen. Darüber hinaus existiert eine Vielzahl weiterer Teil- oder Partialtheorien, Modelle und Konzepte.[145] Es ist jedoch mit Blick auf die Verwendungsmöglichkeit der Theorien und dem Fokus dieser Arbeit notwendig sich zu beschränken.

3.1.2.1.1 Behaviorismus

Bis ins 20. Jahrhunderts dominierte der *Behaviorismus* mit seinen Reiz-Reaktions-Modellen die Psychologie.[146] Kein Interesse herrscht dagegen an mentalen Prozessen, das Gehirn wird lediglich als Organ angesehen, welches auf Reize mit natürlichem oder gelerntem Verhalten reagiert.[147] Daraus abgeleitet wurde zwei Konditionierungsmodelle entwickelt, zum einen das *klassische Konditionieren*, bei dem ein neutraler Reiz mit einem reaktionsauslösenden Reiz gekoppelt wird und im Ergebnis zukünftig der erste Reiz die Reaktion bestimmt, zum anderen

---

[141] Vgl. Mayer (1998), S. 49.

[142] Vgl. Hasselhorn/Gold (2013), S. 38.

[143] Vgl. Hasselhorn/Gold (2013), S. 38.

[144] Vgl. Renkel (2015), S. 13.

[145] Vgl. Kron (2008), S. 56 f.

[146] Vgl. Reinmann (2013), S. 3.

[147] Vgl. Reinmann (2013), S. 3.

das *operanten Konditionieren,* bei dem ein spontanes Verhalten mit einem angenehmen Reiz (positiv) verstärkt oder im Umkehrschluss eine Verstärkung durch Entfernen des unangenehmen Reizes (negativ) geformt wird.[148] Eine Weiterentwicklung erfolgt durch Bandura, der durch sein *Lernen am Modell* zeigen konnte, dass Verhaltensweisen zusätzlich durch Beobachten und Nachahmen erlernt werden können.[149] Der Behaviorismus erfährt hier eine Erweiterung um soziale und kognitive Aspekte, da die vor Bandura im Labor erlangten Ergebnisse lediglich auf beobachtbarem Verhalten aufbauen.[150] Das zu dieser Zeit vorherrschende Menschenbild ist mechanisch und von Konditionierungsprozessen geprägt, Lernen wird als Training auf ein bestimmtes Ziel hin betrachtet, welches einen autoritären Lehrer als Lehrenden benötigt.[151]

Behavioristisches Lernen ist somit eine Art Trainingsvorgang, welches mit einem undirektionalen Kommunikationsverhältnis zwischen Lehrenden und Lernenden einhergeht.

3.1.2.1.2 Kognitivismus

Mit Beginn der 1980er Jahre erlangte der Kognitivismus starken Einfluss in der Lerntheorie, seine Ursprünge liegen in der Technik und Mathematik und bauen auf dem Modell der Informationsverarbeitung auf.[152] Im Gegensatz zum Behaviorismus liegt im Kognitivismus der Forschungsfokus auf den Methoden, mit denen Menschen ein Problem lösen können.[153] Analog zur Informations- und Datenverarbeitung lässt sich Lernen als ein mentaler Prozess im Computer modellieren, Informationsaufnahme führt zu Wissen, welche dann in einem Speicher (Gehirn) abgespeichert wird.[154] Die dabei laufenden Lehr-Lernprozesse werden als „[...] sprachlich kodierte Informationsübertragung vom Sender (Lehrende) zum Empfänger (Lernende)“ [155] gedeutet. In der heutigen Zeit erweitert und verändert zunehmend der konnektionistische Ansatz, mit seinen biologischen Modellen über die Arbeit vom Gehirn und neuronalen Netzen, die kognitivistische Forschung.[156] Weil man dem Menschen zielgerichtetes Handel und

---

[148] Vgl. Skinner (1954), S. 80.

[149] Vgl. Bandura (1977), S. 8.

[150] Vgl. Reinmann (2013), S. 3.

[151] Vgl. Reinmann (2013), S. 3.

[152] Vgl. Baumgartner/Payr (1999), S. 103.

[153] Vgl. Reinmann (2013), S. 4.

[154] Vgl. Reinmann (2013), S. 4.

[155] Reinmann (2013), S. 4.

[156] Vgl. Rey (2009), S. 32.

Problemlösefähigkeit unterstellt, ist das Menschenbild im Kognitivismus weniger mechanistisch, dabei konzentriert sich die Forschung auf die Identifikation von Beziehungen und Regeln in den Prozessen.[157] Lernende übernehmen in diesen Prozessen zwar eine aktive Rolle, agieren aber nicht selbstständig; der Lehrende hat die Aufgabe Lerninhalte und Problemstellungen didaktisch aufzuarbeiten und so den Informationsverarbeitungsprozess zu erleichtern.[158] Den Gegensatz bilden die Lehrenden, die mit dem Innehaben der Problemhoheit bestimmen was und wie etwas gelernt wird.[159]

Die zentrale Unterscheidung zum Behaviorismus liegt darin begründet, dass der Lernenden nicht mit Reiz und Konsequenz, sondern durch Unterstützung und Begleitung, sowie die Aufarbeitung von Lerninhalten zum Lernen angeregt wird.[160]

Kognitivistisches Lernen ist somit ein Prozess der Informationsverarbeitung, welcher das Ziel hat Probleme zu lösen. Lehrende und Lernende gehen ein bidirektionales, aber ungleichberechtigtes Kommunikationsverhältnis ein.

3.1.2.1.3 Konstruktivismus als kognitionswissenschaftlicher Leitbegriff

Der Konstruktivismus hat sich in den letzten Jahrzehnten zu einem zentralen Konzept des Lernens und der Erkenntnis entwickelt und bietet eine gemeinsame wissenschaftliche Grundlage für Erkenntnistheoretiker, Soziologen, Neurobiologen, Entwicklungs- und Kognitionspsychologen, Pädagogen, Lehrmittelautoren, Didaktiker und Lehrerausbilder weltweit.[161]

Es lassen sich dabei mindestens drei Varianten des Konstruktivismus unterscheiden, die im Bezug dieser Arbeit zur pädagogisch-didaktischen Forschung stehen; dabei handelt es sich um den philosophischen, den erkenntnispsychologischen, sowie den sozialen bzw. soziokulturellen Konstruktivismus.[162]

Allen gemein ist die grundsätzliche Auffassung, dass Realität nicht objektiv wahrnehmbar oder erklärbar ist; ausschlaggebend für jeden Wahrnehmungs-, Denk- und Erkenntnisprozess ist vielmehr die Konstruktion des Beobachtenden sowie dessen Selektion hinsichtlich der Nützlichkeit.[163] Bei Maturana und Valera

[157] Vgl. Reinmann (2013), S. 4.

[158] Vgl. Reinmann (2013), S. 4.

[159] Vgl. Reinmann (2013), S. 4.

[160] Vgl. Reinmann (2013), S. 4.

[161] Vgl. Reusser (2006), S. 151.

[162] Vgl. Reusser (2006), S. 152.

[163] Vgl. Glaserfeld (1996), S. 45; Gerstenmeier/Mandl (1995), S. 868.

heißt es dazu: „Wir sind aufgefordert, unsere alltägliche Einstellung beiseite zu legen und aufzuhören, unsere Erfahrung als versehen mit dem Siegel der Unanzweifelbarkeit zu betrachten – so als würde sie eine absolute Welt widerspiegeln“ [164].

Streng genommen ist der Konstruktivismus keine Lerntheorie, sondern eine Erkenntnistheorie, mit dem Ziel die Frage zu beantworten, wie der Mensch Wissen oder Erkenntnis erhalten kann.[165] Innerhalb der Autoren wird anstatt dem Begriff Erkenntnistheorie bei *von Glaserfeld* auch Epistemologie und Kognitionstheorie[166] oder bei *von Foerster*[167] Theorie der Begriff des Verstehens verwendet.[168]

Der Konstruktivismus betrachtet den menschlichen Organismus dabei als ein System, welches mit seiner Umwelt gekoppelt, jedoch informell geschlossen ist.[169] Der Begriff der Autopoiesis beschreibt dabei den Vorgang bei dem das Gehirn lediglich auf bereits verarbeitete und interpretierte Informationen reagiert, somit ist Lernen auch ein autopoietischer Vorgang, der lediglich ermöglicht werden kann.[170] Aus diesem Grund fordern die Anhänger eines pädagogisch-didaktischen Konstruktivismus komplexe Lernumgebungen, die mit authentischen Inhalten und Aufgaben ausgestaltet sind und so zum einen die Selbstorganisation und zum anderen den sozialen Austausch anregen.[171] Selbstorganisation findet sich auch schon in der konnektivistischen Vorstellung vom Lernen und der Annahmen darin, dass Lernen dann stattfindet, wenn Verbindungen in Netzwerken hergestellt oder von diesen partizipiert werden.[172]

Aus anthropologischer Sichtweise betrachtet sind die Menschen so Erschaffer ihrer eigenen Realität, sie reagieren nicht nur und verarbeiten Informationen, sondern gestalten durch Eingreifen und Verändern ihre Umwelt.[173] Lernen und Lehren sind dabei verschiedene Systeme, die eine lose Verbindung miteinander haben. Die Rolle des Lehrenden besteht darin, Lernaktivitäten anzustoßen und die Lernenden bei der Problemerkennung und -lösung zu unterstützen. Diese kann

---

[164] Maturana/Varela (1987), S. 31.

[165] Vgl. Lindemann (2019), S. 17.

[166] Vgl. von Glasersfeld (1987), S. 411.

[167] Vgl. von Foerster (1993), S. 102 f.

[168] Vgl. Lindemann (2019), S. 17.

[169] Vgl. Reinmann (2013), S. 4.

[170] Vgl. Reinmann (2013), S. 4.

[171] Vgl. Reusser (2006), S. 163.

[172] Vgl. Moser (2008), S. 67.

[173] Vgl. Reinmann (2013), S. 5 f.

entweder durch soziale Interaktion oder durch Kontextgestaltung erfolgen. Der Erfahrungsvorsprung des Lehrenden gegenüber dem Lernenden egalisiert sich in der gleichberechtigten Zusammenarbeit.[174] Dieses führt zu einem ausgewogenen Kommunikationsverhältnis.[175]

Konstruktivistisch kognitives Lernen ist ein autopoietischer Prozess, der lediglich befördert oder intensiviert werden kann. Lehrende und Lernende gehen ein bidirektionales und ausgewogenes Kommunikationsverhältnis ein.

3.1.2.1.4 Kognitiv-konstruktivistisch Lernen

Im Folgenden soll das kognitiv-konstruktivistische Lernen genauer untersucht und seine Ausprägungen diskutiert werden.

Wie schon oben angeführt, beruhen Wissen und Erkenntnis nicht auf der Abbildung von bestehender ontologischer Wirklichkeit, sondern auf der Deutung und Verknüpfung durch ein Subjekt. Nach Kant und Piaget wird Erkenntnis als »synthesis« aufgefasst.[176] Luhmann versteht darunter die symbolische Konstruktion und Selbstorganisation eines mit der sozialen und natürlichen Wirklichkeit interagierenden autopoietisch gedachten Subjekts.[177] Im Ergebnis ist das Subjekt mit seinem Handeln und Beobachten die treibende Kraft, bildet aber auch den letzten Bezugspunkt der Erkenntnisentwicklung.[178]

Der Schweizer Pädagoge und emeritierter Professor für Pädagogische Psychologie Kurt Reusser differenziert in seinen kognitiv-konstruktivistischen Überlegungen drei Ausprägungen; zum einen dem philosophisch-erkenntnistheoretischer Konstruktivismus, dem kognitions- und entwicklungspsychologischer Konstruktivismus und drittens den soziokulturellen Konstruktivismus. Alle drei eint eine konstruktivistische Grundlage, sie differenzieren sich jedoch in ihren auf Lernen bezogenen Ausprägungen. Mit Bezug auf diese Arbeit sollen lediglich die beiden letzteren berücksichtigt werden und genauer diskutiert werden. Besonderem Augenmerk kommt dabei dem soziokulturellen Konstruktivismus zuteil, er spielt im Rahmen diese Arbeit eine zentrale Rolle, da er das Verbindungsglied zwischen einem sozialen System und dem Lernen darstellt.

---

[174] Vgl. Reinmann (2013), S. 5.

[175] Vgl. Baumgartner (2004), S.

[176] Vgl. Reusser (2006), S. 153.

[177] Vgl. Luhmann (1990), S. 15 ff.

[178] Vgl. Reusser (2006), S. 153.

3.1.2.1.5 Kognitions- und entwicklungspsychologischer Konstruktivismus

Seit den 60 Jahren gilt die Annahme, dass Objekte nicht deshalb erkannt werden „[…] weil sie einfach da sind, sondern nach meine komplexen Konstruktionsprozess“[179]. Ein erkannt geglaubter Gegenstand ist immer das Ergebnis von Intelligenz und der vorangegangenen Erfahrung des Subjekts in der Interpretation eines Objekts. Das führt dazu, dass Gegenstände nicht primitiv durch den Prozess der Wahrnehmung registriert oder durch einen Zuruf von außen übernommen werden, sondern in einem iterativen Prozess auf Grundlage eines individuellen Vorwissens und „[…] evolutionsbiologischen, sozialen, materialen und situativen Inputs und Rahmungen nachkonstruiert“ [180] werden. Wissen baut immer auf früheres Wissen auf, es differenziert, erweitert beziehungsweise rekonstruiert es, daher ist Wissen nie abgeschlossen, sondern befindet sich sprichwörtlich immer im Fluss einer andauernden Weiterentwicklung.[181]

Daraus ergeben sich fünf für das kognitiv-konstruktivistische Lernen relevante Kernaussagen:[182]

1. Wissenserwerb und Wissensnutzung sind Strukturbildungs- und Rekonstruktionsprozesse. „Alle neuen Inhalte des geistigen Lebens [gehen] durch Konstruktion aus einfacheren Elementen hervor.“[183] Lernen erfolgt kumulativ durch die Entwicklung von stetig komplizierter werdenden Wissen- und Denkstrukturen.
2. Es braucht für die Gegenstandwahrnehmung und den Aufbau von Wissen eine Voraussetzung in Form von Vorwissen, welches stark oder weniger stark vernetzt, hierarchisch geordnet oder multipel repräsentiert ist.
3. Wissensstrukturen lassen sich besser auf neue Herausforderungen übertragen, wenn man sie als Beziehungsnetze oder mentale Modelle betrachtet, die aufbauend auf vorherige Erfahrungen und eigenständiges Problemlösen, mit problemorientiertem Nachvollziehen auf Beispiele zurückgreifen können.[184]

---

[179] Neisser (1974), S. 357.

[180] Reusser (2006), S. 154.

[181] Vgl. Reusser (2006), S. 152.

[182] Vgl. Reusser (2006), S. 154.

[183] Aebli (1983), S. 389.

[184] Vgl. Reusser (2006), S. 154.

4. Lernkompetenzen lassen sich „[...] nur immersiv in fachlichen Kontexten [...]“[185] ausbilden und nicht durch direkte Instruktion. Grundlage oder Voraussetzung dafür ist die situative Modellierung von kompetentem Lernverhalten in Lernumgebungen, sodass die Gelegenheit für Lernende besteht ihren eigenen Lernablauf eigenständig zu beeinflussen.[186]
5. „Wissen ist kein übertragbares Gut und Kommunikation kein Beförderungsmittel.“[187] Wissensstrukturen sind nicht über Kommunikationskanäle transportierbar, alle Entwicklungsschritte müssen von einem Lernenden in Form von dargebotenen bzw. selbst gefundenen Wegen in einem sozialen Gefüge eigenständig vollbracht werden.[188]

3.1.2.1.6 Soziokultureller Konstruktivismus

Im Grunde genommen ist der soziokulturelle Konstruktivismus eine um die soziale Perspektive erweiterte Form des Konstruktivismus. In der akademischen Auseinandersetzung mit biologistischen und individuumszentrierten Konstruktivismus, basierend auf den Arbeiten von Jean Piaget, hat sich die Auffassung von kognitiv-konstruktivistischen Denkweisen in Richtung einer sozialkonstruktivistischen weiterentwickelt.[189]

Demnach ist die Wirklichkeit eines Einzelnen nicht nur das Ergebnis individueller Kommunikationsprozesse in der Ontogenese, sondern sozial konstruiert.[190] Mit Bezug auf pädagogische Denkrichtungen und der Wirkung von sozialen Faktoren haben sich neben neuen Erkenntnissen in der Lehr-Lern-Forschung der Schweizer Psychologin Anne-Nelly Perret-Clermont, dem italienischen Psychologen Felice Carugati[191], sowie dem Schweizer Pädagoge Kurt Reusser[192] vor allem aus entwicklungstheoretischer Sicht die Thesen von der »Priorität des Sozialen vor dem Individuellen« des sowjetischen Psychologen Lew Semjonowitsch Wygotski als zutreffend herausgestellt.[193] Nach dieser Deutung erfolgen der Aufbau von Wissen und Kompetenz nicht nur individuell, sondern aus

---

[185] Reusser (2001), S. 206.
[186] Vgl. Reusser (2006), S. 154.
[187] Von Glasersfeld (1987), S. 291.
[188] Vgl. Reusser (2006), S. 154.
[189] Vgl. Reusser (2006), S. 155.
[190] Vgl. Reusser (2006), S. 155.
[191] Vgl. Perret-Clermont/Carugati (2001), S. 858.
[192] Vgl. Reusser (2001), S. 2062.
[193] Vgl. Reusser (2006), S. 155.

Gedächtnisinhalten miteinander kooperierender Personen, das Ergebnis ist eine soziokulturelle Sinnkonstruktion.[194]

In diesem Kontext tritt die soziale und kontextuelle Verbundenheit von Lernen hervor, bei der neben der Kulturteilnahme deren permanente Aneignung von Werten, symbolischen Werkzeugen und Praktiken einhergeht.[195]

Der Lernerfolg oder auch die Bewältigung von Misserfolg erfolgen nach sozial-konstruktivistischer Auffassung nicht auf Basis kognitiver Funktionalität des Einzelnen, im Austausch mit der umgebenden Welt, sondern durch soziale und personelle Impulse, beispielsweise in Form von Diskursen, Widersprüchen, Meinungsdifferenzen oder Dialogen.[196]

Der Mathematikdidaktiker Heinrich Bauersfeld hat dazu eine treffende Aussage gemacht:

„Woher kommen die Korrekturen, der Hinweis auf Änderungsbedürftigkeit, der Anstoß zum «Umstrukturieren», wenn wir nicht erwarten dürfen, dass [...] [sie; RK] sich aus der Widerständigkeit der Welt also durch Empirie allein, »ablesen« oder »entdecken« oder »abstrahieren« lassen? Die Antwort lässt sich nur auf der sozialen Ebene der Lehr-Lernprozesse geben. Lernen ist nicht aktiv, es ist interaktiv.“[197]

Die vorab skizzierte pädagogische und entwicklungspsychologische Diskussion steht in enger Verbindung mit der soziologischen Orientierung des Konstruktivismus, wie sie seinerzeit von Berger und Luckmann[198], oder später auch von Luhmann vertreten wurde.[199] Seinerzeit wurde mit Bezug zu Kindern und Jugendlichen erkannt, dass gesellschaftliches Wissen einen regulatorischen Effekt auf den schulischen Wissensaufbau und das Alltagshandeln hat.[200] Die vorab skizzierten Perspektiven des soziokulturellen Einflusses auf den Konstruktivismus haben Einfluss auf das Lernverständnis und erweitern die bereits oben angeführten Kernaussagen:

1. Lernen als Wissensbildung vollzieht sich in einem sozialen Rahmen durch Dialogprozesse, durch Anregung, sowie in Form eines individuellen und kollektiven Aushandelns.

---

194 Vgl. Rogoff (1990), S. 23 ff.

195 Vgl. Reusser (2006), S. 155; Bruner (1990), S. 21 f.

196 Vgl. Bauersfeld (1993), S. 278.

197 Bauersfeld (1993), S. 279.

198 Vgl. Berger/Luckmann (1970), S. 26 ff.

199 Vgl. Reusser (2006), S. 155.

200 Vgl. Reusser (2006), S. 155.

2. Kognitive und kulturelle Werkzeuge unterstützen den sozialen Aufbau von Wissens- und Weltbildstrukturen. Dazu zählen neben der Alltagssprache auch wissenschaftliche Symbolsysteme[201], Rituale und symbolische Interaktionsformen.[202]

3.1.2.1.7 Pädagogischer Konstruktivismus

Der Konstruktivismus als Leibegriff hat in den vergangenen Jahrzehnten einen gewissen Hype erzeugt, der unter anderem die Pädagogik aber auch darüber hinaus die Humanwissenschaften mitgerissen hat. Mit Blick auf die pädagogische Literatur fällt eine stark konstruktivistische Rhetorik auf, die oftmals wenig differenziert den Konstruktivismus als neuen Leitbegriff für offenes Lernen, Gruppenarbeit usw. postuliert und dabei zwischen Erkenntnistheorie, Psychologie und Didaktik pendelt.[203] Im Ergebnis gibt es nicht wenige didaktische- und schulpädagogische Konzepte mit konstruktivistischer Grundlage. Der Schweizer Pädagoge Kurt Reusser macht gesellschaftliche Bedürfnisse und Motive für geistige Bewegungen verantwortlich, die den Konstruktivismus attraktiv und in den Fokus der pädagogischen und didaktischen Forschung gebracht haben.[204]

Kurt Reusser sieht fünf Motive des Menschen bzw. der Gesellschaft sich dem Konstruktivismus aus pädagogischer Sicht zu nähern bzw. in pädagogischen Konzepten aufgehen zu lassen. Zum einen die individuelle Autonomie des Menschen als modernes Selbstideal, als Reaktion auf die gesellschaftliche Entfremdung zu abstraktem Wissenschaftswissen, als Sehnsucht nach demokratisiertem und anschlussfähigem Lernen, als problem- und situationsbezogenes (authentisches) Lernen mit Bodenhaftung, sowie einem geringen Konfliktpotential und einhergehender Kompatibilität zu aktuellen reformpädagogischen Annahmen und Konzepten.[205]

Somit lassen sich plausible Argumente für konstruktivistisch geprägte pädagogischer Konzepte erkennen, jedoch findet sich in der Literatur auch vermeintliche Schwachstellen, die im Zuge eines möglicherweise zu vorschnellen Aufspringens auf die konstruktivistische Welle hervortreten. Zum einen der *epistemologische Deutungsfehler*, bei dem keine Unterscheidung zwischen dem universellen und dem individuellen Subjekt vorgenommen wird, zweitens einem *bildungstheoretischen Fehlschluss*, bei dem die Bildungszielsetzung vom Wissen auf Lernen

[201] Anmerkung: Symbolsysteme sind bspw. Logik, Zahlensysteme.

[202] Vgl. Reusser (2006), S. 156.

[203] Vgl. Reusser (2006), S. 151.

[204] Vgl. Reusser (2006), S. 156.

[205] Vgl. Reusser (2006), S. 157.

lernen verschoben wird, drittens die Gleichsetzung von sichtbarer Aktivität und Konstruktivität, und der Fehldeutung, dass sichtbar aktive und mitwirkende Lernende auch lernen, viertens der *kommunikationstheoretische Fehlschluss*, bei dem die operationale Geschlossenheit und Selbstreferentialität menschlicher Nervensysteme nach Maturana, Luhmann und Valera durch Überinterpretation als Vorwand genutzt wird, um die vorherrschenden Erfahrungen zu Vermittlungsprobleme von Lehrenden zur Unmöglichkeit sekundärer Wissensvermittlung zu skandieren, fünftens ein *choreografischer Fehlschluss*, bei dem von einer erkenntnistheoretischen Ebene ohne Zwischenschritte auf eine praktische Unterrichtsform geschlossen wird und letztlich der *instruktionsdidaktische Fehlschluss* als sechste Schwachstelle, innerhalb derer die Rolle der Lehrperson auf Basis der Selbstorganisation und der daraus resultierenden pädagogischen Selbstregulation problematisiert wird und der Fehler unterläuft zu glauben, das direkte Instruktion kein konstruktivistisches Lernen auslösen kann.[206]

Konstruktivistisches Lernen ist umso erfolgreicher, je aktiver und motivierter eine Lernperson agiert, zudem ist die problemorientierte und auf Dialog ausgerichtete Haltung, einhergehend mit bewusstem und reflexivem Aufnehmen von Wissen eine wichtige Voraussetzung für ein verbessertes Verstehen und Behalten im Nachgang. Im Ergebnis werden anpassungsfähiges Wissen oder Kompetenzen erlangt, welche beim Denken und Handeln zielgerichtet angewendet werden können und sich durch erfahrenen Erfolg des Lernenden wie beispielsweise Motivationsgewinn auszahlen.

Der bereits oben angesprochene Wandel in der Weltanschauung schlägt sich auch in der pädagogischen Welt nieder. Die Erkenntnisse der modernen Entwicklungspsychologie, sowie der Lernforschung hat sich von der Lehrerperspektive zunehmend auf die beim Lernenden ablaufenden psychologischen Prozesse des Lernens und Verstehens verlagert. Den Weg dafür hat Hans Aebli, der im Rahmen seiner problemorientierten und verständnisbezogenen Operations- und Begriffsbildung und aufbauend auf die vorangegangenen erkenntnistheoretischen Arbeiten von Piaget mit seiner konstruktivistischen Didaktik, bereitet.

Flankiert wurde der Weg von einer behavioristisch-empirischen hin zu einem kognitiv-konstruktivistischen Erkenntnisverständnis in der Annäherung der allgemeinen Didaktik und der empirischen Lehr-Lernforschung als ursprünglich zwei getrennten Forschungsfelder.[207] Dadurch wurde der Weg frei für konstruktivistisches und reformdidaktisches Denken und dem Lösen von überholten Glaubenssätzen.

---

206 Vgl. Reusser (2006), S. 159.

207 Vgl. Terhart (2002), S. 83.

Wir halten daher bis hierher fest, dass Lehrpersonen zwar einen günstigen Rahmen für den Lernenden schaffen können, dass Lernen kann er den Lernenden jedoch nicht abnehmen. Der Lernende muss selbstständig seine gedanklichen Verknüpfungen entwickeln und festigen. Zudem beinhaltet Lernen immer eine soziale Kompetente und kann nicht nur auf das Individuum reduziert werden. Letztlich stellt sich die zentrale didaktische Frage, die auch in dieser Forschungsarbeit thematisiert wird: Welche Anregungen oder sozialen Impulse können die individuelle Beziehungsbildung eines Lernenden fördern, unterstützen und festigen?

Aktuell scheinen die Auswirkungen einer konstruktivistischen Unterrichtsgestaltung mit seinem einhergehenden Fokus auf die Lernwelten der Lernenden erfolgreich zu sein, jedoch zeigt die Rolle der Lehrperson mit Bezug auf seiner innewohnenden Rolle im Lernprozess möglicherweise noch Defizite auf. Kurt Reusser verwendet dafür den Begriff des Lehrerhandelns.[208]

In der praktischen Umsetzung eines pädagogischen Konstruktivismus bedeutet das, den Lernstoff in Form von fachlichen Wissensinhalten nicht als »final fertig«, sondern vielmehr den Weg dorthin als Konstruktion bis zum Zeitpunkt der Vermittlung als anwachsend zu betrachten. Als wichtiger Bezugspunkt dient dabei der erstmals von Hans Reichenbach verwendete und dann von Popper adaptierte Formulierung „context of discovery" [209] als Ausgangs- oder Problemausgangspunkt.

In Bezug auf die in dieser Arbeit zu beantwortenden Fragestellungen spielt die Situation oder Rahmenbedingungen, in der Lehre oder Lernen erfolgt eine wichtige Rolle. Diese Lehr-Lern-Situationen können nach unterschiedlicher Auffassung modelliert werden und dementsprechend die interagierenden Parteien darin verschiedenartig in Beziehung zueinander gesetzt werden.[210]

Ein möglicher theoretischer Bezugsrahmen für die komplexe Konstruktion von Unterrichtsmodellen sind die Kategoriemodelle der Didaktik.[211] Laut Karl-Heinz Flechsig wählen sie aus der unendlichen Vielfalt der Erscheinungen der Wirklichkeit jene Kategorien aus, die für die Gestaltung von Lernprozessen von entscheidender Bedeutung sind. Kategorialmodelle sind bewusst allgemein

[208] Vgl. Reusser (2006), S. 161.
[209] Reichenbach (1938), S. 6.
[210] Vgl. Pfeiffer-Bohnen (2017), S. 13.
[211] Vgl. Flechsig (1983), S. 99.

gehalten, und bestehen lediglich aus allgemeingültigen Schlüsselbegriffen (Kategorien), die aus theoretischen Klassifikationsschemata (Taxonomien) entwickelt werden.[212]

Das ursprüngliche didaktische Dreieck ist ein heute überholter Versuch – es wird der Komplexität einer Unterrichtssituation nicht gerecht – den Unterricht als Zusammenspiel von Unterricht, Schüler und Lehrer zu veranschaulichen.[213] In seiner ursprünglichen Fassung bestehen die involvierten Parteien aus Lehrkraft, Schüler und Stoff.[214] Übersetzt auf die für diese Arbeit relevanten Parteien in der Hochschullehre wurden die Begriffe angepasst zu Dozent, Studierende und Forschungsfrage.[215] Die einzelnen Kategorien üben je nach Lehr-Lern-Situation eine ausgeprägtere oder schwache Verbindung zu den beiden anderen Kategorien aus (Abb. 3.2).

Abb. 3.2 Klassisches didaktisches Lehr-Lern-Dreieck[216]

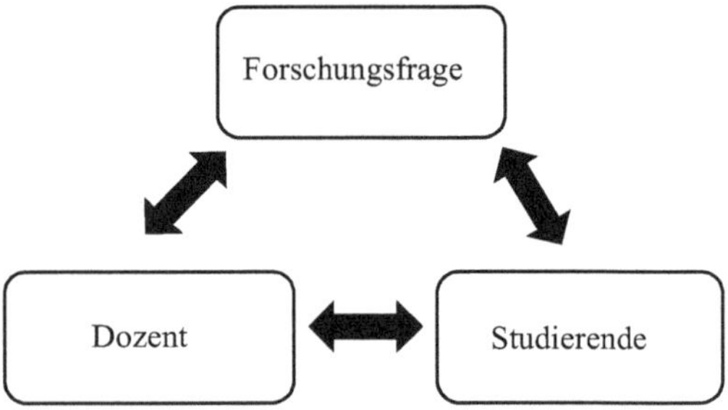

Die oben dargestellt einfache Form des Lehr-Lern-Dreieck lässt schnell erkennen, dass heute wichtige Elemente fehlen. Dieses wird vor allem mit Fokus auf die in dieser Arbeit zu beantwortenden Fragen deutlich. Es braucht also ein Modell, welches mit seinen Kategorien die zukünftigen Bedürfnisse an eine Hochschullehre abdeckt.

Die Weiterentwicklung des klassischen Lehr-Lern-Dreiecks erfolgte durch Peter Baumgartner, er ändert Begriffe ab und fügt dem Modell vier neue Klassenbegriffe hinzu (Abb. 3.3).

[212] Vgl. Baumgartner (2012), S. 51.

[213] Vgl. Böhm (2000), S. 14; Baumgartner (2012), S. 52.

[214] Vgl. Jank/Meyer (2002), S. 55.

[215] Vgl. Pfeiffer-Bohnen (2017), S. 14.

[216] Eigene Darstellung i.A. an Pfeiffer-Bohnen (2017), S. 14.

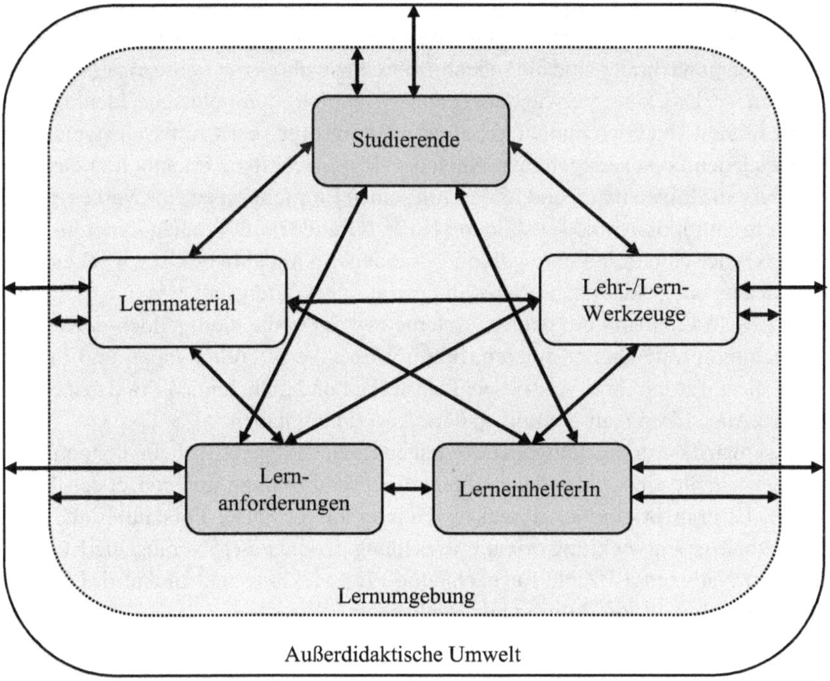

Abb. 3.3 Didaktisches Dreieck nach Baumgartner[217]

Der *Studierende*, wird mit dem Thema, hier auf Lernanforderung verallgemeinert, in Verbindung gesetzt. Als Lernhelfer werden alle an der Lehr-Lern-Situation beteiligten Personen verstanden. Dies können zum einen andere Lernenden sein, aber auch der Dozent selbst.[218] Baumgartner ergänzt weiter noch die Kategorien des Lernmaterials sowie der Lehr-/Lernwerkzeuge (Gesamtheit medialer und digitaler Hilfsmittel). Die Lernumgebung beschreibt dabei steuerbare Umgebungsbedingungen (bspw. Raum und Zeit). Die außerdidaktische Umwelt stellt nicht beeinflussbare Rahmenbedingungen (bspw. Kultur). Alle sieben Bereiche stehen in Beziehung zueinander und wirken aufeinander ein.

---

[217] Eigene Darstellung i.A. an Baumgartner (2014), S. 105.

[218] Vgl. Pfeiffer-Bohnen (2017), S. 14.

Exkurs 3.2 Hochschullehre

Hochschullehrende sind im Allgemeinen der Meinung, dass wissenschaftliche Publikationen wichtiger sind als zu lehren und ihnen durch die Lehre eher Nachteile entstehen.[219] Das kann verwundern, denn „[...] d[as] humboldtsche Ideal basiert auf der Einheit von Forschung und Lehre“ [220] und sollte somit zum Selbstverständnis eines jeden Forschers gehören. Auch der Wissenschaftsrat erkennt hier Defizite besonders an Universitäten und fordert mit seinen Empfehlungen eine Verbesserung der Hochschulbildung und -ausbildung ein.[221] Gründe dafür können in der bisherigen Praxis der Hochschullehre gefunden werden. So findet in der Regel selten eine methodische oder didaktische Ausbildung von Lehrkräften statt.[222]

Da gemäß Luhmann die beiden Systeme zwar getrennt sind, jedoch durch eine Personalunion miteinander agieren, führen sie zu Veröffentlichungen und Ergebnissen, die aufgrund ihrer Wissenschaftslastigkeit und mangelnden Praxisnähe eine negative Auswirkung auf die universitäre Ausbildung haben.[223]

Lässt man das vorangegangenen Aussagen Revue passieren, scheint der optimale Lösungsweg für eine zukunftsgerichtete Hochschulbildung auf den ersten Blick einfach. Es braucht eine auf Praxisanwendung ausgerichtete Forschung und eine auf nachhaltige Entwicklung orientierte Bildung. Im Jahr 2015 verabschiedeten die Vereinten Nationen 17 Ziele für nachhaltige Entwicklung und rückte das Thema damit in den Fokus von Politik und Gesellschaft.[224]

Mit Bildung für nachhaltige Entwicklung sollte das Ziel verfolgt werden, Menschen (Studierende) die Möglichkeit zu geben, auf Basis von gesichertem Wissen und mithilfe von komplexen Zukunftsfragen verantwortungsbewusst bei der Gestaltung des Heute und Morgen beizutragen.[225] In Deutschland wird der Begriff der *Gestaltungskompetenz* bis in die aktuelle Zeit lediglich diskutiert.[226]

Exkurs Ende

3.1.2.1.8 Zusammenfassung und Diskussion zum Thema Lernen

Zusammenfassend kann festgestellt werden, dass Lernen ein vielschichtiger und komplexer Prozess ist, der in den vergangenen Jahrzehnten intensiv untersucht

---

[219] Vgl. Hilbrich/Schuster (2013), S.70; Osterroth (2021), S.4.

[220] Ulrich (2016), S. 14.

[221] Vgl. Wissenschaftsrat (2008), S. 16.

[222] Vgl. Osterroth (2021), S. 1.

[223] Vgl. Luhmann (1997), S. 784.

[224] Vgl. United Nations (2015), o.S.

[225] Vgl. Stoltenberg/Burandt (2014), S. 573.

[226] Vgl. Barth (2021), S. 35.

wurde und weiterhin Gegenstand der Forschung bleibt. Das Verständnis der Mechanismen und Faktoren, die Lernen beeinflussen, hat dabei immense Fortschritte gemacht, insbesondere durch die Integration von Erkenntnissen aus der Kognitionswissenschaft, der Neurowissenschaft und der Pädagogik.

Den Anfang machten dabei die behavioristische Theorie, maßgeblich geprägt von Skinner und Pavlov. Ihre Forschung fokussiert sich auf das Lernen als einen Prozess der Konditionierung. Hierbei unterschieden sie zwischen klassischer und operanter Konditionierung. Klassische Konditionierung beschreibt den Prozess, bei dem ein neutraler Reiz durch wiederholte Assoziation mit einem unbedingten Reiz zu einer konditionierten Reaktion führt. Operante Konditionierung betont hingegen die Rolle von Verstärkung und Bestrafung zur Modifikation von gewünschtem Verhalten.

Eine Weiterentwicklung war der kognitivistische Ansatz, vertreten durch Piaget und Bruner. Sie betrachtet Lernen als einen aktiven Prozess der Informationsverarbeitung. Piagets Theorie der kognitiven Entwicklung beschreibt, wie Kinder durch Interaktionen mit ihrer Umwelt kognitive Strukturen aufbauen. Bruner betont die Bedeutung von Entdeckungslernen und die Rolle von Scaffolding, bei dem Lehrende Unterstützung bieten, um Lernprozesse zu erleichtern.

In der Neuzeit entwickelten sich konstruktivistische Theorien, die das Verständnis und die Praxis des Lernens grundlegend veränderten. Diese Theorie betrachtet Lernen als einen aktiven, konstruktiven Prozess, bei dem Lernende Wissen durch Interaktionen mit ihrer Umwelt und durch soziale Interaktionen aufbauen. Im Mittelpunkt des konstruktivistischen Ansatzes stehen die Rolle der Erfahrung, die Bedeutung sozialer Interaktionen und die aktive Beteiligung der Lernenden an ihrem eigenen Lernprozess.

Im Gegensatz zu behavioristischen Ansätzen, die Lernen als passiven Prozess des Reagierens auf Reize betrachten, betont der Konstruktivismus, dass Lernende aktiv neues Wissen auf der Grundlage ihrer bisherigen Erfahrungen und kognitiven Strukturen aufbauen.

Die weiterführende Theorie des soziokulturellen Konstruktivismus baut auf der Annahme auf, dass Lernen ein sozialer Prozess ist. Durch Interaktion mit kompetenteren Gruppen und Personen können Lernende ihre Verständnis- und Problemlösungsfähigkeiten erweitern.

Lernen ist dabei kontextabhängig und findet in einem kulturellen und sozialen Rahmen statt. Die Bedeutung des Lernmaterials und dessen Anwendung in existenten Konstellationen sind wesentlich für ein erfolgreiches Lernen. Die konstruktivistische Pädagogik fördert das Entdeckungslernen, bei dem Lernende durch Exploration und Experimentieren selbständig Wissen erwerben. Dieser Ansatz wird oft durch projektbasiertes Lernen und problembasiertes Lernen umgesetzt, bei dem Lernende durch praktische und relevante Aufgaben neues Wissen konstruieren.[227] Wie schon oben beschrieben baut die methodische und didaktische Ausrichtung des hier untersuchten Bildungsprojekts auf genau diesen Rahmenbedingungen auf.

Weitere signifikante Beiträge hat in den letzten Jahrzehnten die neurowissenschaftliche Forschung mit ihren Erkenntnissen zum Verständnis der biologischen Grundlagen des Lernens geleistet. Studien zur neuronalen Plastizität zeigen, dass das Gehirn durch Erfahrungen und Lernen strukturelle und funktionelle Veränderungen durchläuft.[228] Die Gehirnregionen Hippocampus und präfrontaler Kortex sind dabei als Schlüsselregionen zu betrachten, die für Gedächtnisbildung und komplexe kognitive Funktionen wie Problemlösung und Planung verantwortlich sind.[229]

Ein weiterer wichtiger Faktor im Lernprozess ist die Motivation. Intrinsische Motivation, die durch persönliches Interesse und Freude am Lerninhalt getrieben wird, ist oftmals effektiver als extrinsische Motivation, die durch externe Belohnungen oder Bestrafungen gesteuert wird.[230] Theorien wie die Selbstbestimmungstheorie von Deci und Ryan heben die Bedeutung von Autonomie, Kompetenz und sozialer Verbundenheit für die Förderung intrinsischer Motivation hervor.[231]

Metakognitive Fähigkeiten, wie die Planung, Überwachung und Regulierung des eigenen Lernens, sind ebenfalls entscheidend für den Lernerfolg. Die aktuelle Forschung zeigt, dass metakognitive Strategien, wie das Setzen von Zielen und Selbstreflexion, das Lernen und die Leistung erheblich verbessern können.[232]

Der Einsatz von Technologie im Lernprozess, etwa durch E-Learning-Plattformen und adaptive Lernsysteme, hat in den letzten Jahren erheblich zugenommen. Diese Technologien ermöglichen personalisiertes Lernen und können durch sofortiges Feedback und interaktive Inhalte die Lernerfahrung bereichern.

Im Ansatz des kollektiven Lernens nach Bateson erfolgt das Lernen in Stufen. Die erste Stufe bildet das Wissen und adaptives Lernen, die zweite Stufe das reflektorische Lernen, die letzte und dritte Stufe schließt mit der Musterbildung ab.[233]

---

[227] Vgl. Reusser (2006), S. 154.

[228] Vgl. Rösler (2011), S. 145 ff.

[229] Vgl. Rösler (2011), S. 160 ff.

[230] Vgl. Franken (2010), S. 84.

[231] Vgl. Deci/Ryan (1993), S. 223.

[232] Vgl. Schuster et al. (2018), S. 409 f.

[233] Vgl. Bateson (1995), S. 366 ff; Bergmann (2014), S. 29 ff.

Lernen ist somit ein komplexer und vielschichtiger Prozess ist, der durch eine Kombination aus biologischen, kognitiven, emotionalen und sozialen Faktoren beeinflusst wird.

Dieser Prozess wird zudem von zahlreichen internen und externen Faktoren beeinflusst. Mit Hinblick auf zukünftige Forschungsarbeiten sind besonders die Neurowissenschaften interessant, da ihr Ziel die Gestaltung effektiverer Lernumgebungen ist. Darüber hinaus sind die individuellen Unterschiede der Lernenden zu berücksichtigen, um so personalisierte Bildungsstrategien entwickeln zu können, die wiederum auf die spezifischen Bedürfnisse und Fähigkeiten der Lernenden zugeschnitten sind.

3.2 Bildung und Kompetenzentwicklung

3.2.1 Begriffsbestimmung Kompetenz

Diese Forschungsarbeit beschäftigt sich mit der Frage wie zukünftige Generationen von Studierenden an Universitäten und Hochschulen ausgebildet werden können, um über die Methodenkompetenz zu verfügen, zukünftige gesellschaftliche, ökologische und ökonomische Probleme lösen zu können. Wir haben uns bisher mit den theoretischen Grundlagen von Bildung beschäftigt und kommen nun zu den Spezifika der Kompetenzentwicklung. An dieser Stelle sei darauf hingewiesen, dass das Ziel dieser Arbeit nicht daran ausgerichtet ist, den Kompetenzbegriff mit all seinen geschichtlichen und methodischen Ausprägungen und Facetten zu erfassen und darzustellen, vielmehr sollen die für die Beantwortung der Forschungsfrage notwendigen Aspekte vorgestellt und erläutert werden.

Seit den 1979er Jahren findet eine intensive Diskussion über die Bedeutung und zukünftige Entwicklung von Kompetenzen und Schlüsselqualifikationen statt, innerhalb derer Konzepte entwickelt und umgesetzt werden.

Seine erste Erwähnung findet der Begriff Kompetenz in einem Werk des Philosophen Platon, seine begrifflichen Wurzeln liegen in dem Wort ikano (ικανό) von iknoumai (ικνούμαι), was so viel bedeutet wie etwas erreichen.[234] In der altgriechischen Texten findet sich eine Entsprechung im Begriff ikanotis (ικανότης), was übersetzt soviel bedeutet wie die fähig zu sein (ikanos), bzw. über die Fähigkeiten zu verfügen etwas zu erreichen.[235] Seine Relevanz stieg nach der

---

[234] Vgl. Lysis, 2I5A zitiert nach Mulder (2007), S. 6

[235] Vgl. Mulder (2007), S. 6

beginnenden Abkehr vom Begriff der Schlüsselkompetenzen in den 1990er Jahren stark an.[236] Der Grund dafür lag in den strukturellen Veränderungen des Arbeitsmarktes durch die neuen Bundesländer. Ziel war dabei vor allem die Sicherung der Beschäftigungsfähigkeit und die Versorgung des Arbeitsmarktes mit qualifizierten Arbeitskräften.[237] Oskar Negt legt zudem in den 1980er Jahren eine theoretische Überlegung zur *gesellschaftlichen Kompetenz* vor, bei der bildungstheoretische Traditionen im Sinne der Aufklärung und Überlegungen der kritischen Bildungstheorie aufgegriffen werden.

Nähert man sich in der Literatur dem Begriff der Kompetenz stellt man schnell fest, dass es keine eindeutige Definition des Begriffes gibt, vielmehr gibt es eine Vielzahl von Deutungen, jeweils aus der Perspektive der jeweiligen Denk- oder Forschungssicht wie beispielsweise der Psychologie, Pädagogik und Betriebswirtschaft.[238] Alle diese Fachbereiche vereint, dass sie den Kompetenzbegriff individuell zu formulieren versuchen, nämlich im Sinne der Handlungsfähigkeit einer Person.[239] Dabei betrachten sie den Menschen als Träger der Kompetenz und stellen ihn als Individuum in den Mittelpunkt seiner Kompetenzentwicklung.[240] Das macht es insgesamt schwierig, wenn nicht gar unmöglich sich auf eine Definition zu beschränken, vielmehr sind es die verschiedenen Perspektiven, die eine zweckmäßige Definition ausmachen.

Die psychologische Perspektive beschäftigt sich im Rahmen der Forschung mit kognitiven Fähigkeiten und motivatorischen Gesichtspunkten.[241] Für die Pädagogik stehen vor allem die Leistungsdispositionen mit ihrem Ziel den Menschen zu befähigen die ihm gestellten – vor allem beruflichen – Anforderungen erfüllen zu können.[242] Die Betriebswirtschaft hingegen stellt zusätzlich zu dem vorangegangenen Perspektiven die organisationalen Kompetenzen in den Fokus ihrer Forschung. Für sie stellt die Performance eines Unternehmens ein zu erreichendes Ziel eines Kompetenzmanagements mit einhergehender Kompetenzentwicklung dar.[243] Weiter lässt sich der Kompetenzbegriff in bildungsökonomische, bildungstheoretische und bildungskritische Perspektiven und deren differenzierten

[236] Eine Einführung in den Begriff der Schlüsselkompetenzen findet sich weiter unten im Text.

[237] Vgl. Zeuner (2009), S. 267.

[238] Vgl. Dworschak et al. (2020), S. 146.

[239] Vgl. Dworschak et al. (2020), S. 147.

[240] Vgl. Dworschak et al. (2020), S. 147.

[241] Vgl. Chomsky (1965), S. 57; White (1959), S. 297.

[242] Vgl. Bunk (1994), S. 9; Grote (2006), S. 3.

[243] Vgl. Arnold/Schüssler (2001), S. 54.

Zielsetzungen mit unterschiedlich vorgelagerten Sichtweisen auf den Menschen, seine gesellschaftliche Verantwortung, seine Verortung innerhalb der Gesellschaft sowie Handlungsweisen unterscheiden.[244]

Es existieren zudem sprachliche Unterscheidungen durch die Einbringung angelsächsischer Begrifflichkeiten, wie beispielsweise skills, capabilities, capacities, invisible assets oder intangible resources.[245]

Früh wurde damit begonnen Listen mit als wichtig erachteten Fertigkeiten und Charakterzügen zu erstellen, welche die Kompetenzen beispielsweise von Führungskräften im betrieblichen Umfeld vergleichbar machen sollten.[246] Der Fokus lag dabei ausschließlich auf der Erfüllung von Anforderungen des Arbeitsmarktes, bzw. die optimale Versorgung mit gut ausgebildeten, kompetenten Fachkräften. Erschwerend kommt hinzu, dass unter dem Begriff der Kompetenz die Begriffe Bildung, Wissen, Qualifikationen, Schlüsselqualifikation, Fähigkeiten, Talente, Tugenden, Persönlichkeitseigenschaften und Eignung im Sprachgebrauch oftmals synonym und undifferenziert verwendet werden.[247]

3.2.2 Pädagogische Deutung von Kompetenz

Eine erste bildungsrelevante Unterscheidung nimmt der deutsche Bildungsrat vor und unterscheidet zwischen Kompetenz und Qualifikation 1974 folgendermaßen:

- „Kompetenz befähigt einen Menschen zu selbstverantwortlichem Handeln und bezeichnet den tatsächlich erreichten Lernerfolg [und]
- Qualifikation ermöglicht die Verwertung von Kenntnissen, Fertigkeiten und Fähigkeiten."[248]

Qualifikationen unterscheiden sich von Kompetenzen darin, dass sie allein noch keine hinreichende Voraussetzung für ein kompetentes und zielgerichtetes Handeln bilden.[249] Aus dieser Bildungsperspektive lassen sich zwei Arten von Kompetenzen unterscheiden:

---

244 Vgl. Zeuner (2009), S. 262.

245 Vgl. Bergmann (2008), S. 76; Drexel (2002), S. 341.

246 Vgl. Boyatzis (1982), o.S.; Schroder (1989), S. 24; Spencer (1983), S. 14.

247 Vgl. Sauter et al. (2018), S. 108; Heyse/Erpenbeck (2009), S. 3; Zürchner (2010), S. 4; Lederer (2014), S. 21.

248 Deutscher Bildungsrat (1997), S. 65.

249 Vgl. Gessler (2010), S. 46.

1. Kompetenzen sind Fähigkeiten, um einfache Anforderungen erfüllen zu können, indem in einer vorhersehbaren Situation, die zur Bewältigung notwendigen Anforderungen erfüllt werden.[250]
2. Kompetenzen sind Fähigkeiten komplexe Probleme oder Zusammenhänge lösen zu können. Die Rahmenbedingungen solcher Situation enthalten mehrere Schwierigkeiten und sind vornehmlich untypischer Natur.[251]

Der deutsche Pädagoge Peter Mudra geht noch etwas weiter und verknüpft für Kompetenz eine spezifische Fähigkeit mit den Anforderungen an eine spezifische Situation.[252] Zudem können Kompetenzen als Ergebnis ohne vorheriges Wissen, Fähigkeiten und Qualifikationen nicht existieren.[253]

Eine am weitesten verbreitete Definition von Kompetenz aus den achtziger Jahren stammt von dem pädagogischen Anthropologen Heinrich Roth, er unterscheidet in Selbs-, Sach- und Sozialkompetenz. *Selbstkompetenz* „[…] als Fähigkeit, für sich selbst verantwortlich handeln zu können“[254], *Sachkompetenz* „als Fähigkeit, für Sachbereiche urteils- und handlungsfähig und damit zuständig sein zu können“[255], sowie *Sozialkompetenz* „[…] als Fähigkeit für sozial, gesellschaftlich und politisch relevante Sach- oder Sozialbereiche urteils- und handlungsfähig und also ebenfalls zuständig sein zu können“[256]. Aufbauend auf die von ihm vorgenommenen Definition des Kompetenzbegriffes anhand von Dimension werden heute überwiegende in der pädagogischen Kompetenzforschung die Begriffe personale Kompetenz, Fachkompetenz und Methodenkompetenz, Sozialkompetenz und Handlungskompetenz verwendet.[257]

Innerhalb der Europäischen Union haben sich in der Neuzeit mit »Learning to know! Learning to do! Learning to be! Learning to live together!« vier Kompetenzsäulen mit ihrem Fokus auf die Aus- und Weiterbildung etabliert.[258]

---

[250] Vgl. Mudra (2004), S. 363.
[251] Vgl. Seel (2002), S. 319; Dörner (2005), S. 46.
[252] Vgl. Mudra (2004), S. 363.
[253] Vgl. Sauter et al. (2018), S. 108.
[254] Roth (1971), S. 180.
[255] Roth (1971), S. 180.
[256] Roth (1971), S. 180.
[257] Vgl. Erpenbeck et al. (2017), S. XX.
[258] Vgl. Delos (1996), S. 37.

3.2.3 Psychologische Deutung von Kompetenz

In der Neuzeit findet sich die Definition des Psychologen Emanuel Weinert, die ihren Niederschlag auch in den weiter unten folgenden Definitionsgruppen wiederfindet. Er definiert Kompetenzen als “[...] die bei Individuen verfügbaren oder durch sie erlernbaren kognitiven Fähigkeiten und Fertigkeiten, um bestimmte Probleme zu lösen, sowie die damit verbundenen motivationalen, volitionalen und sozialen Bereitschaften und Fähigkeiten, um die Problemlösungen in variablen Situationen erfolgreich und verantwortungsvoll nutzen zu können“[259].

Bei Weinert findet sich zudem auch schon der explizite Hinweis darauf, dass Kompetenzen für ein gutes und erfolgreiches Lebens notwendig sind.[260,261]

Oben hatten ich bereits Definitionsgruppen erwähnt, die dabei helfen sollen Klarheit in die Diskussion von Kompetenzen und Kompetenzdefinitionen zu bringen. Bei Arnold und Erpenbeck werden diese als Definitionscluster bezeichnet und gliedern Kompetenzen in die Bereiche Bildung (ökonomisierte Varianten von Bildung), Handlung (allgemeiner Handlungsrahmen), Kognition (kognitive Leistungsdefinitionen) und Selbstorganisation (kreative Selbstorganisationsfähigkeiten).[262]

Die Besonderheit bei der Kompetenz als eine Fertigkeit vielschichtige Aufgaben lösen zu können, liegt in der Fähigkeit selbstorganisiert handeln zu können.[263] Dabei geht man davon aus, dass Kompetenzen immer das Ergebnis einer Fähigkeit sind, Aufgabenstellungen oder Probleme lösen zu können.[264] Kompetenzen werden dabei immer von einem anderen (dritten) Akteur zugeschrieben und sind somit immer relational bzw. beziehungsabhängig.

Bergmann und Daub definieren Kompetenz auf Basis der Selbstorganisationsdisposition, als eine selbstorganisierte Problemlösefähigkeit, die einem Akteur oder Kollektiv (soziales System, Team, Unternehmen) von außen zugeschrieben wird.[265] Weiter betrachten die beiden Autoren den Weg der Kompetenzentwicklung als interaktiven Entdeckungsprozess eines Menschen im Austausch mit

[259] Weinert (2014), S. 27 f.

[260] Vgl. Weinert (2014), S. 28.

[261] Auch zu dieser Definition gibt es kontroverse inhaltliche Diskussionen, mehr dazu findet sich bei Erpenbeck et al. (2017), S. XXI.

[262] Vgl. Arnold/Erpenbeck et al. (2014), S. 81.

[263] Vgl. Erpenbeck/von Rosenstiel (2003), S. IX.

[264] Vgl. im Folgenden Bergmann/Daub (2008), S. 74.

[265] Vgl. Bergmann/Daub (2008), S. 2; Vgl. Erpenbeck et al. (2017), S. XVI.

anderen.[266] Auch Autoren aus der Erwachsenenbildung wie Zürcher schließen sich dieser Definition an.[267]

Nachfolgend sollen daraus abgeleitet drei wichtige Merkmale von Kompetenzen angeführt werden:

1. Kompetenzen sind keine Persönlichkeitseigenschaften.[268]
2. Kompetenzen finden sich in Handlungen nieder.[269]
3. Kompetenzen bauen immer auf „[...] emotional durchdrungenem […]"[270] Wissen auf.

Kompetenzen sind somit keine formalen Fähigkeiten, die anhand beliebiger Inhalte erworben werden können, sondern nur durch eigene Erfahrungen. Somit sind Kompetenzen das Ergebnis der Fähigkeit in unbekannten Situationen kreativ Handeln zu können und dabei das Ergebnis nicht vorab zu kennen.[271]

Exkurs 3.3 Schlüsselqualifikationen
Oben war bereits von einigen Synonymen des Kompetenzbegriffs die Rede; dabei ist es sinnvoll Abgrenzungen vorzunehmen, um den Begriff zu schärfen. Schlüsselqualifikationen gelten als eine Vorstufe von Kompetenz, sie beschreiben Kenntnisse, Fähigkeiten und Fertigkeiten, welche sich nicht direkt auf bestimmte praktische Tätigkeiten beziehen.[272]

Die Entwicklung von Konzepten zu Schlüsselqualifikationen ist zurückzuführen auf einen bildungsökonomischen Wandel in den 1970er Jahren und der einhergehenden Veränderung von Berufsbildern. Im Zuge dieses Wandels sollte der zukünftige Fokus weniger auf kognitivem Wissen liegen, sondern auf neuem Wissen, welches in beruflichen Zusammenhängen genutzt werden konnte.[273]

Seinerzeit wurden die schulischen Lehrpläne für die qualifikationstheoretische Begründung herangezogen und ihnen eine zu wenig orientierte „Ausstattung zur Bewältigung von Lebenssituationen" [274] vorgeworfen.

---

[266] Vgl. Bergmann (2008), S. 3.
[267] Vgl. Zürcher (2010), S. 5.
[268] Vgl. Erpenbeck/Hasenbrock (2011), S. 227.
[269] Vgl. Sauter et al. (2018), S. 111.
[270] Sauter et al. (2018), S. 111.
[271] Vgl. Sauter et al. (2018), S. 111.
[272] Vgl. Raithel (2009), S. 39.
[273] Vgl. Zeuner (2009), S. 263.
[274] Robinsohn (1969), zitiert in Kaiser (1992), S. 12.

Ein zweiter Ansatz vereinte unter dem Begriff *Transferkonzept* gesellschaftliche Wandlungsprozesse, bei dem einmal erlangtes Wissen und Fertigkeiten auf neue Situationen und Herausforderungen übertragbar sein müsse.[275]

Schlüsselkompetenzen sollten einerseits dazu befähigen, sich für eine Vielzahl von Positionen und Funktionen zu qualifizieren, und andererseits die Fähigkeit vermitteln, eine Reihe von häufig unvorhersehbaren Veränderungen und Anforderungen im Laufe des Lebens erfolgreich zu bewältigen.[276] Dieter Mertens benennt daraufhin 1974 in seinem Konzept der Schlüsselqualifikationen Basisqualifikationen, Horizontalqualifikationen, Breitenelemente und sogenannte Vintage-Faktoren als Bezeichnungen für solche Schlüsselqualifikationen (Tab. 3.2).[277]

Tab. 3.2 Merkmale von Schlüsselqualifikationen[278]

Basis-qualifikationen	***Horizontal-qualifikationen***	***Breiten-elemente***	***Vintage-Faktoren***
kognitive Denkstile	Informations-verarbeitung, Nutzung der Informationshorizonte	vielseitig verwendbare Kenntnisse und Fähigkeiten	nachholendes Wissen zu Aufhebung intergenerativer Bildungsreferenzen

Basisqualifikationen bezeichnen elementare Operationen des Denkens, als Voraussetzung für die Fähigkeit kognitiv unterschiedliche Situationen und Anforderungen bewältigen zu können.[279] Dieses sind beispielsweise logisches, kritisches, analytisches, strukturierendes, kooperatives oder dispositives Denken.

Horizontalqualifikationen haben ebenfalls einen Bezug zu kognitiven Fähigkeiten und beschreiben die Fähigkeit des Menschen Informationen im Sinne der Gewinnung, des Verstehens, oder der Verarbeitung in ihren jeweiligen Ausprägungen oder Eigenarten zu nutzen.[280]

Breitenelemente vereinen übergreifendes Wissen, welches zum einen tätigkeitsbezogen, wie beispielsweise Arbeitsschutz, aber auch grundlegende Kulturtechniken wie beispielsweise die Grundrechenarten beinhaltet.[281]

[275] Vgl. Kaiser (1992), S. 13.

[276] Vgl. Raithel (2009), S. 39.

[277] Vgl. Mertens (1974), S. 36; S. 41.

[278] Eigene Darstellung i.A. an Mertens (1974), S. 41.

[279] Vgl. Zeuner (2009), S. 263; Mertens (1974), S. 42.

[280] Vgl. Zeuner (2009), S. 264; Mertens (1974), S. 41.

[281] Vgl. Zeuner (2009), S. 263; Mertens (1974), S. 40f.

Vintage Faktoren beziehen sich auf Kenntnisse und Wissen, welches generationenübergreifend bzw. intergenerationell vermittelt und weitergegeben wird, diese sind beispielsweise Literatur, Umgang mit digitalen Medien oder Technik.[282]

Aufgrund kritischer Stimmen zu den damaligen Konzepten der Schlüsselkompetenzen entstand in den 1990er Jahren der Vorschlag den Begriff der Kompetenz einzuführen. Nachdem der amerikanische Linguist Noam Chomsky den Begriff erstmalig im Kontext von menschlichen Fähigkeiten gebrauchte, griff Jürgen Habermas den Begriff in seiner Theorie des kommunikativen Handelns auf.[283]

Ende des Exkurses

3.2.4 Differenzierung von Kompetenzen

In der Literatur finden sich diverse Differenzierungen von einzelnen Kompetenzen, für diese Arbeit sollen die Kompetenzdimensionen von Heidack verwendet werden, da sie bis heute Einfluss auf die Definition des Kompetenzbegriffes haben. Heidack unterscheidet in Sach-/Fachkompetenz, Sozialkompetenz, Methodenkompetenz, sowie die Selbst-/Persönlichkeitskompetenz (Tab. 3.3).[284]

Tab. 3.3 Ausprägungen von Handlungskompetenzen[285]

Sach- bzw. Fachkompetenz	***Sozialkompetenz***	***Methodenkompetenz***	***Selbst-/ Persönlichkeitskompetenz***
Fähigkeit zu Besitz, Gebrauch, und Umsetzung von Sach-/Fachwissen zur Aufgabenbewältigung	Fähigkeit zum sozialverträglichen Handeln	Fähigkeit zum Gebrauch allgemeiner Verfahrensweisen des Erkennens und Problemlösens	Selbstbestimmung und Entscheidungsvermögen

282 Vgl. Mertens (1974), S. 40 f.

283 Vgl. Geißler/Orthey (2002), S. 70.

284 Vgl. Raithel (2009), S. 40.

285 Eigene Darstellung i.A. an Raithel (2009), S. 40; Heidack (1997), S. 33.

Fachkompetenz bedeutet fachliches Wissen zu besitzen, es situationsgerecht umsetzten zu können und bereits zu sein diese Kompetenzen einbringen zu wollen.[286]

Sozialkompetenz bedeutet Gedanken, Gefühle und Einstellungen dritter wahrnehmen zu können, sich situativ und personenbezogen verständigen zu können, die Fähigkeit zu Akzeptanz und Verständnis und dieses aufrechthalten zu können, sowie eine Bereitschaft zur Verständigung.[287]

Methodenkompetenz bedeutet einen möglichen Lösungsweg zu erkennen, ihn zu bewältigen und bereit zu sein den gewählten Lösungsweg anwenden zu wollen. Wichtige praktische Erkenntnisse dazu wurden in dem Projekt »Metakompetenzen und Kompetenzentwicklung« einem ABWF-QUEM-Projekt bereitgestellt, dabei wurden Metakompetenzen beforscht und in einen betrieblichen und gesellschaftlichen Kontext gebracht.

Persönlichkeitskompetenz bedeutet, ein Bewusstsein für die eigene Ausstrahlung, Werte, den persönlichen Werdegang sowie die eigenen Stärken und Schwächen zu haben und sich der eigenen Rolle bewusst zu sein. Sie umfasst auch die Offenheit zur Persönlichkeitsentfaltung, beispielsweise durch den Umgang mit Fehlern, Kritik oder den Meinungen anderer wie Freunde, Kollegen oder Partner. Dazu gehört die Fähigkeit, sich selbst weiterzuentwickeln, basierend auf Selbstbewusstsein, geistigen Ressourcen, Gemeinschaftssinn und Gestaltungsspielräumen. Es bedeutet, gemäß den eigenen Überzeugungen zu handeln, Eigeninitiative zu zeigen und Gestaltungskraft zum Wohle der Gemeinschaft einzusetzen. Ebenso gehören die Bereitschaft zur Selbstkritik, der Wille, eine Vorbildfunktion einzunehmen, Verantwortung zu übernehmen, andere zu akzeptieren und offen zu kommunizieren, zur Persönlichkeitskompetenz.[288]

Die Persönlichkeitskompetenz bildet die Basis für die Entfaltung der Fach-, Methoden- und Sozialkompetenz.[289]

Exkurs 3.4 Begriff der Qualifikation

In den siebziger Jahren drang der Begriff der Qualifizierungsoffensive in den Fokus der Forschung und Öffentlichkeit. Dahinter verbarg sich ein Vorhaben, um die Berufspotentiale von Werktätigen und die Vermittlungsfähigkeit von Arbeitssuchenden zu verbessern.[290] Das Ziel war damals die Reaktion auf sich verändernde

[286] Vgl. Heidack (1997), S. 33.

[287] Vgl. im Folgenden Heidack (1997), S. 33.

[288] Vgl. Heidack (1997), S. 33.

[289] Vgl. Mertens (1974), S. 40.

[290] Vgl. Gessler (2010), S. 47.

berufliche Anforderungen. Zugleich wurden unter anderem der Begriff der Schlüsselqualifikationen eingeführt, darunter wurden Fähigkeiten verstanden, die sich langfristig als vorteilhaft auszeichnen würden und die seinerzeit veralteten Qualifikationen bezogen auf die Anforderungen auf dem Arbeitsmarkt ersetzten sollten.[291]

Seinerzeit wurden als Schlüsselqualifikationen unter anderem das lebenslange Lernen, sowie die Verknüpfung von Theorie und Praxis gefordert.[292] Qualifikationen werden dabei oftmals in ihren Reichweiten unterschieden, mit geringer Reichweite decken sie einfache und auf eine bestimmte situativen Problemstellung ausgerichtete Fähigkeiten ab, mit mittlere Reichweiten gehen die Fähigkeiten über eine einzelne situative Problemstellung hinaus und befähigen zu übergreifenden Lösungen.[293] Qualifikationen mit hoher Reichweite decken ein breites übergreifendes Spektrum an Wissen um Methoden für Problemstellungen ab, sie werden ebenfalls als Schlüsselqualifikationen bezeichnet.[294]

Im Laufe der Zeit gewann der Begriff der Kompetenz immer mehr an Vormachtstellung, gefördert wurde dieses vor allem nach der deutschen Wiedervereinigung in den neunziger Jahren und der einhergegangenen Qualifizierungsoffensive, dabei sollte vor allem durch den neuen Begriff der Kompetenzentwicklung die weitreichenden und über Weiterbildungsanstrengungen hinausgehende Zusammenschlüsse von Arbeiten und Lernen mit den vermeintlichen notwendigen Veränderungen von Wertemustern politisch und strategisch untermauert werden.[295]

Qualifizierungen sind somit ein befristeter integrativer Bestandteil eines fortwährenden Kompetenzentwicklungsprozesses, sofern durch sie die Handlungsfähigkeiten und -möglichkeiten eines Menschen erweitert werden.[296] Gessler nennt eine Qualifizierung in diesem Zusammenhang eine „[…] begleitete Kompetenzentwicklung“ [297].

Hinsichtlich des Lernerfolges bildet die Qualifikation einen abschließenden Charakter aus und lässt Rückschlüsse auf den Lernerfolg schließen.[298]

[291] Vgl. Mertens (1974), S. 39.
[292] Vgl. Mertens (1974), S. 40; Rohde, et al. (2007), S. 82.
[293] Vgl. Gessler (2010), S. 47.
[294] Vgl. Schelten (2010), S. 109.
[295] Vgl. Vonken (2001), S. 513.
[296] Vgl. Gessler (2010), S. 47.
[297] Gessler (2010), S. 47.
[298] Vgl. Raithel et al. (2009), S. 39.

Ende des Exkurses

3.2.5 Arbeits- bzw. bildungsökonomische Deutung von Kompetenz

Die Ziele von Kompetenzentwicklung sind nach John Erpenbeck die Handlungsorientierung und Handlungsfähigkeit in der Erwachsenenbildung, auf den Arbeitsmarkt und im beruflichen Umfeld.[299] Kompetenzen lassen sich dabei in einzelne Elemente oder Komponenten aufgliedern:

1. „[...] die Verfügbarkeit von Wissen,
2. die selektive Bewertung von Wissen und seine Verordnung in umfassendere Wertebezüge,
3. die wertegesteuerte Interpolationsfähigkeit, um über Wissenslücken und Nichtwissen hinweg zu Handlungsentscheidungen zu gelangen,
4. die Handlungsorientierung und Handlungsfähigkeit als Zielpunkt von Kompetenzentwicklung,
5. die Integration all dessen zur kompetenten Persönlichkeit,
6. die soziale Bestätigung personaler Kompetenz im Rahmen von Kommunikationsprozessen als sozialfunktional sinnvolle, aktualisierbare Handlungsdispositionen und schließlich
7. die Abschätzung der entwickelbaren und sich entwickelnden Dispositionen im Sinne von Leistungsstufen der Kompetenzentwicklung.“[300]

In der heutigen Zeit sind es, wie auch in den siebziger und neunziger Jahren, globale Veränderungen, auf die reagiert werden muss. Aktuell beschäftigt die Transformation in eine immer stärker werdende Digitalisierung das Bestreben nach Kompetenzentwicklung mit dem Ziel der Justierung von aktuellen hin zu zukünftig notwendigen Kompetenzen.[301]

---

[299] Vgl. Erpenbeck/von Rosenstiel (2003), S. XX; Gessler (2010), S. 47.

[300] Erpenbeck (1997), S. 311.

[301] Vgl. Dworschak et al. (2020), S. 146; Andelfinger (2017), S. 2; Samulat (2017), S. 8.

In den vorangegangenen Kapiteln hatte ich bereits Kompetenzen als selbstorganisierte Problemlösefähigkeiten definiert, die von dritten Personen zugeschrieben werden.[302] Somit muss man hier von r0elationalen und somit beziehungsabhängigen Kompetenzen sprechen.[303] Diese Kompetenzen resultieren generell aus einer individuellen soziobiographischen Entwicklung mit angeeigneten und bereits ererbten Elementen und sind persönlichkeitsspezifisch.[304]

Nach Bergmann ist der Zweck von Kompetenzentwicklung eine Befähigung für die Selbstentdeckung und -erprobung, mit dem Ziel einen Menschen zu befähigen seine individuellen Stärken und Schwächen erkennen und weiterentwickeln zu können.[305] Der Begriff der Fähigkeit konnte schon in der geschichtlichen Herleitung des Kompetenzbegriffs eingeführt werden und findet nun auch in der Zuschreibung auf die Weiterentwicklung des Menschen ihr Anwendungsfeld.

Im Capability Approach sind es genau diese Fähigkeiten, deren freie und lebensdienlich ausgerichteten Entscheidungen das Ziel eines guten Lebens realistischer werden lassen.

Bei der Betrachtung der im Rahmen der Kompetenzdiskussion eingeführten oder verwendeten Begriffe zur Definition des Kompetenzbegriffes lassen sich weitere Differenzierungen oder Merkmale ausfindig machen, die auf die einzelnen Kompetenzfelder ausgerichtet sind.[306]

Dabei beziehen sich Kompetenzen nicht nur auf Einzelpersonen, sondern auch auf Gruppen und Institutionen.[307] Zudem sind sie entwicklungs- und ausbaufähig.[308]

Mit Bezug zu dieser Arbeit lässt sich an dieser Stelle festhalten, dass Kompetenzen im Ergebnis eine Zusammenführung von einzelnen zugeschriebenen Fähigkeiten- und Wissensbausteinen sind. Durch ihren dispositiven Charakter bestehen sie daher nicht nur aus überprüfbaren Wissenselementen, sondern erweitern sich über verschiedene Wissensteile als eine Form von Prozess, welcher die Befähigung zum Ziel hat Wissen praxisgerecht anwenden zu können.[309]

---

302 Vgl. Bergmann/Daub (2008), S. 2; Vgl. Erpenbeck et al. (2017), S. XVI.

303 Vgl. Bergmann/Daub (2008), S. 74.

304 Vgl. Bergmann/Daub (2008), S. 75; Erpenbeck/Heyse (1999), S. 120 f.

305 Vgl. Bergmann/Daub (2008), S. 75

306 Anmerkung: Ein breiter Überblick über die einzelnen Kompetenzfelder findet sich bei Bergmann (2008), S. 76; Kauffeld (2002), S. 132.

307 Vgl. Schmidt (2005), S. 185 f.

308 Vgl. Zürcher (2010), S. 4.

309 Vgl. Bergman/Daub (2008), S. 77.

3.2.6 Abgrenzung von Kompetenzentwicklung und Bildung

Auf den nun folgenden Seiten soll eine für diese Arbeit notwendige Differenzierung der beiden Begriffe vorgenommen werden, dabei ist es mit Blick auf diese Arbeit notwendig sich zu begrenzen, da die vorherrschenden fachlichen Definitionen ein breites Spektrum abdecken.

Der Begriff Kompetenz wurde bereits oben eingeführt und wird daher nicht noch einmal explizit vorgestellt. Der Begriff Bildung ist ein rein deutsches Phänomen, von dem es kein vergleichbares Äquivalent in anderen Sprachen gibt.[310] Der Begriff Bildung entstammt dem althochdeutschen *bildunga* und bedeutet anfänglich Bild, Bildnis oder Nachbildung, später kommen Zuschreibungen wie Gestalt, Gestaltung, Schöpfung oder Verfertigung hinzu.[311] Eine moderne Definition liefert der deutsche Philosoph und Soziologe Theodor Adorno, Bildung lässt sich demnach als die „[...] Förderung der Eigenständigkeit und Selbstbestimmung eines [jeden] Menschen verstehen, die durch eine intensive sinnliche Aneignung und gedankliche Auseinandersetzung mit der ökonomischen, kulturellen und sozialen Lebenswelt entsteht"[312].

Um den Begriff der Bildung eingehender untersuchen zu können, unterscheidet Raithel mit *sachlich, temporär, sozial, wissenschaftlich und autobiographisch* fünf Dimensionen oder Sichtweisen.[313]

Innerhalb der *sachlichen Dimension* wird unterschieden zwischen Inhalt und dem bildenden Gehalt, dabei wird von dem Vorhandensein bestimmter Bildungsinhalte bzw. Klassen von Bildungsinhalten ausgegangen. Formale Bildungstheorien sind zentraler Bestandteil der sachlichen Dimension und zielen darauf ab, die Kräfte und Fähigkeiten des Lernenden zu entwickeln, was das Hauptziel der Erziehung darstellt.[314]

Die *temporäre Dimension* bildet sich aus der Differenz zwischen dem Ereignisverlauf und ihrer Bedeutung, damit ist die Bildung selbst das Ziel und hat unterschiedliche Verhältnisse zur Auffassung von Geschichte.[315]

In der *sozialen Dimension* steht die Anerkennung von sozialen, pädagogischen, moralischen und wissenschaftlichen Standards im Mittelpunkt. Sie stellt

---

[310] Vgl. Raithel et al. (2009), S. 36.

[311] Vgl. Langewand (2004), o.S.

[312] Adorno (1971), S. 44.

[313] Vgl. Raithel et al. (2009), S. 36.

[314] Vgl. Raithel et al. (2009), S. 37; Jank/Meyer (2002), S. 213.

[315] Vgl. Raithel et al. (2009), S. 39.

somit den Kern der sozialen Dimension des Bildungsbegriffs dar. Bildung ist daher kein automatischer Prozess, sondern folgt einer festgelegten Notwendigkeit. Eng mit der Bildung verbunden sind normative Zustimmungen, deren Gültigkeit sich über Generationen permanent neu ermittelt.[316] Bei Foucault werden Prozesse, die innerhalb pädagogische Normen Geltung erlangen, als Machtdiskurse aufgefasst.[317] Die soziale Dimension baut den Bildungsbegriff somit aus der Differenzierung zwischen Lernen und Verbindlichkeit.[318]

Die *wissenschaftliche Dimension* befasst sich mit der Frage, wie Bildung möglich wird und existiert. Sie umfasst daher die Unterscheidung zwischen praktischer Bildungsreflexion und den theoretischen Möglichkeiten von Bildung.[319]

Die *autobiografische Dimension* bezieht sich auf den Unterschied zwischen kulturellen Mustern (Bildung) und dem Verständnis des eigenen Lebens als etwas Wesentliches und Relevantes. Die Bedeutung und Relevanz von Bildung, die durch kulturelle Vorgaben geprägt ist, wird letztlich vom Individuum subjektiv interpretiert und findet ihren Niederschlag in der Differenz von Bildung und Selbstbeschreibung.[320]

Zusammenfassend lässt sich somit festhalten, dass Bildung demnach für Prozesse steht, innerhalb derer sich Menschen als Individuen in einem immerwährenden Akt der Auseinandersetzung mit kulturellen Überlieferungen und eigenen Erfahrungen befähigen, eigenständig denken und handeln zu können.[321] Somit ist Bildung ein Prozess der Selbstbildung hin zu einem autonomen, selbstbewussten und selbstbestimmungsfähigen Subjekt.

Der deutsche Pädagoge und Philosoph Hans Bohnenkamp hat 1966 eine etwas weiter gefasste Definition des Bildungsbegriffs vorgestellt, er schreibt: „Bildung ist die Fähigkeit, zu hören und die Fähigkeit, mitzusprechen: Teilnahme an einem gemeinsamen Bewusstsein. Gebildet ist man nicht für sich allein, sondern nur in der »Republik der Geister«, als Mitmensch, der an der gemeinsamen Existenz und ihrem Bewusstsein teilhat. Die Erkenntnis der Lückenhaftigkeit der eigenen Bildung gehört zu ihrem Wesen. Die Kriterien selbständiger Kritik und kritischen Vertrauens gewinnt der Mensch zunächst aus dem Bereich seiner Überlieferungen und seiner eigenen ursprünglichen Erfahrungen und sodann aus seiner wachsenden und erarbeiteten Bildung selbst. Ohne solche Kritik und ohne solches

[316] Vgl. Raithel et al. (2009), S. 38.
[317] Vgl. Thomas (2009), S. 62; Raithel et al. (2009), S. 38.
[318] Vgl. Raithel et al. (2009), S. 38.
[319] Vgl. Raithel et al. (2009), S. 39.
[320] Vgl. Raithel et al. (2009), S. 40.
[321] Vgl. Bauer (2012), S. 14.

Vertrauen zu anderen, ohne ständiges Gespräch mit den Trägern anderer Überlieferungen und Erfahrungen, ohne Vermittler und Vermittlungen kann heute keiner ein gebildeter Mensch werden."[322]

Damit macht er die Einbettung des Individuums in einen gesellschaftlichen bzw. sozialen Kontext deutlich, in dem der Einzelne immer Teil einer weiter gefassten Gruppe ist und innerhalb der auch die Fähigkeit der Reflexion und Kritik zentraler Bestandteil eines kollektiven Lernens und der Weiterentwicklung ist.

In der aktuellen Bildungsforschung hat Josef Bleicher 2006 eine Brücke zum Capability Approach als Fähigkeitenansatz und der Bildung geschlagen, in dem er schreibt: „Über den bloßen Erwerb von Wissen hinausgehend, weist Bildung einen Weg auf, Wissen und Expertise mit moralischen und ästhetischen Anliegen zu verbinden."[323] „Auf der Grundlage einer erfolgreichen Integration von Denken, Wollen und Fühlen ermöglicht sie ein gesundes Urteilsvermögen, das sich in einem entwickelten Bewusstsein für das Angemessene, [...] es beinhaltet die Offenheit für Unterschiede und die Bereitschaft zur Selbstkorrektur. Bildung im klassischen Sinne enthält also auch eine projektive Antizipation des 'guten Lebens', der menschlichen Freiheit, die mit Verantwortung für sich selbst und andere im ergebnisoffenen Projekt der Selbstschöpfung inszeniert wird."[324]

Hier finden Bildung und Verantwortung zusammen und bilden die Grundlage für ein zukunftsweisendes und selbstbestimmtes gesellschaftliches Lernen, bei dem sich das Individuum als wichtiges Element erkennt und einbringt.

Inhaltliche Zusammenhänge zwischen Kompetenzen und Bildung bestehen hier vor allem in bildungstheoretischer Hinsicht und dabei im Rahmen eines eher pädagogisch-theoretischen Rahmens.[325] Unterscheidungen der beiden Begriffe finden sich vor allem aus begriffsgeschichtlichen, bildungstheoretischen und -philosophischen Sichtweisen.[326]

---

[322] Bohnenkamp et al. (1966), S. 872 f.

[323] Bleicher (2006), S. 364.

[324] Bleicher (2006), S. 365. Text im Original: Transcending mere acquisition of knowledge, Bildung points to a way of integrating knowledge and expertise with moral and aesthetic concerns. On the basis of a successful integration of thinking, willing and feeling, it enables sound judgement, indicated by a developed awareness of what is appropriate, and is expressed in tact, good taste, and a sense of community. It entails openness to difference and a willingness to self-correct. Bildung, in the classic sense, thus also contains a projective anticipation of the 'good life', of human freedom enacted with responsibility for self and others in the open-ended project of self-creation.

[325] Vgl. Lederer (2014), S. 503.

[326] Vgl. Lederer (2014), S. 562.

In der Literatur findet sich zudem der Vorwurf, dass der Kompetenzbegriff lediglich eine Modernisierung oder den Ersatz des Begriffs Bildung darstellt.[327] Lederer merkt dazu an, dass es in bildungstheoretischer Hinsicht in jedem Fall inhaltliche Zusammenhänge zwischen Kompetenzen und Bildung gibt und betrachtet dabei die „[...] Charakterisierung von Kompetenzen als Momente formaler Bildung“ [328]. Eine hilfreiche Unterscheidung findet sich bei Gisela Beste, welche die Gegensätzlichkeiten der beiden Begriffe aufzeigt (Tab. 3.4).

Tab. 3.4 Gegenüberstellung von Kompetenz und Bildung[329]

Kompetenz	**Bildung**
Transferpotential der Lerngegenstände steht im Vordergrund	inhaltlich-materielle Bestimmung der Lerngegenstände steht im Vordergrund
Handlungsfähigkeit als Ziel	Menschenbild (im humboldtschen Sinne) als Ziel
Messbarkeit und Operationalisierung des Kompetenzerwerbs anhand geeigneter Indikatoren	Maßstäbe für Bildung sind ästhetische Erfahrungen und (literarische) Urteilsbildung

Die Darstellung zeigt mit Fokus auf ein pädagogisches Handlungsfeld auf, dass Kompetenzen ein Teil von Bildung sind und Bildung ein Mittel, um sie zu erreichen.[330] Dabei lassen sich zusammenhänge herleiten, wenn es um inhaltliche Sachverhalte geht; so zeigen Studien, das ein losgelöstes Training von Kompetenzen ohne herausfordernde, aktivierende und intelligente Inhalte wenig Aussicht auf Erfolg haben wird.[331] Dabei ist beispielsweise die Entwicklung von Sozialkompetenzen ohne das Wissen um relevante Kommunikationsformen nicht denkbar.[332] Eine Lernstrategie für das Verstehen neuer Sachverhalte oder dem Behalten dieser kann daher ihre Kraft erst entfalten, wenn sie für den Lernenden eine Relevanz hat. Aufgabenstellungen benötigen daher Fragen, die aus dem

[327] Vgl. Arnold (2002), S. 26; Lederer (2014), S. 501; Faulstich (2002), S. 23.

[328] Lederer (2014), S. 503.

[329] Eigene Darstellung i.A. an Beste (2007), S. 4.

[330] Vgl. Beste (2007), S. 4 ff.

[331] Vgl. Stern (2003), S. 579.

[332] Vgl. Beste (2007), S, 6.

Kontext heraus beantwortet werden können, um somit bestehendes Wissen um neue Wissensinhalte zu erweitern.[333]

Daraus lässt sich ableiten, dass Kompetenzen und deren Ausprägungen als Teilbereich eines weitgefassten Bildungsbegriffs aufzufassen wären.[334]

3.2.7 Referenzsysteme von Bildung und Kompetenz

Ein weiteres Feld, um die Gemeinsamkeiten der Begriffe Kompetenz und Bildung zu diskutieren, liegt in ihren unterschiedlichen Referenzsystemen und Begriffsarchitekturen. Rainer Brödel schreibt dazu: „Bildungsbegriff und Kompetenz unterscheiden sich in mehrfacher Hinsicht. Sie sind in unterschiedliche Referenzsysteme und Begriffsarchitekturen eingebunden. Bildung nimmt eine anthropologische Ausgangsproblematik auf, und zwar die Notwendigkeit des Selbstentwurfs des Menschen, wobei dieser eines inhaltlichen Bezugspunkts außerhalb des Individuums bedarf."[335]

Bildung beschreibt eine Wechselbeziehung zwischen einem Individuum und „[...] einer komplexen Tradition und Gegenwart, die in das Leben integriert werden muss" [336].

Mit der aktuellen Ausweitung des Kulturbegriffs auf nahezu jedwede gesellschaftlichen Sphäre, geht jedoch die Verbindung zur Überlieferung kultureller Errungenschaften durch individuelle Bildungsprozesse verloren.[337] Trotzdem unterscheidet sich Bildung von Kompetenz durch ihre umfassende Funktion als Orientierungshilfe und Fokussierung auf eine beispielhafte Lebensführung.[338] Der Begriff der Kompetenz hingegen spiegelt nicht den kollektiven, gesellschaftstheoretischen Zusammenhang wider, wie er im Bildungsbegriff noch enthalten ist. Während der Bildungsbegriff sowohl mikro- als auch makrogesellschaftliche Dimensionen umfasst, konzentriert sich der Kompetenzbegriff hauptsächlich auf das Individuum. Gleichzeitig wird das Individuum in Bezug auf seine Handlungsfähigkeit und Fähigkeit, in bestimmten Praxisfeldern zu agieren, betrachtet.[339]

[333] Vgl. Beste (2007), S, 6.

[334] Vgl. Lederer (2014), S. 506.

[335] Brödel (2002), S. 44.

[336] Brödel (2002), S. 45.

[337] Vgl. Brödel (2002), S. 45.

[338] Vgl. Strzelewicz (1973), S. 64 f, 116 f.

[339] Vgl. Brödel (2002), S. 45.

Beim Kompetenzbegriff geht es vielmehr um eine funktionalere und begrenztere Herangehensweise an die Bewältigung von Lebensproblemen im Vergleich zum Bildungsbegriff, da der Bildungsbegriff aufgrund seiner Vielfalt unklar sein kann.[340]

Der Begriff der Bildung mit seinen Bildungstheorien und der daraus resultierenden Bildungspraxis, aufbauend auf den Herausforderungen des technologischen, wirtschaftlichen und ökonomischem Wandels der Neuzeit, bildet eine mögliche Grundlage für die einsetzenden Kompetenzdiskussionen der vergangenen Jahrzehnte.[341]

Mit Fokus auf die Arbeitswelt und Schlüsselqualifikationen, welche ihren Ursprung in der Forderung von Arbeitgebern nach einem Mitarbeiter mit auf die jeweiligen Einsatzfelder abgestimmten Fähigkeiten und Anforderungen hat, bildet sich der Bedarf nach einer dafür notwendigen Qualifizierung oder Weiterbildung aus.[342] Eine solche Form der Bildung gelingt jedoch nur dann, wenn den Lernenden (Arbeitskräfte) mehr vermittelt wird, als die eigentlich notwendige Qualifikation und bildet somit eine wichtige bildungsmächtige Qualität im Rahmen der beruflichen Weiterbildung, da sie auch auf Kompetenzentwicklung ausgerichtet ist.[343]

An dieser Stelle werden die notwendige Integration und Weiterentwicklung gesellschaftlicher Kompetenzen deutlich, da durch sie erst eine übergeordnete soziale Kompetenz belebt und nachhaltig weiterentwickelt werden kann.

Auf die universitäre/akademische Ausbildung übertragen würden auch hier aufbauend auf eine bestehende schulische Bildung, die Qualifizierung durch Kompetenzentwicklung realisiert, wenn den Studierenden neben der eigentlichen Qualifikation auch ein umfassendes Methodenportfolio für die zukünftigen Aufgaben mitgegeben werden kann. Dabei gilt es auch neben den fachlichen Perspektiven, eine gesellschaftliche in Form von Verantwortungs-, Teilhabe- und Veränderungsmöglichkeiten in Erwägung zu ziehen, da diese zu einer kollektiv geprägten, aber individuellen Weiterentwicklung der Studierenden führen. Gerade die akademische Ausbildung mit ihrem derzeitigen Anspruch auf eine berufs- oder arbeitsweltbezogene und bildungsökonomische Ausbildung würde gut daran tun, den Menschen und seine individuellen Bedürfnisse nach Selbstbestimmung im Lernen curricular zu berücksichtigen.

[340] Vgl. Wittpoth (2001), S. 152.

[341] Vgl. Brödel (2002), S. 44; Chisholm et al. (2007), S. 107.

[342] Vgl. Lederer (2014), S. 506.

[343] Vgl. Arnold (1999), S. 253

Nachfolgend sollen mögliche Schnittmengen zwischen den Feldern der Kompetenz und Bildung verschiedener Autoren mit Bezug auf Persönlichkeit und Umwelt kurz vorgestellt werden.

3.2.8 Persönlichkeit als Schnittmenge von Bildung und Kompetenz

Der Einfluss der individuellen Persönlichkeit eines Menschen im Rahmen seiner Bildung ist nach Arnold eine Bildung in Form von Persönlichkeitsbildung, er schreibt dazu: „Diese hat viel mit ‚Bildung' i. S. von Persönlichkeitsbildung zu tun und transzendiert die Dichotomie zwischen ‚Bildung oder Qualifikation' [...] und ‚Qualifizierung und Aufklärung' [...]. Informatisierung und Technologisierung von Produktion und Dienstleistung vollziehen sich nämlich als eine widersprüchliche Entwicklung mit ebenso widersprüchlichen Auswirkungen auf die Qualifikationsanforderungen an die Beschäftigten: Die Qualifikationen der (zukünftigen) Beschäftigten sollen angepasst werden an Situationen, die ‚offen' sind, und für deren Gestaltung es gerade keine ‚passenden' Lösungen gibt." [344] Somit soll der Fokus der zukünftigen Qualifizierungen eher auf übergeordnete Lösungskompetenz, anstatt auf eine eng problemzentrierte gerichtet werden und damit dem Menschen mehr individuelle und gesellschaftliche Handlungsmöglichkeiten eröffnet werden.

Im Mittelpunkt steht die freie Entfaltung der Persönlichkeit und ihrer Potenziale, um im Ergebnis auf die zukünftigen Anforderungen und Aufgabenstellungen angemessen reagieren zu können.[345] „Kompetenz grenzt sich von der Bildung der selbstbestimmten Persönlichkeit ab und definiert sich über die Dispositionsfähigkeit der sich selbst organisierenden Person. Die Dispositionsfähigkeit gründet auf Personal-, Sozial-, Fach- und Methodenkompetenzen, die Reflexivität, Verantwortung, Wissen, Lernfähigkeit und Wertorientierung implizieren."[346]

So lassen sich Kompetenzen als Persönlichkeitspotentiale betrachten, die zum einen selbstständiges Handeln bei der Bewältigung von Anforderungen des Lebens ermöglichen, und zwar mit Blick auf die Persönlichkeitsentwicklung, sowie der gesellschaftlichen Teilhabe und gründen auf den Primat der Disposition zur Selbstorganisation.[347]

---

344 Arnold (2011), S. 660 f.

345 Vgl. Arnold (2011), S. 661; Behrmann (2006), S. 44.

346 Behrmann (2006), S. 44

347 Vgl. Behrmann (2006), S. 44 f; Erpenbeck/ Heyse (2021), S. 22; Lederer (2014), S. 512.

Der Anthropologe Heinrich Roths schließt sich dieser Sichtweise an und definiert Kompetenzen als Teil der Persönlichkeitsentwicklung und Bildung als evolutionären Prozess, bei dem individuelle Sach-, Sozial- und Selbstkompetenz entwickelt wird und den Menschen zu einer mündigen Selbstbestimmung führt.[348]

3.2.9 Umweltbezug als Schnittmenge von Bildung und Kompetenz

Das zuvor dargestellte Grundverständnis von Bildung als reflexiver Selbstbezug kann auch auf die umgebende Welt des Menschen ausgeweitet werden.[349] Im Zusammenhang mit Kompetenzen tritt auch hier deren Eingebundenheit in einen konkreten Umweltbezug zu Tage, welcher einhergeht mit dem Ziel der Stärkung des Bildungspotentials und weniger mit der Kompetenzentwicklung als Ziel des vorgelagerten pädagogischen Handelns.[350] Christiane Hof bezeichnet diese Beziehung als „[...] Fähigkeit zur Relationierung zwischen Person und Umwelt“[351].

In der gegenwärtigen Diskussion um den Kompetenzbegriff wird dieser häufig auf berufliche Bildung und dem Bedarf des lebenslangen Lernens beschränkt, obwohl er auch für die positive und erfolgreiche Gestaltung eines guten Lebens von Bedeutung ist.[352] So wird beispielsweise in einer Empfehlung des Europäischen Parlaments aus dem Jahr 2006 Bildung als Mittel zum Erwerb von Schlüsselkompetenzen für den beruflichen Erfolg definiert.[353]

Dabei bilden im traditionellen Bildungsgedanken die Emanzipation und Mündigkeit mit einhergehender Selbsterkenntnis und Selbstbestimmung des Individuums die erstrebenswerten Ziele.[354]

---

[348] Vgl. Roth (1966), S. 14, S. 446.

[349] Vgl. Lederer (2014), S. 516.

[350] Vgl. Lederer (2014), S. 516.

[351] Hof (2002), S. 86.

[352] Vgl. Lederer (2014), S. 410; Chisholm et al. (2007), S. 99 ff.

[353] Vgl. Europäische Union (2006), S. 10 f.

[354] Vgl. Lederer (2014), S. 519.

In der Neuzeit findet sich vor allem ein ökonomisches Nutzenkalküle wieder, welches in gesellschaftspolitische, sozioökonomische und soziokulturelle Kontexte gebracht einem aktuellen arbeitsmarktfokussiertem und somit marktgerechtem und weniger einem bildungstheoretischen und persönlichkeitsentwickelndem Denken folgt.

3.2.10 Gesellschaftliche Kompetenzen

Mit dem Fokus dieser Arbeit und der Integration des Capability Approach als theoretischer Rahmen ist es sinnvoll mit Oskar Negt Überlegungen zu bildungsdemokratischen und anthropologisch, bzw. humanistischen Aspekten einzuflechten. Obwohl der Ansatz seinen Ursprung in der Arbeiterbildung hat, ist sein grundlegender gesellschaftlicher Bildungsgedanke immer noch sehr aktuell und passt mit seiner, für die damaligen Verhältnisse, visionäre Sicht gut in die heutige Zeit.

Der Sozialphilosoph Oskar Negt stellt erstmals in den 1980er Jahren einen Denkansatz zur Diskussion, bei dem die Aneignung gesellschaftlicher Kompetenzen eine zentrale Rolle spielte.[355] Mit Hilfe der gesellschaftlichen Kompetenz sollte die individuelle Entwicklung der Menschen, sowie die zukünftige demokratische Entwicklung einer Gesellschaft begünstigt, bzw. unterstützt werden.[356]

Der zugrunde gelegte Leitgedanke dabei war dem Menschen über die Kompetenz potenzielle Wege zur Selbstständigkeit, Mündigkeit und Emanzipation eröffnen zu können und ihnen so neben individuellen auch gesellschaftliche Veränderungs- und Gestaltungspotentiale entwickeln und ausüben zu lassen.[357]

Negts Ziel war es, den weitreichenden gesellschaftlichen Umwälzungen der 1990er Jahren etwas entgegensetzten zu können; dieses sollte durch die Entwicklung eines individuellen und freiheitlichen Weltverständnisses auf Basis von Bildung, Selbstbild und Persönlichkeitsbildung geschehen und der Orientierung des Menschen dienen.[358]

Erreicht werden sollte dieses durch die Aneignung von Kompetenzen, jedoch nicht im Sinne der *Schlüsselqualifikationen von Dieter Mertens* mit rein funktionaler Prägung, sondern mit dem Ziel „Wesenszusammenhänge der heutigen

---

355 Vgl. Zeuner (2009), S. 268; Negt (1993), S. 657 f.

356 Vgl. Negt (1993), S. 660.

357 Vgl. Zeuner (2009), S. 268.

358 Vgl. Negt (1993), S. 657.

Welt zu erkennen und die bestehende Wirklichkeit unter dem Gesichtspunkt ihrer notwendigen Umgestaltung der praktischen Kritik zu unterziehen“[359].

Das Konstrukt der gesellschaftlichen Kompetenzen ist die Weiterentwicklung seines Konzepts »Soziologische Phantasie und exemplarisches Lernen« und wurde von Negt bereits in den 1960er Jahren gemeinsam mit anderen Wissenschaftlern und Vertretern aus der Erwachsenenbildung und Gewerkschaften entwickelt.[360] Angedacht war seinerzeit die methodische Verbesserung der Arbeiterbildung, die Methoden dazu wurden in der gewerkschaftlichen Bildungsarbeit entwickelt und angewandt.[361]

Negt argumentiert, dass sich am Lernen an individuellen Beispielen allgemein gültige Grundsätze ableiten lassen und diese zu einem vertieften Wissen über Zusammenhänge bei den Lernenden führen, die individuellen Beispiele sollten dabei aus den Erfahrungen der Lehrenden stammen.[362]

Grundlage dafür war die Soziologie, deren Erkenntnisse in die weitere Diskussion, Beurteilung und Weiterentwicklung der verwendeten Beispiele integriert und somit zentrale Strukturen, allgemeingültige Interpretationen, sowie Handlungs- und Lösungsmöglichkeiten entwickeln sollten.[363]

Mit einer solchen Bildungsarbeit sollte das Lernen in Form einer individuellen, kollektiven Selbstbestimmung mit starken emanzipatorischen Ausprägungen aufgefasst und angewendet werden.[364] Damit unterscheidet sich dieses Lernen stark von der primären Sicht auf Lernen als individuelle Aneignung von Wissen und somit einem eher instrumentellen Charakter.

Lernen im Sinne von Negt baut somit auf gesellschaftliche und soziale Lernprozesse auf, deren Basis aus Kommunikation, gegenseitiger Verständigung sowie dem Austausch untereinander besteht.[365] Der lernende Mensch ist dabei nicht der Adressat von belehrenden Prozessen, sondern als individuelles Subjekt Teil seines eigenen Lernprozesses, innerhalb dessen er selbstständig seine Interessen definiert, sich das relevante und notwendig Wissen aneignet, darüber reflektiert und in nachgelagerten praktischen Problemsituationen anwendet.

Um selbstbestimmt und frei über den eigenen Lernprozess entscheiden zu können ist eine Anleitung durch beispielsweise einen Lehrenden notwendig; dieser

---

[359] Negt (1993), S. 662.

[360] Vgl. Zeuner (2009), S. 268.

[361] Vgl. Brock (1999), S, 461; Zeuner (2009), S. 268.

[362] Vgl. Negt (1993), S. 666.

[363] Vgl. Zeuner (2009), S. 269.

[364] Vgl. Negt (1993), S. 662.

[365] Vgl. im Folgenden Zeuner (2009), S. 269.

Sachverhalt wird häufig als Bevormundung oder aber auch Belehrungsversuch gedeutet.[366] Der Fokus von Negt und seinen vorgestellten Kzepte\n liegt im exemplarischen Lernen, welcher immer einen Bezug zu der eigenen Erfahrung des Lernenden und somit seiner Erfahrungen hat, und diese Erfahrung bildet die Basis für seinen Lernprozess.[367]

Für Negt wird der exemplarische Bestandteil durch drei Faktoren bestimmt, zum einen durch die Nähe zu spezifischen Vorlieben oder Interessen, dem Zusammenhang zwischen diesen Interessen und gesellschaftlichen Zusammenhängen, sowie dem Stellenwert für die zuteilwerdende Selbstständigkeit oder Emanzipation des Lernenden.[368]

Wenn man zu Negts Entwurf eine theoretische Theorie skizzieren würde, hätte diese das Ziel das kritische und reflektierte Denkvermögen sowie die Entscheidungsfähigkeit eines Menschen zu fördern und ihn mit der Kompetenz oder dem Vermögen auszustatten aus dem Speziellen das Allgemeine erklären bzw. ableiten zu können.[369] Der Lernende soll die soziologischen Zusammenhänge zwischen seiner individuellen Historie, seinen persönlichen Interessen und Vorlieben, aber auch seinen Bedürfnissen an die Zukunft wie bspw. Wünschen so anwenden lernen, dass er gesellschaftliches Handeln als eine Möglichkeit für persönliches Engagement begreift.[370] Er greift dabei auf die Denkweise von Wright Wills und seiner Definition soziologischer Phantasie zurück: Soziologische Denkweise „[...] ist die Fähigkeit, von einer Sicht zur anderen überzugehen, von der politischen zur psychologischen, von der Untersuchung einer einzelnen Familie zur Einschätzung staatlicher Haushaltspläne, vom theologischen Seminar zu militärischen Einrichtungen, von Betrachtungen über die Ölindustrie zu Untersuchungen der zeitgenössischen Lyrik. Es ist die Fähigkeit, von völlig unpersönlichen und fern liegenden Veränderungen zu den intimsten Zügen des menschlichen Wesens gehen zu können – und die Beziehungen zwischen beiden zu sehen. Dahinter liegt stets der Drang, die gesellschaftliche und geschichtliche Bedeutung des einzelnen und derjenigen Gesellschaft und Geschichtsperiode zu erkennen, der er seine Einzigkeit und sein Wesen verdankt“[371].

Seinerzeit erkennt Negt eine Krisensituation „[...] mit der die Menschen auf die gewohnte Weise nicht mehr umgehen können, das heißt auf der Basis dessen,

[366] Vgl. Zeuner (2009), S. 269.

[367] Vgl. Zeuner (2009), S. 269.

[368] Vgl. Negt (1975), S. 97.

[369] Vgl. Zeuner (2009), S. 270.

[370] Vgl. Zeuner (2009), S. 270.

[371] Vgl. Mills (1963), S. 15.

was sie gelernt haben, darüber hinaus aber noch nicht genau wissen, was stabile neue Orientierungen sind"[372]. Aufbauend auf dieser Erkenntnis und der Grundidee der soziologischen Phantasie und des exemplarischen Lernens definiert er Kompetenzen, über die jeder Mensch verfügen müsse und die dabei helfen sollen, Antworten auf zukünftige Herausforderungen entwickeln zu können.[373] Er wendet sich dabei gegen einen starren Wissenskanon, vielmehr soll der Mensch lernen eigene Einsichten und Erkenntnisse erlangen zu können, mit denen er selber gesellschaftliche, politische und ökologische Herausforderungen und deren Zusammenhänge erkennen und gemeinsam gesellschaftlich zu lösen lernt.[374] Hiermit erfolgt die Befähigung des Menschen zum Wirken in der Welt, dabei erlangen Menschen Zugang zur Mitwelt durch Problemlösung und Zutrauen. Persönlichkeit entwickelt sich in diesem Kontext immer relational im Austausch mit der Welt und ist von vielen Zufällen abhängig.

Im Nachgang der Wiedervereinigung erscheint 1993 Negts Aufsatz »Wir brauchen eine zweite, gesamtdeutsche Bildungsreform«. Darin erweitert er die laufende Kompetenzdebatte um das Prinzip der gesellschaftlichen Kompetenz, welcher er bereits 1990 von Schlüsselqualifikationen abgegrenzt hatte.[375] Der Kompetenz- bzw. Zielkatalog umfasst *ökologische Kompetenz, ökonomische Kompetenz, Kompetenz der Selbst- und Fremdwahrnehmung, Gerechtigkeitskompetenz, technologische Kompetenz,* sowie *historische Kompetenz*.[376]

Ziel dieser jeweiligen gesellschaftlichen Kompetenzen war die Eröffnung von Möglichkeiten zur Aneignung von Wissen mit dem Ergebnis Orientierung und Halt in einer sich fortwährend verändernden Welt geben zu können.[377] Menschen können so lernen sich als Individuum in Interaktion mit anderen Menschen, aber auch mit der sie umgebenden Umwelt zu verstehen und die Beeinflussbarkeit der Welt durch sie selbst und die Gesellschaft zu begreifen.[378]

---

[372] Negt (1986), S. 31.

[373] Vgl. Negt (1986), S. 35.

[374] Vgl. Negt (1998), S. 38.

[375] Vgl. Zeuner (2009), S. 271.

[376] Vgl. Negt (1993), S. 663 ff.

[377] Vgl. Negt (1993), S. 662.

[378] Vgl. Zeuner (2009), S. 271.

Diese gesellschaftlichen Kompetenzen hatten seinerzeit eher einen Fokus auf die politische Bildung und weniger auf die Entwicklung einer methodisch-didaktischen Methode.[379] Die zukünftige Entwicklung neuer zeit- und bedarfsgerechter Wertemaßstäbe ist somit Teil eines auf die Zukunft bezogenen Lernprozesses.[380]

Mit Bezug zu der Fragestellung dieser Arbeit wird hier die Nähe zu den Ausprägungen und Zielen des Capability Approach deutlich, der ebenso den Menschen und sein eigenes selbstbestimmtes Handeln in den Vordergrund rückt.

Im Rahmen der *Kompetenz der Selbst- und Fremdwahrnehmung* treffen die Identität des einzelnen Menschen einhergehend mit seiner laufenden biologischen und sozialen Veränderung auf die gesamtheitlichen Veränderungen der gesellschaftlichen Umwelt, wie beispielsweise des Staates, der Familie oder aber der Gesamtheit aller Länder und Gemeinschaften.[381] Sie kann somit auch als Identitätskompetenz betitelt werden.

Dabei spielen die individuellen Möglichkeiten der Gestaltung eines Menschen eine wichtige Rolle, da erst die Möglichkeit dieses auch zu dürfen eine elementare Grundvoraussetzung für eine Abkehr des reinen Hinnehmens ist.[382]

Zentrale Elemente für die Entwicklung und Ausbildung einer solchen Kompetenz sind beispielsweise der ausgeübte Beruf oder das gesellschaftliche Zusammenleben, sowie die Diskussion über seine übergeordnete Organisation durch Politik, Recht, Kultur und Wirtschaft.[383]

Innerhalb der *historischen Kompetenz* werden Fragen der eigenen Relevanz im geschichtlichen Kontext diskutiert, dabei soll der Mensch in schnelllebigen Zeiten und einhergehenden beschleunigtem technologischen Wachstum den Umgang mit der Zeit erlernen.[384] Es geht Negt hier um die Trennung von Arbeit und Freizeit, bei der Fähigkeiten zur Erholung und der Muße entwickelt werden sollen, die einen Gegenpol zu der allgemeinen Sichtweise mit Fokus auf die Güterproduktion setzen soll.[385] Die historische Kompetenz berücksichtigt dabei die gesellschaftliche Entwicklung, sowie deren zugrundeliegenden Bedingungen aus der Historie heraus und leitet Konsequenzen für die Zukunft ab.[386] Der Mensch

[379] Vgl. Zeuner (2007), S. 40.

[380] Vgl. Brock et al. (2005), S. 7.

[381] Vgl. Zeuner (2009), S. 271; Negt (1993), S. 663.

[382] Vgl. Zeuner (2009), S. 271.

[383] Vgl. Zeuner (2009), S. 273.

[384] Vgl. Negt (1993), S. 665.

[385] Vgl. Negt (1993), S. 666.

[386] Vgl. Zeuner (2009), S. 273.

soll lernen mithilfe von Phantasie Alternativen für die Zukunft zu denken und somit gesellschaftliche Veränderungen anstreben, um sie letztlich auch in die Tat umsetzen zu können.[387]

Im Fokus der Gerechtigkeitskompetenz stehen Fragen nach ethischem und moralischem Verhalten, dabei soll nach Negt eine Bewusstseinserweiterung durch Bildung erfolgen und den Menschen befähigen beispielsweise die Verteilung von Gütern und deren angeführte Begründung kritisch zu hinterfragen.[388] Der Mensch spielt dabei die Rolle eines Normengebers für die gesellschaftliche Gerechtigkeit und definiert so ein Gerechtigkeitsverständnis, ihm obliegt somit Entwicklung einer Urteilsfähigkeit.[389]

Im Rahmen der *ökonomischen Kompetenz* stehen Wirtschaftskreisläufe und deren Auswirkungen auf die gesellschaftliche Verteilung im Interesse des lernenden Menschen.[390] Dabei spielen beispielsweise die Auswirkungen geo- oder energiepolitischer Entscheidungen und deren Folgen für die Verteilung von Ressourcen für die Weltengemeinschaft eine wichtige Rolle im Sinne der Gerechtigkeit.[391] Der Mensch soll somit lernen ökonomische Zusammenhänge, deren Abhängigkeiten und Zusammenhänge, sowie deren Entwicklungen erkennen und erklären zu können.[392]

Die *technologische Kompetenz* umfasst die Fähigkeit die gesellschaftliche Einwirkung von Technologie zusammen mit deren gewollten und ungewollte Folgen einschätzen und bewerten zu können.[393] Sie ist damit viel weitreichender zu verstehen als ein ledigliches Beherrschen von Technologie im Sinne von Fertigkeiten zu deren Anwendung und Nutzung.[394] Technik wird damit zu einem gesellschaftlichen Projekt mit weitreichenden Auswirkungen und Aufgaben.[395]

Das Kennen, Pflegen und Erhalten der Naturgrundlagen der menschlichen Existenz stellt die Fähigkeiten der *ökologischen Kompetenz* dar.[396] Negt sieht in dieser Kompetenz einen zentralen Baustein in Lernprozessen, da sie mit ihrer

---

387 Vgl. Zeuner (2009), S. 273.
388 Vgl. Negt (1993), S. 666 f.
389 Vgl. Zeuner (2009), S. 273.
390 Vgl. Zeuner (2009), S. 273.
391 Vgl. Brock et al. (2005), S. 8.
392 Vgl. Brock et al. (2005), S. 8.
393 Vgl. Negt (1993), S. 664.
394 Vgl. Zeuner (2009), S. 273.
395 Vgl. Brock et al. (2005), S. 7.
396 Vgl. Brock et al. (2005), S. 8.

Perspektive potenzielle Auswege aus Krisen darstellen kann.[397] Das Lernziel der ökologischen Kompetenz liegt vor allem in „[...] [dem] pfleglichen Umgang mit Menschen und Dingen“[398]. Vor allem die Wechselwirkung von Ökonomie und Technologie stellen den Menschen vor Herausforderungen, da die technologische Abhängigkeit mit ihrem Einfluss auf den Menschen, die Gesellschaft; sowie auch auf den gesamten Lebensraum Erde bedrohen kann.[399] Dieser verantwortungsvolle Umgang fordert auf individueller und gesellschaftlicher Ebene das Identifizieren und Umsetzten von notwendigen Verhaltensänderungen, die eine reflexive Sichtweise auf sich selbst als Individuum voraussetzen.[400]

3.2.11 Zusammenfassung und Diskussion zum Kompetenzbegriff

Zusammenfassend lässt sich festhalten, dass Kompetenzen als selbstorganisierte Problemlösefähigkeit einer Person definiert werden können. Sie vereinen dabei jene Fähigkeiten, Kenntnisse, Eigenschaften und Erfahrungen einer Person, die sie befähigen, bestimmte Aufgaben, Herausforderungen oder Rollen erfolgreich zu bewältigen. Kompetenzen können dabei sowohl fachspezifische Fähigkeiten als auch übergeordnete Fähigkeiten umfassen.

Fachliche Kompetenzen beziehen sich zudem auf das Wissen und die Fertigkeiten in einem bestimmten Fachbereich oder einer bestimmten Disziplin. Zum Beispiel könnten fachliche Kompetenzen eines Softwareentwicklers Kenntnisse in Programmiersprachen, Datenbankmanagement und Softwarearchitektur umfassen.

Übergeordnete Kompetenzen, auch als Schlüsselkompetenzen oder Soft Skills bezeichnet, sind allgemeine Fähigkeiten, die in verschiedenen Berufsfeldern und Lebensbereichen wichtig sind. Dazu gehören zum Beispiel Kommunikationsfähigkeiten, Teamfähigkeit, Problemlösungskompetenz, kritisches Denken, Kreativität, Flexibilität und Führungsfähigkeiten.

Die zuvor genannten Definitionen von Kompetenzen und dem Wechselspiel zwischen der vorangegangenen Bildung und den sich daraus entwickelnden Kompetenzen, Fähigkeiten und Qualifikationen verdeutlichen weiter, dass Kompetenzen nicht lediglich eine bildungsökonomische Bedeutung besitzen sollten.

---

397 Vgl. Negt (1993), S. 665.

398 Negt (1993), S. 665.

399 Vgl. Zeuner (2009), S. 274.

400 Vgl. Negt (1993), S. 665.

Der aktuelle Fokus auf die individuelle Verbesserung der jeweiligen Beschäftigungsfähigkeit hat zu einer Instrumentalisierung des Kompetenzbegriffes geführt, die jedoch bei weiten die Entwicklungsmöglichkeiten eines Individuums nicht ausschöpften und daher zu kurz gedacht scheint.[401] Die akademische Ausbildung folgt diesem Bedarf und passte in den letzten Jahrzehnten die Lehrpläne nach den Bedürfnissen des Arbeitsmarktes an, die Ausbildung des Menschen als Bürger scheint dabei ins Hintertreffen geraten zu sein.

Besonders mit dem Fokus auf den Capability Approach von Nussbaum und Sen, sowie der gesellschaftlichen Kompetenz von Negt scheint Potential für eine Verbesserung oder Neuausrichtung vorhanden zu sein. Bislang haben die Pläne der Europäischen Union zur Bürgerkompetenz einen eher appellativen Charakter, dieser könnte aber einen wichtigen Beitrag hinsichtlich einer kritisch orientierten gesellschaftlichen Bildung leisten, die weit über die politische- und Arbeiterbildung hinausgeht. Mit dem Fokus auf die Fragestellung rückt die relationale Sichtweise, bei der Kompetenzen nie einzeln, sondern immer durch das Zusammenspiel von vielen stattfindet, die Befähigung der Gemeinschaft noch weiter in den Vordergrund.

Die vorangegangenen Ausführungen konnten weiter zeigen, dass sich Kompetenzen bzw. deren Definition nicht auf bildungstheoretische Perspektiven reduzieren müssen. In derartige Perspektiven erfolgt regelmäßig eine Reduzierung des Kompetenzbegriffs auf die Verbesserung, oder Optimierung der Beschäftigungsfähigkeit eines Menschen und somit seinem dienlichen Einsatz auf dem Arbeitsmarkt. Negt geht hier viel weiter und greift in seinen gesellschaftlichen Kompetenzen eine traditionelle Sichtweise der Bildung auf, die ihren Ursprung in der Aufklärung hat.

Mit Fokus auf diese Arbeit stellt aber genau eine solche Sichtweise eine zukunftsweisende Perspektive dar, mit der Menschen Unterstützung erfahren sollen, neben ihrer eigenen Meinung eine kritische Distanz zu anderen öffentlichen Meinungsbildern zu haben und auch zu verteidigen.

Die Europäische Union hat dieses bereits mit der Bürgerkompetenz zum Anspruch für die Zukunft erhoben.[402] Mit der Bürgerkompetenz ist die Fähigkeit verbunden „[...] als verantwortungsvoller Bürger zu handeln und uneingeschränkt am gesellschaftlichen und sozialen Leben teilzunehmen, und zwar auf der

[401] Vgl. Zeuner (2009), S. 278.

[402] Vgl. Europäische Union (2018), S. 6.

Grundlage der Kenntnis gesellschaftlicher, wirtschaftlicher und politischer Konzepte und Strukturen sowie einem Verständnis von globalen Entwicklungen und Nachhaltigkeit“[403].

Oskar Negt zeigt damit einen möglichen Weg auf, Lernenden nicht vorzuschreiben, was sie denken sollen, sondern ihnen Möglichkeiten zu eröffnen sich als Teil einer Gesellschaft zu sehen und selbst zu bestimmen, was sie mit Lernen erreichen wollen. In dieser Rolle soll sich der Mensch kritisch mit seiner konstruierten Realität auseinandersetzen, sie hinterfragen und seinen eigenen Standpunkt artikulieren können.

So kann die Berücksichtigung von gesellschaftlichen Kompetenzen beispielsweise in einer Hochschulausbildung bei einem Studierenden Lern- oder Bildungsprozess begünstigen oder einleiten, die ihn in die Lage versetzten, seine eigene Rolle in der ihn umgebenden Umwelt wahrzunehmen und darin seine potentialen Möglichkeiten, aber auch seine Limitierungen zu erkennen. Die Überwindung dieser Limitierungen zeichnet dann die Weiterentwicklung des Menschen aus und erfordert ein hohes Maß an Abstraktions- und Reflexionsfähigkeit, welches originärer Bestandteil einer Hochschulausbildung sein sollte.

Sollen diese Kompetenzen in einer akademischen Ausbildung Berücksichtigung finden, müssen *ökologische Kompetenz, ökonomische Kompetenz, Kompetenz der Selbst- und Fremdwahrnehmung, Gerechtigkeitskompetenz, technologische Kompetenz,* sowie *historische Kompetenz* vermittelt werden und als Lehrbestandteil in die Curricula einfließen.[404]

Kompetenzen werden durch eine Kombination von formaler Bildung, praktischer Erfahrung, kontinuierlicher Weiterbildung und persönlicher Entwicklung erworben und weiterentwickelt. Sie sind somit ein zentraler Baustein für die persönlichen Entwicklung, der Interaktion im gesellschaftlichen Kontext und letztlich für ein gutes und erfülltes Leben. Kompetenzen sind keine absoluten Eigenschaften, sondern relationale Fähigkeiten, die sich nur in einer förderlichen Umgebung entfalten.[405]

---

[403] Europäische Union (2018), S. 6.

[404] Vgl. Negt (1993), S. 663 ff.

[405] Vgl. Bergmann et al. (2006), S. 21.

3.3 Systemtheorie – Veränderung und Lernen in sozialen Systemen

3.3.1 Theorie sozialer Systeme

Auf den folgenden Seiten sollen für diese Arbeit wichtige Begriffe der Systemtheorie, sozialer Systeme, sowie dem Lernen und der Veränderung darin herausgearbeitet und in den Kontext dieser Arbeit gebracht werden. Die Systemtheorie ist für diese Arbeit durch die Betrachtung der vorherrschenden Relationen relevant. Es ist nicht das Ziel Menschen zu verändern. Innerhalb des sozialen Systems erfolgt über Interventionen eine Veränderung der kommunikativen Handlungen, im Kern jedoch bleibt alles kontingent, also unbestimmt in den Auswirkungen.

Für diese Arbeit werden dafür neben dem Begriff des Systems auch seine Ausprägungen wie das soziale System vorgestellt und diskutiert. Als Abgrenzung sei darauf hingewiesen, dass hier kein Anspruch auf eine allumfassende Vorstellung und Diskussion aller Treiber, Perspektiven und Strömungen der Systemtheorie vorgenommen werden soll und kann. Vielmehr soll der für die Beantwortung der Forschungsfrage notwendige theoretischen Rahmen bereitgestellt werden.

Die Anhäufung von Wissen des Menschen über die Welt hat gigantische Ausmaße erreicht, dennoch ist dieses Wissen in viele kleine Einheiten zergliedert und über eine breite Anzahl von Menschen verteilt. Gründe für diese geschichtliche Entwicklung lassen sich in einem Wandel bzw. einer Modernisierung des Menschen und seines Weltbildes ausmachen, den einfachen mythischen Weltbildern mit ihren Göttern, der Natur und den Menschen folgten in der Neuzeit durch die Entwicklung von Religion, Politik, Kultur und Wirtschaft eine Dynamik, der die Gesellschaft durch ihre Komplexität und dem sich entwickelnden Wissen vor neue Herausforderungen stellt.[406] Ein Versuch dieses Wissen zu bündeln und anwendungsfähig machen zu wollen, um beispielsweise eine besondere Problemsituation lösen zu können, würde schlichtweg an den fehlenden Hilfsmittel scheitern.[407] Durch die vorangestellte Forschungsfrage stellt sich hier die folgende zentrale Frage, und zwar auf welchen Weg, bzw. mit welcher Methodik eine Durchdringung und Aneignung eines für bestimmte Aufgaben- oder Problemstellung relevantes Wissen gewährleistet werden könnte? Wertvolles, praktisch anwendbares Wissen entsteht erst dann, wenn es eine sinnvolle Zusammenführung erfährt, aber dafür bedarf es in einem ersten Schritt eines

[406] Vgl. Ropohl (2012), S. 14.

[407] Vgl. Ropohl (2012), S. 9; Liessmann (2006), S. 55 f.

theoretischen Denkrahmens, der dieses ermöglicht. Die Forschungsrichtung bzw. deren theoretischer Unterbau, welche sich mit dieser Problematik beschäftigt, ist die Systemtheorien mit ihren unterschiedlichen Ursprüngen und Erkenntnisinteressen. Die Systemtheorie umspannt dabei einen weiten Bereich an Handlungs- und Forschungsfeldern innerhalb der Sozialwissenschaften, so findet man sie heute beispielsweise in der Psychologie, der Sozialarbeit, der Pädagogik, der Ökonomie, der politischen Wissenschaft sowie den Organisationswissenschaften.[408]

Die Begriffe System und Systemtheorie können dabei schon eine lange Entstehungsgeschichte vorweisen, unter den Bedeutungen von Teil und Ganzes sowie die Beschreibung von zusammengesetzten Einheiten beginnt Aristoteles, gefolgt von Dilthey, Hegel, Fichte und Leibnitz.[409]

Das seinerzeit stark mechanistisch geprägte Weltbild prägte bis ans Ende des neunzehnten Jahrhunderts grundlegende Annahmen von Lebewesen, Organisationen und Gesellschaften.[410]

Aufbauend auf philosophische Denkansätze konnten sich zahlreiche Denkschulen entwickeln, deren Theorien als Systemansätze verstanden werden können, dabei lag seinerzeit die Relation und Wechselwirkung von Elementen in einer abgegrenzten Einheit im Interesse der Forschung.[411]

Neue Anstöße das bisherige Weltbild zu überdenken, waren die Quanten- und Relativitätstheorie, zum einen durch deren Erkenntnisse über die Grenzen elementarer Zerlegung und zum anderen durch diskontinuierliche Prozesse innerhalb der Physik.[412] Kritisiert wurde seinerzeit zudem die Aufspaltung von theoretischen und praktischen Fragen in Teilansichten und damit den Verständnisverlust für umfassende Zusammenhänge.[413] Die ganzheitliche Betrachtung dieser Zustände als System hielt damit Einzug in die Erforschung von Objekten.[414]

3.3.1.1 Klassische Systemtheorie

Der österreichische Biologe Ludwig von Bertalanffy kann als Urvater der klassischen Systemtheorie betrachtet werden. Der Umstand, dass moderne Konstrukte

---

[408] Vgl. Diesner (2015), S. 19.
[409] Vgl. Ziemann (2013), S. 469.
[410] Vgl. Fuchs (2013), S. 3.
[411] Vgl. Ziemann (2013), S. 469.
[412] Vgl. Fuchs (2013), S. 7 f.
[413] Vgl. Ropohl (2012), S. 14.
[414] Vgl. Diesner (2015), S. 189; Fuchs (2013), S. 3 f.

und Technologien so komplex aufgebaut sind, dass sie weder in einer Phänomenbeschreibung, noch in einem einfach linearen Ursache-Wirkungs-Modell dargestellt werden können, bedingte für Bertalanffy die Notwendigkeit des Denkens in Systemen. Dieses Denken erfolgte erstmals im Hinblick auf organische Systeme und lenkte das ursprünglich mechanische Weltbild seiner Zeit in eine vitale Denkrichtung.[415]

Der Umweltbegriff wurde damit Teil der Systemlehre und ließ so eine Differenzierung zwischen dem eigentlichen System und seiner Umwelt zu.[416]

Mit der neuen Sichtweise, bei der eigenständigen Organismen in einer direkten Beziehung zu ihrer Umwelt stehen, ließ sich das systemische Denken auch auf anderer Forschungsdisziplinen anwenden.[417] Neben dem Umweltbegriff sprach man jetzt auch von einem offenen System, welches als gleichbedeutend mit einem organischen System verstanden wurde.[418]

Geschlossene Systeme, die sich durch Zerlegbarkeit und dem Fehlen kausaler Bezüge kennzeichnen, waren mit ihren Gesetzmäßigkeiten der klassischen Physik zugeordnet.[419] Offene Systeme hingegen kennzeichnen sich durch Beziehungen und der Fähigkeit in Relation zu ihrer Umwelt treten zu können.[420]

Seinerzeit entstand daher die Auffassung, dass Systeme über die Fähigkeit der Selbstregulation verfügen und sich offene Systeme stets selbst konfigurieren; dabei befinden sie sich in einem dynamischen Verhältnis zu ihrer Umwelt und erhalten sich immerzu selbst.[421]

Im Laufe der Zeit hat sich die alte Sichtweise mit ihrem Teil/Ganzes und Zweck/Mittel Schemas zugunsten einer System/Umwelt Fokussierung gewandelt, bei der interne Relationen immer im Zusammenhang mit externen Relationen verstanden und in unterschiedliche Komplexitätsniveaus unterteilt werden.[422] Systeme sind dann „Identitäten [...], die sich in einer komplexen und veränderlichen Umwelt durch Stabilisierung einer Innen/Außen-Differenz erhalten“[423].

[415] Vgl. Diesner (2015), S. 6.

[416] Vgl. Müller (1996), S. 64, 122.

[417] Vgl. Müller (1996), S. 65.

[418] Vgl. Berghaus (2011), S. 38 f.

[419] Vgl. Müller (1996), S. 69, 127.

[420] Vgl. Berghaus (2011), S. 41; Müller (1996), S. 87.

[421] Vgl. Müller (1996), S. 87; Kneer/Nassehi (2000), S. 22.

[422] Vgl. Ziemann (2013), S. 469.

[423] Luhmann (1973), S. 175.

Diese neuen Erkenntnisse waren der Wegbereiter für weitere Neuorientierungen des Systemdenkens, weg von einer linearen Reiz/Reaktions-Betrachtung hin zu einem funktionalen Denken oder dem Funktionsdenken.[424]

Die Erkenntnis von Bertalanffy zur Fähigkeit der Selbstregulierung offener Systeme führte seinerzeit zu einen interdisziplinären Paradigmenwechseln innerhalb der Wissenschaft.[425]

Mit Bezug auf die verschiedenen Disziplinen der Wissenschaft bedeutet das die gemeinsame Suche nach übergeordneten Gesetzmäßigkeiten, Eigenschaften und Prinzipien trotz der unterschiedlichen Forschungsinteressen und Systemtypen.

Ludwig von Bertalanffy kann somit als Urvater einer interdisziplinär ausgerichteten allgemeinen Systemtheorie betrachtet werden.[426]

Exkurs 3.5 Systemtheorie in der Wissenschaft
Erste und wichtige Vordenker der modernen Systemtheorie waren der schon oben genannte Biologe Ludwig von Bertalanffy, der russisch/amerikanische Mathematiker und Biologe Anatol Rapoport, der amerikanische Soziologe Walter Buckley, sowie der deutsche Ökonom Erich Zahn. Ihr primäres Erkenntnisinteresse war es eine Lösung für die Wissenschaft mit ihren unterschiedlichen Disziplinen, Forschungsrichtungen und -zielen, sowie dem sich daraus entwickelnden Wissenselemente hin zu einer übergreifenden Wissenssynthese zu entwickeln.[427]

Bertalanffy erklärt die Grundsätze der Systemtheorie aus dieser Perspektive: „While in the past, science tried to explain observable phenomena by reducing them to an interplay of elementary units investigatable independently of each other, conceptions appear in contemporary science that are concerned with what is somewhat vaguely termed "wholeness," i.e., problems of organization, phenomena not resolvable into local events, dynamic interactions manifest in the difference of behavior of parts when isolated or in a higher configuration, etc.; in short, "systems" of various orders not understandable by investigation of their respective parts in isolation.“[428]

Rapoport stellt die Wissenschaft explizit in den Vordergrund, wenn er zur Aufgabe der Systemtheorie schreibt: „[…] counteracting the increasing fractionation of science.“[429]

---

[424] Vgl. Ziemann (2013), S. 470.

[425] Vgl. Kneer/Nassehi (2000), S.19 ff; Steinmann/Schreyögg et al. (2013), S. 63.

[426] Vgl. Kneer/Nassehi (2000), S. 19.

[427] Vgl. Ropohl (2012), S. 18.

[428] Bertalanffy (1969), S. 36 f.

[429] Rapoport (1972), S. 45.

Buckley schreibt dazu: „A systems model seems clearly indicated here, since the genius of modern systems theory is its continually developing potential for cutting across and unifying disciplines that are battering more and more against the artificial barriers separating one from another."[430]

Zahn hält dazu in einem Forschungsbericht fest: „Die Systemforschung ist eine auf interdisziplinäre Integration gerichtete wissenschaftliche Tätigkeit [...]. Sie steht im Gegensatz zu jener Art von Forschung, die durch ein partiell-additives Vorgehen gekennzeichnet und die für weite Bereiche der Wissenschaften lange Zeit dominierend gewesen ist. [...] Der interdisziplinäre Forschungsansatz hat gegenüber der rein disziplinären Forschungsstrategie einen entscheidenden Vorteil, denn er entspricht dem Wesen und der Komplexität der Realität, die nicht in Disziplinen unterteilt ist"[431].

Die vorangestellten Aussagen sind beachtenswerte Aussagen für die vielen Stimmen die seinerzeit die Systemtheorie als Mittel der Wahl angesehen haben, um gegen die Zergliederung von Wissen bzw. Forschungserkenntnissen und für ganzheitliche Zusammenhänge in der Wissenschaft einzustehen.[432]

Neben der angedachten Neuordnung der Wissenschaft bot die systemische Forschung aber vor allem die Möglichkeit einen neuen soziologischen Blickwinkel auf menschliches Handeln in seinem gesellschaftlichen Kontext zu ermöglichen. Die Systemtheorie und die Erkenntnistheorie des Konstruktivismus bilden dabei die beiden zentralen theoretischen Instrumente.[433] Die Systemtheorie ist damit eine konstruktivistische Theorie. Sie deutet ein System durch das Analysieren von sozialen Prozessen und Strukturen.[434] Soziale gesellschaftliche Problembewältigung bildet dabei das Erkenntnisinteresse der Systemtheorie.[435]

Exkurs Ende

3.3.1.2 Kybernetik

Die Systemtheorie weißt über ihren Entwicklungszeit eine Vielzahl unterschiedlicher Strömungen und Denkrichtungen auf, einer der einflussreichsten Zweige der

---

[430] Buckley (1972), S. 200.

[431] Zahn (1972), S. 8 f.

[432] Vgl. Ropohl (2012), S. 20.

[433] Vgl. Willemse/von Ameln (2018), S. 7.

[434] Vgl. Scherzberg (2006), S. 1.

[435] Vgl. Luhmann (1997), S. 16 ff.

Systemtheorie bildet dabei die Kybernetik.[436] Einen guten Überblick über weitere Gebiete der Systemtheorie findet sich bei Ropohl.[437] Der Begriff Kybernetik hat seinen Ursprung im griechischen *kybernetes* für Steuermann und geht auf Norbert Wiener zurück.[438] Definitorisch lässt sich Kybernetik in eine Kybernetik erster Ordnung und zweiter Ordnung differenzieren.[439] Norbert Wiener und Ludwig von Bertalanffy können als die Stammväter der Kybernetik erster Ordnung betrachtet werden.

Die traditionellen Prinzipien der Wissenschaft liegen in der Analyse ihrer Objekte und dem Zerlegen in ihre Einzelteile.[440] In den vierziger Jahren des zwanzigsten Jahrhunderts war es die Biologie, die als neue Vorgehensweise in der Forschung Elemente eines größeren Ganzen in ihrem jeweiligen Zusammenhang betrachten bzw. verstehen wollte.[441]

Der österreichische Biologe Ludwig von Bertalanffy weitete in den fünfziger Jahren des letzten Jahrhunderts seine vormals für die Biologie angewendeten Forschungsansatz auch auf andere Wissenschaftsbereiche aus. Der neuen Theorie nannte er »Allgemeine Systemtheorie«, diese Theorie erlaubte es Phänomene in diversen Bereichen mit einem einheitlichen Denkansatz zu betrachten. Diese Theorie beschreibt ein System von verschiedenen Elementen, die in einem Wechselspiel zueinanderstehen und miteinander agieren. Diese Relationen sind verantwortlich für die spezifische Systemstruktur.[442] Diese Entwicklungen und Erkenntnisse werden der Kybernetik erster Ordnung zugeschrieben.

Die Kybernetik erster Ordnung erfuhr im weiteren Verlauf durch die Arbeiten an der Kontrolltheorie von Norbert Wiener neue konzeptionelle Prägungen. Der Begriff Kontrolltheorie leitet sich aus dem Forschungsfokus der Arbeit Wieners ab, darin hatte er sich mit der Steuerung und Regelung des Menschen und Maschinen, sowie der Berücksichtigung von Regulierungsmöglichkeiten von Umwelt und System beschäftigt.[443] Wiener legte dabei Rückkopplungskreise zugrunde, bei denen die Wirkungen von Steuerung und Regelung Aussagen über die Funktion und das Verhalten komplexer Systeme ermöglichen soll.[444]

436 Vgl. Özdemir (2018), S. 120.

437 Vgl. Ropohl (2012), S. 30.

438 Vgl. Wiener (1968), S. 32; Probst (1987), S. 69 f.

439 Vgl. Willemse/von Ameln (2018), S. 14.

440 Vgl. Kormesser (2020), S. 15 f.

441 Vgl. Willemse (2018), S. 14.

442 Vgl. Ropohl (2012), S. 51.

443 Vgl. Wiener (1968), S. 32; Skyttner (2001), S. 69 f.

444 Vgl. Lieb (1995), S. 122; Skyttner (2001), S. 69.

Besondere Aufmerksamkeit erlangen dabei Prozesse der Selbstregulierung und Selbstorganisation, sowie der Verarbeitung und der Einfluss von Informationen als wichtige Steuerungsprinzipien.[445] Die Kybernetik erster Ordnung fokussiert sich auf die Steuerung von trivialen Maschinen, eine Regelung erfolgt lediglich durch einen externen Beobachter.[446] Um es mit den Worten von Fritz Simon zu beschreiben: „Die Kybernetik beschreibt das Verhältnis von Kontrolleur und Kontrolliertem“[447].

Möchte man hingegen soziale Systeme oder nichttriviale Systeme steuern und regeln ist die Kybernetik erster Ordnung aufgrund ihrer eingeschränkten Sichtweise auf lineare und prognostizierbare Wirkungsbeziehungen unzureichend.[448] Soziale Systeme zeichnet eine von außen nicht vorhersehbare Selbstorganisationsdynamik aus, deren Verständnis nach dem österreichischen Physikers und Philosophen Heinz von Foerster eine Kybernetik zweiter Ordnung oder nach Niklas Luhmann der „Kybernetik der Kybernetik“ [449] bedarf. Die Besonderheit liegt in der Perspektive der Beobachtung selbststeuernder Prozesse, die nun auf dem Beobachten des beobachtenden Systems liegt und nicht mehr wie vormals auf dem Beobachten eines unbeteiligten Beobachters.[450] Das Steuerungsmodell nichttrivialer Systeme erfährt hierzu durch selbstorganisiertes Systemverhalten und durch Interaktion eine Erweiterung.[451] Die Funktion des Beobachters im Sinne seiner Steuerungstheorie wird als reflexive Kybernetik bezeichnet und hat große Ähnlichkeit mit der mutmaßlichen Aussage des griechischen Gottes Apollon »Erkenne dich selbst«.[452]

Mit Fokus dieser Forschungsarbeit auf soziale Systeme sollen hier noch weitere Vordenker der Kybernetik eingebracht werden, der amerikanische Anthropologe Gregory Bateson, die amerikanischen Psychologen Daniel Katz und Robert L. Hahn, sowie der österreichischen Psychologen Paul Watzlawick, Janet Beavin und Don Jackson. Bateson machte im Jahre 1956 mit drei weiteren Autoren in einem Artikel auf sich aufmerksam, darin beschrieb er die

[445] Vgl. Kneer/Nassehi (2000), S. 24.

[446] Vgl. Malik (2013), S. 48 ff; Probst (1987), S. 46.

[447] Kneer/Nassehi (2000), S. 23.

[448] Vgl. Willemse/von Ameln (2018), S. 15.

[449] Luhmann, (2017), S. 141.

[450] Vgl. Lieb (1995), S. 122, Simon (1997), S. 34.

[451] Vgl. von Ameln (2004), S. 25.

[452] Vgl. Lutterer (2000), S. 56; Scott (1993), S. 12 ff.

Ursache bestimmter psychiatrischer Erkrankungen nicht innerhalb eines Individuums, sondern in dessen sozialer Umwelt.[453] 1965 erfolgte eine Publikation der amerikanischen Psychologen Katz und Hahn unter dem Titel »The Social Psychology of Organizations«, darin wurde erstmals eine systemtheoretische Sicht auf Organisationen vorgestellt.[454] Ein Jahr später publizierte der österreichische Psychologe Paul Watzlawick, zusammen mit Janet Beavin und Don Jackson unter dem Titel »Pragmatics of human communication«. Mit dieser Publikation und mit der deutschen Auflage im Jahr 1969 wurde das systemtheoretische Denken über Amerika hinaus bis nach Europa getragen.[455] Da der überwiegende Teil der systemischen Forscher und Autoren am Mental Research Institute der Stanford Universität in Palo Alto in Kalifornien forschten, wird dieser systemtheoretische Ansatz auch als die Palo-Alto-Schule bezeichnet.

In den siebziger Jahren erschien eine große Anzahl von Publikationen, deren Inhalte und Ergebnisse ihren Weg in die Welt der sozialen Berufe fanden; über die Betrachtung von Familien als Systeme ging man später dazu über, auch Organisationen als Systeme zu betrachten.

War die Kybernetik bis dahin lediglich von linearen und prognostizierbaren Wirkungsbeziehungen innerhalb eines Systems ausgegangen, stellte sich nun heraus, dass eine solche Herangehensweise nicht annehmbar war.[456]

3.3.1.3 Verschmelzung von Systemtheorie und Kybernetik

Mit dem Ziel der Verschmelzung von Systemtheorie und Kybernetik trat der amerikanische Soziologe Talcott Parsons in den Fokus der Forscherwelt. Er beschäftigte sich mit Rückkopplungen zwischen System und Umwelt, die in der Interaktion zwischen Handlung bzw. Handlungsintention und dem beteiligten Gegenüber entstehen.[457] Die Wechselseitigkeit, welche er als Interpenetration bezeichnet, beschreibt einen Zustand, in dem ein Akteur sowohl handlungsausübender Aktor wird und zugleich auch Objekt der jeweiligen Handlung ist; im Ergebnis bildet sich daraus ein Interaktionssystem aus.[458] Der deutsche Soziologe Niklas Luhmann entwickelt darauf aufbauend die Systemtheorie, in dem er

---

[453] Vgl. Bateson et al. (1956), S. 257.

[454] Vgl. Katz/ Kahn (1966), o.S.

[455] Vgl. Willemse/von Ameln (2018), S. 15.

[456] Vgl. Willemse/von Ameln (2018), S. 15.

[457] Vgl. Müller (1996), S. 121 ff.

[458] Vgl. Parsons (1976), S. 124; Parson (2023), S. 5 f.

Parsons Gedanken in die Theorie komplexer Interaktionssysteme überführt und diese mit dem Begriff soziale Systeme bezeichnet.[459]

Aus Parsons Perspektive baut die Systemtheorie auf einer strukturell-funktionalen Basis auf, bei der jede Handlung eines sozialen Systems auf das System selbst zurückgeführt werden kann.[460] Er merkt dazu an: „Soziale Systeme werden gebildet von Zuständen und Prozessen sozialer Interaktion zwischen handelnden Einheiten“[461].

Für Luhmann stehen die Funktionen des Systems im Vordergrund und weniger die bis dahin geltenden Strukturen eines Systems.[462] Dieses bedeutet jedoch auch ein Anwachsen der analytischen Komplexität der Systemtheorie, da nun die Umwelt als konstitutiver Faktor der Systembildung weit mehr ist als ein lediglich bedingender Faktor.[463] Von nun an wird alles was Handlungen verkettet und Zusammenhänge ausbildet als System bezeichnet, mit der Prämisse einer Abgrenzung der Systemeinheit und der Umwelt.[464] Luhmann entwickelt daraus die dynamische Systemtheorie, bei der angenommen wird, dass System und Umwelt permanenter Veränderung unterliegen.[465] Das System selektiert dabei die bestehende Komplexität der Welt hinsichtlich ihres Bestehend oder Überlebens und gliedert und begrenzt diese.[466]

3.3.1.4 Autopoiese

Mit Einzug der Autopoiese (griech. autos (selbst) und poisiesis (Gestaltung)) beginnt ein neues Kapitel in der Systemtheorie, mit der Autopoiese erweitert sich die Wechselwirkung zwischen System und Umwelt.[467] Luhmann stellt diese Gedanken 1984 in seinem Hauptwerk »Soziale Systeme« erstmals vor und eröffnet damit die Epoche der neuen Systemtheorie. Autopoise und Selbstreferenz bilden zwei zentrale Begriffe innerhalb der theoretischen Konstruktion von Luhmanns Systemtheorie.[468] Der alten Denkweise, bei der Systeme isoliert betrachtet

[459] Vgl. Luhmann (1984); Kneer/Nassehi (2000), S. 30.

[460] Vgl. Parson (1976), S. 124; Ebert (2001), S. 180.

[461] Parsons (1972), S. 15.

[462] Vgl. Ebert (2001), S. 128.

[463] Vgl. Wilke (2006), S. 6 f.

[464] Vgl. Luhmann (2015), S. 36.

[465] Vgl. Kneer/Nassehi (2000), S. 38 f.

[466] Vgl. Kneer/Nassehi (2000), S. 38 ff.

[467] Vgl. von Schlippe/Schweitzer (2013), S. 53, 111 ff; Kneer/Nassehi (2000), S. 48.

[468] Vgl. Özdemir (2018), S. 122.

wurden, widersprach Luhmann und bezeichnete Systeme fortan als koevolutiv im direkten Zusammenhang mit ihrer Umwelt.[469]

Luhmann greift das Selbstorganisationsprinzip nach Humberto Maturana auf, um es für die Bestimmung sozialer Systeme wie beispielsweise Gesellschaft und Unternehmen, sowie die Beziehungen von Mensch zu Mensch anwenden zu können.[470]

Damit können nun Selbstorganisationstheorien, die ihren Ursprung in der Biologie haben, auf soziale Prozesse übertragen werden. Selbsterzeugung, -erhaltung und -organisation sind damit die Kennzeichen autopoietischer Systeme.[471]

Mit den oben angeführten Erkenntnissen unterscheiden sich Elemente autopoietischer Systeme von Elementen trivialer Systeme durch ihre Fähigkeit sich – auf Basis von Interaktion – selber zu generieren bzw. herzustellen.[472] Wichtiges Merkmal dabei ist ihre operationale Geschlossenheit, bei der sie zwar in sich geschlossen, also selbstreferenziell sind, aber dennoch durchlässige Systeme aufgrund einer Beziehung zur ihrer Umwelt.[473] Unterscheidungen werden dabei spezifisch von einem Beobachter durch eigene, individuelle Kriterien der Unterscheidung gefällt.[474]

3.3.1.5 Soziales System

Bereits seit über 2000 Jahren ist der Ausdruck »System« in Verwendung und hat sich daher zu einem recht unscharfen Begriff mit vielen Bedeutungen entwickelt.[475] Der Begriff System geht auf das altgriechisch »σύστημα« (sýstēma) zurück und leitet sich aus »συν-ίστημι« (syn-istemi), was in etwa wie »zusammenstellen« bedeutet ab.[476] Es kann daher mit »Zusammensetzung« oder »Zusammenstellung« übersetzt werden.

Seit der Antike bis ins 17. Jahrhundert war man der Auffassung, dass sich ein System aus verschieden großen Einheiten zusammensetzt und diese einer hierarchischen Ordnung von klein zu groß unterliegen.[477] Grundlage für dieses Denken war das Prinzip der Topologie und der Hierarchie. Als vorherrschende

---

469 Vgl. von Schlippe/Schweitzer (1997), S. 70.

470 Vgl. von Schlippe/Schweitzer (1997), S. 70 f; von Schlippe/Schweitzer (2013), S. 94.

471 Vgl. Özdemir (2018), S. 123.

472 Vgl. Berghaus (2011), S. 43, 50; Kneer/Nassehi (2000), S. 47 f.

473 Vgl. Willke (2006), S. 63 f; Schlippe/Schweitzer (1997), S. 71; Schmidt (1996), S. 5 ff.

474 Vgl. Bergmann/Daub (2006), S. 41 f.

475 Vgl. Ropohl (2012), S. 21.

476 Vgl. Ritter et al. (2007), S. 824.

477 Vgl. Kapitnova (2013), S. 44.

Regel, bzw. die innere Logik eines Systems galt, dass mit einem Aufsteigen in die oberen Ebenen auch eine wachsende Komplexität der Sachverhalte einherging und umgekehrt.[478]

Innerhalb des untersuchten Bildungsprojektes sind mindestens vier soziale Systeme beteiligt: Neben der Universität als Bildungsinstitution sind das die Seminargruppe mit ihren Studierenden, die beteiligten Unternehmen (Wirtschaftsorganisation) als Kooperationspartner für die Beforschung, sowie die Kreisverwaltungen (Verwaltungsorganisation) als Kooperationspartner und Drittmittelgeber im Rahmen ihrer Wirtschaftsförderung.

Innerhalb dieser Forschungsarbeit sollen davon die Seminargruppe mit ihren Studierenden, sowie die beteiligten Unternehmen genauer untersucht werden.

Kennzeichnend für soziale Systeme ist immer das Vorhandensein von zwei Merkmalen, zum einen Kommunikation, zum anderen Muster, mit denen sie sich in ihrem Kommunizieren selbst reproduzieren.[479]

Ein weiteres Merkmal eines Systems ist, dass es sich deutlich von seiner Umwelt abgrenzt. Diese Differenzierung wird von einem externen Beobachter vorgenommen, der das System von seiner Umwelt unterscheidet.[480] Dabei besteht immer eine Differenz zwischen den Elementen im System und der Umwelt außerhalb des Systems.[481] Der österreichische Physiker, Kybernetiker und Philosoph Heinz von Foerster etablierte dafür die beiden Unterscheidungen in triviale und nicht-triviale Maschinen.[482] Triviale Maschinen funktionieren dabei nach einem einfachen Ursache/Wirkung Prinzip, sie sind damit einfach von außen zu steuern und sind in ihrem Tun durchschaubar.[483] Nicht-triviale Systeme hingegen haben eine eigene Dynamik und unterliegen einem stetigen Veränderungsprozess, zu ihnen gehören unter anderem Menschen und Organisationen.[484] Sie zeichnen sich durch eine Lern- und Entwicklungsfähigkeit aus, sind aber weder bestimm-, vorherseh- oder durchschaubar.[485]

Im Ergebnis lässt sich für nicht-triviale Systeme eine unendliche Anzahl von Handlungsoptionen ableiten, die für Heinz von Foerster in einer potenziellen

[478] Vgl. Kapitnova (2013), S. 44.

[479] Vgl. Willemse/von Ameln (2018), S. V.

[480] Vgl. Özdemir (2018), S. 123.

[481] Vgl. Luhmann (2015), S. 26.

[482] Vgl. von Foerster/Pörksen (2006), S. 54 f.

[483] Vgl. Simon (2020), S. 35 f; Probst (1987), S. 46

[484] Vgl. Simon (2020), S. 39; von Foerster/Pörksen (2006), S. 54 ff.

[485] Vgl. von Schlippe/Schweitzer (1997), S. 55 ff; Königswieser/Hillebrand (2011), S. 27; Simon (2020), S. 39.

Komplexität münden.[486] Damit sind sie die Basis für eine Kybernetik zweiter Ordnung innerhalb derer Beziehungsstrukturen durch Beobachtung identifiziert und als beobachtbares Verhalten über Kommunikation als Grundlage erklärt und über Interventionen gesteuert werden können.[487]

Zentrale Elemente der Systemtheorie sind Ordnung und das Zusammenspiel seiner jeweiligen Elemente, das Hauptaugenmerk liegt dabei in der Wechselwirkung zwischen Handlungen und der resultierenden Wirkung in einem jeweiligen System. Somit stellt die Systemtheorie die Gesetzmäßigkeiten innerhalb des Systems mit Fokus auf die Entstehung und Entwicklung des momentanen Zustands in den Vordergrund, nicht dem Inhalt.

Mit Bezug auf die Forschungsfrage dieser Arbeit sind also die beteiligten Systeme, also die Seminargruppe mit Studierenden, sowie das beforschte Unternehmen mit Inhabern und Mitarbeitern relevant. Dabei ist die Zusammensetzung und Ordnungsstruktur, sowie die innerhalb dieser Systeme durchgeführten Handlungen, beispielsweise Interventionen, Fragen, Interviews usw. bedeutend für die einhergehenden Veränderungen und Neuausrichtungen der beteiligten Systeme in Bezug auf Lernen und Weiterentwicklung. Diese Zusammenhänge zwischen den Handlungen und der Wirkung, bzw. das Ergebnis lässt sich dann beispielsweise qualitativ darstellen. Dabei steht die Art und Weise der Anregung auf die jeweiligen Teile des Systems durch Kommunikation im Vordergrund.

Vorangehend wurde bereits das System als ein aus mehreren Teilen zusammengesetztes Ganzes definiert, welches weitaus komplexer ist als die Summe der einzelnen Teile und lehnt sich so stark an die Metaphysik von Aristoteles an.[488]

Systeme zeichnet weiter die Fähigkeit zur Emergenz aus, diese Haltung hat sich aus Evolutionstheoretischen Sichtweisen entwickelt, gemeint ist damit das Entstehen von neuartigen und nicht vorhersehbaren Deutungen oder Sichtweisen.[489] Dieses Phänomen beschreibt Situationen, innerhalb derer sich Systeme durch veränderte Rahmen- oder Kontextbedingungen in neuen Regeln oder Mustern wiederfinden.[490]

Oben hatte ich bereits den Begriff der Autopoiese als Wechselwirkung zwischen System und Umwelt eingeführt. Luhmann differenziert hier mit Bewusstsein, Leben und Kommunikation weiter in drei autopoietische Subsysteme der

[486] Vgl. von Foerster (1988), S. 33.

[487] Vgl. Lieb (1995), S. 125.

[488] Vgl. Krieger (1998), S. 12.

[489] Vgl. Bergmann (2014), S. 208, 234; Wilke (2006), S. 2006; Krohn/Küppers (1992), S. 389.

[490] Vgl. Bergmann (2014), S. 234.

ersten Ebene.[491] Eine weitere Differenzierung erfolgt in psychische, biologische, und soziale Systeme.[492] Nach Luhmann ist der Mensch jedoch selbst kein System, sondern ein „[...] Konglomerat autopoietischer, eigendynamischer, nichttrivialer Systeme“[493].

Psychische Systeme zeichnen sich damit durch das Beherrschen kognitiver Prozesse, also Gedanken, aus.[494] Diese Eigenschaft ist insbesondere für das Verständnis von Organisationen als soziales System und der Fähigkeit zum Lernen und Weiterentwickeln interessant, weil hierfür Kommunikation und somit die Befähigung zu Empfindungen und Bewusstsein wichtig sind.[495]

Wahrnehmung ist dabei die Grundlage für Kommunikation und kann wiederum durch Kommunikation beeinflusst bzw. manipuliert werden.[496] Mit Kommunikation ist somit eine wichtige Unterscheidung oder Abgrenzung von sozialen Systemen zu psychischen Systemen möglich, sie manifestieren sich durch soziale Kommunikation und einem innewohnenden Sinn, wo hingegen psychische Systeme lediglich durch ihr Bewusstsein operieren, und für Kommunikation benötigt werden.[497]

Zusammenfassen lässt sich bis hier festhalten, dass soziale Systeme aus Kommunikation bestehen und alles, was miteinander kommuniziert im Ergebnis ein soziales System darstellt.[498] Es ist also nicht der Mensch als psychisches System an sich, sondern seine Fähigkeit zu Bewusstsein mit Wahrnehmung und Aufmerksamkeit als Grundlage für den Vollzug von Kommunikation, welche im Ergebnis ein soziales System entstehen lässt.[499]

3.3.1.6 Konstruktivismus

Neben der oben bereits eingeführten Kybernetik ist der Konstruktivismus ein weiterer wichtiger konzeptioneller Baustein innerhalb der Systemtheorie. Über das Wesen des Konstruktivismus wurden bereits oben einige zentrale Grundlagen eingeführt, daher sollen hier noch einmal wichtige Erkenntnisse rekapituliert und ihr

---

[491] Vgl. Berghaus (2011), S. 32.

[492] Vgl. Berghaus (2011), S. 33.

[493] Luhmann (2002), S. 82.

[494] Vgl. Kneer/Nassehi (2000), S. S. 60.

[495] Vgl. Simon (2020), S. 92 ff; Priddat (2015), S. 301.

[496] Vgl. Simon (2015), S. 40.

[497] Vgl. Kneer/Nassehi (2000), S. 65; Priddat (2015), S. 300.

[498] Vgl. Berghaus (2011), S. 61 f.

[499] Vgl. Priddat (2015), S. 301.

Einfluss auf soziale Systeme aufgezeigt werden. Grundannahme des Konstruktivismus ist die Annahme, dass es eine objektive Wirklichkeit für den Menschen nicht gibt.[500] Die individuelle Wirklichkeit wird dabei stets von einem Beobachter erzeugt und ist somit lediglich ein subjektives Konstrukt.[501] Erfahrungen eines sozialen Systems sind dabei gemeinsame Konstruktionen von Sinn, die eine gemeinsam geteilte Überzeugung über die umgebende Welt beschreiben.[502] Wiederholendes Erzählen in Form von Geschichten stabilisiert diese Wirklichkeit und mündet in gemeinsamen Begriffen, Riten und Überzeugungen als Tradition.[503]

Der Konstruktivismus hat diverse Ausprägungen erlangt; für diese Arbeit sollen der operative Konstruktivismus nach Luhmann, sowie der kommunikationstheoretische Konstruktivismus nach Watzlawick von Relevanz sein.[504] Watzlawick baut seine Thesen unter Berücksichtigung der Wirklichkeit auf der Annahme auf, dass absolute Wirklichkeit nicht existiert. Vielmehr wird Wirklichkeit von Menschen durch Kommunikation, einhergehend mit der Zuweisung von Werten, Sinnfragen und Ordnung konstruiert.[505] Der Vorgang der Verständigung und damit die Schaffung von Wirklichkeiten in sozialen Systemen wird von Watzlawick als Interpunktion bezeichnet.[506] Bezogen auf die Entwicklung von Kompetenzen verweist der Konstruktivismus beim menschlichen Denken und Erkennen darauf, dass unser Gehirn keine bildhaften Abbilder der Realität erzeugt, sondern vielmehr ein durch eigene Sinneswahrnehmungen entstandenes individuelles Bild der umgebenden Welt.[507]

Die Basis für den heutigen Erfolg systemisch orientierter Ansätze liegt in deren Perspektive auf den Menschen und den sozialen Zusammenhängen, diese helfen dabei soziale Dynamiken und Verflechtungen besser zu verstehen und Lösungen für gesellschaftliche oder organisatorische Problemstellungen

500 Vgl. von Foerster/Pörksen (2006), S. 17 f.

501 Vgl. Bergmann/Daub (2006), S. 12.

502 Vgl. von Schlippe/Schweizer (2013), S. 60.

503 Vgl. von Schlippe/Schweizer (2013), S. 60 ff.

504 Anmerkung: Daneben existieren der radikale Konstruktivismus nach Glaserfeld und Foerster, der wissenschaftliche Konstruktivismus nach Schmidt, der soziale Konstruktivismus nach Gergen, sowie der praxisorientierte Konstruktivismus nach Knorr-Cetina/Faucault.

505 Vgl. Watzlawick (1995), S. 72; von Schlippe/Schweizer (2013), S. 120 f; Maturana/Pörksen (2014), S. 25.

506 Vgl. Watzlawick (1995), S. 72 f.

507 Vgl. Erpenbeck (2014), S. 20.

zu liefern. In der Neuzeit ist die Systemtheorie beispielsweise auf Menschen, Maschinen, Organismen, Familie, Kirche, Unternehmen oder Gesellschaft anwendbar.[508]

Der radikale Konstruktivismus bildet dabei neben den Theorien der Autopoiese und nicht-trivialer Maschinen das Fundament für die neuere Systemtheorie. Das Gehirn übernimmt die Konstruktion von Wirklichkeit, welche vormals durch die Sinne geschaffen wurde.

Im Rahmen dieser Arbeit werden Fragestellungen zum Thema Bildung für Transformationsprozesse bearbeitet. Bildung, Lernen und Veränderung findet dabei nie losgelöst oder isoliert, sondern immer im Kontext mit anderen sozialen Gruppen statt. Diese »anderen« sind Gruppen von Menschen, die jeweils einer größeren Gruppe zugehörig sind und als soziale Systeme bezeichnet werden. Dabei werden in dieser Forschungsarbeit zwei soziale System untersucht, die im Rahmen von Bildungsprozessen innerhalb des untersuchten Bildungsprojekts relevant sind, neben der Seminargruppe mit ihren Studierenden sind das die beteiligten Unternehmen (Wirtschaftsorganisation) als Kooperationspartner für die Beforschung.

Dabei wird ein systemischer Ansatz verfolgt, bei dem Systeme als lebende Einheiten betrachtet werden, die ihre soziale Ordnung und ihre eigene Wirklichkeit eigenständig hervorbringen. Systemisches Handeln oder Agieren kann somit als Handeln gedeutet werden, welches zuträglich für das System ist.[509] Selbstorganisation im Sinne der Freiheit eigene Entscheidungen treffen und umsetzten zu können spielt dabei eine zentrale Rolle, da Selbstorganisation in sozialen Systemen einen Beitrag zur Enthierarchisierung bei ständiger Koordination der Akteure leisten. Dabei sind die Akteure nie autonom, sondern agieren stets dynamisch und erzeugen eine eigene Ordnung.[510]

3.3.2 Organisationen und Unternehmen als soziale Systeme

Zum besseren Verständnis ist es hilfreich Organisationen und Unternehmen genauer zu untersuchen. Innerhalb der neuen Systemtheorie werden beide als soziale Systeme verstanden.[511] Kennzeichnend für soziale Systeme ist immer das

[508] Vgl. Ziemann (2013), S. 469.

[509] Vgl. Bergmann (2014), S. 26; Bergmann/Daub (2006), S. 56.

[510] Vgl. Özdemir (2018), S. 129; Bergmann (2022), S. 113.

[511] Vgl. Berghaus (2011), S. 62.

Vorhandensein von zwei Merkmalen, zum einen von Kommunikation und zum anderen von Mustern, mit denen sie sich in ihrem Kommunizieren selbst reproduzieren.[512] Sie sind zudem autopoietisch und bilden sich aus einer Ansammlung von Elementen und Relationen aus.[513] Ein soziales Systeme bilden sich dabei im Zusammentreffen von Menschen, während seine Ausprägungen durch die Wahrnehmung und Interaktion der einzelnen Individuen entsteht.[514]

Vorab hatte ich bereits festgehalten, dass sich soziale Systeme zum einen durch eine operative Geschlossenheit, sie sind also autopoietisch, sowie zum anderen durch Selbstreferenzialität, sie beziehen sich also auf sich selber, auszeichnen.[515] Eine weitere Eigenschaft sozialer Systeme liegt in ihrer Konstituierung mit Abgrenzung zu ihrer Umwelt.[516] Damit haben Organisationen die Fähigkeit, einen Selbstbezug herstellen und Beziehungen zu ihrer Umwelt aufbauen zu können, durch diese Beziehungen unterscheiden sich soziale Systeme zudem von einander.

Kommunikation und Sinnzuschreibungen als operatives Mittel bilden den Kern sozialer Systeme, daher verwendet Luhmann den Begriff des Kommunikationssystems.[517] Jedes System unterscheidet sich von anderen Systemen durch unterschiedliche Kommunikation bzw. dessen Eigenarten und bildet so eine Grenze zu benachbarten Systemen.[518]

Soziale Systeme bestehen weiter nicht aus den Menschen selbst, sondern aus Kommunikation; dabei besteht eine strukturelle Kopplung zwischen dem System und seiner umgebenden Umwelt, wobei diese durch Anpassung erfolgt und somit die Autopoiesis sicherstellt.[519]

Um Veränderungen in Organisationen zu erzeugen haben diese die Möglichkeit ihr Handeln neu auszurichten, so können Sie beispielsweise auf eine Herausforderung oder Veränderungen reagieren.[520] Notwendig dafür sind Irritationen oder Störungen, die neue Unterscheidungen erzeugen, verstanden und

---

512 Vgl. Willemse/von Ameln (2018), S. V.

513 Vgl. Luhmann (1984), S. 16; Merten (1999), S. 95; Beushausen (2002), S. 3 ff.

514 Vgl. Bergmann (2005), S. 115 ff.

515 Vgl. Baraldi et al. (2015), S. 29; Bergmann/Daub (2006), S. 6 f, Simon (2020), S. 88.

516 Vgl. Baraldi et al. (2015), S. 176.

517 Vgl. Luhmann (1988), S. 24; Simon (2015), S. 15; Simon (2020), S. 89.

518 Vgl. Berghaus (2011), S. 61.

519 Vgl. Baraldi et al. (2015), S. 186; Simon (2020), S. 31 f.

520 Vgl. Bergmann/Daub (2006), S. 32.

verarbeitet werden können und damit neuen Kontext und Strukturen erzeugen.[521] Im Kontext der Veränderungsberatung von sozialen Systemen spricht man hier von systemischen Interventionen, die dabei helfen sollen Veränderungen einzuleiten oder möglich zu machen.[522]

Innerhalb der Organisation als soziales System können Neuerungen neben Veränderungen auch Stabilität erzeugen und somit in unsicheren Zeiten helfen dynamisch reagieren zu können.[523]

Zusammenfassen lässt sich festhalten, dass soziale Systeme auf Kommunikation aufbauen, Veränderungen, ob notwendig oder zufällig sind daher das Ergebnis eines Lernprozess der einhergeht mit der Reduktion von Komplexität oder deren Bewältigung.[524] Im Optimalfall erhöht eine solche Entwicklung die Wahrscheinlichkeit einer guten Zukunft. Die notwendigen Fähigkeiten sozialer Systeme hierzu sind Identitätswahrung, Fähigkeit zu Anpassung an die Umwelt, sowie die Fähigkeit zu einer sinnhaften Kommunikation.

Die vorangegangenen Ausführungen sollten einen Bogen über die wichtigsten Theorien und Entwicklungen der Systemtheorie geben. Dieser Bogen ließe sich beliebig weiterführen, daher ist es notwendig sich im Kontext dieser Arbeit zu beschränken.

Eine zentrale Erkenntnis besteht darin, dass Organisationen ihre eigene Wirklichkeit erzeugen. Die Systemtheorie unterstützt dabei, diese komplexen Strukturen und Prozesse besser zu verstehen. Die Kybernetik hat gezeigt, dass soziale Systeme selbstreferenziell und operationale geschlossen sind, damit sind sie nur eingeschränkt beeinflussbar oder steuerbar. Der einzige Weg ein soziales System zu beeinflussen und Veränderungen möglich zu machen ist der Einfluss eines Beobachters zweiter Ordnung der als weiteres soziales System über Interventionen Einfluss nimmt. Die damit erzeugten Differenzen zwischen Fremd- und Selbstreferenz können in einem zweiten Schritt Lern- oder Veränderungsprozesse möglich machen.

Es bedarf also eines Menschen, der als Beobachter agiert und über Interventionsformen Veränderungen im beobachteten sozialen System erst möglich macht. Menschen als Mischsystem aus biologischen und psychischen Systemen sind daher als relevante Umwelten für ein soziales System zu betrachten.[525] Ihre Rolle liegt zum einen in der Begrenzung von Möglichkeiten der Strukturierung

[521] Vgl. Bergmann (2014), S. 237; Özdemir (2018), S. 135.

[522] Vgl. Schlippe/Schweizer (2010), S. 7 ff.

[523] Vgl. Boysen (2022), S. 32.

[524] Vgl. Wilke (2000), S. 24 f, 49.

[525] Vgl. Simon (2020), S. 89.

und Entwicklung sozialer Systeme, sowie zum anderen in der Irritation und damit zur Entwicklungsmotivation.[526]

Humansysteme lassen sich dabei in drei Typen autopoietischer Systeme bzw. Typen unterscheiden, zum einen der Organismus (biologisches System), die Psyche, sowie das soziale System. Kennzeichnend für biologische Systeme sind biochemische Reaktionen, für psychische Systeme sind es Gedanken und Gefühle und für soziale Systeme ist es die Kommunikation.[527]

Dabei bedarf es für Kommunikation nicht unbedingt der Sprache, Sprachlichkeit ist kein Kriterium von Kommunikation. Als Einheit von Information können Information, Mitteilung und Verstehen ebenso beispielsweise durch Körperbewegung, fragende Blicke oder aber Gesten jedweder Art herangenommen werden.[528]

Der Vollständigkeit halber soll an dieser Stelle die Individuenzentrierte Systemtheorie nach Bergmann kurz vorgestellt werden. Sie beschreibt einen theoretischen Bezugsrahmen, bei dem der Fokus auf der Innovations- und Entwicklungsfähigkeit eines sozialen Systems ausgerichtet ist. Dabei gilt die Kommunikation als zentrales Mittel für die Konstruktion und Weiterentwicklung eines sozialen Systems, auch im Sinne der Systemirritation in therapeutischen Anwendungen.[529]

Bergmann merkt dazu an: „Die Individuen zentrierte Systemtheorie beschreibt Unternehmen und Märkte als soziale Systeme, die sich aus den kommunikativen Handlungen der jeweiligen Akteure bilden. Die Akteure tragen ihre individuellen Sprach- und Kommunikationsstile bei, werden jedoch gleichzeitig von den Eigenschaften des Systems, wie beispielsweise der Unternehmenskultur oder den Umgangsformen, beeinflusst.[530] Schließlich kehren die Akteure als Bestandteile in die sozialen Systeme zurück.

3.3.3 Lernen und Veränderung in sozialen Systemen – die psychologische Perspektive der Systemtheorie

Bei der Arbeit an sozialen Systemen hinsichtlich Lernangeboten und Anpassungshilfen stellt die psychologische Perspektive der Systemtheorie in Form

[526] Vgl. Simon (2020), S. 89.

[527] Vgl. Simon (2020), S. 90.

[528] Vgl. Kneer/Nassehi (2000), S. 91.

[529] Vgl. Bergmann (2005), S. 111 ff; Bergmann (2014); Bergmann/Daub (2008).

[530] Vgl. Bergmann (2005), 112 f.

der systemischen Therapieformen in der Beratung von Menschen und Organisationen eine zentrale Verbindung zwischen Organisationen und den darin agierenden Menschen als Akteuren dar. Sie bildet daher den Übergang oder das Bindeglied zwischen dem lernenden sozialen System und den involvierten Menschen. Dabei sind nicht alle psychotherapeutischen Felder von Interesse für diese Arbeit, vielmehr sollen die Zusammenhänge zwischen Lernformen und systemischer Veränderungsberatung, bzw. den darin verorteten Methoden für eine praktische Anwendung in der aktiven Zukunftsgestaltung von Gesellschaften und Organisationen auf einem Weg in ein gutes Leben diskutiert werden.

Dabei geht es zentral um die Ausbildung von Studierenden an Universitäten und dem Erlangen von Metakompetenzen, es geht um die Frage was gelernt werden muss, um Organisationen und Gesellschaften mit derart ausgebildeten Menschen Hilfestellungen für zukünftige Herausforderungen zuteil werden zu lassen.

Oben wurden bereits die wichtigsten Elemente der Systemtheorie vorgestellt, in der psychologischen Perspektive der Systemtheorie erfahren diese eine Deutung und Interpretation aus Sicht der Therapie und Beratung von Menschen, oder weitergedacht von sozialen Systemen. Dabei ist für die Beantwortung der Forschungsfrage relevant, wie genau Menschen innerhalb von Organisationen Veränderungen hervorrufen, bzw. die Wahrscheinlichkeit für Veränderungen erhöhen können. Für diese Arbeit sind dabei Prozesse und Methoden interessant, mit denen ein soziales System lernen und sich dadurch weiterentwickeln kann.

An früherer Stelle bin ich bereits auf das Vorhandensein verschiedener Arten von sozialen Systemen eingegangen, aus Gründen der Eingrenzung soll nun noch einmal kurz auf relevante Unterschiede eingegangen werden.

Bei Luhmann findet sich eine erste Dreiteilung in flüchtige Interaktionssysteme, die nur eine kurze Zeitraum überdauern, Organisationen und letztlich Gesellschaften.[531] Nach Kritik einiger Autoren, unter anderem von Fuhse und Wimmer, wurde diese Dreiteilung im Laufe der Zeit erweitert und modifiziert, sodass heute von sechs Typen von sozialen Systemen ausgegangen werden kann.[532] Dazu zählen Interaktion, Gruppe, Familie, Organisation, Kooperation/Netzwerk und Gesellschaft.[533] Mit Bezug auf die Forschungsfrage dieser Arbeit stellt die Organisation einen wichtigen Bezugspunkt für die Frage nach der Ausgestaltung von Metakompetenzen für die Lösung von Herausforderungen dar.

---

531 Vgl. Luhmann (1984), S. 535 ff.

532 Vgl. Fuse (2005), S. 2; Wimmer (2007), S. 109.

533 Vgl. von Schlippe/Schweitzer (2013), S. 129.

Unter Organisationen werden in dieser Arbeit strukturdeterminierte und operationale geschlossene Sozialsysteme verstanden.

Die Psychologen Arist von Schlippe und Jochen Schweitzer stellen für systemische Veränderungen in sozialen Systemen drei zentrale Fragen voran, zum einen die Frage nach der Wirklichkeit, dem Einfluss von Kausalität und letztlich, der Rolle von Sprache.[534] Für Fritz Simon bilden neben der Kausalität zudem das Beschreiben, die Bewertung, sowie Kommunikation eine zentrale Rolle.[535] Allen Autoren gemein ist damit das Ansinnen eine Brücke zwischen den systemtheoretischen Grundlagen und den Bedürfnissen realer Anwendungsfälle in der Arbeit als Therapeuten und Berater zu schaffen.

Fasst man die relevanten Einflussbereiche für systemische Hilfestellungen bzw. dem Einleiten von Veränderungen in sozialen Systemen zusammen, ergeben sich vier relevante Arbeitsfelder für die praktische Arbeit:

1. Wirklichkeit und Realität
2. Kommunikation und Sprache
3. Beschreiben und Bewerten
4. Kausalität

3.3.3.1 Wirklichkeit und Realität

Der Biologe und Philosoph Humberto Maturana prägte mit dem Satz: „Ein System ist nicht ein Etwas, das dem Beobachter präsentiert wird, es ist ein Etwas, das von ihm erkannt wird“ [536] einen wichtigen erkenntnistheoretischen Aspekt. Wirklichkeit mit Bezug auf ein System bedeutet daher nicht, dass es vorhanden ist, sondern es existiert nur dann, wenn es in Beziehung zu seinem erkennenden Beobachter steht.[537]

Watzlawick unterscheidet mit erster und zweiter Ordnung zwei Wirklichkeiten, wobei sich die erste Wirklichkeit als Wahrnehmungskonsens auf physische „[...] weitgehend objektive feststellbare[n] Eigenschaften von Dingen [...]“ ausbildet.[538] Diese sind damit allgemein gültig Sachverhalte.[539] Die Wirklichkeit

[534] Vgl. von Schlippe/Schweitzer (2007), S. 86.

[535] Vgl. Simon (2014), S. 11 ff.

[536] Maturana (1982), S. 175.

[537] Vgl. von Schlippe/Schweitzer (2007), S. 86.

[538] Watzlawick (2005), S. 142.

[539] Vgl. Watzlawick (2005), S. 142 f.

zweiter Ordnung bildet sich aus, wenn eine „[...] Zuschreibung von Sinn, Bedeutung und Wert [...]“ [540] auf Basis von Kommunikation oder Sprache erfolgt. Im Ergebnis existieren innerhalb der Wirklichkeit zweiter Ordnung nicht nur eine Wirklichkeit, „[...] sondern so viele wie es Menschen gibt“ [541], sie ist somit an Individuen gebunden und entsteht auch durch diese. Es kann daher nicht bestimmt werden welche beteiligte Person recht hat oder sich irrt; es existieren immer abweichende Auffassungen, die auch widersprüchlich sein können.[542]

In unserem täglichen Leben blicken wir auf unsere Welt als unwissende Realisten, ohne das Bewusstsein über unsere eigene konstruierte Welt, die wir gemeinsam mit anderen in einem permanenten Fluss konstruieren.[543] „Bei unserer Wahrnehmung der Welt vergessen wir alles, was wir dazu beigetragen haben, sie in dieser Weise wahrzunehmen.“[544] Dabei bilden unsere persönlichen und individuellen Prägungen, sowie der räumliche, zeitliche und soziale Kontext aus den einfallenden Signalen eine ebenso individuelle Wirklichkeit aus.[545]

Da sich die jeweiligen Akteure in einem interaktiven Austausch befinden, nähern sich die einzelnen Wirklichkeiten durch Umformung immer weiter an und bilden eine gemeinsame Grundlage für Verständigung. Bezieht man diese Erkenntnisse auf Organisationen, so lassen sich in Organisationen Muster identifizieren, die eine gelingende Kommunikation wahrscheinlicher werden lassen.

Zentral ist dabei einen solchen Prozess nicht individuell, sondern gemeinschaftlich zu verstehen, als einen langen Prozess von Sozialisation und Versprachlichung der im Ergebnis einen Konsens entstehen lässt.[546] Weiter gefasst entstehen so individuelle Weltbilder die durch „[...] eine Geschichte von Interaktionen, die ein Individuum mit seiner physischen und sozialen Umwelt erfährt, geformt und aktiv konstruiert werden“[547].

Eine konstruktivistische Sichtweise, bei der angenommen wird, dass es nicht nur eine Wirklichkeit und keine Objektivität gibt, lässt Raum für Neugier

540 Watzlawick (2010), S. 219.

541 Bergmann/Daub (2006), S. 10.

542 Vgl. Watzlawick (2005), S. 143.

543 Vgl. von Schlippe/Schweitzer (2013), S. 146.

544 Varela (1981), S. 306.

545 Vgl. Bergmann/Daub (2006), S. 10 f; Aldrich/Cliff (2003), S. 574; von Schlippe/Schweitzer (2013), S. 147.

546 Vgl. von Schlippe/Schweitzer (2013), S. 148.

547 Simon (2020), S. 68.

an der Meinung anderer, anstatt dieser mit Wertung zu begegnen.[548] Damit wird noch einmal die Beziehungsdimension deutlich, die gerade bei der Arbeit mit Organisationen den Menschen berücksichtigt und die Notwendigkeit zum zwischenmenschlichen Dialog hervorhebt.

Mit Fokus auf Veränderung entsteht Wirklichkeit in der Interaktion (lat.: inter: dazwischen actio: Handlung) zwischen Menschen und dem Interesse (lat.: inter: dazwischen esse: sein) daran.[549] Dadurch muss bei Diagnosen von Wirklichkeiten sozialer Systeme die Erforschung der Kommunikation im Vordergrund stehen, diese bildet neben den Selbstzuschreibungen wie beispielsweise Werten, Leitbildern und Philosophien den zentralen Zugang zu möglichen Ansätzen für Veränderung.[550] Eine Möglichkeit stellt dabei die qualitativ orientierte Sozialforschung dar, die mit dem Verstehen des sozialen Sinns über Kommunikation relevante Informationen liefert.[551]

Übersetzt auf die Ausbildung von Metakompetenzen stellt damit die qualitativ orientierte Sozialforschung einen wichtigen Baustein für das Erlangen von Fähigkeiten im Umgang mit sozialen Systemen dar. Die in der heutigen Zeit dominiert eingesetzt quantitative Erhebung von Daten kommt hier hinsichtlich ihrer Verwertbarkeit möglicherweise an ihre Grenzen, kann aber durchaus strukturell ergänzend in der systemischen Forschung einen festen Platz einnehmen.[552]

3.3.3.2 Kausalität

Ordnung in unsere Welt zu bringen, scheint für Menschen eine hohe Wichtigkeit zu haben, weil die uns umgebende Welt aber alles andere als ordentlich ist verwenden wir „Stabilitäts- und Ordnungsverfahren“[553]. Kausalität sind somit Denken und Ursache Wirkungs-Ketten, die über den Weg des Verkürzens versuchen die Wirkungsketten der komplexen Welt zu beschreiben.[554] Der Beobachter hat dabei regelmäßig eine Entscheidungsmöglichkeit, die ihn in die Lage versetzt zwischen mehreren Erklärungen für ein Phänomen (Hypothesen) zu wählen.[555] Dabei konstruiert er „generierende Mechanismen“[556] für ein aufgetretenes oder

---

548 Vgl. Glaserfeld (1996), S. 25 ff.

549 Vgl. Bergmann/Daub (2008), S. 41; Daub (2017), S. 21.

550 Vgl. Daub (2017), S. 22.

551 Vgl. Daub (2017), S. 22; Lamnek/Krell (2016), S. 33 ff.

552 Vgl. Ochs/Schweitzer (2012), S. 11.

553 Schlippe/Schweitzer (2013), S. 149.

554 Vgl. von Schlippe/Schweitzer (2013), S. 149.

555 Vgl. Simon (2014), S. 15.

556 Maturana/Varela (1978), S. 238.

erwartetes Phänomen, von denen er erwartet, dass es im Ergebnis eintreten wird.[557] In der Vergangenheit gab es immer wieder die Diskussion, ob Kausalität existiert oder nicht.[558]

Die Handlungen des Akteurs (einzelne Person oder soziales System) werden durch die Erklärungen aber auch durch die Vergangenheit bestimmt, da Erfahrungen aus der Vergangenheit eine wichtige Grundlage bilden.[559] Damit lernen Akteure aus Erfahrungen der Vergangenheit. Im Hinblick auf die Kommunikation treten sich wechselseitige beeinflussende individuelle und interpretative Austauschprozesse[560] auf, die sich auf Basis sozialer Kopplungen auf die Absprache und Verhaltenskoordination auswirken.[561]

Innerhalb der systemischen Sichtweise muss Kausalität hingegen als eher hinderlich betrachtet werden, da sie bei der Suche nach Ursachen von Problemen oftmals die vergangenheitsorientierte Sichtweise als nicht zielführend betrachtet.[562] In einer lösungsorientierten systemischen Beratung ist der Fokus weniger auf kausale Zusammenhänge und Ursachen gerichtet, sondern mehr auf die Suche nach Beziehungsmustern, um daraus positive Veränderung ableiten zu können.[563]

Interpretationen und Hypothesen, beispielsweise über die möglichen Ursachen eines Problems beschränken ihren Fokus auf die Vergangenheit und geben wenig Raum für die Situation im Hier und Jetzt.[564] Kausalität soll daher in dieser Arbeit als ein mögliches Erkenntnisinstrument und nicht als ontologische Einheit betrachtet werden.

Mit Bezug zu dieser Arbeit und der Ausbildung von Studierenden fällt schnell eine eher vergangenheitsorientierte Betrachtung bei der Bewertung und Beurteilung von sozialen Systemen beispielsweise durch statistische Daten auf. Es wird über die Vergangenheit auf die Zukunft gezielt, eine auf die aktuelle Situation bezogene Betrachtung beispielsweise durch eine qualitative Untersuchung mit Gesprächen oder Interviews findet, wenn überhaupt, nur am Rande statt.

---

[557] Vgl. Simon (2014), S. 15.

[558] Vgl. von Schlippe/Schweitzer (2013), S. 149.

[559] Vgl. Simon (2014), S. 15.

[560] Vgl. Bergmann/Daub (2008), S. 29.

[561] Vgl. Maturana/Varela (2009), S. 210.

[562] Vgl. von Schlippe/Schweitzer (2013), S. 151.

[563] Vgl. Kleve (2010), S. 6.

[564] Vgl. Kleve (2010), S. 6 f.

Dabei erhöht die Einbindung aller Akteure eines sozialen Systems deren Fähigkeit eigene Lösungen oder Auswege aus einer schwierigen Situation heraus zu finden.[565]

3.3.3.3 Sprache und Kommunikation

In den bisherigen Ausführungen hatte ich bereits Wirklichkeiten als das Ergebnis gemeinschaftlicher und konsensualer Übereinstimmung definiert, doch wie bzw. mit welchem Mittel kommt es zu diesem Phänomen? Die Lösung hierfür ist Sprache, die den Menschen in Form der sprachlichen Verhaltenskoordination zu eigen ist.[566] Dabei sind es zwei Blickrichtungen, die wir Menschen unterscheiden, zum einen die Dinge an sich, und zum anderen das Sprechen über die Dinge mit anderen Menschen.[567] „Sprache wurde niemals von jemandem erfunden, nur um damit eine äußere Welt zu internalisieren. Deshalb kann sie nicht als Mittel verwendet werden, mit dem sich eine solche Welt offenbar machen lässt. Es ist vielmehr so, dass der Akt des Erkennens in der Koordination des Verhaltens, welche die Sprache konstituiert, eine Welt durch das In-der-Sprache-Sein hervorbringt."[568]

Menschen erzählen sich in diesem Kontext permanent wie die Welt ist und sorgen damit für ihre Stabilität. Sie verwenden dafür Geschichten und werden durch das Erzählen ein Teil davon.[569] Die Welt der Bedeutungen und Konversationen bildet dabei über Gespräche und das Erzählen das menschliche Leben ab.[570] Soziale Systeme können daher, als sprachliche Systeme verstanden werden, deren Mitglieder durch Konversationen Bedeutungen erzeugen und im Ergebnis eine gemeinsame Darstellung von Wirklichkeit bewirken.[571]

Menschen schreiben Sprache die Aufgabe zu, wahre, objektive und reale Beschreibungen zu generieren, dabei bestimmt jedoch die Sprache stark die Prägung der Wirklichkeit und bildet sie nicht unbedingt exakt ab.[572]

Heinz von Foerster verwendet hierzu den Begriff der Trivialisierung, womit er die Wahlmöglichkeit der einzelnen Akteure innerhalb eines zugehörigen Systems

---

[565] Vgl. Bergmann/Daub (2008), S. 303 f.

[566] Vgl. von Schlippe/Schweitzer (2013), S. 151.

[567] Vgl. Maturana/Varela (1987), S. 226.

[568] Maturana/Varela (1987), S. 253.

[569] Vgl. Efran et al. (1992), S. 115.

[570] Vgl. Jaynes (1988), S. 77 f.

[571] Vgl. von Schlippe/Schweitzer (2013), S. 152.

[572] Vgl. von Schlippe/Schweitzer (2013), S. 152.

verringert.[573] Der unendliche großen Vorrat an Verhaltens- und Erlebensweisen wird innerhalb eines sozialen Systems trivialisiert, wobei bestimmte Gruppen von Verhaltensweisen hervorgebracht werden, die systemdienlich sind, andere werden abgeschwächt.

Das Besondere an Sprache ist ihre Rekursivität; Menschen können über die Art und Weise nachdenken, wie Wirklichkeiten geschaffen werden, indem sie darüber sprechen; somit haben Menschen über die Reflexivität die Möglichkeit verantwortungsvoll Wirklichkeiten erzeugen zu können.[574]

Das Ziel sprachlicher Koordination ist es einen gemeinsamen Sinn zu konstruieren. Dieser Sinn kann hierbei zum einen langfristig oder eher kurzfristig angelegt sein, allen gemein ist die Konstruktion um ein spezifisches System herum, auf das es Bezug nimmt.[575] Mit Bezug auf Probleme in sozialen Systemen erfolgt das Handeln von Menschen mit der Intention ein Problem zu vermeiden bzw. zu beseitigen zu wollen, ohne dabei zu berücksichtigen, dass der Mensch selbst an der Gestaltung unmittelbar beteiligt war.[576]

Sprache verbindet mehrere Personen miteinander und lässt ein soziales System entstehen, ein soziales System ist daher Kommunikation.[577] Oben hatte ich bereits festgehalten, dass ein soziales Systeme autopoietisch und in System-Umwelt-Differenzen kommuniziert, dabei verstehen wir unter Kommunikation mehr als ein triviales Sender-Empfänger-Modell. Vielmehr kommt hier das hermeneutische Prinzip nach Norbert Wiener zum Tragen, der festhielt: „How am I supposed to know what I said without having heard the answer to it?“[578]. Watzlavick entwickelt darauf aufbauend fünf Axiome von Kommunikation, wobei er in gelingende und gestörte Kommunikation unterscheidet:[579]

- Es ist nicht möglich nicht zu kommunizieren. Jedwede Form von Mitteilung ist Kommunikation, die vom Hörer konstruiert wird. Interaktion als Austausch von Informationen zwischen zwei Personen findet dabei durch verbale Sprache und Gestik (Mimik, Körperhaltung) statt.

---

573 Vgl. im Folgenden von Foerster (1993), S. 226.

574 Vgl. von Schlippe/Schweitzer (2013), S. 154.

575 Vgl. von Schlippe/Schweitzer (2013), S. 155.

576 Vgl. Ludewig (1997), S. 330.

577 Vgl. Simon (2014), S. 22.

578 Wiener zitiert in Sprenger (2000), S. 125.

579 Vgl. im Folgenden Watzlawick (2000), S. 53-71; Watzlawick et al (1974), S. 50-70.

- Kommunikation besteht immer aus dem Inhalts- und einen Beziehungsaspekt. Interaktionen transportieren inhaltliche Botschaften, die über die Beziehungsebene kodiert werden.
- Die Beschaffenheit einer Beziehung wird durch die Interpretation und Strukturierung der Kommunikationsprozesse durch die beteiligten Partner bestimmt. Die beiden Interaktionspartner bestimmen auf Basis ihrer Wirklichkeitskonstruktion den Zusammenhang ihre ausgetauschten Mitteilungen.
- Menschliche Kommunikation nutzt sowohl digitale (verbale) als auch analoge (nonverbale) Ausdrucksformen. Es findet eine Unterscheidung in Inhaltsebene und Beziehungsebene vorgenommen. Digitale Kommunikation nutzt über die Inhaltsebene die logische Sprachsyntax, die Beziehungsebene mit ihrer analogen oder nonverbalen Kommunikation nutzt über Bildern, Gesten, Mimik und Tonfall die semantische Syntax.[580]
- Zwischenmenschliche Kommunikationsprozesse können entweder symmetrisch oder komplementär sein, abhängig davon, ob die Beziehung der Beteiligten auf Gleichheit oder Differenzen basiert. Im Mittelpunkt steht das Verhalten des Interaktionspartners und weniger der Grund ihres Verhaltens.[581]

Luhmann hingegen leitet Kommunikation durch eine Zusammenführung aus den drei Selektionen Information, Mitteilung und Verstehen ab, die im Ergebnis eine Gesamtheit ausbilden.[582] Innerhalb der drei Selektionsprozesse entstehen über die Beobachtung gewonnene Unterscheidung.[583] Der Prozess der Kommunikation kann daher als eine Informationsauswahl aus einem Angebot von Möglichkeiten, der Auswahl von Informationsinhalten über Verhaltungsweisen, sowie die Erwartung einer Auswahl der Erklärungsversuche beim Empfangenden sein.[584]

Im ersten Selektionsprozess, der Information, erfolgt eine Auswahl, was an den Informationsmöglichkeiten beobachtet, erkannt und mit einem Sinn versehen wird.[585] Im zweiten Selektionsprozess, der Mitteilung, wird entschieden wie (Form) und was (Inhalt) in der Information übertragen wird.[586] Im dritten und

---

580 Vgl. Özdemir (2018), S. 131.

581 Watzlawick (2000), S. 53-71; Schulz von Thun (1992), S. 13 ff; Watzlawick et al (1974), S. 50-70.

582 Vgl. Luhmann (1984, S. 203.

583 Vgl. Berghaus (2011), S. 73.

584 Vgl. von Ameln (2004), S. 126.

585 Vgl. von Ameln (2004), S. 126.

586 Vgl. Berghaus (2011), S. 78-80; Luhmann (2015), S. 193 ff.

letzten Selektionsprozess wird entschieden, ob die erhaltene Mitteilung angenommen wird.[587] Erst nach dem dritten Schritt erfolgt Kommunikation, dabei nimmt der Hörende eine Mitteilung auch als solche wahr und schreibt ihr Informationen zu, die einen direkten Bezug zu der Mitteilung des Erzählenden haben.[588]

Für die Beratung sozialer Systeme bedeutet dies, einen komplexen Zusammenhang zwischen Akteuren und Aktion, bzw. Sender und Empfänger zu berücksichtigen. Der Empfänger einer Information bestimmt dabei selbst, welche Information eine an ihn gerichtete Mitteilung enthält und nicht der Sender einer Information.[589] Der Empfänger trifft in diesem Prozess durch die Zuschreibung von Bedeutung eine eigenständige Auswahl aus einem weiten Portfolio an Interpretationsmöglichkeiten.[590]

Gelingende Kommunikation bedarf daher einer gewissen Abstimmung zwischen den beiden Akteuren, wie ihr verbales und nonverbales Verhalten zu verstehen und zu deuten ist.[591] In diesem Zusammenhang reicht es vollkommen aus, wenn die jeweiligen Wirklichkeitskonstruktionen Viabilität vorweisen, also Überschneidungen vorweisen können.[592]

Mit dem Anspruch komplexe Ziele und Lösungen erarbeiten zu wollen, steigen auch die Anforderungen an die Qualität und Differenzierung von Kommunikation.[593] Eine Möglichkeit dieses zukünftig zu erreichen können ethische Regeln sein, innerhalb derer durch gleichberechtigte Kommunikation alle beteiligten Akteure Einverständnis darüber erzielen, welche Normen gelten und Anwendung finden.[594]

Bezogen auf eine zukünftige Metakompetenz sind Fähigkeiten der Intervention, sowie dem erkennen der vorherrschenden Interaktionsmuster von Relevanz. Durch die Fähigkeit bei Interaktionsmustern entscheiden zu können welchen Ursprung die Wirklichkeitskonstruktionen haben, lässt sich entscheiden ob Interventionen eher bei den Individuen oder aber bei den Spielregeln der Kommunikation angesetzt werden müssen.[595] Im Umgang mit Individuen und Spielregeln ist ein respektvoller Umgang existenziell, denn: „Respekt gegenüber dem, was

---

[587] Vgl. Luhmann (2015), S. 203.

[588] Vgl. Özdemir (2018), S. 132; Daub (2017), S. 64 ff; Luhmann (2015), S. 203.

[589] Vgl. Simon (2014), S. 23.

[590] Vgl. Simon (2014), S. 23.

[591] Vgl. Simon (2014), S. 23.

[592] Vgl. Glaserfeld (1997), S. 177 ff; Vgl. Simon (2014), S. 24.

[593] Vgl. Simon (2014), S. 24.

[594] Vgl. Bergmann/Daub (2008), S. 296; Habermas (1983), S. 75.

[595] Vgl. Simon (2014), S. 24.

ist. Wenn es nicht für irgendetwas sinnvoll wäre, wäre es nicht mehr!"[596] Neugier und eine exakte Arbeitsweise bei der Problemdiagnostik, bzw. der Erhebung einer Herausforderung innerhalb eines sozialen Systems unter der Einbindung möglichst vieler Akteure ist bei komplexen Systemen unumgänglich.

3.3.3.4 Beschreiben und Bewerten

Bislang wurde bereits herausgearbeitet, dass jeder Beobachter sein eigenes individuelles Abbild der Welt konstruiert. Dafür bedient er sich eigener kognitiver und affektiver Prozesse. Der britische Mathematiker und Psychologe Spencer-Brown differenziert dabei mit Unterscheiden (distinction) und Bezeichnen (indication) zwei grundlegende Elemente der Wirklichkeitskonstruktion.[597] Unterscheidungen finden dabei durch die Unterteilung eines Phänomenbereiches in ein »Innen« und »Außen« statt, wobei das »Innen« einen bestimmten Zustand oder Inhalt beschreibt, der sich vom »Außen«, dem Rest der Welt, durch seinen Zustand oder Inhalt explizit abgrenzt.[598]

Unterscheidungen der dreidimensionalen Welt haben Gegenstände, Objekte usw. zur Folge, in der Dimension Zeit ergeben sich Zeiteinheiten, wie beispielsweise Sekunden, Minuten oder Epochen.[599]

Dem allen liegt die Beobachtung als aktiver Prozess zugrunde, bei dem durch einen Selektionsprozess aus einer unendlichen Anzahl von wahrnehmbaren Informationen eine Auswahl getroffen wird. Bei diesem Prozess geraten einige Informationen mehr in den Aufmerksamkeitsfokus als andere, so dass wiederum andere überhaupt nicht wahrgenommen werden.[600]

Für die Beratung eines sozialen Systems ergibt sich daraus die Notwendigkeit zu berücksichtigen, dass sowohl Berater als auch das soziale System anderer Wahrheiten konstruieren. Für eine erfolgreiche Intervention ist es daher unumgänglich zu klären welchen Inhalt eine Information hat, bzw. eine Hypothese darüber zu entwickeln, was mit der Wirklichkeitskonstruktion gemeint sein könnte. Eine Möglichkeit der Komplexitätsreduktion stellen Unterscheidungsmerkmale durch das Stellen systemischer Fragen dar, damit lassen sich fehlende Merkmal des »Innen« und »Außen« identifizieren.

[596] Von Schlippe/Schweitzer (2013), S. 164.

[597] Vgl. Spencer-Brown (1969), S. 1.

[598] Vgl. Simon (2014), S. 13.

[599] Vgl. Simon (2014), S. 13.

[600] Vgl. Simon (2014), S. 13.

Im Bewertungsprozess erfolgt eine Bewertung, bei der dem »Innen« und »Außen« jeweils ein anderer Wert durch den Beobachter zugeschrieben wird.[601]

3.3.4 Methodenkompetenz für systemische Interventionen in sozialen Systemen

Systemische Interventionen können als Zusammenschluss aller oben aufgeführten Ansatzpunkte für die Einleitung von Veränderungen in sozialen Systemen betrachtet werden. Dabei stellen die Techniken des systemischen Fragens, sowie des reflektierenden Teams zwei Methoden dar, die im Rahmen dieser Arbeit relevant sind, da sie durch die Gruppe der Studierenden im beforschten Unternehmen angewendet werden. Die Anwendung erfolgt dabei nicht bewusst mit dem Ziel der Intervention, sondern ist als Begleiterscheinung oder Nebenwirkung in den Fokus dieser Forschungsarbeit gerückt.

Zusammenfassend ergeben sich aus den oben genannten Besonderheiten sozialer Systeme die folgenden Lerninhalte, die als Grundlage für die praktische Anwendung und die Ausbildung von Studierenden dienen und im Folgenden detailliert erläutert werden.

3.3.4.1 Beschreiben von sozialen Systemen

Mit Fokus auf das Beschreiben von sozialen Systemen besteht auch seine Beratung zu großen Teilen aus verbaler Kommunikation. Dabei entsteht eine Deutung und Beschreibung auf Seiten des Beratenden, bei der eine Reduzierung der Komplexität durch Suche nach Unterscheidungen zwischen der Sicht des untersuchten sozialen Systems und des Beratenden möglich wird.[602] Für die notwendige Beschreibung von Wirklichkeiten und darüber hinaus für die Konstruktion von Möglichkeiten sind Fragen ein bewährtes Mittel.[603] Das Erlernen von Fragetechniken, deren praktische Erprobung und Einsatz gehen dabei mit der Einbindung in die Entwicklung von Fragen, sowie deren Auswertung einher. Es ist somit notwendig weitreichend Kenntnisse über qualitativ orientierte soziale Forschungsmethoden zu erlagen, die damit als Methodenbaukasten Einzug in die universitäre Ausbildung halten. Weiter können Kenntnisse und Fähigkeiten in der Moderation

---

[601] Vgl. Spencer-Brown (1969), S. 5.

[602] Vgl. Simon (2014), S. 14.

[603] Vgl. Schlippe/Schweizer (2010), S. 49.

und Durchführung von Gesprächen und Workshops genannt werden, die sicherlich hilfreiche, wenn nicht gar notwendige Kompetenzen für die Arbeit mit und an sozialen Systemen darstellen.

3.3.4.2 Kommunikative Kompetenz

Bei der Betrachtung von Kommunikationsprozessen im Rahmen der Beratung von sozialen Systemen kommt es nicht nur darauf an, was gesendet wird und wie gut die Übertragung verläuft, es hängt vielmehr von der gemeinsamen Situationsdefinition der kommunizierenden Personen ab.[604] Damit sind vor allem die Einigkeit über die Umsetzung eines Handlungsplan, sowie die Auslegung einer bestimmten Situation gemeint. Damit einher gehen Angemessenheit mit Bezug auf die Anerkennung allgemeiner sozialer Werte und Normen, Wahrheit in Bezug auf die Übereinstimmung von Behauptung und Tatsachen, sowie die Aufrichtigkeit innerhalb derer die Absichten offen und ohne Täuschung vermittelt werden. Diese Kriterien werden allgemein als Geltungsansprüche formuliert und sorgen für den Erfolg des Handelns und der Verständigung.[605] Für die Ausbildung von Studierenden ist es daher notwendig die Grundlagen der Kommunikationstheorie und deren theoretisches Modell in einem Theorieteil, aber auch in der praktischen Übung und Anwendung im Bildungsangebot zu verankern. Damit ist nicht nur die Sicherung der Anwendungsfähigkeit, sondern zudem auch das Wissen über die Notwendigkeit eines verantwortlichen Handelns im Beratungssetting, bzw. bei der therapeutischen Arbeit mit Menschen gemeint. Darüber hinaus wären sprach- und denkpsychologische Angebote anderer Fachbereiche eine sinnhafte Ergänzung, da sie zum einen durch Vermittlung der theoretischen Hintergründe das Verständnis für deren Notwendigkeit schärfen und zum anderen wertvolle fakultätsübergreifende Ausbildung ermöglichen.

3.3.4.3 Kausalitätskonstruktion

Im Rahmen der Kausalitätskonstruktion muss Einigkeit darüber herrschen, dass die Beratung nützlich und gewollt ist. Mit Bezug auf die Ausbildung von Studierenden hat sich als Erklärung bewährt, dass den Studierenden die Möglichkeit des Lernens und Weiterentwickeln durch das beteiligte Unternehmen ermöglicht wird. Mit dieser Vorgehensweise umgeht man die in der klassischen Beratung getroffenen Vereinbarungen, bei denen die jeweiligen Kompetenzgrenzen erörtert und festgelegt werden müssen. Dafür eigenen sich gut gewählte »Geschichten« als Erklärungsmodelle und bilden so die Grundlage für eine Zusammenarbeit.

---

604 Vgl. Nußbeck (2010), S. 35.

605 Vgl. Habermas (1981), S. 376 f; Nußbeck (2010), S. 35.

Problematisch kann es in diesem Fall werden, wenn der Berater das bisherige Vorgehen des sozialen Systems als unzureichend oder problematisch bewertet, obwohl das soziale System dies bereits selbst erkannt hat.[606] Es ist dabei ebenso wichtig zu lernen, wie solche Ergebnisse auf korrekte Weise, aber zugleich mit dem nötigen Feingefühl, übermittelt werden können.

Dieses Vorgehen ist vor allem mit Hinblick auf die Erwartungshaltung der Auftraggeber relevant, unerfüllte oder überzogene Erwartungen lassen sich an dieser Stelle wieder mit dem Wissensstand oder den Kompetenzen der Studierenden erklären und erwartungsnivellierend einsetzen. Darüber hinaus können die Studierenden mithilfe des im Vorfeld vermittelten Hintergrundwissens über die Potenziale ihrer eigenen Rolle bzw. der Gruppe sowie die möglichen Auswirkungen auf das soziale System den langfristigen Erfolg ihrer Forschungsarbeit unterstützen.

3.3.4.4 Bewertung

Im Rahmen der Bewertung einer festgestellten Situation, besonders mit dem herangezogenen vorher/nachher Vergleich, stellen sich neue Wirklichkeitskonstruktionen des sozialen Systems ein. Dabei lassen sich mit Fokus auf die Ausbildung von Studierenden zwei Situationen ausmachen: zum einen erhält das untersuchte soziale System durch die Beforschung mehr oder andere Informationen, als diese zuvor hatte.[607] Damit verändert sich die Bewertung oder Deutung der Informationen. Vorannahmen werden hinterfragt und machen Platz für eine neue Wirklichkeitskonstruktion. Als zweites werden alternative Kausalitäten oder Zusammenhänge während und nach der Beforschung entwickelt, diese stellen wiederum eine neue Wahlmöglichkeit für die alternative Deutung von Situationen und Zusammenhängen dar und schaffen damit Raum für Neues. Im Normalfall wird im Vorfeld einer Beratung von einem Problem gesprochen, welches sich über die Kommunikation aus einem vorab stattgefundenen Verhalten hin zu einem Problem charakterisierenden Sozialsystem entwickelt.[608] Damit sind Probleme die Verkettung von Umständen im Sinne von entstandenen Kommunikationsmustern, denen ein bestimmtes Denken, Erleben und Handeln folgt.[609] Somit sind hier Kenntnisse über lösungsorientierte Interventionsformen notwendig, die auf verschiedenen Systemebenen ansetzten.

---

[606] Vgl. Watzlawick et al. (1974), S. 51 ff; Simone (2014), S. 14 f.

[607] Vgl. Simon (2014), S. 21 f.

[608] Vgl. Schlippe/Schweizer (2010), S. 30.

[609] Vgl. Schlippe/Schweizer (2010), S. 30.

Für die Ausbildung von Studierenden fallen hier notwendige Kompetenzen hinsichtlich der Besonderheiten von sozialen Systemen mit Fokus auf deren Wirklichkeitskonstruktion ins Gewicht. Kenntnisse über antagonistische Tendenzen in sozialen Systemen können dabei helfen die zielführenden Bewertungen und kritische Hinterfragung der vorgefundenen Situation sowie der Forschungsergebnisse sicherzustellen.

3.3.4.5 Beziehung

Mit Fokus auf die Beziehung zwischen den beratenden Personen und einem zu beratenden sozialen System ist die präzise Ausgestaltung oder Definition dieser Beziehung wichtig, da sie eine steuernde Rolle im Beratungskontext übernimmt.[610] Die Erwartungen beider Seiten spielen dabei eine zentrale Rolle, da sie neben den jeweiligen Rollen und Aufgaben vor allem für den reibungslosen Ablauf des Beratungsprozesses mitverantwortlich sind. So kommt es beispielsweise zu Komplikationen und Missverständnissen, wenn beide Seiten bei auftretenden Problemen und Widerständen nicht sofort in den klärenden Dialog eintreten.

Notwendige Kompetenzen der auszubildenden Studierenden liegen hier vor allem in Kenntnissen der Beratungspsychologie und einem daraus abzuleitenden Verhalten innerhalb einer systemischen Beratung.

3.3.4.6 Funktion des Beraters

Mit Fokus auf die Funktion eines Beraters sind an dieser Stelle seine kompensatorischen Funktionen gemeint. Mit diesen Funktionen erweitert ein Berater die triviale Erteilung von Ratschlägen um die Übernahme von Funktionen.[611]

Neben der Sachdimension, bei der lediglich die Fachkompetenz des Beraters ausreicht, scheint die Sozialdimension wesentlich weitreichender zu sein. Die Sozialdimension bezieht sich dabei auf das Verhältnis von Berater und sozialem System als den dabei kommunizierenden Menschen. Interessant ist hierbei vor allem die mögliche Kooperation zwischen den Beteiligten. So lässt sich beispielsweise leicht vorstellen, dass Veränderungen bei dem betroffenden sozialen System Zurückhaltung oder gar Ängste erzeugen, während der Berater diese für wichtig und notwendig hält.[612] Hierbei kann es zu Konflikten kommen, die jedoch dem zu beratenden sozialen System Optionen für beispielsweise die Art und Weise

[610] Vgl. Simon (2014), S. 51.
[611] Vgl. Simon (2014), S. 77.
[612] Vgl. Simon (2024), S. 79.

oder die Intensität der Veränderung ermöglichen. Dieses erfolgt über die kompensatorische Funktion des Beraters, bei der er selbst für den Beratenden die Legitimierung der Entscheidung darstellt. Es ist zu guter Letzt die Rolle, die der Beratende übernimmt, bzw. für sich auswählt.[613] Die Auswahl sollte in einem reflektiven Prozess erfolgen und befähigt ihn einer professionellen Identität und einer notwendigen Distanz zu dem Beratungsobjekt.

Für die zu lernenden Kompetenzen der auszubildenden Studierenden sind hier vor allem Kenntnisse in der Psychologie oder des Coachings notwendig, die ihnen dabei helfen therapeutische Anforderungen im Beratungssetting meistern zu können. Weiter sind es Kenntnisse über ethisch und moralische Leitplanken, die in einem Beratungssetting selbstverständlich und wichtig sind.

3.3.4.7 Neutralität

Den letzten Punkt bildet die Neutralität und, mit Fokus auf die Beratung sozialer Systeme, Allparteilichkeit. Im Rahmen der Allparteilichkeit werden alle Interessen der beteiligten Parteien gewahrt, während die Neutralität das Ziel verfolgt am Ende des Beratungsprozesses keiner Partei den Vorzug gegeben zu haben.[614]

Relevant sind die beiden Begriffe im Rahmen der Konstruktion von Beziehungsebenen in der Kommunikation.

Im Rahmen der universitären Ausbildung sollte die kritische Auseinandersetzung mit dem jeweiligen Rollenbild wie auch bereits bei den vorab genannten Punkten wichtiges Element der Lehrinhalte sein. Auch hierbei bilden die Kenntnisse über ethisch und moralische Grundsätze im therapeutischen und zugewandten Umgang mit Menschen in sozialen Systemen eine wichtige Rolle. Bildungsprojekte zu ethischen und moralischen Fragestellungen können eine solche Kompetenz vermitteln.

3.3.5 Zusammenfassung und Diskussion zur Theorie sozialer Systeme

Die vorangegangenen Ausführungen konnten einen Überblick über die wichtigsten theoretischen Hintergründe zu sozialen Systemen und deren Merkmalen bieten. Die Theorie sozialer Systeme, insbesondere entwickelt von Niklas Luhmann, ist dabei ein bedeutender Ansatz in der Soziologie, der soziale Phänomene

[613] Vgl. Simon (2024), S. 82.

[614] Vgl. Boszormenyi-Nagy (1981), o.S; Simon (2024), S. 85.

durch die Linse der Systemtheorie betrachtet. Diese Theorie bietet einen umfassenden Rahmen zur Analyse und Erklärung der Funktionsweise und Struktur sozialer Systeme.

Neben dem sozialen System an sich sollten die Ausführungen aber auch die möglichen Formen der Intervention im Rahmen der Beratungspsychologie vorstellen. Die Beratungspsychologie zielt darauf ab, Individuen in ihrer persönlichen und beruflichen Entwicklung zu unterstützen. Dies umfasst die Förderung von Selbstbewusstsein, Entscheidungsfindung, Problemlösungsfähigkeiten und emotionalem Wohlbefinden. Ein Berater nutzt dabei verschiedene Techniken und Interventionen, die auf den individuellen Bedürfnissen und Zielen der Klienten basieren. Eine systemische Perspektive in der Beratungspsychologie bedeutet dabei, dass Probleme und Herausforderungen nicht isoliert betrachtet werden, sondern im Kontext der sozialen Beziehungen und Strukturen, in denen die Individuen eingebettet sind. Soziale Systeme, wie Familien, Teams oder Organisationen, werden in diesem Zusammenhang als dynamische und interdependente Netzwerke verstanden, in denen Veränderungen in einem Teil des Systems Auswirkungen auf andere Teile haben können.

Da eine gezielte Beratung und Intervention in sozialen Systemen ohne explizites Wissen nicht möglich ist, erscheint es unverzichtbar, dieses Wissen im Curriculum zu verankern. Auf diese Weise erhalten Studierende die Möglichkeit, erlernte Kompetenzen weiterzuentwickeln und davon zu profitieren.

Aus der Theorie des Capability Approach wissen wir zudem, dass er individuelle und damit vielfältigen Handlungs- und Daseinsweisen fordert.

Das bisherige universitäre Bildungssystem in Deutschland sieht eine individuelle Freiheit im Lernen und der Kompetenzenentwicklung jedoch nicht vor. Prämissen und Anforderungen an Bildung und Kompetenzentwicklung sind vorrangig an den Bedürfnissen des Arbeitsmarktes und dem dortigen Einsatz als Fachkraft ausgerichtet.

Die innerhalb des Capability Approach geforderten individuellen und damit vielfältigen Handlungs- und Daseinsweisen sind bisher marginal vorhanden und mindern somit die daraus entstehenden Verwirklichungschancen mit einer Reduktion des nachgelagerten Lernens und der Kompetenzentwicklung.[615]

Eine universitäre Ausbildung, die in zentralen Teilen methodisch auf der Grundlage der Theorie sozialer Systeme und deren Besonderheiten auf metakompetenzgeprägter Ebene aufbaut, benötigt aber genau eine Ausrichtung an den individuellen und vielfältigen Bedürfnissen der Studierenden, um im Ergebnis Absolventen hervorzubringen, die über eine Kompetenz verfügen, die über das

---

[615] Vgl. Nussbaum (2012), S. 200.

bisherige Kompetenzdenken hinausgehen kann, nämlich einer Metakompetenz. Fundiertes Wissen über soziale Systeme eröffnet dabei einen Weg, um soziale Systeme bei aktuellen und anstehenden Herausforderungen adäquat unterstützen zu können und notwendige Transformationsprozesse innerhalb von sozialen Systemen zu erkennen, anzustoßen und erfolgreich verwirklichen zu können.

Um diesen Anspruch zu realisieren, wären weitreichende Transformationen auf bildungspolitischer Ebene notwendig, zudem müssen als Bedarfsgrundlage vorzugsweise gesellschaftliche Kompetenzen und Bedürfnisse herangezogen werden; eine Reduzierung auf die Bedürfnisse des Arbeitsmarktes und die Ökonomisierung von Bildung und Kompetenzen greifen hier zu kurz.

Die Theorie der sozialen Systeme stellt eine probate Menge an Forschungsergebnissen bereit, wie soziale Systeme beraten und nachhaltig verändert werden können; viele Methoden und Erkenntnisse daraus sollten in die Curricula mindesten der sozialwissenschaftlichen Studiengänge aufgenommen werden, um Bildung für Veränderungsprozesse möglich zu machen.

Im Ergebnis würden Studierende ausgebildet, die mit Blick auf die Bedürfnisse ihres individuellen und lebenswerten Lebens Einfluss auf soziale und gesellschaftliche Rahmenbedingungen nehmen könnten. Eine solche Einflussnahme würde den Menschen mit seinen Bedürfnissen und Wünschen mehr in den Vordergrund rücken, ökonomische Kennziffern würden dann eine eher unwichtige Rolle in einer solchen Welt spielen.

3.4 Begriff der Freiheit

Der Begriff der Freiheit, ihre Bedeutung und Ausprägungen hat die Philosophie und viele Forscher seit Menschengedenken beschäftigt. Im Rahmen dieser Forschungsarbeit soll daher keine wissenschaftliche Aufarbeitung des Themengebietes, sondern vielmehr eine Vorstellung der, für diese Arbeit notwendigen, Definitionen und theoretischen Überlegungen zum Begriff der Freiheit erfolgen. Dabei sollen neben einem Überblick über die wichtigsten Perspektiven des Freiheitsbegriffs auch die Verbindung von Freiheit und dem Capability Approach betrachtet und so ein definitorischer Rahmen gebildet werden.

Grundsätzlich bezieht sich die Freiheit eines Individuums auf die Möglichkeit ohne Zwang und Einschränkungen äußerer Kräfte zu handeln und Entscheidungen zu treffen, dabei lassen sich jedoch mehrere Perspektiven unterscheiden.

Einerseits gibt es die philosophische Perspektive, in der Freiheit häufig in zwei Hauptkategorien unterteilt wird: negative und positive Freiheit. Negative Freiheit ist definiert als die Abwesenheit von äußeren Zwängen und Einschränkungen, die das Handeln einer Person einschränken.[616] Diese Form der Freiheit betont die Bedeutung des individuellen Handlungsspielraums und die Freiheit von staatlicher oder gesellschaftlicher Einmischung. Positive Freiheit wird definiert als die Fähigkeit und Möglichkeit, das eigene Leben selbstbestimmt zu gestalten und die eigenen Potenziale zu verwirklichen. Diese Sichtweise betont die Rolle der Selbstverwirklichung und die Notwendigkeit von Ressourcen und Gelegenheiten, um diese Freiheit auszuüben.[617]

Mit der zweiten Perspektive und ihrem Fokus auf Kapital und Chancen betont Pierre Bourdieu die Rolle von ökonomischem, kulturellem und sozialem Kapital für die tatsächliche Ausübung von Freiheit. Ungleiche Verteilung dieser Formen von Kapital kann die Freiheit und Autonomie von Individuen und Gruppen innerhalb einer Gesellschaft stark beeinflussen.[618]

Weiter existiert die politische Perspektive, bei der Freiheit ein grundlegendes Prinzip demokratischer Gesellschaften ist und dabei verschiedene Bürgerrechte umfasst. Grundlegende Freiheiten wie beispielsweise Meinungs-, Presse-, Versammlungs- und Religionsfreiheit sind dabei essenziell für die Gerechtigkeit einer Gesellschaft.[619] Diese Rechte gewährleisten, dass Individuen ohne ungerechtfertigte Eingriffe des Staates oder anderer Institutionen leben können.

Der Schutz vor Schaden stellt eine weitere Perspektive der Freiheit dar und wird bereits früh von John Stuart Mill in seinem Werk »On Liberty« definiert. Dabei darf die Freiheit des Einzelnen nur insoweit eingeschränkt werden, wie es notwendig ist, um Schaden für andere zu verhindern.[620] Diese Idee bildet die Grundlage für das Konzept der liberalen Demokratie.

Aus soziologischer Perspektive betrachtet hängt die Freiheit eines Individuums stark von sozialen und wirtschaftlichen Bedingungen ab. Amartya Sen fokussiert sich dabei auf strukturelle Ungleichheiten, denn seiner Ansicht nach schränken Armut, Diskriminierung und soziale Ungleichheit die tatsächlichen Freiheiten eines Individuums erheblich ein. Sen argumentiert, dass echte Freiheit nicht nur das Fehlen von Zwang, sondern auch den Zugang zu Ressourcen und Möglichkeiten umfasst, die es einem erlauben, ein erfülltes Leben zu führen.[621]

Die Perspektive der sozialen Freiheit stellt das Vorhandensein von Möglichkeiten und Kapazitäten von Individuen in den Vordergrund, die ihre Ziele und

[616] Vgl. Berlin (1969), S. 3.

[617] Vgl. Taylor (1985), S. 212.

[618] Vgl. Bourdieu (1986), S. 243 ff.

[619] Vgl. Rawls (1971), S. 3.

[620] Vgl. Mill (1859), S. 16 ff.

[621] Vgl. Sen (1999), S. 13 ff.

Wünsche innerhalb einer sozialen Gemeinschaft verfolgen und verwirklichen zu können, ohne durch ungerechtfertigte äußere Zwänge behindert zu werden.[622] Ein zentraler Autor ist hier Axel Honneth, der, aufbauend auf die Werke von Georg Friedrich Wilhelm Hegel, soziale Freiheit als die Freiheit definiert, die durch wechselseitige Anerkennung innerhalb sozialer Beziehungen ermöglicht wird.[623] Er betont, dass Individuen ihre Freiheit nur in und durch soziale Beziehungen verwirklichen können. Soziale Freiheit ist somit nicht nur die Abwesenheit von äußeren Zwängen, sondern die positive Möglichkeit, durch intersubjektive Anerkennung in sozialen Praktiken und Institutionen ein selbstbestimmtes Leben zu führen.[624] Hier wir die Nähe zu Sen deutlich, der ebenso die Möglichkeit zur gesellschaftlichen Teilhabe oder Partizipation als wichtiges Element für ein erfülltes Leben anführt.

Honneths Konzept der sozialen Freiheit baut auf drei Säulen auf: Erstens auf Anerkennung oder persönliche Beziehungen.[625] Soziale Freiheit erfordert dabei, dass Individuen als gleichwertige Mitglieder einer Gemeinschaft anerkannt werden. Diese Anerkennung gliedert sich zum einen in Liebe, als emotionale Anerkennung in intimen Beziehungen wie Familie und Freundschaften, dem Recht auf Anerkennung als gleichberechtigter Rechtsträger in der Gesellschaft, sowie der Solidarität als Anerkennung durch die Gemeinschaft aufgrund individueller Fähigkeiten und Beiträge.[626]

Zweitens führt er die Wechselseitigkeit an, bei der Freiheit nur in einer sozialen Struktur verwirklicht werden kann, in der alle Beteiligten gegenseitig als gleichberechtigte Partner anerkannt werden. Dies bedeutet, dass individuelle Freiheiten immer in Bezug zu den Freiheiten anderer stehen.[627]

Drittens die Institutionelle Bedingungen, bei der soziale Freiheit gerechte institutionelle Rahmenbedingungen voraussetzt, die die wechselseitige Anerkennung und die Teilhabe aller Mitglieder der Gesellschaft sicherstellen.[628]

Mit Bezug auf den in dieser Arbeit verwendeten Ansatz des Capability Approach, mit seinem Fokus auf ein gelingendes beziehungsweise gehaltvolles, Leben beruft sich Sen im Sinne von Freiheit auf die Befähigung beziehungsweise

[622] Vgl. Saam (2023), S. 135.

[623] Vgl. Honneth (2011), S. 173 ff.

[624] Vgl. Honneth (2011), S. 35 ff.

[625] Vgl. Honneth (2011), S. 232.

[626] Vgl. Honneth (2011), S. 237 ff.

[627] Vgl. Honneth (2011), S. 317 ff.

[628] Vgl. Honneth (2011), S. 470 ff.

reale Verwirklichungschancen.[629] Martha Nussbaum knüpft daran an, lenkt den Fokus jedoch weg von der materiellen Ebene hin zur Entfaltung des individuellen Selbst durch die Förderung von Fähigkeiten. Dabei betont sie die Bedeutung der Freiheit, eigenständig Entscheidungen zu treffen und die eigene Lebensform frei zu wählen.[630] Ihr Ziel ist es „[…] jedem Bürger die materiellen, institutionellen und pädagogischen Bedingungen zur Verfügung zu stellen, die ihm einen Zugang zum guten menschlichen Leben eröffnen, und ihn in die Lage versetzen, sich für ein gutes Leben und Handeln zu entscheiden“[631].

Für diese Arbeit soll der Begriff Freiheit in einen Dreiklang gefasst und als eine sinnvolle definitorische Grundlage für das Verständnis von Freiheit verwendet werden. Den ersten Baustein bildet mit Bezug auf die Autonomie Emanuel Kant. Seine Autonomie bezeichnet die Fähigkeit eines Individuums, Entscheidungen basierend auf eigenen Überzeugungen und Werten zu treffen, ohne durch äußere Einflüsse gezwungen oder manipuliert zu werden.[632]

Einen zweiten wichtigen Baustein bildet die moralische Freiheit nach Rousseau, bei der die Fähigkeit besteht Entscheidungen zu treffen, die auf ethischen Überlegungen und moralischen Prinzipien beruhen. Diese Freiheit erfordert eine bewusste Reflexion über die Konsequenzen des eigenen Handelns und die Verantwortung gegenüber sich selbst und anderen.[633]

Den letzten dritten Baustein stellt die soziale Freiheit nach Honneth bereit, bei der die Möglichkeiten und Kapazitäten von Individuen vorhanden sind, ihre Ziele und Wünsche innerhalb einer sozialen Gemeinschaft zu verfolgen und zu verwirklichen, ohne durch ungerechtfertigte äußere Zwänge behindert zu werden.[634]

Diese drei Bausteine der Freiheit sollen den Rahmen für eine sinnvolle Definition von Freiheit liefern und somit als Grundlage des Freiheitsbegriffs für diese Forschungsarbeit dienen.

---

[629] Vgl. Sen (2012), S. 95, 258.

[630] Vgl. Nussbaum (12012), S. 38.

[631] Nussbaum (2012), S. 24.

[632] Vgl. Kant (1785), o.S.

[633] Vgl. Rousseau (1946), S.13.

[634] Vgl. Honneth (2011), S. 232 ff.

3.5 Capability Approach als Befähigungstheorie

Die Zusammenführung von Systemtheorie und kognitiv-konstruktivistischen Lerntheorien für organisationsübergreifendes Lehren und Lernen soll mit dem Capability Approach erfolgen. Seine theoretischen Ansätze lassen Rahmenbedingungen für Menschen definieren, innerhalb derer sie ein glückliches und zufriedenes Leben führen können, ohne den Fokus an rein finanzielle und materielle Kennzahlen auszurichten. Die Befähigung und Entwicklung durch förderliche Kontexte stehen im Vordergrund. Somit finden die systemisch-relationale Sichtweise und der differenzierte Ansatz des Lernens hier Berücksichtigung.

3.5.1 Bedeutung des Capability Ansatzes für diese Arbeit

Der Capability Approach stellt eine konzeptionelle Basis für globale Entwicklungsarbeit, sowie die Erforschung von Armut, sozialer Ungerechtigkeit und Diskriminierung dar.[635] In den letzten Jahrzehnten hatte der Capability Approach Einfluss auf viele akademische Disziplinen, wie beispielsweise den Erziehungswissenschaften, dem Arbeitsmarkt, der Nachhaltigkeitsforschung, der Bildungspolitik, der Sozialarbeit oder dem Gesundheitswesen.[636] Darüber hinaus bietet der Capability Approach insbesondere in den Fachbereichen Philosophie, Soziologie und Ökonomie neue, richtungsweisende Impulse.[637]

Der auf den indischen Ökonomen und Nobelpreisträger Amartya Sen und der US-amerikanischen Philosophin Martha Nussbaum zurückzuführende Capability Approach ist ein international beachteter methodischer gerechtigkeitstheoretischer Ansatz, der ein erfülltes und gutes Leben des Menschen über seine materiellen und finanziellen Bedürfnisse hinaus zu definieren versucht.[638] Die erste Publikation des Ansatzes geht auf den indischen Ökonomen und Nobelpreisträger Amartya Sen zurück und erfolgte bereits 1979.[639]

Zentraler Fokus von Amartya Sens Capability Approach ist die Zusammenstellung verschiedener Handlungs- und Daseinsweisen, die bei jedem Menschen unterschiedlich zur Verfügung stehen und verbunden sind mit der freien Wahl sich für eine individuelle Form eines als erstrebenswert erachtetes Leben entscheiden

---

[635] Vgl. Nussbaum (2011), S. 15, 19.

[636] Vgl. Robeyns (2017), S. 9.

[637] Vgl. Robeyns (2017), S. 14 f; Nussbaum (2011), S. 15, 19, 46 ff; Sen (2000), S. 354.

[638] Vgl. Otto/Ziegler (2010), S. 9.

[639] Vgl. Sen (1979), o.S.

zu können.[640] Martha Nussbaum verfolgt einen anderen Ansatz und schlägt in ihrer Auffassung vom Capability Approach eine »objektive Liste« fundamentaler Möglichkeiten und Fähigkeiten vor, die aus ihrer Sicht und unter der Berücksichtigung komplexer menschlicher Zustände und Situationen heraus die Grundlage eines erfüllten Lebens ausbilden können.[641]

Im Ergebnis rücken somit Möglichkeiten, Chancen und Befähigungen von Menschen in den Fokus der Betrachtung und ermöglichen eine kontextuelle Förderung von Menschen.[642] Im Kontext dieser Arbeit ist damit der Sinn und die Auslegung von Freiheit im organisationsübergreifenden Lernen und der Entwicklung von Kompetenzen und Fähigkeiten eines Menschen gemeint. Das bedeutet auch eine Abkehr vom Modell der Chancengleichheit, hin zu einer spezifischen Befähigung jedes einzelnen Menschen.

Dabei ist die zentrale Frage, ob und wie es einem Menschen möglich ist, ein selbstbestimmtes Leben, nach eigenen legitimen Vorstellungen in einer glücklichen oder den Menschen zufriedenstellenden Weise führen zu können.[643]

Eine derartige Fragestellung hat dem Capability Approach neben dem Zugang zu unterschiedlichsten akademischen Disziplinen, vor allem die praktische Anwendung wie beispielsweise in der sozialen Arbeit, sowie politischen und zivilgesellschaftlichen Aufgaben eröffnet.

Seine Berechtigung hat der Capability Approach insbesondere in der Erfassung, Bewertung und Bekämpfung von Armut mit regelmäßig einhergehender Ausgrenzung von Verwirklichungschancen, beispielsweise an Bildung; dennoch zeichnet den Capability Approach eine hohe Anschlussfähigkeit aus.[644] Mit seinem gerechtigkeitsorientierten Ansatz und dem erweiterten Fokus auf einer gelingenden Lebensführung beschreibt der Capability Approach damit auch den Gegenstand der Lernforschung als Disziplin oder Profession.[645]

Die Deutungen und Übersetzungen des Begriffs Capability Approach in der deutschen Sprache sind vielfältig. Viele Wissenschaftler verwenden daher in ihren Arbeiten unterschiedliche Ausdrücke. Nachfolgend sollen einige Beispiele für deutsche Übersetzungen im wissenschaftlichen Umfeld aufgeführt werden (Tab. 3.5):

Oben wurde schon angedeutet, dass sich der Capability Approach in zwei Versionen oder Denkrichtungen unterscheiden lässt. Zudem wurden auch schon

---

640 Vgl. Otto/Ziegler (2010), S. 9.
641 Vgl. Otto/Ziegler (2010), S. 9.
642 Vgl. Özdemir (2018), S. 173.
643 Vgl. Graf/Kapferer (2013), S. 7.
644 Vgl. Graf/Kapferer (2013), S. 7.
645 Vgl. Otto/Ziegler (2010), S. 9.

Tab. 3.5 Beispiele für die deutsche Übersetzung des Begriffs »Capability Approach«[646]

Terminologie	*Autoren*
Fähigkeiten Ansatz	Graf (2011)
Befähigungssatz	Bührmann/Schmidt (2014)
Verwirklichungschancenansatz	Leßmann (2012); Arndt/Volker (2006)
Verwirklichungsansatz	López (2017)
Capability-Ansatz	Otto/Ziegler (2010)
Potential, Chance	Arndt et al. (2006)

die grundsätzlichen methodischen Ansätze kurz umrissen. Der von Amartya Sen entwickelte Entwurf fokussiert eher die Vermögensverteilung bezüglich der Bekämpfung von Armut und Bildungsmissständen in der Welt, daher soll der Fokus mit Hinblick auf die Fragestellung dieser Arbeit verstärkt auf den Capability Approach Ansatz von Martha Nussbaum gerichtet sein.[647] Martha Nussbaums Theorie der sozialen Gerechtigkeit geht mit einer Auflistung zentraler menschlicher Fähigkeiten einher, die wiederum auf den Ansatz von Amartya Sen und seinem Blick auf die menschliche Entwicklung basiert.[648] Auf den folgenden Seiten soll nun der Capability Approach mit seinen Ausprägungen genauer vorgestellt und untersucht werden.

Exkurs 7: Human-Development-Forschung

Die Wurzeln des Capability Approach liegen in der Human-Development-Forschung. Forschungsschwerpunkte dieses Bereiches ist die Schaffung konzeptioneller Grundlagen für Entwicklungsarbeit, sowie die Erforschung von Armut, sozialer Ungleichheit und Diskriminierung.[649] Die Verwendung der beiden Ansätze Capability Approach und Human-Development-Forschung erfolgen in der Literatur oft gleichbedeutend.[650]

[646] Eigene Zusammenstellung iA. an Özdemir (2018), S. 174.

[647] Anmerkung: Da die beiden Ansätze einen ähnlichen Ursprung haben ist eine Trennschärfe nicht immer gegeben, an diesen Stellen wird explizit auf den jeweiligen Ansatz verwiesen und macht so eine differenzierte Unterscheidung möglich.

[648] Vgl. Nussbaum (1999), S. 58; Nussbaum (2011), S. 19.

[649] Vgl. Nussbaum (2011), S. 15, 19; Arndt/Volker (2006), S. 18.

[650] Vgl. Özdemir (2018), S. 176.

Die Human-Development-Forschung führt auf den Ökonomen Mahbub ul Haq zurück, der im Rahmen der Entwicklungspolitik einen neuen Ansatz zum Verständnis von Entwicklung und ökonomischem Wachstum entwickelt hat.[651] Die Professorin und Präsidentin des Mahbub ul Haq Human Development Centre scheibt zu der Relevanz des Ansatz: „[...] ideas of human development, human security [...] bringing the attention of the world to people and their empowerment!“ [652] und lenkt den Fokus auf die globale Notwendigkeit des Umdenkens. Amartya Sen begrüßt ebenfalls die Notwendigkeit die Bezugsgröße BIP zu überdenken: [...] is to move from the means-based perspective of the gross national product (GNP) to concentrating, to the extent that the available international data would allow, on aspects of human lives themselves“[653].

Im Gegensatz zu der traditionellen Messgrößen BIP und dem engen Fokus auf ökonomischem Wachstum und der damit vermeintlich verbundenen Steigerung der Lebensqualität konzentriert sich der Human-Development-Ansatz auf den Human Development Index (HDI) als menschenzentrierte Größe.[654]

Das BIP ist in den vergangenen Jahrzehnten vermehrt in die Kritik geraten, da es als Wohlfahrts- und Entwicklungsindikator immer weniger geeignet scheint. Befürworter des BIP bauen im Rahmen der Bestimmung von Vitalität und Zukunftsfähigkeit einer Volkswirtschaft auf diese Kennzahlen auf.[655] Es erfolgt damit die Messung und der Vergleich von Ländern mit unterschiedlichem Wohlstand, sowie dem Handeln von Regierungen und ist damit zentraler Bestandteil der politischen Kultur.[656] Grundlage dieses Handelns ist die Annahmen, dass ein Volkswirtschaft ohne stetiges Wachstum auch keinen Wohlstand generiert und damit langfristig nicht überlebensfähig sein kann. Spätestens in Entwicklungsländern stimmt dieses Denken regelmäßig nicht, da hier Leistung nicht über Märkte, sondern im Rahmen der Selbstversorgung generiert wird.[657] Weiter erhöhen wenig lebensqualitätssteigernde Effekte wie beispielsweise Kriege oder der Handel mit illegalen Waren das BIP einer Volkswirtschaft.[658] Diese Art der Zukunftssteuerung steht in der Kritik, als Gründe dafür werden eine einseitige Bemessungsgrundlage und inhaltliche

[651] Vgl. Ul Haq (1995), o.S; Ul Haq (1973) o.S; Sen (2012), S. 254.

[652] Haq (2010), S. 3.

[653] Sen (2009), S. 226.

[654] Vgl. Robeyns (2017), S. 185; UNDP (1990), S. 74.

[655] Vgl. Lepenies (2013), S. 9.

[656] Vgl. Lepenies (2013), S. 10.

[657] Vgl. Özdemir (2018), S. 166.

[658] Vgl. Shiva (2016), S. 112.

Inkonsistenzen des BIP angeführt, weicht aber vor weitaus größeren Herausforderungen, wie dem Klimawandel oder der Digitalisierung in den Hintergrund.[659] Zudem können über das BIP keine Rückschlüsse auf die Verteilung von Vermögen und Einkommen einer Volkswirtschaft bzw. eines Landes gezogen werden, weiter lassen sich damit keine sozialen oder ökologische Krisen oder aber Aussagen über die Situation zum persönlichen Wohlbefinden und der Lebensqualität eines Menschen machen.[660]

Damit wird keine Unterscheidung in erstrebenswerte und nicht erstrebenswerte Faktoren oder Lebensumstände gemacht, sondern unterstellt, dass lediglich monetäre Aspekte eine Auswirkung auf den Wohlstand eines Einzelnen haben.[661]

Der Deutsche Bundestag hat mit der Enquete-Kommission 2010 eine Korrektur der bisherigen Sichtweise eingeschlagen und mit der Lebensqualität einen dritten Faktor für die Messung von Wachstum und Wohlstand eingeführt.[662]

Der BIP und seine Interpretation lassen den Schluss zu, dass Wohlstand und Lebensqualität nur in Korrelation mit Wachstum und einer expandierenden Wirtschaft einhergehen können.[663] Eine Steigerung des BIP zur vorangegangenen Periode, etwa durch einen Anstieg des Konsums und die Erhöhung der Produktion, erweckt den irreführenden Eindruck einer gestiegenen Lebensqualität innerhalb einer Volkswirtschaft.[664] Grundsätzlich würde ein mehr an Konsum die Lebensqualität ansteigen lassen und damit das veraltete Weltbild der Nutzenmaximierung entstehen lassen.[665] Kritische Stimmen zum BIP gibt es genügend, der deutsche Ökonom Nils Goldschmidt und der Wirtschaftswissenschaftler Hans J. Nutzinger bezeichnen den Homo Oeconomicus in ihren Texten als Akteur ohne Problemlösekompetenz.[666] Heinz von Foerster geht darüber hinaus und vergleicht die Konzeption des Homo Oeconomicus mit trivialen Maschinen.[667]

---

[659] Vgl. Solow (1987), S. 36; Rehm (2012), S. 615 f; Straubhaar (2018), S. 9 f.

[660] Vgl. Lepenies (2013), S. 16 f; Deutscher Bundestag (2010), S. 23; Stiglitz et al. (2009), S. 8 f.

[661] Vgl. Özdemir (2018), S. 167.

[662] Vgl. Deutscher Bundestag (2013), S. 13; Lepenies (2013), S. 16; Stiglitz et al. (2009), S. 41.

[663] Vgl. Özdemir (2018), S. 167.

[664] Vgl. Stiglitz et al. (2009), S. 143.

[665] Vgl. Kirchgässner (2013), S. 132; Sen (1977), S. 84.

[666] Vgl. Goldschmidt/Nutzinger (2009), S. 72.

[667] Vgl. Ötsch (2009), S. 116.

Zusammenfassend lässt sich feststellen, dass die Ausgangspunkte des BIP und dessen Kennzahlen betriebswirtschaftliche Modelle und Denkweisen berücksichtigen, andere Wissenschaftsdisziplinen wie etwa die Sozial- und Neurowissenschaften konnten jedoch beweisen, dass der traditionell handelnde Homo Oeconomicus nicht existiert.[668]

In den vergangenen 20 Jahren hat sich ein neuer Ansatz für die Darstellung und Beurteilung von Lebensqualität eines Landes etabliert, der Capability Approach. Der Capability Approach baut auf den beiden Forschern Amartya Sen und Martha Nussbaum auf und schafft einen konzeptionellen Rahmen für die Erreichung von menschlichem Wohlergehen als erklärtes Ziel.[669] Das politische Ziel dieses Ansatzes ist es, Entwicklungspotentiale allen Menschen zugänglich zu machen und ihnen dabei die Möglichkeit für eigene Entscheidungsspielräume zu schaffen.[670]

Es lässt sich nicht abstreiten, dass der Wohlstand eines Landes die generelle Entwicklung einer Gesellschaft einhergehend mit Lebensqualität begünstigt, dennoch ist die Lebensqualität ein essenzieller Bestandteil eines guten und gerechten Lebens.[671]

Amartya Sen beruft sich als Pionier des Capability Approach bei den Merkmalen bzw. Bestandteilen eines gelingenden oder gehaltvollen Leben auf Befähigungen oder anders ausgedrückt auf reale Verwirklichungschancen und der Freiheit, als einen für ihn entscheidenden Faktor.[672] In seinen Ausführungen spricht Sen von Funktionen (functionings) als Zustände, die mithilfe von gegebener (Wahl)-Möglichkeiten – durch Freiheiten – erreicht werden können.[673] Befähigungen (capabilitys) ermöglichen wiederum die Realisierung von Funktionen.[674] Dieses Wahlfreiheit ist somit zentrales Instrument der Befähigung, steht aber in Abhängigkeit wie beispielsweise von Geld oder anderen Ressourcen als Mittel zum Wohlergehen, oder aber auch von Zugangsmöglichkeiten zu Bildung oder Infrastruktur.[675]

Zusammenfassend lässt sich sagen: Vergleicht man nun den Capability Approach Ansatz mit dem BIP mit Bezug auf die Messbarkeit von Lebensqualität, so lässt sich

[668] Vgl. Elger (2013), S. 31.
[669] Vgl. Volkert (2014), S. 15.
[670] Vgl. Nussbaum (2012), S. 200.
[671] Vgl. Sandel (2013), S. 32.
[672] Vgl. Sen (2012), S. 95, 281; Sen (2009), S. 232; Alkire (2015), S. 5.
[673] Vgl. Sen (1990 a), S. 15.
[674] Vgl. Sen (1990 a), S. 15; Sen (2012), S. 260.
[675] Vgl. Sen (1993), S. 45; Sen (2009), S. 232.

durch den Ansatz von Sen ein besserer bzw. sinnvollerer Bezug herstellen.[676] Der Human Development Index (HDI) basiert daher auf dem Capability Approach von Sen und ist seit 1990 Teil der Berichterstattung des UN-Entwicklungsprogramms.[677] In der wissenschaftlichen Diskussion wird der Capability Approach von Sen als ein überzeugendes Modell zur Bewertung von Verwirklichungschancen angesehen.[678] Neben dem Ansatz von Sen existiert ein zweiter Ansatz nach Nussbaum, welcher Befähigungs- bzw. Fähigkeiten orientiert ist.[679] Dieser ist jedoch eher passiv ausgerichtet und stellt den Menschen weniger als aktiven Protagonisten in den Vordergrund, der bestrebt ist, seine Verwirklichungschancen zu erweitern.[680]

Im Gegensatz zum BIP, der sich lediglich an ökonomische Aktivitäten ausrichtet, stehen im Fokus des HDI die Menschen mit ihrem Wohlergehen.[681] Damit wird menschliches Wohlergehen nicht nur auf eine Kennzahl reduziert, sondern als eine multidimensionale Größe verstanden.[682]

Ende des Exkurses

3.5.2 Capability Ansatz von Amartya Sen

Amartya Sen, ein Vorreiter des Capability Approachs, knüpft an Rawls' Konzept der Gerechtigkeit an. Rawls hatte darin Primärgüter festgelegt, die zu einer gerechten Gesellschaftsordnung führen sollten.[683] Diese lauteten Rechte (rights), Freiheiten (liberties), Chancen (opportunities), Macht (power), Selbstachtung (self-respect) sowie Einkommen und Vermögen.[684] Sen stellt die These von Rawls infrage, bei der mit einer gleich verteilten Gütermenge Freiheit erklärt werden könne.[685]

---

676 Vgl. Robeyns (2017), S. 14; Alkire (2015), S. 4 f.
677 Vgl. Özdemir (2018), S. 170.
678 Vgl. Leßmann (2006), S. 30.
679 Vgl. Nussbaum (2012), S. 214; Bührmann/Schmidt (2014), S. 37.
680 Vgl. Volkert (2014), S. 9.
681 Vgl. Stieglitz et al. (2008), S. 8.
682 Vgl. Alkire (2010), S. 9.
683 Vgl. Rawls (1971), S. 92.
684 Vgl. Rawls (1971), S. 62.
685 Vgl. Sen (2012), S. 281.

Sen unterstellt, dass es einen Zusammenhang zwischen Freiheit und Befähigung gibt.[686] Freiheit kann dabei Befähigung begünstigen und hängt nicht ausschließlich von gegenständlichen Ressourcen, Einkommen oder Reichtum/ Besitz ab, sondern von den verfügbaren Möglichkeiten.[687]

Weiter ist das Wohlergehen eines Menschen von weiteren Faktoren abhängig, zum einen von dem was ein Mensch tut oder ist, damit sind seine erreichten Funktionen gemeint, sowie zweitens dem wozu ein Mensch hinsichtlich seiner Entwicklungschancen in der Lage wäre.[688] Funktionen sind beispielsweise grundlegende Zustände, wie genügend Nahrung, oder Trinkwasser, bis hin zu komplexen Funktionen wie beispielsweise der Teilnahme am gesellschaftlichen Leben und die eigene Selbstachtung.[689] Um wiederum diese Funktionen, beispielsweise »wohlgenährt zu sein« erreichen zu können, müssen dem Mensch einerseits die dafür notwendigen Ressourcen – Nahrungsmittel – zur Verfügung stehen, zum anderen muss er aber auch befähigt sein, diese Ressourcen nutzen zu können – Nahrungsmittel zu sich nehmen.[690] Die Verwirklichungschancen einer Person stehen somit in direkter Abhängigkeit von ihre Ressourcen (Budget), sowie von Fertig- und Fähigkeiten, einhergehend mit deren vorliegenden Einschränkungen.[691]

Die Höhe des erreichbaren Niveaus eines Menschen für einer bestimmten Funktion wird jedoch durch das Zusammenspiel von Budetmenge und persönlicher Technologie nicht zur Genüge gefasst.[692] Es besteht die Möglichkeit unterschiedlichste Niveaus einer Funktion erreichen, und zudem verschiedene Kombinationen von Funktionen als das Ergebnis von Lebensweise realisieren zu können (Abb. 3.4).

Sen betrachtet unter der Ansammlung an Verwirklichungschancen die Menge aller Lebensweisen, die als Ergebnis der materiellen Rahmenbedingungen sowie der individuellen Eigenschaften für einen Menschen erreichbar sind.[693] Daher steht jede dieser Lebensweisen für eine Verwirklichungschance, die wiederum die Freiheit widerspiegelt, sich für eine individuelle Lebensweise entscheiden zu können. Das Wohlergehen eines Menschen nach dem Capability Approach hängt

---

686 Vgl. Sen (2012), S. 281.

687 Vgl. Özdemir (2018), S. 181.

688 Vgl. Leßmann (2011), S. 54

689 Vgl. Sen (1999), S. 75.

690 Vgl. Leßmann (2011), S. 54

691 Vgl. Sen (1985), S. 11.

692 Vgl. Leßmann (2011), S. 55.

693 Vgl. Sen (1998), S. 13.

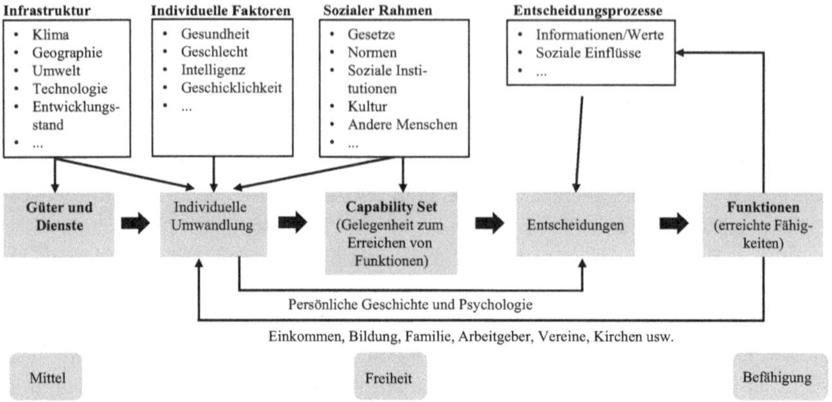

Abb. 3.4 Merkmale des Capability Approach nach Sen[694]

damit im direkten Zusammenhang von erreichter Lebensweise und der Freiheit ab, sich für eine Lebensweise entscheiden zu können.[695]

Somit existiert ein proportionaler Zusammenhang zwischen dem individuellen Wohlergehen und der Zahl der erreichbaren Lebenssituationen, da damit verbunden auch die Verwirklichungschancen zunehmen.[696] Weil die Faktoren für das Wohlergehen variabler und kulturabhängig sind, lehnt Sen eine Liste oder konkrete Ausprägungen – anders als Nussbaum – ab.[697] Wie sich auf den folgenden Seiten noch zeigen wird, handelt es sich daher um einen »offenen« Ansatz, um das Wohlergehen vergleichbar zu machen.

3.5.3 Der Capability Ansatz nach Martha Nussbaum

Die US-Amerikanerin Martha Nussbaum gilt als eine der bedeutendsten praktischen Moralphilosophien des 21. Jahrhunderts. In ihrer Leseweise des Capability

---

[694] Darstellung modifiziert entnommen i. A. an Robeyns (2005) S. 98; Özdemir (2018), S. 185.

[695] Vgl. Leßmann (2011), S. 55.

[696] Vgl. Leßmann (2006), S. 34.

[697] Vgl. Sen (2012), S. 266.

Approach erweitert sie das Verständnis des Capability Ansatzes um die menschlichen Fähigkeiten und gibt ihnen somit eine zentrale Bedeutung bei der Beantwortung der Frage nach einem gehaltvollen Leben.[698]

Kernpunkt des Ansatzes ist die menschliche Entwicklung, die in einem sozialen Rahmen stattfindet und positiv zu bewerten ist.[699] In seinen Ausführungen stützt sich Sen weitgehend auf die Ideen von Adam Smith, John Rawls und Immanuel Kant.[700] Im Gegensatz dazu stützt Nussbaum ihre Auslegung für ein erfülltes Leben durch eine moderne Interpretation der praktischen Philosophie und baut dabei auf Aristoteles' Lehre von Gerechtigkeit und Tugend auf.[701]

Sie entwickelt dafür einen offenen Ansatz mit Funktionsfähigkeiten oder der menschlichen Grundbefähigung. Damit hat ihr Ansatz einen direkten Bezug zu dem bestehenden Konzept der Menschenrechte.[702]

Ein zu erreichender Lebensstandard ist zudem nicht gleichzusetzen mit einem gehaltvollen oder guten Leben, vielmehr ist es das menschliche Handeln oder Tun, welches der Wegebereiter zu einem guten und gelungenen Leben ist.[703]

Die Betrachtung verlagert sich von der materiellen Ebene hin zur Verwirklichung des individuellen Selbst, indem sie die Förderung von Fähigkeiten zur Entfaltung und die Freiheit zur freien Wahl der Lebensform in den Mittelpunkt stellt.[704] Rahmenbedingungen schaffende Institutionen als auch der Staat spielen dabei eine wichtige Rolle.[705]

Nussbaums erklärtes Ziel mit ihrem Ansatz des Capability Approach ist es, „[…] jedem Bürger die materiellen, institutionellen und pädagogischen Bedingungen zur Verfügung zu stellen, die ihm einen Zugang zum guten menschlichen Leben eröffnen, und ihn in die Lage versetzen, sich für ein gutes Leben und Handeln zu entscheiden"[706].

Sie stellt dazu eine einfache, aber zentrale Frage: „What are people actually able to do and to be?"[707]

---

698 Vgl. Nussbaum (2012), S. 58.

699 Vgl. Nussbaum (2011), S. 48.

700 Vgl. Özdemir (2018), S. 175.

701 Vgl. Galamaga (2014), S. 27 ff; Nussbaum (2012), S. 24-86.

702 Vgl. Özdemir (2018), S. 190.

703 Vgl. Nussbaum (2012), S. 34.

704 Vgl. Nussbaum (2012), S. 38.

705 Vgl. Özdemir (2018), S. 190.

706 Nussbaum (2012), S. 24.

707 Nussbaum (2011), S. 18.

Für diese Arbeit sind besonders die lern- oder bildungstheoretischen Bedingungen von Relevanz. Im Rahmen der Lernforschung stellen das Lernen und Lehren zwei notwendige Elemente für die Lösung zukünftiger Herausforderungen von Menschen dar. Dieses Lernen geschieht im sozialen Kontext und bedarf eines förderlichen Umfelds und Lebensbedingungen, die allen Menschen gleiche Entwicklungschancen und Einfluss auf die zu treffenden Entscheidungen bieten muss. Mit der Bezugnahme auf soziale Systeme verbindet das Zugehörigkeitsgefühl Menschen zu einer Gemeinschaft.[708] Von Aristoteles stammt die Aussage „Anthropos zóon politikón physei éstin“ [709] für den sozialen Menschen (Wesen), was übersetzt so viel bedeutet wie „Menschen sind politische Lebewesen“[710]. Darauf aufbauend erfolgt eine Beteiligung des Menschen jedoch erst nach der Anerkennung und Zugehörigkeit zu einer Gemeinschaft.[711] Das Ziel der Gemeinschaft besteht darin, ein erfülltes Leben zu ermöglichen, indem sie die Entfaltungsmöglichkeiten dafür schafft.[712]

Nussbaum entwickelt eine Liste von Tugenden, die sie als grundlegende menschliche Fähigkeiten bezeichnet werden und die dazu beitragen sollen, ein erfülltes Leben zu verwirklichen. Diese Fähigkeiten bezeichnet sie als Grundfähigkeiten.[713]

Da der Capability Approach Ansatz von Nussbaum eine Grundorientierung an Facetten für ein gutes oder gehaltvolles Leben darstellt, besteht die Möglichkeit diese situativ zu modellieren oder anzupassen und so als Befähigung zu verstehen, die durch soziale, politische oder ökonomische Ressourcen oder Rahmenbedingungen zur Verfügung gestellt wird.[714]

Die in der Literatur überwiegend verwendete Übersetzung des von Nussbaum verwendeten Begriffs Capabilities sind Befähigungen. Der Begriff der Befähigungen beschreibt die Möglichkeit, zu bestimmten Handlungen befähigt oder zu ihnen in der Lage zu sein.[715] Crocker hat in seiner Forschung insgesamt fünf mögliche Deutungen von Capabilities beschrieben, von denen besonders die zur

---

[708] Vgl. Honneth (1994), S. 153.

[709] Aristoteles, Politik, 1253 a2, zitiert nach Engel (2010), S. 64.

[710] Engel (2010), S. 64.

[711] Vgl. Honneth (1994), S. 126.

[712] Vgl. Özdemir (2018), S. 193.

[713] Vgl. Nussbaum (2012), S. 58.

[714] Vgl. Özdemir (2018), S. 194 f.

[715] Vgl. Sen (2000), S. 63.

Verfügung stehenden individuellen Möglichkeiten und Chancen mit der aktuell in der Literatur verwendete Definition übereinstimmen.[716]

Für Nussbaum umfassen Fähigkeiten sowohl das, was Menschen tun können, als auch das, was sie werden können. Im aristotelischen Begriff »Vermögen« wird zwischen unausgebildetem Vermögen (Potentiale) und ausgebildetem Vermögen (Disposition) unterschieden (Abb. 3.5).[717]

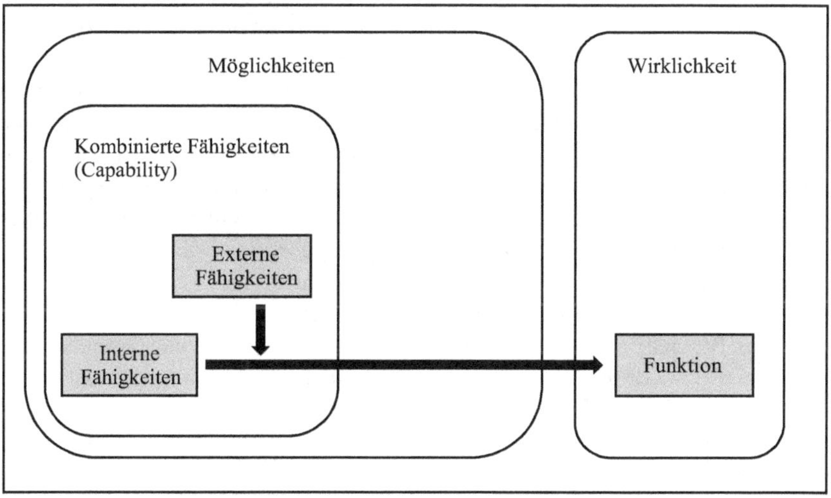

Abb. 3.5 Capability nach Martha Nussbaum[718]

Nach Nussbaum sind Möglichkeiten ein Zusammenspiel von internen und externen Fähigkeiten, sie bilden somit die kombinierten Fähigkeiten.[719]

Auf das vorangegangene aufbauend entwickelt sie eine Liste von Fähigkeiten und strebt mit dieser Sammlung eine Minimalkonzeption des Guten und

[716] Vgl. Crocker (1995), S. 160 f; Anmerkung: Die fünf Definitionen lauten: persönliche Neigungen, Bedürfnisse, verfügbare Fertigkeiten des Einzelnen, individuelle Charaktereigenschaften, sowie zur Verfügung stehende individuelle Möglichkeiten bzw. Chancen, zitiert nach Özdemir (2018), S. 194.

[717] Vgl. Baros (2010), S. 256.

[718] Modifiziert entnommen aus Özdemir (2014), S. 197; Otto/Schrödter (2020), S. 175.

[719] Vgl. Otto/Schödter (2010), S. 174.

gehaltvollen Lebens an.[720] Dieses gehaltvolle Leben wird durch zwei Ebenen veranschaulicht, die sie als Schwellen bezeichnet.[721]

Die erste Schwelle wird definiert als „[...] Fähigkeit zur Ausübung von Tätigkeiten, unterhalb deren ein Leben so verarmt wäre, dass es überhaupt nicht mehr als menschliches Leben gelten könnte“[722]. Unter die erste Schwelle, als Grundstruktur der menschlichen Fähigkeiten, fallen beispielsweise Sterblichkeit, Zugang zu Nahrung und Wasser, Sexualität, Sicherheit und geographische Beweglichkeit, Empfänglichkeit für Freude und Schmerz, intellektuelle Fähigkeiten, angewandte Vernunft, Freundschaften, aber auch Natur und andere Lebewesen, der Raum für Erholung, Lachen und Freude, aber auch das Getrenntsein.[723]

Auf die erste Schwelle setzt die zweite Schwelle auf, mit ihr werden zehn grundsätzliche Funktionsfähigkeiten ausgearbeitet, die nach Nussbaum „[...] eine etwas höhere anzusetzende Schwelle, unterhalb deren die für den Menschen charakteristischen Tätigkeiten so reduziert ausgeübt werden, dass wir das entsprechende Leben zwar als menschliches, nicht aber als ein *gutes* menschliches Leben bezeichnen würden“[724]. Zu den Fähigkeiten der zweiten Schwelle gehören unter anderem Bildungsmöglichkeiten und Wohlergehen, Platz zum Wohnen, sowie Teilhabe an Gesellschaft und die Möglichkeit ein Einkommen im Rahmen eines Beschäftigungsverhältnisses zu erzielen.[725] Ein Vorhandensein solcher Fähigkeiten bzw. dessen Existenz leitet einen moralischen Anspruch auf deren Entfaltung ab.[726]

Nussbaum grenzt sich hierbei mit ihren Fähigkeiten von Sen‘s Funktionen ab, indem sie schreibt: „Ich verstehe diese Liste als eine Liste von Fähigkeiten und nicht von tatsächlichen Handlungsweisen, da ich meine, [dass] Fähigkeiten und nicht tatsächliche Handlungsweisen das Ziel der Politik sein sollten“[727]. Zudem ist für sie die Liste der Grundfähigkeiten keineswegs abgeschlossene, vielmehr kann sie kontinuierlich bspw. durch neue Erkenntnisse erweitert und abgewandelt werden.[728]

---

[720] Vgl. Nussbaum (2012), S. 196.

[721] Vgl. Nussbaum (2012), S. 197.

[722] Nussbaum (2012), S. 197.

[723] Vgl. Nussbaum (2012), S. 190-197.

[724] Nussbaum (2012), S. 197 (Herv. i. O.).

[725] Vgl. Nussbaum (2012), S. 200-202.

[726] Vgl. Nussbaum (2012), S. 205.

[727] Nussbaum (2012), S. 200.

[728] Vgl. Nussbaum (2012), S. 202.

In der ursprünglichen Fassung des Capability Ansatzes war die Möglichkeit individuelle Auswahlentscheidungen treffen zu können von elementarer Bedeutung. Nussbaum bezeichnet die Fähigkeit eines Individuums Auswahlentscheidungen treffen zu können als praktische Vernunft, anders als Sen definiert sie Fähigkeiten (Übersetzung von Capability) als eine Funktion für sich und nicht als Verwirklichungschancen in Kombination mit anderen Funktionen.[729]

Eine besondere Rolle spricht Nussbaum der praktischen Vernunft in Kombination mit dem Menschen innewohnenden Fähigkeit ein Gemeinschaftsgefühl entwickeln zu können, zu.[730] Alle Handlungen des Menschen sind überlegt und mit Fokus auf andere ausgerichtet.[731] Nach Nussbaum ist es notwendig die bereits angeborenen Fähigkeiten durch Bildung und Training weiterzuentwickeln, um sie im Ergebnis auf ein nach Nussbaum „[...] wahrhaft menschlich[es]"[732] Niveau zu steigern.

Sie unterscheidet dabei drei Fähigkeitsstufen, die aufeinander aufbauen:

Grundlegende oder Basisfähigkeiten *(basic capabilities)*, unter denen alle Fähigkeiten vereint sind, die bereits bei der Geburt veranlagt, jedoch weiterentwickelt werden müssen.[733] Diese Weiterentwicklung erfolgt beispielsweise durch Erziehung.[734] Weiter wird in interne und externe Fähigkeiten unterschieden.

Interne Fähigkeiten *(internal capabilities)* und deren Niveau von Fähigkeiten stehen im Zusammenhang mit der Bildung und Entwicklung eines Menschen, solche Fähigkeiten sind beispielsweise intellektuelle, charakterliche und körperliche Eigenschaften, die einen Menschen befähigen selbstbestimmt eine Funktion ausüben zu können.[735] Somit erhält eine Person die freie Entscheidungsmöglichkeit ob eine Fähigkeit realisiert wird, oder auch nicht.[736] Einschränkungen ergeben sich wenn die äußeren Rahmenbedingungen nicht die Realisation einer Fähigkeit zulassen, beispielsweise die freie Formulierung der Meinung in nicht demokratischen Regimen.

Kombinierte Fähigkeiten *(combined capabilities)* als dritte Entwicklungsstufe sind Fähigkeiten, welche wiederum das Niveau einer Funktion beschreibt die

[729] Vgl. Leßmann (2007), S. 156.
[730] Vgl. Nussbaum (2000), S. 82.
[731] Vgl. Leßmann (2011), S. 56.
[732] Nussbaum (2000), S. 73.
[733] Vgl. Nussbaum (2011), S. 24.
[734] Vgl. Özdemir (2018), S. 200.
[735] Vgl. Nussbaum (2012), S. 63.
[736] Vgl. Leßmann (2011), S. 56.

eine Person aus der Kombination von internen Fähigkeiten und den vorherrschenden äußeren Rahmenbedingungen zu erreichen in der Lage ist.[737] Weil eine förderliche äußere Bedingung eine notwendige Voraussetzung für die Ausbildung und Weiterentwicklung von internen Fähigkeiten ist, lassen sich interne und kombinierte Fähigkeiten nicht exakt trennen.[738]

Unter dem Fokus dieser Arbeit spielt die Fähigkeit Auswahlentscheidungen treffen zu können im Kontext der Bildung eine wichtige Rolle. Bei unserer Geburt ist diese Fähigkeit als grundlegende Fähigkeit bereits angelegt, muss aber stetig weiterentwickelt werden. Somit bedarf es für die Entwicklung interner Fähigkeiten förderliche politische und soziale Rahmenbedingungen.[739] Adressat für diese Aufgabe ist der Staat, der die internen Fähigkeiten seiner Bürger fördern, und gleichzeitig Rahmenbedingungen schaffen, muss um eine förderliches und auf freie Entfaltung der Bürger sowie der Ausübung ihrer Fähigkeiten ausgerichtetes Umfeld zu erschaffen.[740]

Die Agenda der politischen Ebene erhält damit zwei wesentliche Aufgaben, zum einen die internen Fähigkeiten der Menschen zu fördern, und zum anderen einen Rahmen zu erschaffen, innerhalb dessen eine Umsetzung und Ausübung interner Fähigkeiten möglich gemacht wird. Mit Bezug auf die Fragestellung dieser Arbeit ist das vor allem der Zugang zu Bildung, um im Ergebnis jedem einzelnen Menschen ein gutes Leben zu ermöglichen und ihnen im Rahmen von Bildungsprojekten Methoden erlernen lassen, die über die einzelne Person bzw. das Individuum hinaus gesellschaftliche Probleme zu lösen helfen.

Nussbaum hebt zwei Capabilities besonders hervor, zum einen die praktische Vernunft und zum anderen die Verbundenheit als Gemeinschaftsgefühl.[741]

Die folgende Tabelle zeigt die von Nussbaum konzipierte Liste der Capabilities und stellt diese den menschlichen Wesensmerkmalen gegenüber. Der universelle Charakter der Grundbedingungen knüpft dabei an eine kulturgebundene und individuelle Konkretisierung an (Tab. 3.6).[742]

Martha Nussbaum entwirft mit ihrem Capability-Ansatz die Grundlagen für sinnvolles Leben, in dem der Mensch selbstbestimmt agieren kann. Die zwei Ebenen, mit denen sie zwischen den grundlegenden Bedürfnissen des menschlichen

[737] Vgl. Röhn (2013), S. 223; Leßmann (2011), S. 57.

[738] Vgl. Leßmann (2011), S. 57.

[739] Vgl. Nussbaum (2011), S. 21.

[740] Vgl. Nussbaum (1999), S. 62.

[741] Vgl. Leßmann (2012), S. 7.

[742] Vgl. Özdemir (2018), S. 202.

Tab. 3.6 Grundfähigkeiten nach Martha Nussbaum[743]

Grundfähigkeit	Beschreibung
Leben	Die Fähigkeit, ein Leben von normaler Dauer zu leben.
Körperliche Gesundheit	Die Fähigkeit, bei guter Gesundheit zu sein, sich fortzupflanzen, ausreichend Nahrung und Unterkunft zu haben.
Körperliche Unversehrtheit	Die Fähigkeit, sich frei zu bewegen, vor Angriffen sicher zu sein und sexuelle Selbstbestimmung zu haben.
Sinne, Vorstellung und Denken	Die Fähigkeit, die Sinne zu gebrauchen, zu denken, zu fühlen, sich vorzustellen, zu urteilen, und mit den anderen Fähigkeiten in Verbindung zu stehen.
Emotionen	Die Fähigkeit, Bindungen zu Dingen und Menschen außerhalb unserer selbst zu bilden, zu lieben, zu trauern, zu erfahren, zu wünschen und zu fühlen.
Praktische Vernunft	Die Fähigkeit, ein Konzept des Guten zu entwickeln und an einer kritischen Reflexion der Lebensplanung teilzunehmen.
Zugehörigkeit	Die Fähigkeit, in sozialen Interaktionen teilzunehmen, Freundschaften zu schließen, und sich für soziale Gerechtigkeit einzusetzen.
Andere Lebewesen	Die Fähigkeit, in Beziehung zu Tieren, Pflanzen und der Welt der Natur zu treten und diese zu schätzen.
Spiel	Die Fähigkeit zu lachen, zu spielen und Freizeitaktivitäten zu genießen.
Kontrolle über die eigene Umwelt	Die Fähigkeit, am politischen und materiellen Leben der Gesellschaft teilzunehmen, politische Rechte zu haben und Eigentum zu besitzen.

Daseins und den sich daraus entwickelnden Befähigungen unterscheidet, schaffen im Ergebnis die Ausgangsbasis für eine gute gesellschaftliche Entwicklung fernab der Geschichte und kulturellen Besonderheiten einer Nation.

Die Basis einer individuellen Freiheit und Selbstbestimmung wird durch die Grundfähigkeiten geschaffen, die den Menschen befähigen selbstbestimmt über die Ausformung seines Daseins und der darin zu nutzenden Fähigkeiten entscheidet.

Vorwürfen des Paternalismus begegnet sie mit dem Hinweis, dass es sich hier lediglich um die Bereitstellung von Grundfähigkeiten handelt.[744, 745]

Trotz aller Kritik ist der Capability-Ansatz von Nussbaum sowohl national als auch international von großer politischer und gesellschaftlicher Bedeutung. Bergmann stimmt dem zu und beschreibt das Recht auf persönliche Entwicklung als Erweiterung von Möglichkeiten. Er betont auch die Bedeutung eines langen Entwicklungsprozesses, der lebenslanges Lernen umfasst, um Fähigkeiten zu erwerben.[746]

---

[743] Eigene Darstellung i.A. an Nussbaum (2012), S. 200-202.

[744] Vgl. Nussbaum (2000), S. 53.

[745] Anmerkung: Neben dem Paternalismus Vorwurf existieren weiter kritische Vorwürfe zu dem Capability-Ansatz von M. Nussbaum. Diese zu diskutieren ist nicht Bestandteil dieser Arbeit, weiterführende Literatur dazu findet sich u.a. bei Nussbaum (2012), S. 239-246; Wolf (1998), S. 106; Pogge (2010), S. 14 ff; Pogge (2002), S. 52 ff.

[746] Vgl. Bergmann/Daub (2012), S. 207.

Nussbaum entwickelt damit einen Ansatz, der das Zusammenleben der Gemeinschaft mit einhergehendem Dialog und zukunftsgerichteter Entwicklung und auf ein besseres humanes Miteinander ausrichtet.

3.5.4 Bildung als Grundlage für die Entwicklung von Fähigkeiten

Anders als Sen macht Nussbaum deutlich, dass unter anderem Bildung erforderlich ist, um überhaupt erst Fähigkeiten entfalten zu können.[747]

Aus der Perspektive des Capability-Ansatzes ist dafür zum einen die Reichweite und Qualität, und zum anderen die Menge realisierbarer Möglichkeiten und Fähigkeiten von Menschen, die daraus individuelle Konzepte für ein gutes Leben mit Handlungs- bzw. Lebenszuständen ableiten können, relevant.[748] Der Capability Approach bietet hierzu die Möglichkeit sich in einer Erziehungswissenschaft zu bewegen, die geisteswissenschaftlich und sozialwissenschaftlich orientiert ist und die Erziehungswissenschaften vor die Aufgabe stellt, eine relationale Perspektive einzunehmen.[749] Diese Perspektive muss es erlauben den Raum „[...] gesellschaftlicher Möglichkeiten in Beziehung zum akteursbezogenen Raum der individuellen Handlungs- und Selbstaktualisierungsfähigkeiten ihrer AdressatInnen zu setzen"[750]. Dabei muss die Erziehungswissenschaft wesentlich mehr leisten als lediglich eine effektive Humankapitalproduktion und die problematische Sicherstellung der Employabilität auf dem Arbeitsmarkt.

Der Befähigungsansatz bildet eine Metatheorie, die weiteren Ansätzen einen Rahmen bietet. Der systemisch-relationale Ansatz betont die Bedeutung der Interaktion in Bezug zum sozialen Kontext. Kompetenzen werden als selbstorganisierte Problemlösefähigkeiten definiert, die der sozialen Attribution bedürfen. Entwicklung eines Menschen ist nur möglich, wenn ein geeignetes soziales Konto gegeben ist, also die soziale Entourage die Entwicklung zulässt oder sogar fördert.[751]

Der Ansatz des Capability Approach von Nussbaum beinhaltet eine didaktische bzw. lerntheoretische Perspektive und fußt auf einem Gerechtigkeitsbegriff,

[747] Vgl. Leßmann (2011), S. 59.

[748] Vgl. Otto/Ziegler (2010), S. 12.

[749] Vgl. Otto/Ziegler (2010), S. 12.

[750] Otto/Ziegler (2010), S. 12.

[751] Vgl. Bergmann (2022), S. 301, S. 348 f; Bergmann/Daub (2008), S. 88 ff.

der mit dem deutschen Bildungssystem eng verbunden ist.[752] Für diese Arbeit mit einem Fokus auf universitäres Lernen stellt der Capability Approach damit eine valide methodische Basis für zukünftige Bildungsprojekte dar, um ein methodisches Rüstzeug für ihre Absolventen bereitzustellen und gesellschaftliche Herausforderungen von morgen lösen zu können.

Die Forscher Andersen, Otto und Ziegler bestätigen dieses und postulieren: Zukünftiges Lernen könnte mehr sein als ein Prozess des formalen und non formalen Lernens wie beispielsweise innerhalb oder außerhalb von Universitäten, sowie informellen Lernens in Peer-Gruppen[753], zukünftig könnte es die Ausbildung und Entwicklung sozialer und persönlicher Identitäten widerspiegeln.[754] Die Rolle der informellen Bildung spielt in modernen Gesellschaften eine immer wichtigere Rolle, da sie Licht in ein scheinbares Chaos mit einer Vielzahl von Entscheidungen und Fragestellungen bringt.[755]

Der Capability Approach bildet dabei die Grundlage für einen pädagogischen Ansatz, bei dem das Zusammenspiel von formalen, non-formalen und informalen Prozessen und Formen von Bildung ermöglicht wird.[756] Dieser Ansatz wird von Erziehungswissenschaftlern, Philosophen und Ökonomen – so auch Amartya Sen und Martha Nussbaum – mit dem Fokus auf die Fähigkeitenperspektive geteilt.[757] Auf Grundlage dieser Perspektiven könnte der Capability Approach auch als Bildungsansatz gedeutet werden.

Die Ökonomin Ingrid Robeyns betrachtet die Bildung selbst als eine Fähigkeit im Hinblick auf die Förderung des menschlichen Seins, wenn sie mit den folgenden Aussagen argumentiert:

„Education is important in the capability approach for both intrinsic and instrumental reasons.“[758]

„Being knowledgeable and having access to an education that allows a person to flourish is generally argued to be a valuable capability.“[759] „But being

[752] Vgl. Andresen et al. (2010), S. 165.

[753] Anmerkung: Unter Peer-Gruppen werden Gruppen von Menschen mit gleichem Alter und vor gleiche Problemstellung stehend verstanden. Dabei begleiten beispielsweise junge Studierende anderen Studierende, um gemeinsam an Aufgabenstellungen zu arbeiten

[754] Vgl. Andresen et al. (2010), S. 165.

[755] Vgl. Cohen (2001), S. 375; Kahane (1975), S. 22.

[756] Vgl. Andersen et al. (2010), S. 165.

[757] Vgl. Flores-Crespo (2004), S. 45 ff.

[758] Dreze/Sen (2002), o.S; Unterhalter (2003), o. S.

[759] Alkire (2002), S. 255 ff; Robeyns (2003), S. 79 f.

welleducated can also be instrumentally important for the expansion of other capabilitis."[760]

Betrachtet man Bildung als Fähigkeit in einem Zusammenspiel von informellen und formellen Prozessen erweisen sich die unterschiedlichen Bildungsbegriffe mit den nachfolgenden Bildungsprozessen als eine zwangsläufige Verknüpfung zum Capability Approach.[761] Somit wäre Bildung eine Fähigkeit und die menschlichen Fähigkeiten eine Konsequenz von Bildungsprozessen.[762] Eine Stärke des Capability Approach ist es dabei, einen Rahmen zu schaffen, in dem soziale Gerechtigkeit in der Bildung möglich ist und der Individuen befähigt gleichberechtigt und demokratisch bei der Lebensführung zu unterstützen.[763]

In der Literatur werden Argumente aus verschiedenen Forschungsdisziplinen angeführt, die auf einen messbaren Zusammenhang zwischen Bildung und dem Fähigkeitenansatz hindeuten. Auf Seiten der Bildungstheoretiker gehört Madoka Saito zu den Autoren, der einen Zusammenhang zwischen pädagogischen Perspektiven und dem Capability-Ansatz sieht.[764]

Auf philosophischer Ebene vertritt unter anderem der Philosoph und Religionswissenschaftler Jan Garrett die Ansicht, dass viele menschliche Fähigkeiten sowohl auf Erfahrung als auch auf Bildung basieren. Im Gegenzug ermöglicht der Zugang zu Bildung dem Menschen, seine Fähigkeiten frei zu entfalten.[765] Der Politikwissenschaftler Pedro Flores-Crespo weist auf die lange Verbundenheit von Bildung und Menschheit hin.[766]

Deutlich wird die Verbindung von Bildung und Fähigkeiten, wenn man den Zusammenhang von Bildung und Wachstum eines Landes und der Schaffung von kontemplativen Fähigkeiten und technischen Lösungen für die Realisation von individuellem Reichtum betrachtet.[767]

Bei Martha Nussbaum finden sich früh zwei architektonische Fähigkeiten, die praktische Vernunft und die Zugehörigkeit; diesen beiden schreibt sie eine besondere Bedeutung zu, da sie zum einen alle anderen organisieren als

[760] Robeyns (2005), S. 78.

[761] Vgl. Andresen et al. (2010), S. 166.

[762] Andresen et al. (2010), S. 165.

[763] Vgl. Anderson (1999), S. 318.

[764] Vgl. Saito (2003), S. 17.

[765] Vgl. Garrett (2001), o.S.

[766] Vgl. Flores-Crespo (2004), S. 46.

[767] Vgl. Standing (2003), 144.

auch durchdringen.[768] Diese beiden Fähigkeiten sind somit nah an zentralen Perspektiven der Erziehung, sowie der Sozialpädagogik.[769]

Kennzeichnend für diese Art der Pädagogik, welche über die reine Schulbildung hinausreicht, ist das Ziel die menschliche Entwicklung im Sinne einer Verbesserung von Kompetenzen, Fertigkeiten und Kenntnissen voranzutreiben. Dabei wirken sich jedoch auch gesellschaftliche Konflikte, sowie moralische Bindungen zu Einzelnen und Gruppen auf die Befähigungen und Einschränkungen des Einzelnen aus.[770]

Nach europäischer Tradition erfolgt die Legitimation von Interventionen in das menschliche Leben von pädagogischen Berufen durch das Ziel, jeden Menschen in die Lage zu versetzten, sein volles menschliches Potential erfüllen zu können.[771] Mit Bezug auf das gute Leben kennzeichnet Bildung, dass sie über den Erwerb von Wissen hinausgeht, vielmehr lässt sie einen Weg zu, bei dem über das Wissen hinaus eine Verbindung zu moralischen und ästhetischen Bezugspunkten geschaffen wird, bei dem mit menschlicher Freiheit und Verantwortung für sich und die Gesellschaft eine direkte Projektion des gute Leben vollzogen wird.[772] Sen nennt als notwendige Aspekte der Weiterentwicklung des Menschen die Verbesserung von Kompetenz, Wissen und Fähigkeiten durch Aus- und Weiterbildung.[773]

Im Sinne des Capability Approach als Befähigungsansatz bedeutet dies, dass Bildung und Wohlfahrt im Einklang sein können, Bildung wird damit zu einem empirisch validierbaren Teil einer politischen Ökonomie.[774] Bildungsprozesse mit ihrer Fähigkeit Menschen zu formen sind dann nichts anderes als Vermittler zwischen den Handlungsfähigkeiten der Menschen und der Fähigkeit des Menschen als Akteure innerhalb ihres eigenen Lebens zu agieren.[775]

Politisches Ziel muss es dabei sein, durch Bildung als individuelles Gut, Rahmenbedingungen zu schaffen, die dem Menschen Fähigkeiten zuteilwerden lassen, mit denen ein Leben als gleichberechtigtes Mitglied einer modernen demokratischen Gesellschaft realisierbar ist.[776] Erreicht werden kann dieses

[768] Vgl. Nussbaum (1990), S. 256, 233.

[769] Vgl. Andresen et al. (2010), S. 167.

[770] Vgl. Jordan (2003), S. 5 zitiert nach Sen (1999).

[771] Vgl. Andersen et al. (2010), S. 168.

[772] Vgl. Bleicher (2006), S. 365.

[773] Vgl. Sen (1999), S. 241.

[774] Vgl. Andersen et al. (2010), S. 169.

[775] Vgl. Andersen et al. (2010), S. 190.

[776] Vgl. Andersen et al. (2010), S. 191.

durch die Ausübung politischer Rechte, der aktiven Teilhabe an der Zivilgesellschaft, sowie der Beteiligung an der Wirtschaft.[777]

Wichtig ist nach Ziegler, auf Basis des Capability Approach nach Nussbaum, die Schaffung von Räumen, innerhalb derer die Metafähigkeit der Reflexion von Menschen vollzogen werden kann.[778] Einzelpersonen oder Gruppen sind dazu eingeladen „[...] to form a conception of the good and to engage in critical reflection about the planning of one's life“[779].

Innerhalb dieser Räume sollen Menschen zum einen Fähigkeiten identifizieren und sich zum anderen an Diskussionen beteiligen, die eine Weiterentwicklung von Entscheidungen zu guten Entscheidungen ermöglicht.[780]

Auf diese Arbeit bezogen könnten solche Räume der Reflexion Methoden oder Aufgabenstellungen in Bildungsprojekten sein, die aktiv alle teilnehmenden Personen in eine solche Situation versetzten können.

Amartya Sen drückt die besondere Verantwortung dabei aus, wenn er schreibt: "Ways of life can be preserved if the society decides to do just that, and it is a question of balancing the costs of such preservation with the value that the society attaches to the objects and the lifestyles preserved. There is, of course, no ready formula for this cost-benefit analysis, but what is crucial for a rational assessment of such choices is the ability of the people to participate in public discussions on the subject. We come back again to the perspective of capabilities: that different sections of the society (and not just the socially privileged) should be able to be active in the decisions regarding what to preserve and what to let go. There is no compulsion to preserve every departing lifestyle even at heavy cost, but there is a real need – for social justice – for people to be able to take part in these social decisions, if they so choose."[781]

Diese Aussage macht deutlich, wie sehr die Gesellschaft gemeinsam an der Entwicklung der Zukunft arbeiten sollte, um so Lösungen zu schaffen, die allen gerecht werden und das gute Leben auch für zukünftige Generationen sicherstellen.

---

[777] Vgl. Anderson (1999), S. 317.

[778] Vgl. Zielger (2004), S. 804.

[779] Nussbaum (2000), S. 79.

[780] Vgl. Sen (1999), S. 241 f.

[781] Sen (1999), S. 241-242.

3.5.5 Zusammenfassung und Diskussion: Der Capability Approach als Rahmenbedingung für die Entwicklung von Bildungsprozessen

Oben wurde schon ausgeführt, dass es grundsätzlich zwei Versionen existierender Auffassungen oder Deutungen des Capability Approach gibt, beiden zugrunde liegt die aristotelische Ethik und darin ein notwendigerweise »tugendhafter Charakter« als zentrale Bedingung für ein gutes Leben.[782] Für die Erziehungswissenschaften ist ein solcher Bezug auf Tugend attraktiv, da sie sich selber auf komplexe Lebenswelten und Lebensführung bezieht.[783] Der Capability Approach integriert, neben Regeln, Standards, Prinzipien und rationalen Abwägungen auch „[...] Bedürfnisse, Neigungen, Empfindungen Haltungen, Erlebnisperspektiven, Sinn- und Symbolsysteme [...]"[784] der beteiligten Akteure, auch den sozialen Aspekt im Sinne eines sozialen Projektes welches über die Individualität des einzelnen hinaus geht.

Der Capability Approach orientiert sich an der aristotelischen Tugendlehre und gründet auf der Tradition, dass ein erfülltes Leben erreicht wird, wenn Menschen ihr Leben entsprechend ihren persönlichen dispositionalen Anlagen und natürlichen Veranlagungen gestalten.[785] Kritische Stimmen hegen hierbei den Verdacht eines metaphysisch-theologischen Essentialismus, weil doch ein Grundverständnis darüber existieren muss, was genau ein „wahres menschliches Leben" [786] sei, um auf dieser Basis ein gut angelegtes bzw. auch glückliches Leben ableiten zu können. Der Versuch dieses zu tun, würde genau diesen Verdacht erhärten.[787] Martha Nussbaum äußert sich dazu selber, wenn sie anmerkt, dass mit der aristotelischen Tugendlehre die Erfüllung essentieller Anlagen und Fähigkeiten gemeint ist und nicht etwa der Fokus auf individuelle Einzigartigkeit gesetzt wird und verteidigt ihren Ansatz gegen die aristotelische Tugendlehre.[788,789]

---

782 Vgl. Otto/Ziegler (2010), S. 9.

783 Vgl. Benhabib (1989), S. 460.

784 Otto/Ziegler (2010), S. 9.

785 Vgl. Quante (2003), S. 139.

786 Marx (1968), S. 581.

787 Vgl. Otto/Ziegler (2010), S. 10.

788 Vgl. Nussbaum (1999), S. 245.

789 Anmerkung: Martha Nussbaum geht auf insgesamt drei Argumente der aristotelischen Tugendlehre gegen ihren Capability Approach Ansatz ein. Für diese Arbeit ist der hier Skizzierte jedoch ausreichend.

In der frühen Pädagogik existierten, heute nicht mehr relevante, autoritäre Ansätze darüber entscheiden zu können, was der Mensch als Lebensglück zu betrachten hätte.[790] Heutigen emanzipatorischen und aufgeklärte Ansichten gegenüber stellt die alte Sichtweise eine Anzweiflung vorurteilsfreier und wertepluralistischer Bedingungen in den Erziehungswissenschaften dar.[791] Das befehlsartige Vorschreiben von Formulierungen des Guten würde nach Jürgen Habermas […] zu einem unerträglichen Paternalismus führen".[792] Weiter müssten alle Beteiligten im Vorfeld Kenntnis darüber haben, was das für jeden umfassende Gute ist.[793] „[Alle] Beteiligten müssten vor jeder moralischen Überlegung bereits wissen, was denn das für alle gleichermaßen Gute ist [...]. Aber niemand kann aus der Beobachterperspektive schlicht feststellen, was eine beliebige Person für gut halten soll."[794]

Der Erziehungswissenschaftler Hans-Uwe Otto sieht die generelle Gefahr einer Ideologie, wenn Entwürfen den Anspruch haben, über das Gute – politische wie auch moralisch – unvoreingenommen entscheiden zu können, schließt dieses jedoch für den Capability Approach aus.[795]

Der Capability Approach verfolgt nicht den Anspruch, den beteiligten Individuen von außen vorzuschreiben, was sie als gut betrachten sollten. Zudem schränkt er den eigenen Handlungsspielraum nicht ein, um ein individuelles Ziel zu verwirklichen, und legitimiert auch keinen Zwang zur Durchsetzung dieses Ziels.[796] So liefert der Capability Approach keinen pauschalen Ansatz für die neutrale Bestimmung des Guten, sondern „[…] aus der hypothetischen Perspektive eines beliebigen einzelnen, was es für sie oder ihn bedeuten kann, nach Wohlergehen und Glück zu streben und Leid, Not, Unglück zu vermeiden"[797]. Zentral ist dabei den Fokus auf das gute Leben richten zu können und Freiraum für Selbstbestimmung und Autonomie zu berücksichtigen.[798]

Gelingen kann dieses durch die Trennung oder Unterscheidung zwischen Funktionsweisen (Functionings) und Verwirklichungschancen bzw. Befähigungen (Capabilities). Funktionsweisen verweisen auf etwas, was den Menschen

---

790 Vgl. Seel (1998), S. 113.

791 Vgl. Otto/Ziegler (2010), S. 10.

792 Habermas (1996), S. 42.

793 Vgl. Habermas (1996), S. 42.

794 Habermas (1996), S. 44.

795 Vgl. Otto/Ziegler (2010), S. 10.

796 Vgl. Hurka (1993), S. 147.

797 Seel (1998), S. 114.

798 Vgl. Otto/Ziegler (2010), S. 11.

tatsächlich ausmacht oder er zukünftig plant, während Capabilities die tatsächliche Anzahl an Wahlmöglichkeiten beschreiben, um verschiedene Zustände von Funktionsweisen in unterschiedlichen Kombinationen zu realisieren.[799]

Aus der Perspektive der Verwirklichungschancen steht die tatsächliche Freiheit der Menschen im Vordergrund, die es ihnen ermöglicht, im Entscheidungsprozess zwischen verschiedenen Lebensweisen zu wählen, um eine eigene Vorstellung des individuellen Lebens zu entwickeln und umzusetzen.[800] Zu unterstützen ist dabei die Realfreiheit und nicht bestimmte Funktionsweisen.[801] Es geht also nicht um Zwang, sondern um die Formulierung von grundsätzlichen Möglichkeiten und Befähigungen mit einhergehendem Recht der Menschen auf deren Ermöglichung, diese lassen sich dann als eine Basis für die Umsetzung der diversen Entwürfe eines guten Lebens verstehen.[802]

Zusammengefasst bietet der Capability Approach so die Möglichkeit eine Brücke im Sinne eines gerechtigkeitstheoretischen Ansatzes zwischen einer geisteswissenschaftlichen und einer sozialwissenschaftlich angelegten Erziehungswissenschaft zu bauen.[803] Dabei kann die Befähigung eines Menschen im Sinne des Capability Approach eine Verbindung zwischen Bildung und Kompetenzentwicklung schaffen und somit der Capability Approach als Rahmentheorie für die Entfaltung von Bildungsprozessen verstanden werden.

Die Erziehungswissenschaften stehen dabei vor der Herausforderung eine relationale Sichtweise zu gestalten, welche „[…] materiell, kulturell und politisch-institutionell strukturierten Raum gesellschaftlicher Möglichkeiten in Beziehung zu einem auf den Akteur bezogenen Raum der individuellen Handlungs- und Selbstaktualisierungsfähigkeiten ihrer AdressatInnen […]“[804] setzen kann.

So lässt sich aus dem zu bestimmenden guten Leben ein Nutzwert als Ziel ableiten, welcher innerhalb der Erziehungswissenschaft mehr auf die Möglichkeiten der individuellen Weiterentwicklung eines Menschen abzielt als auf die effektive Produktion von Humankapital und der Sicherstellung von Beschäftigungsfähigkeit.

Letztlich bietet der Capability Approach einen plausiblen Rahmen und Fundament für die soziale Gerechtigkeit und die Ausgestaltung von Bildungspraktiken

---

[799] Vgl. Otto/Ziegler (2010), S. 11.

[800] Vgl. Sen (1992), S. 35; Sen (1999), S. 13.

[801] Vgl. Nussbaum (2000), S. 87.

[802] Vgl. Nussbaum (2000), S. 88.

[803] Vgl. Otto/Ziegler (2010), S. 12.

[804] Otto/Ziegler (2010), S. 12.

oder -projekten und schafft eine Brücke zwischen den einzelnen akademischen Denkrichtungen in Bezug auf die Bildungs- und Lehrforschung.

Für eine zukunftsorientierte universitäre Bildung könnte daraus ein mögliches Anrecht von Studierenden auf eine Ausbildung abgeleitet werden, bei der sie gemeinsam mit anderen Akteuren aus Wirtschaft und Gesellschaft ihre Methodenkompetenz erweitern können, um zukünftige gesellschaftliche, aber auch ökonomische und ökologische Herausforderungen meistern zu können. Diese universitäre Bildung würde jeden einzelnen Studierenden als Teil einer Gesellschaft und Gemeinschaft befähigen seinen Anteil in Gedanken, Wort und Schrift einbringen zu können, um in demokratischen Prozessen die zukünftige Weiterentwicklung seiner Selbst und der Gemeinschaft zu fördern.

Im Ergebnis bildet eine Orientierung an den Capability Approach eine Rahmenbedingung für die Entwicklung von zukünftigen universitären Bildungsprozessen, die ihren Fokus auf die Bedürfnisse der Studierenden ausrichten und weniger auf den Arbeitsmarkt.

Vorstellung des untersuchten Bildungsprojekt »Zukunftswerkstatt« 4

Im folgenden Teil sollen die didaktischen und methodischen Merkmale von Seminarveranstaltungen als Lehrformate generell vorgestellt und die abweichenden Merkmale der in dieser Arbeit untersuchten Seminare der »Zukunftswerkstatt« eingeführt werden.[1] Das so definierte Bildungsprojekt Zukunftswerkstatt bildet die Basis für die qualitative Forschung dieser Arbeit.

4.1 Methodische und didaktische Ausprägungen

Vermittlungsformen der universitären Lehre befinden sich in einem stetigen Wandel und erleben aktuell durch Digitalisierung, Medialisierung und Umstrukturierungen auf disziplinärer Ebene einen weitreichenden Transformationsprozess.[2] Für die Veranstaltungen der Zukunftswerkstatt wurde die Seminarform als Vermittlungsform gewählt. Seminare sind heute weltweit an Hochschulen und Universitäten etabliert und curricular festgeschrieben. Der Begriff Seminar leitet sich ab aus dem lateinischen sēminārium für Pflanzschule und ist auf den Begriff sēmen für Setzling zurückzuführen. Im Zusammenhang mit akademischer Bildung ist es seit dem 17. Jahrhundert belegt.[3] Didaktisch setzt das Seminar seinen

[1] Anmerkung: Der Begriff »Zukunftswerkstatt« steht als Bildungsprojekt in keinem inhaltlichen und methodischen Zusammenhang mit der von Robert Jungk in den 1960er Jahren entwickelten Moderationsform für Großgruppen, er stellt hier eine didaktische und methodische Eigenentwicklung dar.

[2] Vgl. Schmohl/Philipp (2021), S. 3.

[3] Vgl. Kluge/Seebold (2015), S. 667.

R. Kebbekus, *Bildung für Transformationsprozesse*,
https://doi.org/10.1007/978-3-658-47589-5_4

Schwerpunkt besonders auf die Kompetenzentwicklung. Es ist demnach „[...] nicht nur eine besondere Stätte des Erzeugens und Vermittelns von Wissens, sondern vor allem von Fertigkeiten und Fähigkeiten“[4]. Tobias Schmohl führt nach Aufzeichnungen von Friedrich August Wolf unter anderem die folgenden Gütekriterien hinzu: zum einen der starke Fokus auf die studentische Selbstständigkeit, offene Kommunikation, Einbezug von Forscheraktivitäten, Ausbildung einer Lerngemeinschaft, Charisma des Dozenten, sowie eine hohe Anforderung an die zu erbringende Leitung und das moralische Verhalten.[5]

Im Rahmen der Bologna-Reform zeigten sich zunehmend eine politische Einflussnahme durch Leitwörter wie etwa der Forderung nach Employability *(Beschäftigungsfähigkeit)* in der Hochschullehre und dem vermeintlichen Verabschieden vom wissenschaftsorientierten Studium.[6]

Methodisch zeichnen sich Seminare durch eine konversationsgestützte Basis aus, welche durch ein hohes Maß an Studierendeninteraktion geprägt wird.[7] In Seminaren wird regelmäßig ein hoher Grad an selbstständigem Arbeiten durch die Studierenden erwartet, welcher sich beispielsweise in der Zukunftswerkstatt durch hohe Freiheitsgrade im Rahmen der inhaltlichen und zeitlichen Bearbeitung, sowie der wissenschaftlichen Methodenwahl auszeichnet. Zentraler Bestandteil ist auch die Arbeit in Gruppen mit einhergehender gruppendynamischer Reflexion im zeitlichen Ablauf einer Lehrveranstaltung. Seminare können neben der Vermittlung theoretischer Inhalte auch Praxisbezug als Ziel verfolgen. Als Lehrveranstaltung eignet es sich insbesondere für Lehrinhalte, bei denen die institutionellen Grenzen der Hochschule verlassen und sich Studierende Kompetenzen für ihre nachgelagerte berufliche Entwicklung aneignen können.[8] Seinen frühen Ursprung hat der Seminarbegriff aus der akademischen Bezeichnung für einen Raum mit Arbeitsmitteln innerhalb einer akademischen Verwaltungseinheit mit eigenem Haushalt.[9] Diese Definition spielt hier eine untergeordnete Rolle, soll aber der Vollständigkeit halber angeführt werden.[10]

---

[4] Danneberg (2007), S. 101.

[5] Vgl. Schmohl/Philipp (2021), S. 280.

[6] Vgl. Winter (2018), S. 280.

[7] Vgl. Ebenda, S. 277.

[8] Vgl. Nash/Manning (1996), S. 552.

[9] Vgl. Spoerhase/Dehrmann (2011), S. 106.

[10] Anmerkung: Bei Spoerhase/Dehrmann findet sich eine umfangreiche Beschreibung über die Praxis des Seminars in der Zeit um das frühe 18. Jahrhundert.

Die didaktische Rolle des Lehrenden beschränkt sich bei der klassischen Definition dieses Formates auf die organisatorische und moderierende Funktion.[11] Das Seminar der Zukunftswerkstatt erweitert hier die Rolle des Lehrenden um die Funktion als Coach. Eine dezidierte Betrachtung aller spezifischen Merkmale von Seminaren der Zukunftswerkstatt findet sich im folgenden Kapitel.

4.1.1 Merkmale des Bildungsprojekts der Zukunftswerkstatt

Die Grundidee der Zukunftswerkstatt liegt wie schon oben dargestellt im Entwickeln und Anbieten von Lehrangeboten, die ein gemeinsames praktisches Lernen von Studierenden und kooperierenden Unternehmen zum Ziel haben. Die Studierenden sollen dabei Fähigkeit und Kompetenzen entwickeln, um zukünftige Transformationsprozesse in einem Unternehmen erkennen, konzipieren und umsetzten zu können. Übertragen auf die Universität Siegen bedeutet dieses die Verknüpfung der akademischen Lehre mit realen Aufgaben und Problemstellungen der freien Wirtschaft durch die eingebundenen Kooperationspartner.

Das Bildungsformat wird für Bachelor und Masterstudierende im Fachbereiche Wirtschaftswissenschaften angeboten. In dieser Forschungsarbeit liegt der Fokus auf den Veranstaltungen mit Masterstudierenden.

Innerhalb des Bildungsprojektes der Zukunftswerkstatt werden akademisch anspruchsvolle und real existierende komplexe betriebliche Fragestellungen der Kooperationspartner in der Seminargruppe bearbeitet. Die zu bearbeitende Forschungsfrage wird im Vorfeld mit Unternehmensvertretern entwickelt und zum Veranstaltungsstart vorgestellt. Die Seminargruppe besteht dabei in der Regel aus bis zu 15 Personen, welche sich in kleine Teams mit drei bis vier Personen aufgliedern. Die einzelnen Teams bearbeiten die gestellte Forschungsfrage aus verschiedenen Betrachtungswinkeln heraus, sodass im Ergebnis immer mehrere Dimensionen einer Problemstellung betrachtet und bearbeitet werden.

Die Studierenden innerhalb der Teams arbeiten inhaltlich an verschiedenen Themenbereichen, um die Forschungsfrage bearbeiten zu können, fügen diese aber zu einer gemeinsamen Gruppenarbeit zusammen. Dabei erstellen die Studierenden neben einer schriftlichen Ausarbeitung zusätzlich eine Abschlusspräsentation, die abschließend den Entscheidern des Unternehmens bzw. der

[11] Vgl. Nash/Manning (1996), S. 551.

Organisation präsentiert wird. Während des Semesters werden je nach Themenschwerpunkt der Veranstaltung externe Vorträge eingestreut, die verschiedene Perspektiven auf die Forschungsfrage aufzeigen sollen.

4.1.2 Lernerziele

Die beteiligten Kooperationsunternehmen schätzten dabei vor allem die unvoreingenommene Herangehens- und Sichtweise der Studierenden, sowie die Vielschichtigkeit der aufgezeigten Wege, um die gestellte Forschungsfrage beantworten zu können. Regelmäßig werden dabei von den Studierenden Lösungswege und Möglichkeiten entwickelt, welche für das untersuchte Unternehmen aufgrund der bisherigen Perspektive verborgen waren bzw. nicht erkannt wurden.

Für die Studierenden bieten die Praxisseminare die Möglichkeit, den praktischen Umgang mit dem erlernten theoretischen Wissen zu trainieren und ihre Ergebnisse fachlich und inhaltlich vertreten zu müssen. Zudem lernen sie innerhalb einer Gruppe als Teammitglied an einem Lösungsteil zu arbeiten, welches am Ende zu einer gemeinsamen Lösung zusammengesetzt und präsentiert wird. Durch die Besuche in den einzelnen Unternehmen und die obligatorische Einbindung der Inhaber und Entscheider bietet sich zudem die Gelegenheit, betriebliche Abläufe und Prozesse mit einem Fokus auf die Vielfalt in der Praxis kennenzulernen. Oftmals kommt es in der Zusammenarbeit zu Angeboten von Abschlussarbeiten oder Praktika seitens der jeweiligen Kooperationspartner.

Bei der praktischen Durchführung stelle ich immer wieder fest, dass unter den Bedingungen einer realen Aufgabe und der Notwendigkeit des Erarbeitens einer anwendungsfähigen Lösung ein hoher Grad an Motivation bei den Studierenden erreicht wird. So wird oftmals zeitlicher Mehraufwand in Kauf genommen, um professionelle und anwendungsfähige Ergebnisse zu liefern. Zudem erfahren die Studierenden Wertschätzung und erleben durch das Einfließen ihrer Ergebnisse in den Unternehmensablauf greifbare Erfolge. Solche Erfahrungen bilden einen wertvollen Erfahrungsschatz für das angestrebte erfolgreiche Berufsleben und bereiten somit darauf vor.

Die Herausforderungen bei der Übersetzungsleistung von theoretischen Modellen in praktische Anwendungsfelder sind jedoch anspruchsvoll und vielfältig. Sie führen bei der Umsetzung durch unerfahrene Personen regelmäßig zu Problemen, da die Ergebnisse den Erwartungen nicht aller Beteiligten gleichermaßen genügen. Vor allem von Unternehmensseite wurde mir von bisherigen»-Negativerfahrungen« im Rahmen einer Zusammenarbeit mit Universitäten oder Hochschulen berichtet. Daher ist es notwendig, besonderes Augenmerk auf die

Betreuung der beteiligten Unternehmen und der Studierenden zu richten. Es geht darum, eine Lösung zu finden, die für alle Beteiligten zufriedenstellend ist, da sie mit unterschiedlichen Interessen in das Praxisseminar gehen. Dabei dürfen die Bedürfnisse keiner Seite vernachlässigt werden, und die Zukunftswerkstatt sollte nicht die Rolle eines Unternehmensberaters übernehmen.

Ein besonderer Fokus innerhalb der Konzeption des untersuchten Bildungsprojekts liegt auf dem gemeinsamen mehrdimensionalen Lernen und der Kompetenzentwicklung aller beteiligten Akteure. In der ersten Stufe lernen die Seminarteilnehmer aus den jeweils gemachten Erfahrungen, so finden beispielsweise regelmäßig reflektierende Arbeitstreffen statt, in denen von Erkenntnissen berichtet und darüber diskutiert wird. Für die Unternehmen bildet sich in Rahmen eines Transformationsprozesses durch den intensiven Kontakt mit der Studierendengruppe sowie den durchgeführten Gesprächen und Interviews im Rahmen der qualitativen Beforschung des Unternehmens ein Perspektivwechsel aus, der in der abschließenden Ergebnispräsentation und Diskussionsrunde mündet. Hierbei stellen die Studierenden ihre Ergebnisse und Lösungsansätze vor und stellen diese zur Diskussion.

Die Masterseminare der Zukunftswerkstatt durchlaufen im Rahmen der Durchführung verschiedene Phasen im zeitlichen Ablauf. Die Definition und Untersuchung dieser Phasen dient der Vorbereitung der qualitativen Untersuchung und soll eine dezidierte Betrachtung einzelner Phasen bei der qualitativen Erhebung durch Interviews ermöglichen. Begonnen werden soll mit den jeweiligen Phasen im Ablauf eines Seminars der Zukunftswerkstatt.

4.2 Organisatorische Rahmenbedingungen

Die Vorbereitungsphase orientiert sich grundsätzlich an zwei Dimensionen: einerseits an der Auswahl und Abstimmung mit dem Kooperationspartner, andererseits an der Vorbereitung der Veranstaltung, wie etwa der Erstellung von Vorlesungsunterlagen, Literaturlisten und ähnlichem.

4.2.1 Vorbereitungsphase mit dem Kooperationspartner vor Seminarstart

Neben dem Finden und Festlegen der zu bearbeitenden Fragestellung wird vor allem die Eignung des Unternehmens für das geplante Veranstaltungsformat abgeprüft. Eignungsmerkmale sind hierbei vor allem die Erwartungshaltung an die

Arbeit mit Studierenden, die Involvierung zentraler Entscheidungsträger wie beispielsweise Inhaber bzw. Geschäftsführer, sowie die Offenheit für die potenziellen Ergebnisse oder Erkenntnisse und deren Verwendung im Nachgang.[12] Im Rahmen von mehreren Workshops und Gesprächen mit den involvierten Entscheidungsträgern werden die Grundlagen für die geplante qualitative Erforschung durch die Studierendengruppe gebildet. Wichtig ist ein Verständnis für die aktuelle Situation im Unternehmen und die vorherrschenden Beweggründe für eine Teilnahme am Seminar, um darauf aufbauend die Fragestellung zu entwickeln.

Die finalen Rahmenbedingungen werden in einer aussagekräftigen Projektskizze festgehalten und durch einen Ablaufplan ergänzt. Bei Drittmittelprojekten kommt zu den Unterlagen noch ein Forschungs- und Entwicklungsvertrag, um die formaljuristischen Anforderungen an eine solche Zusammenarbeit zwischen Universität und Unternehmen abzusichern.

4.2.2 Vorbereitungsphase Seminar vor Seminarstart

Aufbauend auf der vorbereiteten Fragestellung werden die Seminar- und Vorlesungsunterlagen sowie ein Literaturverzeichnis erstellt. Die konkrete Fragestellung wird dabei aus mindestens drei Sichtweisen bzw. Dimensionen bearbeitet. Die spätere Gruppeneinteilung der Studierenden mit maximal 5 Personen pro Gruppe baut auf diesen drei Sichtweisen auf. Sie sorgt in Verbindung mit den späteren Impulsvorträgen für eine gruppenübergreifende Wissen- und Verständnisbasis.

Die Studierenden durchlaufen im Rahmen der Durchführung 11 Phasen im zeitlichen Ablauf und werden so auf die jeweils folgende Aufgabe vorbereitet. Die Definition und Untersuchung dieser Phasen dient der Vorbereitung der qualitativen Untersuchung und soll eine dezidierte Betrachtung einzelner Phasen bei der qualitativen Erhebung durch Interviews ermöglichen. Innerhalb der einzelnen Phasen erfolgt die Anwendung spezifischer didaktischer und methodischer Elemente.

1. Phase: Erstes Treffen mit Vorstellung von Ablauf und Vorgehen, sowie einer ersten Formulierung der Forschungsfrage – Rahmenbedingung Dozent, Rahmenbedingung Vorlesungsunterlagen

[12] Anmerkung: Es ist von zentraler Bedeutung, dass die involvierten Entscheidungsträger aus dem Unternehmen an die Sinnhaftigkeit der Zusammenarbeit glauben und dieses auch nach innen kommunizieren. Nur so wird die Studierendengruppe bei ihrer empirischen Forschung nicht als Störfaktor empfunden, sondern als neutraler Beobachter und neugieriger Forscher.

2. Phase: Die Studierenden vertiefen sich in die zu bearbeitenden Themen, wobei die Vorbereitung in Gruppen stattfindet und Impulsreferate präsentiert werden – Rahmenbedingung Impulsreferate
3. Phase: Kennenlernen der Unternehmensvertreter mit Impulsvortrag zur Situation und den eigenen Erwartungen – Rahmenbedingung Kontakt Unternehmensvertreter
4. Phase: Diskussion der Erkenntnisse aus Phase 3 mit einhergehender Deutung der Perspektive, Wünsche, bisherigen Probleme und Erwartungen – Rahmenbedingung: Praxisnähe
5. Phase: Finalisierung der Forschungsfrage, Ableitung von möglichen Vorgehensweisen, um Antworten auf die Fragestellungen des Kooperationspartners erhalten zu können – Rahmenbedingung Diskussion und Austausch in den Arbeitsgruppen.
6. Phase: Finalisieren und Anwenden der Lösungswege aus Phase 5, Erhebung von Informationen – Rahmenbedingung Selbstorganisation
7. Phase: Deutung der Informationen und Beantwortung der Forschungsfrage – Rahmenbedingung Freiheit
8. Phase: Präsentation und Diskussion der Ergebnisse in der Seminargruppe und Finalisierung der Ergebnisse – Rahmenbedingung Diskussion und Austausch in den Arbeitsgruppen
9. Phase: Vorstellung der Ergebnisse vor dem Kooperationspartner und Beantwortung von Fragen – Rahmenbedingung Abschlusspräsentation
10. Phase: Abschlusstreffen mit Erfahrungsaustausch, im Anschluss gemeinsames Mittagessen – Rahmenbedingung Abschlusstreffen
11. Phase: Abschlusstreffen des Dozenten mit den Unternehmensvertretern – Erfassung der Fallbeispiele

Die 11 Phasen verdeutlichen die Komplexität und Vielfalt des untersuchten Seminars als Bildungsprojekt. Zusätzlich werden in den einzelnen Phasen Unterstützung durch den Dozenten, Coachings und Sprechstunden angeboten, die die Studierenden bei ihrer Arbeit begleiten und fördern.

Auswertung der empirischen Erhebung 5

Die Analyse der empirischen Ergebnisse gliedert sich in zwei Felder, zu einen die kategorienbasierte Auswertung der qualitativen Interviews, zum anderen die Auswertung der Gesprächsprotokolle und Mitschriften nach Geertz.

Die Untersuchung der Lern- und Kompetenzentwicklung der Studierenden erfolgt im Rahmen von qualitativen Interviews, bei denen die individuellen Entwicklungsmerkmale in der Studierendengruppe erhoben werden sollen. Dabei erfolgt eine Einteilung in drei Gruppen:

1. Zum Semesterstart (Kompetenzen vor dem Bildungsprojekt)
2. Zum Semesterende (Kompetenzen nach dem Bildungsprojekt)
3. Teilnehmer des Bildungsprojektes nach Studienabschluss im Beruf (Kompetenzen die im Arbeitsumfeld eingesetzt werden)

Ein weiterer Fokus der Analyse soll auf der Verknüpfung zwischen den eingesetzten didaktischen Methoden und der damit potenziell zusammenhängenden Kompetenzentwicklung der Studierenden gelegt werden. Das erhobene Datenmaterial wird mithilfe der qualitativen Inhaltsanalyse ausgewertet.[1]

Im Rahmen von Gesprächen und Treffen mit Vertretern der innerhalb des Bildungsprojektes untersuchten Unternehmen und Organisationen sollen die dabei erstellten Gesprächsmitschriften und Protokolle herangezogen werden, um die Reaktionen der sozialen Systeme durch die Studierendengruppe zu erfassen.

[1] Vgl. Mayring, 2020, S. 15.

R. Kebbekus, *Bildung für Transformationsprozesse*,
https://doi.org/10.1007/978-3-658-47589-5_5

Um die eingetretenen Reaktionen und Veränderungen in den sozialen Systemen selber bewerten zu können, wird die Methode der dichten Beschreibung nach Clifford Geertz angewendet.[2] Diese Methode soll im Rahmen dieser Forschungsarbeit weiterentwickelt werden und Erkenntnisse über Lernfortschritte und Kompetenzentwicklungen, die sich innerhalb von sozialen Systemen nachweisen lassen, hervorbringen. Die Analyse erfolgt anhand von drei Fallbeispielen, innerhalb derer jeweils eine semesterbegleitende Beforschung durch die Studierenden und die Reaktion des sozialen Systems respektive der Unternehmensvertreter beschrieben wurde.

Dabei werden die festgehaltenen Ereignisse in Form von Kommunikation innerhalb eines sozialen Systems als Bedeutungsunterscheidungen verstanden, die dann als Erzählung interpretiert werden können.[3] Durch die hermeneutische Denkweise, bei der die erstellten Protokolle als Ausdruck menschlichen Diskursen, Praktiken und Verhalten zu deuten sind, lässt sich im Umkehrschluss Kultur durch Praktiken und Verhalten lesen und interpretieren.[4]

5.1 Kategorienbasierte Auswertung der Interviews,

Im Rahmen der Datenerhebung wurden insgesamt 14 Interviews mit Studierenden der Universität Siegen durchgeführt. Die Interviews gliedern sich in drei Gruppen:

a. Fünf Studierende vor dem Bildungsprojekt (Gruppe G1-X)
b. Fünf Studierende nach dem Bildungsprojekt (Gruppe G2-X)
c. Vier Studierende nach dem Bildungsprojekt im Beruf (Gruppe G3-X)

Im Rahmen der deduktiven Bildung von Kategorien wurden insgesamt 11 Hauptkategorien definieren, die in induktiven weiteren Schritten in 139 Nebenkategorien verfeinert wurden. Nachfolgend soll ein erster Überblick über die ersten zwei Kategorie Ebenen gegeben werden (Abb. 5.1):

Die Auswertung soll unter anderem Aufschluss darüber geben, welche Kompetenzentwicklung bei Studierenden mit welchen didaktischen Methoden innerhalb eines Bildungsprojektes erreicht werden kann. Im Folgenden sollen

[2] Vgl. Geertz, 1983, S. 8.

[3] Vgl. Ellrich, 1999, S. 10.

[4] Vgl. Geertz, 1983, S. 15.

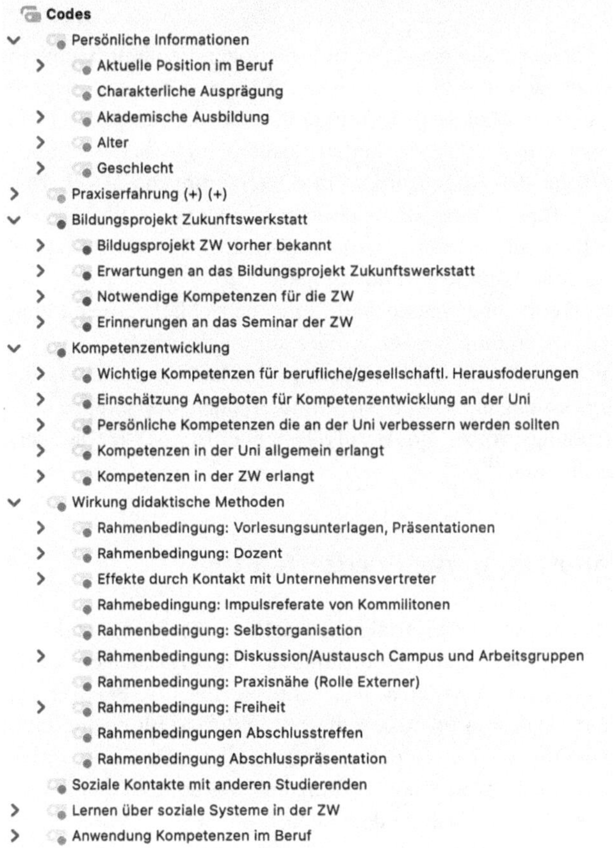

Abb. 5.1 Hauptkategorien und erste Ebene der Nebenkategorien[5]

nun die einzelnen Kategorien ausgewertet und analysiert werden. Die Auswertung erfolgt je nach Fokus der Fragestellung gruppenübergreifend, aber auch gruppenspezifisch.

[5] Eigene Abbildung.

5.1.1 Hauptkategorie: Persönliche Informationen

In der Hauptkategorie »Persönliche Informationen« sollten Sachverhalte zu den befragen Person selbst erhoben werden. Neben Alter und dem biologischen Geschlecht gehören dazu auch Informationen zu der akademischen Ausbildung und dem Ausbildungsort, der aktuellen Position im Arbeitsfeld und die Berufsbezeichnung.[6] Für das Alter wurden drei Altersgruppen (21–23, 24–26, über 26 Jahre) gebildet. Eine Person war zwischen 21–23 Jahre alt, acht Personen zwischen 24–26 Jahre alt und fünf Personen über 26 Jahre alt. Befragt wurden neun weibliche und fünf männliche Studierende.[7]

Keiner der Teilnehmer/-innen hatte eine betriebliche Ausbildung vor seiner akademischen Ausbildung begonnen oder abgeschlossen.[8]

Insgesamt befanden sich in den ersten beiden Gruppen 14 Studierende in einem Masterstudiengang.[9] Alle vier Studierenden der Gruppe 3 (Studierende nach dem Bildungsprojekt im Beruf) haben einen Master an der Universität Siegen abgeschlossen.[10]

5.1.2 Hauptkategorie: Praxiserfahrung

In der Hauptkategorie »Praxiserfahrung« sollten alle Sachverhalte zu bisherigen Erfahrungen im Lösen von Arbeitsaufgaben im praxisnahen Umfeld erhoben werden. Dabei wurde zwischen hochschulspezifischer Praxiserfahrung (Praktika, usw.) und Erfahrung im Arbeitsumfeld inklusive Ehrenamt unterschieden.[11] Diese Sachverhalte sollten einen möglichen Zusammenhang zwischen bereits vorhandenen Kompetenzen vor der Teilnahme an dem Bildungsprojekt und den Ergebnissen nach der Teilnahme darstellen.

Neun der interviewten Teilnehmer/-innen berichteten von *Erfahrungen in Nebenjobs*, die diese neben ihrem Studium wahrgenommen hätten.[12] Zudem gab

[6] Vgl. Anhang: Fragebogen G1, G2, G3.

[7] Vgl. Anhang: Kodierte Segmente persönliche Informationen: Alter, S. 100 ff.

[8] Vgl. Anhang: Kodierte Segmente persönliche Informationen: Akademische Ausbildung, S. 95 ff.

[9] Vgl. Anhang: Kodierte Segmente persönliche Informationen: Akademische Ausbildung, S. 95 ff.

[10] Vgl. Anhang: Kodierte Segmente persönliche Informationen: Akademische Ausbildung, S. 95 ff.

[11] Vgl. Anhang: Fragebogen G1, G2, G3.

[12] Vgl. Anhang: Kodierte Segmente: Praxiserfahrung, S. 105 ff.

es drei Teilnehmer/-innen die über Erfahrungen im Bereich Unternehmensführung, Strategie oder Beratungsprozessen verfügen.[13] Eine Person berichtet von seiner Erfahrung: „[…] als Assistenz vom Geschäftsführer und bin da für mehrere Dinge tätig und da konnte ich halt schon viel Praxiswissen anwenden, aber auch sehr viel Neues lernen.“[14] Eine andere Teilnehmerin berichtet als Trainerin gearbeitet zu haben: „[…] als Beratung gearbeitet und Trainerin und ja, hab da auch schon Change Prozesse mit begleitet und dementsprechend da sehr praxisnah an dem Thema gearbeitet“[15].

Eine interviewte Teilnehmerin berichtete von ihrer Arbeit in der Fachschaft: „Ich war lange stellvertretende Vorsitzende der Fachschaft im Bachelor und habe da natürlich auf eine andere Art und Weise, aber auch sehr viel, ja, praxisnah“[16] gearbeitet.

Zwei der interviewten Teilnehmer/-innen berichteten von Erfahrungen im Rahmen eines *Werksstudiums* im Rahmen ihres Bachelorstudiums.[17]

Drei der interviewten Teilnehmer/-innen berichteten von Erfahrungen in *universitären Projekten und Praxissemestern.*[18] Im Rahmen dieser Projekte wurde zweimal ein gemeinsam Forschungsprojekte zwischen der Hochschule und Organisationen durchgeführt. Einmal wurde ein sechsmonatiges Praxissemester angegeben.

Zwei der interviewten Teilnehmer/-innen berichteten von Erfahrungen in *universitären Bildungsprojekten* innerhalb derer sie Cases (Fallbeispiele) bearbeiten mussten.[19] Diese hätten jedoch keinen Bezug zu einer realen Problemstellung gehabt, sondern dienten lediglich dem fachspezifischen Eintrainieren von Lösungswegen (Abb. 5.2).[20]

Die Ergebnisse aus dem Bereich der Praxiserfahrungen zeigen, dass ein Großteil der interviewten Teilnehmer/-innen Erfahrungen im Lösen praxisnaher Aufgabenstellungen vorweisen kann. Diese Erfahrungen bauen zu einem großen Teil auf Nebentätigkeiten neben dem Studium auf und lassen sich bei einigen

---

[13] Vgl. Anhang: Kodierte Segmente: Praxiserfahrung, S. 105 ff.

[14] G1–03, Pos. 16.

[15] G3–02, Pos. 20.

[16] G1–04, Pos. 16.

[17] Vgl. Anhang: Kodierte Segmente: Praxiserfahrung, S. 105 ff.

[18] Vgl. Anhang: Kodierte Segmente: Praxiserfahrung, S. 105 ff.

[19] Vgl. Anhang: Kodierte Segmente: Praxiserfahrung, S. 105 ff.

[20] Vgl. G1–05, Pos. 12.

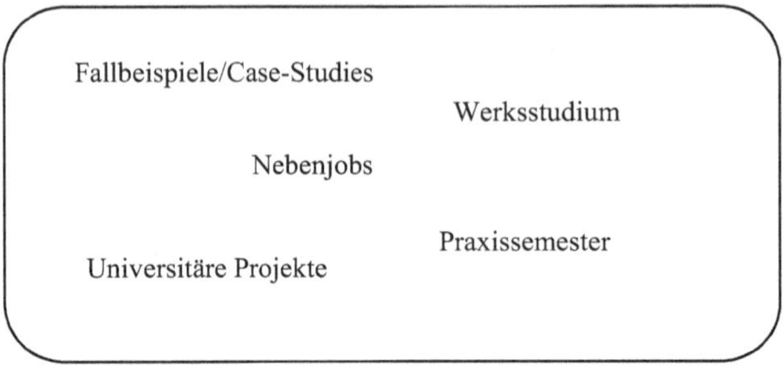

Abb. 5.2 Praxiserfahrung[21]

interviewten Teilnehmer/-innen festmachen. Zwei Personen hatten dabei einen hohen Grad an Verantwortung.[22]

Im Rahmen der universitären Ausbildung findet eine originäre praxisnahe Ausbildung nur in Rahmen von Kooperationen und Praxissemestern statt, während die Bearbeitung von Fallbeispielen keinen echten Bezug zum Lösen praxisnaher Aufgabenstellungen vorweisen kann.

Mit Bezug auf die in Abschnitt 3.2 vorgestellten Rahmenbedingungen für erfolgreiches Lernen lässt sich hier von einem praxisfernen Lernen sprechen. Gerade in Hinblick auf konstruktivistische Lerntheorien ist die Erfahrung und die Bedeutung sozialer Interaktionen ein wichtiges Indiz für erfolgreiches Lernen.[23]

Ein weiterer zentraler Punkt ist die praxisferne Ausbildung von Studierenden, die nach Abschluss ihres Studiums in der Praxis arbeiten sollen. Der Grund dafür liegt in dem derzeitigen »Spagat« eines akademischen Bildungsanspruchs auf der einen Seite und den Forderungen des Arbeitsmarktes gerecht zu werden auf der anderen Seite.[24]

5.1.3 Hauptkategorie: Bildungsprojekt Zukunftswerkstatt

In der Hauptkategorie »Bildungsprojekt Zukunftswerkstatt« sollten alle Sachverhalte erhoben werden, die im direkten und erweiterten Zusammenhang mit der

[21] Eigene Abbildung.

[22] Vgl. Anhang Kodierte Segmente: Praxiserfahrung, S. 105 ff.

[23] Vgl. Reusser (2006), S. 154.

[24] Vgl. Schubarth/Speck (2014), S. 7.

angebotenen Veranstaltung selbst und den dafür aus Sicht der Befragten notwendigen Fähigkeiten und Kompetenzen stehen.[25] Zusätzlich sollten hier die Erwartungen der Studierenden an das Bildungsprojekt und die Erinnerungen daran erfasst werden.[26]

5.1.3.1 Erwartungen an das Bildungsprojekt

Die Erwartungen an des Bildungsprojekt lassen sich grundsätzlich in fünf Oberpunkte gliedern:

Erstens *Praxisnähe* mit einem Bezug zu realen Problemstellungen mit existierenden Unternehmen in der Region, zweitens einem *hohen Grad an Innovativität* hinsichtlich des Veranstaltungsformates, drittens der Möglichkeiten zum *Austausch mit Unternehmensvertretern* und der damit verbundenen Gelegenheit Unternehmen in der Region generell oder besser kennen zu lernen, viertens mit der *Möglichkeit zum selbstständigen Arbeiten* und als fünfter Punkt die *Verbindung von theoretischem Wissen mit praxisnahen Anforderungen.*[27]

Ein interviewter Teilnehmer meint dazu: „An die Zukunftswerkstatt hier, an das Seminar, habe ich die Erwartungen, dass es halt mir 'n bisschen *Praxisnähe* gibt, weil an sich ist das Studium ja eher auf Wissen getrimmt und nicht auf Handlung."[28]

Eine weitere Aussage: „Zum einen halte ich diese Praxisnähe für super, ein anderes Unternehmen mal kennenlernen, Gespräche führen, auch *hinter die Fassade* quasi blicken, irgendwie Tools finden, was das Personalmanagement angeht, was so gängig ist, Sachen hinterfragen können. Genau und ja, im Team auch diese Gruppenarbeit, einfach Erfahrungen sammeln."[29] Hier wird der Wunsch des Studierenden deutlich, mehr Bezug zu praktischen Problemfeldern und Aufgaben aus dem betrieblichen Umfeld zu erhalten.

Eine weitere Aussage dazu verbindet den Wunsch nach einer *Kombination von praktischen und theoretischen Ausbildungselementen* in der universitären Ausbildung: „Ich hatte die Hoffnung, den Kooperationspartner besser kennenzulernen und 'n Stück weit zu dem, was ich im Vorhinein schon gemacht habe, nochmal ein Stück weit mit Input und mit Hintergrundwissen zu füttern. Und im Prinzip,

---

[25] Vgl. Anhang Fragebogen G1, G2, G3.

[26] Vgl. Anhang Fragebogen G1, G2, G3.

[27] Vgl. Anhang: Kodierte Segmente: Bildungsprojekt Zukunftswerkstatt, S. 107 ff.

[28] G1–01, Pos. 18.

[29] G1–05, Pos. 18.

ja, nochmal mit dem akademischen Grad oder mit dem mit der akademischen Arbeit zu verbinden.“[30]

Weiter kommen kritische Stimmen auf, bei denen der universitären Bildung eine gewisse *Praxisferne* vorgeworfen wird: „[…] wir lernen so viel Theorie, aber was davon brauchen wir eigentlich in der Praxis oder wie wende ich’s an? Und dieses gezielte Anwenden vor allem und man hat da auch schnell gemerkt, dass eben die ganze Theorie in der Praxis gar nicht so oft funktioniert, sondern man schon mal so die Ecke denken muss oder da noch mal nachhaken muss. Und das waren die Erwartungen, die ich hatte und die wurden dann auch erfüllt.“[31]

Diese Annahme wir auch durch weitere Personen bestätigt: „Zum einen halte ich diese Praxisnähe für super, ein anderes *Unternehmen mal kennenlernen, Gespräche führen*, auch hinter die Fassade quasi blicken, irgendwie Tools finden, was das Personalmanagement angeht, was so gängig ist, Sachen hinterfragen können. Genau und ja, im Team auch diese Gruppenarbeit, einfach Erfahrungen sammeln […].“[32]

In den Gesprächen mit Studierenden in den Abschlusstreffen nach den Veranstaltungen wird regelmäßig über die Möglichkeiten des *Austausches mit Unternehmensvertretern* gesprochen. Dieser Austausch wir als wertvoll in der eigenen Entwicklung und dem einschätzen können des eigenen Wissenshorizontes erachtet: „[…] natürlich auch ’n Punkt, dort zu schauen, wie ist dort die Arbeitsweise, wie ist dort der Kontakt mit dem Unternehmen? Und am Ende war es natürlich super, dass wir da in der Abschlusspräsentation wirklich fachübergreifend dort Führungspersonen hatten, ja, Kontakt mit, Leuten, die ’n Standing haben, die Berufserfahrung haben, die dann auch einschätzen können ob das was man gemacht hat auch anwendbar und gut ist […].“(Abb. 5.3)[33]

In den Interviews wurde deutlich, dass die Beschreibung der Veranstaltung auf der Anmeldeplattform UNISONO der Universität Siegen bei den Befragten durch die explizite Erwähnung eines Praxisbezuges besonders hervorgestochen ist. Studierenden berichten zudem regelmäßig von dem Wunsch nach praxisnaher Ausbildung. Vor allem der direkte Bezug zu einem Unternehmen, bzw. die Arbeit mit Unternehmensvertretern und Mitarbeitern wird als wichtig und notwendig betrachtet. In dem ersten Treffen mit den Studierenden frage ich immer „warum sind sie eigentlich hier?“, die häufigste Antwort ist sinngemäß immer gleich:

[30] G0–02, Pos. 22.

[31] G2–02, Pos. 14.

[32] G1–05, Pos. 18.

[33] G2–03, Pos. 18.

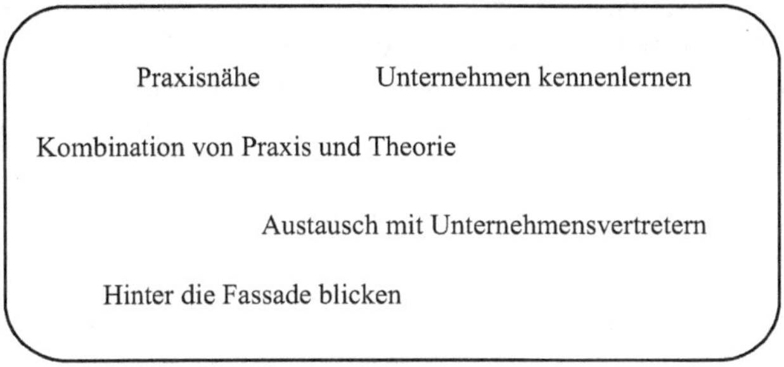

Abb. 5.3 Erwartungen an das Bildungsprojekt[34]

»Weil ich einmal mit einem richtigen Unternehmen arbeiten möchte, weil ich mit denen reden möchte und weil ich mir erhoffe, dabei etwas zu lernen.«

5.1.3.2 Notwendige Kompetenzen für das Bildungsprojekt

Im Rahmen des Bildungsprojektes der Zukunftswerkstatt werden keine expliziten Kompetenzen vorausgesetzt. Studierende innerhalb der Veranstaltung verfügen regelmäßig über »universitätsspezifische Kompetenzen« wie beispielsweise Kenntnisse über wissenschaftliches Arbeiten, oder Organisation des Studiums. Andere Kompetenzen wie eine gewisse Sozialkompetenz, aber auch grundlegende fachliche Kompetenzen, beispielsweise das erlernte Wissen der ersten Studiensemester wird vorausgesetzt. Weiter wird bei Masterstudierenden eine stärker ausgeprägte Selbstständigkeit, beispielsweise im Lösen von Aufgabenstellungen oder der Gruppenorganisation, vorausgesetzt.

Studierende, die sich für ein Bildungsprojekt der Zukunftswerkstatt anmelden, haben in der Regeln Vorstellungen von dem was sie erwartet. Diese Erwartung soll später als eigenständige Frage erhoben werden, um Rückschlüsse auf die Kompetenzentwicklung aus eigenem Antrieb treffen zu können.

Die interviewten Studierenden benannten sieben zentrale und notwendige Kompetenzen, die man innerhalb der Zukunftswerkstatt brauchen würde. Diese sind erstens die Fähigkeit umfangreiche Projekte mit ihren Zielen und *komplexen Verbindungen oder Wirkmechanismen* innerhalb von sozialen Systemen zu verstehen und auf eine gemeinsame Lösung hinzuarbeiten.[35]

[34] Eigene Abbildung.

[35] Vgl. Anhang: Kodierte Segmente: Bildungsprojekt Zukunftswerkstatt, S. 109 ff.

„Also ich glaube, ich fand's am schwierigsten zu verstehen, was das *Ziel des Ganzen* ist, weil irgendwie diese Verbindung zwischen dem, was wir innerhalb der Uni erarbeiten wollen, aber auch was das Unternehmen erwartet, das irgendwie zu verknüpfen, das fand ich relativ schwierig. Was da die Erwartungshaltung ist und welchen Spielraum wir auch haben, was wir ja da im Endeffekt auch präsentieren und sich da vielleicht auch nicht zu sehr beeinflussen zu lassen."[36]

Zweitens die *Verknüpfung von theoretischen und praktischen Informationen* bei der Arbeit mit oder in einem Unternehmen: „[...] die Verknüpfung von ja den theoretischen und dem empirischen Teil, und auch gemerkt, wie schwierig das ist, mit so wenigen Informationen zu arbeiten"[37].

Drittens die Kompetenz in *Gruppen und auch gruppenübergreifend arbeiten zu können*, wobei zum einen generell die Arbeit in Gruppen als wertvoll angesehen, zum anderen aber auch als individuelle Herausforderung betrachtet, wurde: „[...] wir haben ja in Gruppen gearbeitet. Das ist schon mal wichtig, dass wir da uns abstimmen können, dass wir da die Fähigkeit haben und die Lust haben, mit anderen zu arbeiten. Dann ist auch wichtig, dass man [...] *selbststrukturiert* ist. Das braucht man einfach, da irgendwie voranzukommen, dass man auch nicht die anderen im Stich lässt und auch für sich selbst weiterkommt. Und grade in Gruppen, wenn's heißt, man muss bis zu dem Zeitpunkt was vorbereitet haben, dann musst Du ja auch 'n bisschen so deinen eigenen Weg haben und überzeugt sein von dem, was du dann vorstellst"[38].

Viertens die Kommunikationsfähigkeit die von vier Studierenden als maßgeblich notwendige Kompetenzen innerhalb eines Bildungsprojektes beschrieben wurde. Unter Kommunikationsfähigkeit fallen neben der eigenen Fähigkeit in Gruppen zu sprechen und dabei seine Meinung formulieren und vertreten zu können auch die Fähigkeit Kommunikation als Prozesse lenken oder steuern zu können.[39] „Also ich glaube auf jeden Fall eine gewisse Kommunikationsfähigkeit. Also es ist wichtig, dass man klar kommuniziert, auch seine Bedürfnisse, vor allem auch in der Gruppenarbeit."[40]

Fünftens die Kompetenz sich als *Teil innerhalb einer Gruppe* zu betrachten und sein Verhalten daran anzupassen: „[...] auch dieses Zurückhaltende, dass man auch die anderen Gruppenteilnehmer, wahrnimmt [...]."[41]

---

[36] G2–01, Pos. 22.

[37] G2–01, Pos. 23–24.

[38] G2–05, Pos. 24.

[39] Vgl. Anhang: Kodierte Segmente: Bildungsprojekt Zukunftswerkstatt, S. 109 ff.

[40] G2–02, Pos. 16.

[41] G2–02, Pos. 16.

Sechs Interviewpartner/- innen nannten *Konfliktfähigkeit* als sechste Kompetenz, um Konflikte als solche zu erkennen und zum einen in der Rolle eines moderierenden Dritten deeskalierend wirken zu können, aber auch die Meinungen anderer akzeptieren zu können. „[…] flexibel sein für andere Denkansätze, weil wir kommen eben aus anderen Studiengängen und da ist es eben nicht immer so, dass man einer Meinung ist und dass man auch offen dafür ist.“[42]

Als siebente Kompetenz wird die Anforderung an das *Selbstvertrauen genannt*, welche in Kombination mit sozialen Kompetenzen als wichtig und hilfreich in der Arbeit mit Gruppen angesehen wird: „[…] Man sollte auf jeden Fall keine Probleme damit haben, in einer großen Gruppe zu sprechen, öffentlich zu sprechen quasi. […] man merkt, wer dort talentierter ist, wer sich eher zurückhält und wenn man sich dann in der Gesamtgruppe nicht traut, auch mal was zu sagen, dann wird es schwierig. Also man muss dort schon diese sozialen Kompetenzen haben, in der Gruppe interagieren zu können und sich auch zu trauen, da Impulse zu geben (Abb. 5.4).“[43]

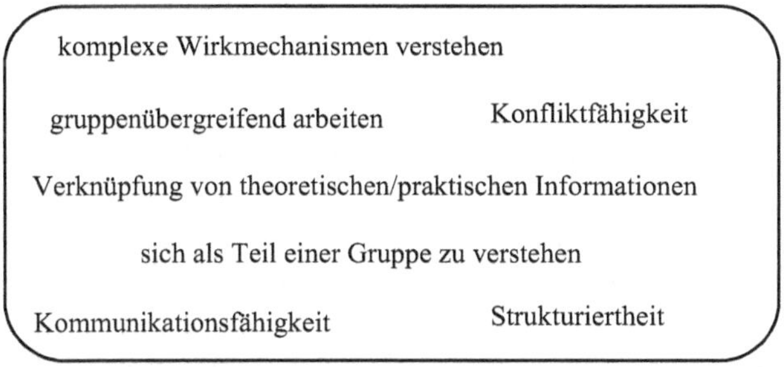

Abb. 5.4 Notwendige Kompetenzen im Bildungsprojekt der Zukunftswerkstatt[44]

5.1.3.3 Erinnerungen an das Bildungsprojekt Zukunftswerkstatt

In den Interviewgruppen G2 und G3 wurde nach den Erinnerungen an das durchgeführte Bildungsprojekt der Zukunftswerkstatt gefragt. Dabei wurden keine Hilfestellungen für die Erinnerung gegeben. Die Interviewten sollten ihre

[42] G2–02, Pos. 16; G2–05, Pos. 26.

[43] G2–03, Pos 20.

[44] Eigene Abbildung.

Erinnerungen und Kompetenzen benennen, die ihnen im Rückblick an das Bildungsprojekt der Zukunftswerkstatt in den Sinn kamen.[45]

Die Idee hinter der Frage war, zu überprüfen welche der didaktischen Elemente und Rahmenbedingungen auch einige Zeit nach dem Projekt noch wiedergegeben werden konnten, es sollte aber auch Lob und Kritik erfasst werden.

Die Aussagen lassen sich in 10 Bereiche gliedern, erstens die besondere Situation mit einem Unternehmen und an einem *realen Projekt* mitzuarbeiten: „[…] es war viel lebendiger und so, wie ich mir ein Seminar vorstelle, dass man praktische Erfahrungen sammelt und halt einfach einen neuen Themenbereich angeht."[46] „[…] [durch die Praxisnähe] hab ich dann wirklich auch noch mal versucht, die […] [Bedürfnisse des Unternehmens einzuordnen] und konkrete Ansätze aus […] der Theorie dann in die Praxis weitergeführt."[47]

Zweitens die *anwendungsbasierte Ausrichtung* des Bildungsformates, bei der der Dozent eher als Coach agiert und verantwortlich für den Rahmen ist: „[…], weil es so anwendungsbasiert war und nicht wie eine Vorlesung oder einfach irgendwie, ja, also zwei Stunden, wie man, sage ich mal, einfach absitzt, sondern es war halt einfach interessant gestaltet und es hatte auch ein Lernprozess."[48]

Drittens wurde mehrfach die Möglichkeit des *Kontakts mit Unternehmensvertretern* hervorgehoben. Diese fungieren einerseits als persönliche und fachliche Austauschpartner und bieten andererseits die Gelegenheit, Einblicke in ein Unternehmen zu gewinnen: „Das war für mich was komplett Neues in so einem großen Unternehmen was machen zu dürfen und darin Kontakt zu haben, persönliche Kontakt."[49]

Viertens bestimmen diese Kontakte auch in *prägender Form die zukünftige Berufswahl*: „[…] ich fand die direkte Kommunikation mit dem Unternehmen super. Wir sind auch danach noch in Kontakt geblieben. Und ich fand die Arbeit von der Frau heute damals ziemlich cool. Deshalb mache ich das jetzt auch."[50] Eine weitere Antwort dazu: „[…] ich wusste ja schon, dass ich in Richtung Personal wollte und da sie [Anmerkung: die Ansprechpartnerin im kooperierenden Unternehmen] auch die Themen betreute, die dabei vertieft wurden, haben die

[45] Vgl. Anhang: Kodierte Segmente: Bildungsprojekt Zukunftswerkstatt, S. 111 ff.

[46] G2–04, Pos. 58.

[47] G2–01, Pos. 28.

[48] G2–04, Pos. 58.

[49] G3–04, Pos. 22.

[50] G3–04, Pos. 48.

mir dann auch besonders viel Spaß gemacht. Vor allem das Thema Personalarbeit, was ich ja dann auch übernommen habe[...].“[51]

Kritisch wurde hingegen von fünf interviewten Personen die zuweilen etwas *abstrakte Projektbeschreibung,* vor allem im Anfangsstadium, betrachtet, bei der nicht immer die Anforderungen seitens des Bildungsprojektes und die des kooperierenden Unternehmens klar gewesen waren: „[...] irgendwie auch ein bisschen komisch, dass teilweise innerhalb von den Kooperationspartner gar nicht klar war, was das eigentliche Forschungsziel war.“[52]

Mit Bezug auf die in der Einführungsveranstaltung angekündigte *Kompetenzentwicklung* als Lehrinhalt zeigt sich, dass das *Verständnis über das Wesen von Kompetenzen*, bzw. das Erlangen solcher erklärungsbedürftig sein kann. „[...] ich hätte es schön gefunden, wenn wir am Anfang irgendwie über Kompetenzen auch mal geredet hätten und dann vielleicht ab und zu mal den Zwischenstand erfasst hätten.“[53]

Vier der interviewten Personen sprachen einen möglicherweise *zeitlich zu knapp angesetztem Zeitraum* von einem Semester für das Projekt an. Ihrer Meinung nach wäre es sinnvoll das Unternehmen auch noch in der Umsetzungsphase begleiten und weiter beforschen zu können. So könnte eine weitere Kompetenz bei den Studierenden im Sinne der Bedürfnisse bei der Umsetzung von angestoßenen Veränderungen gefördert werden. Dabei hätten sie die Möglichkeit weitere Phasen zu begleiten und möglicherweise auch zukünftig korrektiv eingreifen zu können.[54] „[...] wir haben Umsetzungsbeispiele genannt, aber das war ja dann ein bisschen im luftleeren Raum. Ich glaube, wenn ich jetzt heute darauf zurückkomme, würde ich sagen, klar bräuchte das dann wieder deutlich mehr Zeit, aber es wäre natürlich supergeil, wenn man da auch mit Veränderungsprozesse mit anstößt und in die Realität auch überführt [...].“[55] „[...] ich hatte irgendwie immer diese Hoffnung, dass man irgendwie vielleicht auch sieht, was umgesetzt wird. [...] aber irgendwie kam mir das so vor, als hätten wir sehr viel Input gegeben und dann ja, fällt das Ganze irgendwie unter den Teppich.“[56] „[...] ich würde das glaube ich super spannend finden, wenn Studierende auch im Nachgang nochmal dort reinschauen können.“[57]

[51] G3–03, Pos. 34.

[52] G2–02, Pos 47.

[53] G2–02, Pos 63.

[54] Vgl. Anhang: Kodierte Segmente: Bildungsprojekt Zukunftswerkstatt, S. 111 ff.

[55] G3–01, Pos 47.

[56] G2–01, Pos. 76.

[57] G3–01, Pos 49.

Fünf Befragte berichten von einem erfolgreichen Lernprozess als Erinnerung an das Bildungsprojekt der Zukunftswerkstatt. Die Gründe dafür lagen in seiner *Anwendungsbasiertheit*: „[...], weil es so anwendungsbasiert war und nicht wie eine Vorlesung oder einfach irgendwie zwei Stunden, wie man, sagt einfach absitzt, sondern es war einfach interessant gestaltet."[58] Zum zweiten einer *feste Aufgabenstellung*, deren Lösung allerdings flexibel gestaltet werden kann: „[...] eine feste Aufgabenstellung zu haben, aber dass man trotzdem flexibel einfach sein muss in seinen Kompetenzen und dass man vor allem dann das abruft, was man gelernt hat und was man erforscht hat."[59]

Neuntens die *Möglichkeit mit Unternehmensvertretern sprechen* zu können, die ein Interesse an der Arbeit des Seminarteilnehmers haben und diese wertschätzen: „[...] dabei mit Führungspersonen zusammenzukommen, die einen Wunsch haben nach Veränderung – nicht genau wissen wie, aber wo man merkt wie tief dieser Wunsch nach Veränderung wirklich geht."[60]

Zehntens die *Arbeit in Gruppen*: „[...] bei der Projektarbeit haben wir uns [als Gruppe] am Ende zusammengesetzt, alles zusammenzufügen, am Ende war das ein rundes Bild."[61]

Als elfter Punkt wurde die Möglichkeit genannt, die *Perspektive von Menschen in Führungspositionen* im Kontext der beruflichen Organisationsentwicklung erfahren zu können: „[...] diese Perspektive von Menschen in Führungspositionen in Bezug auf Organisationsentwicklung, dass fand ich besonders interessant zu erleben (Abb. 5.5)."[62]

Die Auswertungen der Aussagen zu der Frage nach den Erinnerungen an das zurückliegende Bildungsprojekt der Zukunftswerkstatt zeigen, dass der überwiegende Teil der Befragten ein positives Bild zeichnet. Die zentralen Aussagen aus den beiden vorangegangenen Kapitel konnten zeigen, dass innerhalb des Bildungsprojektes wichtige Kriterien für eine erfolgreiche Kompetenzentwicklung und Lernen angewendet wurden. Die Überprüfung der Zusammenhänge zwischen Kompetenzentwicklung und Lernen und den dabei eingesetzten didaktischen Methoden erfolgt später in Abschnitt 5.1.5. Die Auswertung zeigt weiter, wie wichtig die praxisnahe Ausrichtung von Bildungsprojekten für eine erfolgreiche Kompetenzentwicklung von Studierenden ist und wie wichtig dieser Praxisbezug bei der Entscheidung für die weitere Berufswahl sein kann. Dieses scheint bei

[58] G2–04, Pos. 58.

[59] G2–02, Pos 47.

[60] G2–01, Pos. 24.

[61] G3–04, Pos. 20.

[62] G3–01, Pos. 24.

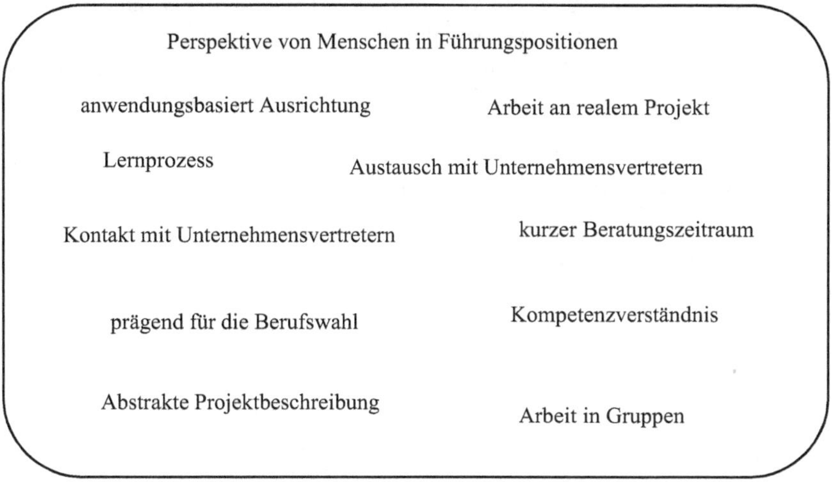

Abb. 5.5 Erinnerungen an das Bildungsprojekt der Zukunftswerkstatt[63]

Masterstudierenden Relevanz zu besitzen, da diese bereits durch ihre vorherige akademische Ausbildung wenig Bezug zu Unternehmen und Organisationen hatten. Dieses konnte bereits weiter oben im Rahmen der Praxiserfahrung festgestellt werden. Eine weitere wichtige Rolle wird dabei dem Dozenten oder der Dozentin eines Bildungsprojektes zugesprochen; diese sind gut beraten eine lernförderliche Umgebung zu gestalten, die sie mit ihren eigenen Erfahrungen und Beispielen lebendig und an den Bedürfnissen der Studierenden auszurichten. Die Studierenden arbeiten in Gruppen an festen Zielen und werden durch die Dozenten oder Dozentinnen rahmenbildend durch das Projekt begleitet.

5.1.4 Hauptkategorie: Kompetenzentwicklung

In der Hauptkategorie »Kompetenzentwicklung« sollten alle Sachverhalte erhoben werden, die im direkten Zusammenhang mit der Entwicklung von notwendigen Kompetenzen für die Intervention in sozialen Systemen stehen. Dabei wurden neben der Einschätzung zu zentralen Kompetenzen für das Lösen beruflicher und gesellschaftlicher Herausforderung in der Zukunft auch nach Erfahrungen

[63] Eigene Abbildung.

zur individuellen Kompetenzentwicklung im akademischen bzw. hochschulspezifischen Umfeld gefragt.[64] Weiter sollte die Befragten Kompetenzen nennen, die sie an einer Hochschule generell verbessern möchten und welche Kompetenzen davon innerhalb des Bildungsprojektes der Zukunftswerkstatt verbessert oder weiterentwickelt wurden.[65]

5.1.4.1 Wichtige Kompetenzen für berufliche und gesellschaftliche Herausforderungen

In dieser Unterkategorie sollten die befragten Personen Kompetenzen nennen, die sie für relevant bei beruflichen und gesellschaftlichen Aufgabenstellungen und Herausforderungen halten. Mit dieser Frage sollten Erkenntnisse darüber gewonnen werden, welche Art von Kompetenzen von Studierenden, als relevant für ihr Leben erachtet werden.

Fünf der interviewten Personen nannten *emotionale Kompetenzen* als wichtige Kompetenzgruppe der Zukunft, wobei es wichtig sei, empathisch, anpassungsfähig und eine offene Einstellung oder Sichtweise im Umgang mit Menschen zu haben.[66] Dabei sollten „[…] offene Arten von Räume gestaltet werden, in denen Menschen sich begegnen können, wo Menschen sich trauen sich möglichst offen zu zeigen".[67]

Weiter werden *Sozialkompetenzen, wie beispielsweise Einfühlungsvermögen und die Fähigkeit auf anderen Menschen zugehen zu können,* als wichtig erachtet.[68] „[…] dass man sich die Rolle von anderen Personen hineinversetzen kann, dass jemand aus einem Büro beispielsweise weiß, was in der Halle passiert, also in der Fertigung oder dass jemand vom Verkauf sich auch mit dem Einkauf auskennt und sich auch in die Lage des anderen hineinversetzen kann und halt quasi auch einen Perspektivwechsel hinlegen kann."[69] Andere Stimmen fordern „[…] eine gewisse *Grundausbildung* darin. Man muss jetzt nicht unbedingt Politik, VWL oder BWL studiert haben. Aber ich glaube, dass kann, einfach nicht jeder. Dieses Verständnis aufzubringen, man muss verstehen, wie Gesellschaft funktioniert."[70]

---

[64] Vgl. Anhang Fragebogen G1, G2, G3.
[65] Vgl. Anhang Fragebogen G1, G2, G3.
[66] G1–05, Pos. 23; G3–03, Pos. 28, 16.
[67] G3–01, Pos. 16.
[68] Vgl. G1–03, Pos. 22; G1–02, Pos. 22.
[69] G1–03, Pos. 22.
[70] G3–04, Pos. 14.

Weiter erwähnten drei der Befragten explizit die *Relevanz von Wissen und Verständnis über gesellschaftliche Zusammenhänge* und die Verknüpfung von verschiedenen Wissens- oder Informationsquellen.“[…] man muss verstehen, was in der Gesellschaft passiert und warum es passiert, ich denke das ist notwendig.“[71] Dafür bedarf es eines „[…] grundlegenden Verständnisses über verschiedene Thematik an sich, also je nachdem, in welchem Fachgebiet man natürlich auch tätig sein möchte, einfach da zu wissen, was auch der aktuelle Stand ist.“[72] Oder auch: „[…] ein Verständnis für das große Ganze aufzubringen, muss man verstehen, wie Gesellschaft funktioniert.“[73]

Weitere drei Personen nannten die Fähigkeit zur *Stressbewältigung* in turbulenten Situationen, sowie die Fähigkeit andersartige Denkweisen und Lösungswege mit Offenheit und Flexibilität begegnen zu können, als eine wichtige Kompetenz.[74] „[…] [wichtig ist] zuerst immer eine gewisse Offenheit und Flexibilität, dass man irgendwie an neue Aufgabenstellungen, sich überhaupt rantraut sozusagen.“[75] Zudem wurde die Fähigkeit zum *extrovertiert sein* benannt, bei der „[…] man auf Menschen zugehen kann, nicht verschlossen ist, sich neuen Herausforderungen stellt und sich herausfordert.“[76]

Mit Bezug auf Kreativität äußerte sich eine befrage Person, dass es „[…] [wichtig ist] ein Maß an *Kreativität* zu besitzen, was nötig ist, um mit zukunftsorientiertem Denken und mit neuen Technologien in jedem Fachbereich umgehen zu können (Abb. 5.6).“[77]

Zusammenfassend lässt sich festhalten, dass für die Bewältigung beruflicher und gesellschaftlicher Herausforderungen überwiegend soziale Kompetenzen von den befragten Gruppen genannt werden. Vor allem die Fähigkeit mit anderen Menschen gemeinsam im Team an Lösungen arbeiten zu können und der Fähigkeit offen und flexibel für neue und andere Meinungen zu sein wird als wichtig erachtet. Zudem wurden keine technischen und fachlichen Kompetenzen genannt. Dieses könnte ein Indiz für die persönliche Relevanz und das Wissen um die Tragweite gemeinsamer gesellschaftlicher Prozesse für Veränderungen und Anpassungen in den Zukunftsvorstellungen der Befragten sein. Die Aussagen können deutlich machen, welchen hohen Stellenwert soziale Kompetenzen

[71] G3–04, Pos. 12.
[72] G1–05; Pos. 22.
[73] G3–04, Pos. 14.
[74] G1–01, Pos. 22; G3–03, Pos. 20.
[75] G1–04, Pos. 22.
[76] G1–02, Pos. 22.
[77] G1–05, Pos. 22.

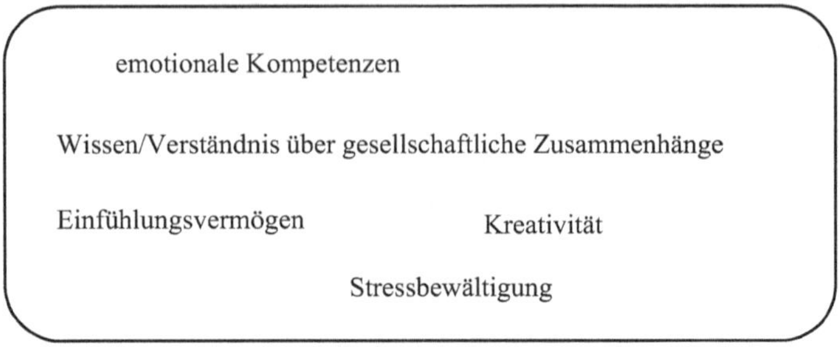

Abb. 5.6 Wichtige Kompetenzen für berufliche/gesellschaftliche Herausforderungen[78]

bei Studierenden einnehmen und wie wenig dieser Bedarf seitens der Hochschule befriedigt wird. Vor allem scheint die definierte Aufgabe einer Universität im Hinblick auf die zukunftsorientierte Ausbildung von Studierenden nicht mehr zeitgemäß. Aktuell ist die Aufgabe noch folgendermaßen definiert: „Die Universitäten dienen der Gewinnung wissenschaftlicher Erkenntnisse sowie der Pflege und Entwicklung der Wissenschaften durch Forschung, Lehre, Studium, Förderung des wissenschaftlichen Nachwuchses und Wissenstransfer [...].“[79]

Eine stärker an den gesellschaftlichen Prozessen orientiertes Bildungsangebot in Form von praxisorientierten Bildungsprojekten könnte hier Abhilfe schaffen.

5.1.4.2 Einschätzung der Angebote für Kompetenzentwicklung an der Universität

In dieser Frage sollten die interviewten Personen das Angebot für Kompetenzentwicklung an einer Universität bewerten. Da alle Befragten entweder aktuell an der Universität Siegen studieren oder dort studiert haben, kann dies auch als Einschätzung für diesen Standort betrachtet werden. In Kombination mit der vorangegangenen Frage nach wichtigen Kompetenzen für die Zukunft, sollte so abgefragt werden ob die Studierenden solche Kompetenzen an einer Universität zu erlernen glauben.[80]

Grundsätzlich glaubten die befragten Personen Kompetenzen an der Universität zu entwickeln, jedoch geben 12 Befragte an keine Kompetenz mit Bezug

[78] Eigene Abbildung.

[79] Hochschulgesetz des Lands NRW, §3, Aufgaben, Online, 12.10.2021.

[80] Vgl. Anhang: Kodierte Segmente: Kompetenzentwicklung, S. 122 ff.

zu praxisnahen Problemstellungen entwickelt zu haben.[81] „[...] meiner Meinung nach lernt man an der Uni oft den *Idealfall.* Man lernt, wie es in einem Buch steht, [...] aber man lernt nicht, dass beispielsweise ein Unternehmen so viel vielfältiger ist als nur eine Abteilung, auf die man sich dann spezialisiert hat.“[82]

Im Hinblick auf *theoretische Modelle* gaben zwei Studierende an, vieles davon nur an der Universität lernen zu können: „[...] ich habe wesentliche Teile mitbekommen im Studium oder insbesondere in der Vertiefung, Manager mit Mitweltgestaltung.“[83]

Mit Bezug auf die *organisatorischen Strukturen und curricularen Vorgaben* glaubten sieben der Befragten das „[...] es in Studiengängen wahrscheinlich einfach nicht möglich einen Praxisbezug zu schaffen, weil das wahrscheinlich auch mit viel zu viel Aufwand und Kosten [verbunden] ist.“[84]

Oder aber die *Dozenten keine Notwendigkeit* darin sehen, beziehungsweise zu bequem seien. „[...] wahrscheinlich haben die Dozenten selbst einfach keinen Bock drauf, sondern sind einfach, happy damit, dass sie ihren Stoff vorbereitet haben und das einfach jedes Semester so machen können und gut ist und sich selber nicht damit auseinandersetzen müssen.“[85]

Weitere Gründe dafür lagen in dem *standardisierten Aufbau der Lerninhalte* in den Bachelor- und Masterstudiengängen: „[...] ich hatte mir von dem Master mehr davon [Kompetenzentwicklung] erhofft, gerade weil wir ja irgendwie nur, ich glaub, zwölf Leute oder so im Semester sind, dass es da auf jeden Fall deutlich praxisnäher wird, weil wir so eine kleine Gruppe sind.“[86]

Aus didaktischer Perspektive bemängelten vier der befragten Personen die »Mentalität des Auswendiglernens müssen«: „[...] es ist oft dieses reine Auswendiglernen, wo man dann einfach sich Sachen aneignet, die man dann langfristig gesehen nicht so wirklich mitnimmt, sondern dieses reine Wörter [Inhalte], anschauen und auswendig lernen.“[87] „Ich muss sagen, es war eigentlich im Prinzip Schule zwei Punkt null, nachdem man das Studium an das Abi drangehängt hat.“[88]

---

[81] Anmerkung: Auswertung der erlangten Kompetenzen an der Universität im Abschnitt 1.1.4.4.

[82] G1–03, Pos. 24.

[83] G3–01, Pos. 20.

[84] G3–04, Pos. 16; G1–03, Pos. 24; G1–04, Pos. 28; G3–04, Pos. 16.

[85] G1–04, Pos. 28.

[86] G1–04, Pos. 28.

[87] G1–05, Pos. 32.

[88] G1–02, Pos. 30.

Innerhalb der Antworten werden Seminare und Projektarbeiten als Bildungsprojekte im universitären Umfeld genannt, die Kompetenzentwicklung im Sinne einer Weiterentwicklung ermöglichen.[89] Im Rahmen der sozialen Kompetenzen lassen sich eindeutig zwei Ausprägungen ausmachen, die von vier Studierenden genannt wurden, um Kompetenzentwicklung zu fördern. Zum einen das Lernen in Gruppen oder im Team arbeiten zu müssen, zu anderen Kommunikationsfähigkeit (Abb. 5.7).[90]

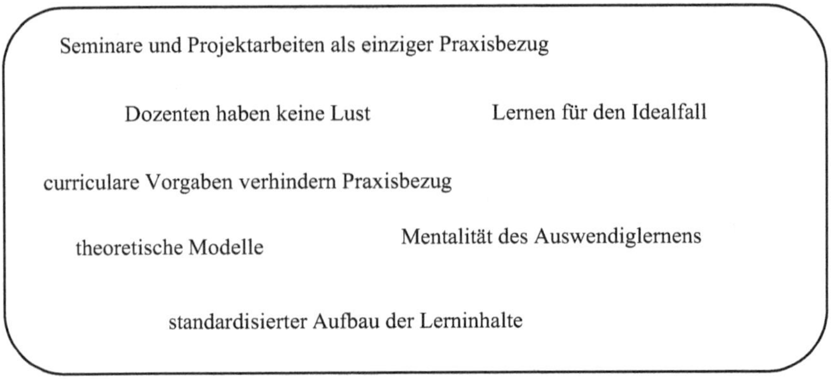

Abb. 5.7 Einschätzung der Angebote für Kompetenzentwicklung an der Universität[91]

Zu den von Studierenden an einer Universität erwarteten Möglichkeiten der Kompetenzentwicklung lässt sich abschließend festhalten, dass der überwiegende Teil (10) der interviewten Personen keine oder geringe Erwartungen an die Möglichkeiten für die eigene Kompetenzentwicklung an einer Universität hatte.[92] Neben dem Wunsch nach einem stärkeren Praxisbezug trat vor allem die Vermittlung von anwendungsbezogenem Wissen in den Vordergrund der gemachten Aussagen. In Rahmen der erwarteten sozialen Kompetenzen fallen vor allem die Arbeit in Gruppen, die Fähigkeit zu einer zielführenden Kommunikation, sowie das Erlernen von Selbstorganisation auf.

Die Aussagen bestätigen sich auch im Hinblick auf die aktuelle Literatur zum Thema Hochschulbildung in Deutschland. Dabei bekräftigen die innerhalb

---

[89] Vgl. G1–05, Pos 26; G3–01, Pos. 20.

[90] Vgl. G1–01, Pos. 26; G3–03, Pos. 30.

[91] Eigene Abbildung.

[92] Vgl. Anhang: Kodierte Segmente: Kompetenzentwicklung, S. 122 ff.

dieser Forschungsarbeit befragten Personen ein Fehlen von Praxisnähe an der Hochschule und eine geringe vorhandenen Ausrichtung an den Bedürfnissen eines Studierenden.[93] Eine befragte Person bezeichnete die Universität als Schule 2.0, was wiederum die Warnung von Lenzen vor einer Verschulung bestätigt.[94] Der Forderung nach „[...] Anwendungs- und Kompetenzorientierung, sowie einer Theorie-Praxis-Verknüpfungen mit dem Lehren von berufsfeldbezogenen Schlüsselkompetenzen“[95] wird somit unzureichend nachgekommen.

5.1.4.3 Persönliche Kompetenzen, die an der Universität erlernt oder weiterentwickelt werden sollten

Im Rahmen dieser Frage sollten die Befragten Kompetenzen benennen, die sie selbst an der Universität erlernen oder weiterentwickeln wollten. Dabei soll auch zwischen fachlichen, methodischen und sozialen Kompetenzen unterschieden werden.

Eine Person wünschte sich in der akademischen Ausbildung auch eine Entwicklung seiner sozialen Kompetenzen hinsichtlich des Umgangs mit Menschen: „[...] was ich in der Uni noch mal mehr gelernt habe, ist es auf fremde Leute einfach zuzugehen zu können und anzusprechen, um ins Gespräch zu kommen.“[96]

Zudem wurden Verbesserungen der persönlichen Arbeitsweise, wie beispielsweise ein effizienteres Arbeiten, als ein erwarteter Nebeneffekt des Studiums erwähnt: „[...] ich kann mich schnell in Sachen verlieren und dann zu lange an einer Sache arbeiten, obwohl ich eigentlich schon das Nächste machen müsste. Und ich glaube, dass [eine optimierte Art und Weise zu arbeiten] kann die Uni eigentlich ganz gut vermitteln.“[97]

Drei befragte Person nannten den Umgang mit realen Problemstellungen aus der Praxis als erstrebenswerten Studieninhalt: „[...] oft kriegt man ja gesagt, ja gut, dann hättest du eine Ausbildung machen sollen oder ein duales Studium, wenn du es praxisnah haben möchtest. Also es war ja klar, dass es im Studium theoretisch wird, aber ich hatte mir trotzdem erhofft, dass es ja 'n bisschen praxisnah ist und man mehr diese tatsächliche Anwendung lernt und nicht irgendwie, also selbst wenn Übungen angeboten werden, sind die meiner Meinung nach

[93] Vgl. Bäuerle et al. (2020), S. 3.

[94] Vgl. Lenzen (2012), S. 12.

[95] Schubarth/Speck (2014), S. 9.

[96] G1–01, Pos. 30.

[97] G1–04, Pos. 26.

oft nicht wirklich praxisnah, sondern es ist meistens dann trotzdem so, dass die Antwort an die Tafel projiziert wird und dann hat sich's erledigt."[98]

Weiter wird die Möglichkeit angesprochen *selbstständig* Aufgabenstellungen bearbeiten und dabei eigene Erfahrungen sammeln zu können. „[...] die Möglichkeit, derartige Problemstellungen umzusetzen und auf selbstständiger Basis auch [lösen zu können]."[99]

Auch die Ausbildung von methodischen Kompetenzen wurden von einer befragten Person als gewünschte zu erlernende Kompetenz im Rahmen eines Hochschulstudiums angesprochen. Die Aussage bezieht sich auf den Master Management und Märkte bei dem der Fokus stärker auf notwendige Kompetenzen für das Führen eines Unternehmens ausgerichtet werden sollten: „[...] Managementteil, der ist derjenige, den man da auch weiterentwickeln sollte."[100] „Als Kompetenz sollen darin die Fähigkeiten eines Unternehmensberaters [im Hinblick auf Organisationsentwicklung] vermittelt werden (Abb. 5.8)."[101]

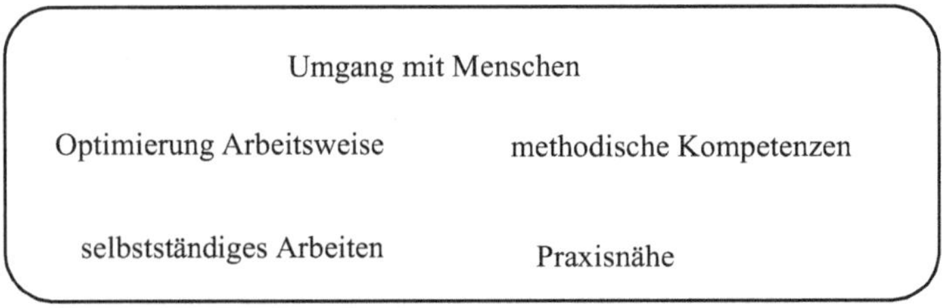

Abb. 5.8 Persönliche Kompetenzen, die an der Universität weiterentwickelt werden sollten[102]

Als Zwischenfazit zu den Kompetenzen, die von den Befragten an der Uni selbst an der Universität erlernen oder weiterentwickeln werden sollten, zeigt sich, dass auch hier wieder die Nähe zu realen Problemstellungen auf der einen Seite und dem Wunsch nach selbstständigem Arbeiten auf der anderen Seite vorherrscht. Zudem zeigen die Ergebnisse, dass als Erwartungen hinsichtlich sozialer Kompetenzen lediglich die Kommunikationsfähigkeit und die Interaktion

[98] G1–04, Pos. 26; G1–02, Pos. 26.

[99] G1–02, Pos. 26.

[100] G1–02, Pos. 26.

[101] Vgl. G1–02, Pos. 26.

[102] Eigene Abbildung.

mit Menschen beispielsweise bei Arbeiten in Gruppen oder im Team erwartet wird.

Auch hier spiegelt sich der Wunsch nach gesellschaftlicher Kompetenzvermittlung gepaart mit methodischer und fachlicher Weiterentwicklung wider.

5.1.4.4 Persönliche Kompetenzen, die an der Universität erlernt oder weiterentwickelt wurden

Nachdem sich die vorangegangene Frage mit den Wünschen oder Erwartungen an die Kompetenzentwicklung an der Universität beschäftigt hatte, folgt nun die Frage nach den tatsächlich erlangten Kompetenzen der befragten Personen an der Universität.

Die Auswertung soll Aufschluss darüber geben, welche Form der individuellen Kompetenzentwicklung aktiv wahrgenommen und bewertet werden kann. Dabei sollten zudem Rückschlüsse auf den möglichen Auslöser, beispielsweise ein Bildungsprojekt, gezogen werden. Zu diesem Zweck erfolgt dann auch weiter unten in Abschnitt 5.1.4.5. die Auswertung der Kompetenzentwicklung innerhalb des Bildungsprojektes der Zukunftswerkstatt selbst, um einen methodischen, beziehungsweise didaktischen Bezug vornehmen zu können.[103]

Auch im Folgenden lässt sich eine Unterteilung in fachliche/methodische und sozialen Kompetenzen vornehmen.

Im Rahmen der fachlichen und *methodischen Kompetenzentwicklung* durch die universitäre Bildung äußert sich lediglich eine Person positiv: „[...] da man kriegt die ersten Bausteine auf der Uni quasi das Wissen, was Du brauchst. Aber für 'n Job so mäßig."[104]

Eine weitere Person gibt an, sich im Sinne der *Organisation* des Studiums weiterentwickelt zu haben: „[...] also sich selbst zu organisieren. Man ist ja da, also an einer Uni, weitestgehend auf sich alleine gestellt."[105]

Im Rahmen der Sozialkompetenz wurde auch hier wieder die *Arbeit in Gruppen oder im Team* als allgemein erlangte Kompetenz an der Universität angegeben: „[...] also vor allem in den Gruppenarbeiten hat man [die Weiterentwicklung] ja schon dann, dass man sich anpassen muss, dass man sich in andere hineinversetzen kann, würde ich schon sagen."[106]

Eine Person sprach im Rahmen der Organisation auch von der Weiterentwicklung hinsichtlich der *individuellen Lernfähigkeit und Lernwege*, beziehungsweise

[103] Vgl. Anhang: Kodierte Segmente: Kompetenzentwicklung, S. 127 ff.

[104] G1–01, Pos. 28.

[105] G3–04, Pos. 18.

[106] G3–02, Pos. 30.

seine Entwicklung sich Neues anzueignen: „[…] [an der Uni] seinen Lernweg zu finden. Das ist auch was ganz Neues gewesen. Organisation, Lernfähigkeit (Abb. 5.9).“[107]

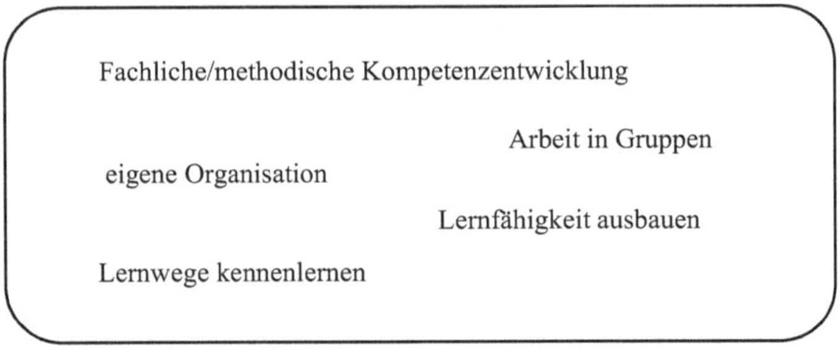

Abb. 5.9 Persönliche Kompetenzen, die an der Universität erlernt/ weiterentwickelt wurden[108]

Insgesamt lässt sich hier festhalten, dass die Befragten an dieser Stelle auffallend wenige Kompetenzen nennen, die sie in einen direkten Zusammenhang mit ihrem Studium verbinden. Die Gründe dafür könnten zum einen in einer mangelnden Differenzier- und Benennbarkeit von Kompetenzen liegen, die im Studium vermittelt wurden, zum anderen lässt sich Kompetenzentwicklung als fließender Prozess nicht immer in einzelne Etappen abgrenzen und einer bestimmten Kompetenz zuordnen. An dieser Stelle ist die Analyse folgender Frage interessant, bei der explizit nach Kompetenzen gefragt wurde, die mit dem Bildungsprojekt der Zukunftswerkstatt verbunden werden.

5.1.4.5 Persönliche Kompetenzen, die innerhalb des Bildungsprojekts der Zukunftswerkstatt erlernt oder weiterentwickelt wurden

Mit dieser Frage sollte festgestellt werden, welche individuellen Kompetenzen der befragten Personen in einer Lehrveranstaltung der Zukunftswerkstatt erlangt wurden. Wie schon oben angedeutet, sollte diese Differenzierung vorgenommen

[107] G3–04, Pos. 18.

[108] Eigene Abbildung.

werden, um methodische und didaktische Rahmenbedingungen identifizieren zu können, die eine Einfluss auf individuelle Kompetenzentwicklung haben.[109]

Alle 14 befragten Personen geben an, innerhalb des Bildungsformates der Zukunftswerkstatt Kompetenzen erlangt oder weiterentwickelt zu haben.[110] Nachfolgend sollen diese ausgewertet werden.

Sieben der befragten Personen benannten *emotionale Kompetenzen*, also die Fähigkeit mit den eigenen Emotionen und denen anderen Personen geeignet umgehen zu können als wichtige erlange Kompetenz.[111] Genannt wurde hier das *Führen von Gesprächen*, im Sinne der Zusammenarbeit in Arbeitsgruppen: „[...] ich hab das so ein bisschen mit geleitet, dadurch, dass ich die Kommunikation zum Unternehmen hatte und nachher auch im Team immer mit koordiniert habe, wann wir welche Termine haben und wann wir was gemeinsam machen. Das habe ich da schon gelernt."[112]

In Kombination mit *Kommunikationskompetenzen* innerhalb und zwischen den einzelnen Gruppen, aber auch mit den kooperierenden Unternehmen und Organisationen nannten fünf befragte Personen eine Entwicklung in ihrer Fähigkeit kommunizieren zu können: „[...] auf jeden Fall in der Kommunikation. Also da war ich verantwortlich für den Austausch mit den anderen und das hat mir besonders Spaß gemacht und mich nochmal gestärkt."[113] „[...] offen für neue Menschen, dass man auf Leute zugehen kann, und kommunikationsfähig sein."[114]

Eine Person nannte, als erlangte Kompetenz, die *Fähigkeit zur Wahrnehmung von zwischenmenschlichen Ausdrucks- und Verhaltensweisen*: „[...] die Wahrnehmung zu schärfen für Zwischenmenschliches in Arbeitsbeziehungen, insbesondere in Arbeitskontexten, im Seminar sind wir sozusagen in die Realität der Arbeitswelt eingetaucht [...]."[115] Und weiter: „[...] die wesentliche Fähigkeit, die ich da mitbekommen habe, ja, so zwischenmenschliche Beziehungen in Arbeitskontexten erst mal aufzuzeigen und dann aber auch zu analysieren, was das für Bedeutung [Rollenposition] mit sich bringt, wenn Menschen sich so oder so verhalten."[116]

---

[109] Anmerkung: Eine differenzierte Analyse der methodischen und didaktischen Rahmenbedingungen erfolgt dazu in Abschnitt 1.1.5.

[110] Vgl. Anhang: Kodierte Segmente: Kompetenzentwicklung, S. 130 ff.

[111] Vgl. Franken (2010), S. 33.

[112] G3–04, Pos. 24.

[113] G2–02, Pos. 18; G3–04, Pos. 24.

[114] G3–03, Pos. 32; G3–01, Pos. 26.

[115] G3–01, Pos. 22.

[116] G3–01, Pos. 26.

Weiter wurde auch die Fähigkeit *Feedback zu erhalten und anzuerkennen* als Kompetenz erlangt: „[…], dass man jetzt jemanden hatte, mit dem man auch […] zusammenarbeiten konnte und auch, sage ich mal, Feedback bekommen hat, wo man vielleicht nochmal mehr schauen sollte, was vielleicht wichtiger ist oder wo die doch eher draufgelegt werden sollten. Vorher [ohne Feedback] war das immer, ein bisschen schwammiger und man hat einfach gehofft, dass es in die richtige Richtung geht, und so konnte ich aber sehr viel mitnehmen."[117]

Eine weitere befragte Studierende berichtet von einer Weiterentwicklung hinsichtlich der Fähigkeit zukünftig *anders an neue Herausforderungen heranzugehen*: „[…] irgendwie war das hier [in der Zukunftswerkstatt] nochmal ein neuer Blickwinkel, einfach auch gerade mit der Führungsebene."[118]

Mit Bezug zur *Arbeit in Gruppen* und dem *Strukturieren der notwendigen Arbeit*: „Das heißt, sich in der Gruppe Gedanken machen, okay, in welche Richtung wollen wir? Wie könnte das aussehen? Und womit fangen wir an? Damit fange ich an, da bringt mich das eventuell hin und so könnte das natürlich die Zukunft aussehen und das war auf jeden Fall eine Sache, die in der Gruppe auch sehr gut geholfen hat."[119]

Hinsichtlich der *eigenen Rolle* berichtet eine der befragten Personen von seiner Entwicklung: „[…] offen für neue Menschen, dass man auf Leute zugehen kann, kommunikationsfähig ist, dass man auch zu seiner Meinung stehen kann, also dass man die auch vertreten kann."[120]

In Kombination mit anderen Studiengängen wurde immer wieder die Plurale Ökonomik genannt, bei der die zugehörigen Studierenden zu *neuen oder anderen Denkmustern* anregten: „Also, ich habe ja in der Gruppe zusammengearbeitet, wo eine auch von der Pluralen Ökonomik dabei war. Und es gab schon immer sehr viele Diskussionen, hat man gemerkt, einfach, weil sie einen ganz anderen Blickwinkel als wir jetzt hatten. Und dann hat man sich viel mehr Fragen gestellt, die man so, glaube ich, einfach nicht sich gestellt hätte."[121]

Auch der Aspekt der Kommunikation in Kombination mit *Projektplanung und -steuerung* wurde angesprochen: „[…] Welche Stakeholder habe ich? Welche muss ich alle mit in Boot holen, das habe ich durch die Zukunftswerkstatt auf

[117] G2–04, Pos. 24.
[118] G2–04, Pos. 24.
[119] G2–03, Pos 22.
[120] G3–03, Pos. 32.
[121] G2–04, Pos. 22.

jeden Fall gelernt.[122] „Und was sich auch noch herausgestellt hat, also ich organisiere gerne und das war halt in diesem Projekt supergut. Also man konnte mich voll austoben, dann und dann muss ich das und das erledigt haben und allen eins bisschen vorgeben. Also nicht, dass ich so der Chef der Gruppe war, aber mir hat das Spaß gemacht, so den Takt 'n bisschen einzugeben.“[123]

Eine weitere befragte Person berichtet von einem gesteigerten *Selbstbewusstsein*, in Kombination mit der Fähigkeit seine *eigene Meinung aussprechen und vertreten* zu können: „[...] ich bin deutlich selbstbewusster geworden.“[124] Weiter in Kombination mit der Fähigkeit in Gruppen oder Teams arbeiten zu können: „[...] genau, die Teamfähigkeit natürlich, die war bei mir auch schon da, aber die hat man natürlich noch intensiviert. Wir hatten eine sehr gemischte Gruppe. Da war jetzt auch nicht jeder immer so dabei, wie er sollte. Da muss man auch andere motivieren, dass man auch vielleicht mal sagt: Hier, das passt mir nicht. Ich bin eigentlich immer jemand, der geht Konflikten eher aus dem Weg. Hier dann auch zu sagen: Das passt mir nicht, das finde ich nicht gut.“[125]

Zwei interviewte Personen berichteten von ihrer persönlichen Weiterentwicklung bei der *Präsentation und dem Vortragen von eigenen Ergebnissen oder Inhalten.* Neben der Entwicklung einer Präsentation stand hier auch die Fähigkeit des Präsentierens im Vordergrund: „[...] da [beim Präsentieren] hatte ich zu Beginn meines Masters definitiv größere Probleme und mittlerweile würde ich sagen, dass auch gerade durch dieses Vortragen innerhalb der Zukunftswerkstatt vor den Verantwortlichen [des Unternehmens] und nicht nur vor einem Professor, ich habe da einen großen Sprung gemacht und mich da definitiv weiterentwickelt.“[126]

Auch im Rahmen der Bewältigung von Ängsten, wie beispielsweise dem Präsentieren in Kombination mit einer *Weiterentwicklung bei Ängsten und Nervosität* davor: „[...] vor Präsentationen hab ich immer vorher Schiss und bin sehr aufregt. Und wenn man das dann durchhat, dann merkt man wieder, war gar nicht so schlimm. Jetzt kann ich sagen, dass ich da ein bisschen mehr mit diesem Gefühl reingehe: es wird schon. Es wird gut. Kann nichts schiefgehen. Das würde ich als Kompetenz nennen, die ich dazugewonnen hab.“[127]

---

[122] G2–02, Pos. 22.

[123] G2–02, Pos. 18.

[124] G3–03, Pos. 32.

[125] G3–03, Pos. 36.

[126] G2–03, Pos. 24.

[127] G2–05, Pos. 28.

Im Rahmen der fachlichen und methodischen Kompetenz *Interviews vorzubereiten, durchführen und auszuwerten* haben zwei Studierende von einem Lerneffekt, beziehungsweise einer Weiterentwicklung gesprochen: [...] gestärkt würde ich sagen, habe ich auf jeden Fall mein Wissen über [...] Interviews und dann die anschließenden Transkripte."[128]

Ein interessanter Punkt stellen Aussagen im Rahmen der Frage nach Kompetenzentwicklung dar, die in einem direkten Zusammenhang zu methodischen und didaktischen Rahmenbedingungen stehen. Der Vollständigkeit halber soll eine Ausgabe hier schon aufgenommen werden, bei der die Mischung von Studierenden aus unterschiedlichen Studiengängen zu einer *Weiterentwicklung hinsichtlich des Kennenlernens und Annehmens neuer Denk- und Arbeitsweisen* führt. „[...] ich habe auch viel von den pluralen Ökonomen, oder wie man das nennt, gelernt, einfach, weil die irgendwie schon anders arbeiten als wir."[129,130]

Eine befragte Person nennt zudem die Fähigkeit zum *strukturierten Arbeiten* als erlernte Kompetenz in dem untersuchten Bildungsprojekt der Zukunftswerkstatt. „[...] Auf jeden Fall würde ich sagen, die Strukturiertheit, also vor allem Projektplanung, von Anfang an bis zum Ende etwas durchzuführen."[131]

Eine Person nennt die Fähigkeit zum *wissenschaftlichen Arbeiten* als wichtige erlernte Kompetenz. „[...] vor allen Dingen dieses wissenschaftliche Arbeiten, weil vorher war das wirklich auch nicht so, dass man jetzt jemanden hatte, mit dem man auch einfach so nah wie jetzt mit ihnen zusammenarbeiten konnte und auch [dazu] Feedback bekommen hat, wo man vielleicht nochmal mehr schauen sollte, was vielleicht wichtiger ist [...](Abb. 5.10)."[132]

Insgesamt lässt sich an dieser Stelle festhalten, dass die Befragten eine sehr große Anzahl von Kompetenzen nennen, die sie in dem untersuchten Bildungsprojekt der Zukunftswerkstatt erlangen oder Weiterentwickeln konnten. Auffallend ist zum einen die große Anzahl unterschiedlicher Kompetenzen und zum anderen die individuellen Entwicklungsebenen des Einzelnen hinsichtlich seiner Fähigkeiten oder aber der eigenen Bedürfnisse selbst. Am häufigsten wurden dabei persönliche und emotionale Entwicklungen beschrieben, die dabei oftmals in Kombination mit fachlichen oder methodischen Kompetenzen genannt wurden. Dabei haben die Befragen oft in langen Redeeinheiten offen von

[128] G2–04, Pos. 22; oder mit gleichlautendem Inhalt: G2–01, Pos. 30.

[129] G2–04, Pos. 22.

[130] Anmerkung: Dieser Sachverhalt wird weiter unten bei der Wirkung der didaktischen Methoden weiterführend aufgenommen.

[131] G2–02, Pos. 22.

[132] G2–04, Pos. 24.

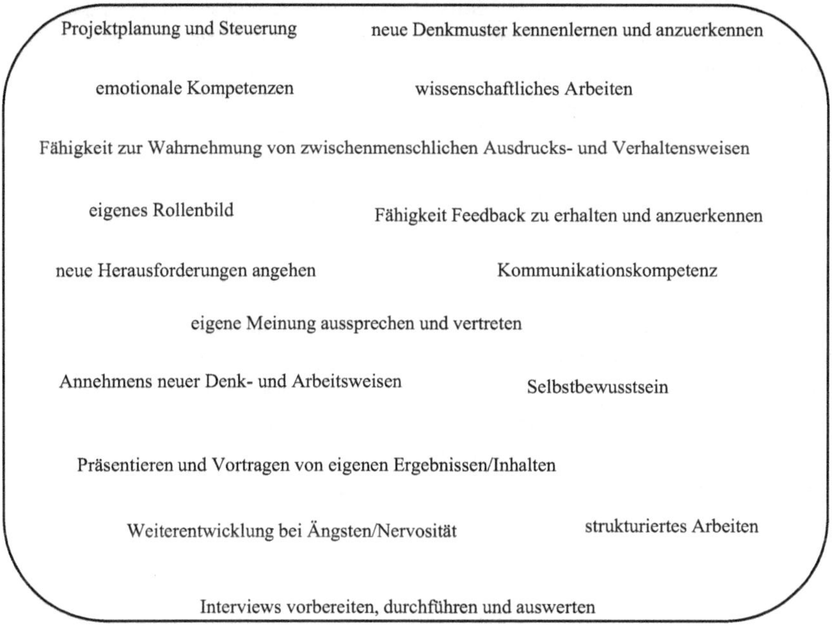

Abb. 5.10 Persönliche Kompetenzen, die innerhalb des Bildungsformates der Zukunftswerkstatt erlernt oder weiterentwickelt wurden[133]

ihren Erfahrungen hinsichtlich ihrer individuellen und oftmals sehr persönlichen Entwicklung gesprochen. Dieses war besonders bei der Nennung von Ängsten oder psychischen Belastungen durch Anspannung oder Aufregung begleitet von einem Gefühl des Vertrauens und des Vertrauen Könnens im Kontext der Zukunftswerkstatt geprägt.[134]

In dem vorangegangenen Kapitel wurden die Aussagen der interviewten Personen hinsichtlich der Kompetenzentwicklung analysiert und beschrieben. Neben den Einschätzungen zu wichtigen beruflichen und gesellschaftlichen Kompetenzen sollten auch die an eine Universität gestellte Erwartungshaltung und deren Erfüllung oder Nichterfüllung untersucht werden. Es zeigt sich, dass alle

[133] Eigene Abbildung.

[134] Vgl. Anhang: Kodierte Segmente: Kompetenzentwicklung, S. 130 ff.

befragten Personen emotionale Kompetenzen im Hinblick auf gesellschaftliche Reaktions- und Veränderungsprozesse nennen, die sie für eine gemeinsame Problemlösekompetenz auf gesellschaftlicher Ebene einsetzten, wollen.

Vor allem die Fähigkeit mit anderen Menschen gemeinsam im Team an Lösungen arbeiten zu können und die Fähigkeit, offen und flexibel für neue und andere Meinungen zu sein, wird als wichtig erachtet. Zudem wurden keine technischen und fachlichen Kompetenzen genannt. Dieses könnte ein Indiz für die Relevanz und Tragweite gemeinsamer gesellschaftlicher Prozesse für Veränderungen und Anpassungen in den Zukunftsvorstellungen der Befragten sein.

Im Rahmen der individuellen Kompetenzentwicklung durch das Bildungsprojekt der Zukunftswerkstatt selbst nennt der überwiegende Teil der interviewten Personen genau solche emotionalen Kompetenzen als wichtigstes Ergebnis der eigenen Lern- oder Weiterentwicklung. Ein weitaus kleiner Teil benennt zudem selbstorganisatorische Kompetenzen, wie beispielsweise die Fähigkeit zum strukturierten Arbeiten, der Projektplanung oder dem Vorbereiten oder Halten von Präsentationen. Somit lässt sich an dieser Stelle die Vermutung aufstellen, dass das untersuchte Bildungsprojekt der Zukunftswerkstatt den aktuellen Zeitgeist zu erfüllen vermag und seinen teilnehmenden Studierenden eine lebensdienliche Kompetenzentwicklung ermöglichen.

Die Frage, welche didaktischen und methodischen Elemente für die genannten Kompetenzentwicklungen eine bedeutsame Rolle spielen, soll in dem nun folgenden Kapitel untersucht werden.

5.1.5 Hauptkategorie: Wirkung didaktischer Methoden

In der Hauptkategorie »Wirkung didaktischer Methoden« sollten alle Sachverhalte erhoben werden, die sich auf die innerhalb des Bildungsprojektes eingesetzten didaktischen Methoden beziehen und sich auf die Kompetenzentwicklung bei den Studierenden auswirken. Die jeweilige didaktische Methode wurde hierbei als Rahmenbedingung bezeichnet, da durch sie innerhalb des Bildungsprojektes zu festgelegten Zeitpunkten ein Rahmen für die inhaltliche Ausrichtung der Lerninhalte vorgegeben ist. Diese didaktischen Methoden stellen eine gewisse Einzigartigkeit dar und bilden damit ein Portfolio ab, welches in seiner Wirksamkeit überprüft werden sollte.

Neben den innerhalb eines Bildungsprojektes obligatorischen Einflussfaktoren wie Vorlesungsunterlagen, Präsentationen oder Dozent sollten sieben weitere zentrale Elemente abgefragt werden. Zum einen Impulsreferate von Studierenden im ersten Drittel der Veranstaltung, zweitens moderierte Diskussionen und Fragerunden, drittens der Austausch mit Unternehmensvertretern, viertens ein unmittelbarer Bezug zu einem Unternehmen oder einer Organisation (Praxisbezug), fünftens der Einfluss von Freiheit und Selbstorganisation auf die individuelle Kompetenzentwicklung und letztlich als sechster und siebenter Punkt die Präsentation der Ergebnisse vor Vertretern der Unternehmen oder Organisationen und ein gemeinsames Abschlusstreffen mit anschließenden Mittagessen.[135] Die Rahmenbedingungen wurden in den Interviewgruppe G1 und G2 erhoben.

5.1.5.1 Rahmenbedingung: Vorlesungsunterlagen

Die Frage nach der Wirkung von Vorlesungsunterlagen auf die Kompetenzentwicklung der befragten Personen sollte Aufschluss über die Wirksamkeit beziehungsweise die Reichweite von vorlesungsbegleitenden Unterlagen oder Präsentationen im Sinne einer Lernhilfe/ oder -unterstützung geben.[136] Dabei sollte nicht im Detail erfragt werden welche Form von Vorlesungsunterlagen, wie beispielsweise Skripte oder Präsentationen, die Studierenden als wichtig erachten, sondern eher die Wirkung allgemein auf das individuelle Lern- und Entwicklungsverhalten.[137]

Vorlesungsunterlagen werden von 10 der Befragten als wichtig oder als relevant für die eigenen Lernprozesse eingestuft.[138] Unterschieden wird jedoch in der Nutzung des Angebotes innerhalb des eigenen Lernprozesses und in der Einschätzung des Zugewinns für die eigene Kompetenzentwicklung: „[…] auf meine Kompetenzen haben die eigentlich *relativ wenig Einfluss*, die sind halt da zum Lernen und das war's.“[139]

Mit Bezug auf die *Vorbereitung auf Klausuren und Abschlussprüfungen* gab eine befragte Person an: „[…] wenn's dann auch aufs Lernen für eine Klausur zugeht oder auch das Schreiben von der Hausarbeit, dann orientiere ich mich schon viel an den Unterlagen.“[140]

Mit Bezug auf die Zeit der Corona-Pandemie und des Distanzlernens, gaben die befragten Personen an, ihr *Lernen den eigenen Bedürfnissen angepasst* zu haben beziehungsweise *eigene Lernwege* gefunden zu haben: „[…] ich bin halt auch einer der Kandidaten, die gehen zur ersten Veranstaltung, holen sich die

---

[135] Vgl. Anhang Fragebogen G3.

[136] Vgl. Anhang Fragebogen G1, G2.

[137] Vgl. Anhang: Kodierte Segmente: Wirkung didaktischer Methoden, S. 139 ff.

[138] Vgl. Anhang: Kodierte Segmente: Wirkung didaktischer Methoden, S. 139 ff.

[139] G1–01, Pos. 37; G1–05, Pos. 32.

[140] G1–04, Pos. 30.

Passwörter und bis zur vorletzten Vorlesung geh ich da nicht mehr hin. Ich arbeite selbst alles alleine nach."[141]

Eine weitere Aussage beschreibt die Nutzung von Vorlesungsunterlagen als *inhaltliche Basis für Lerninhalte* und damit auch die Funktion von *Vorlesungsunterlagen als strukturierendes oder rahmenschaffendes Element*: „[...] Ja, ich habe immer eigentlich alles mitgeschrieben und das dann in der Ausarbeitung noch mal abgecheckt, ob wir halt alle Punkte, die [in den Vorlesungsunterlagen] genannt wurden mit integriert haben."[142]

Als *Eingrenzung und Lösungsskizze/-entwurf* für die, auf Seiten des Dozenten, geforderten Ergebnisse: „[...] Auf jeden Fall haben mich [die Vorlesungsunterlagen] schon weitergebracht. Ich hätte mir noch 'n bisschen mehr Rahmenbedingungen gewünscht, aber einfach halt auch so, weil ich glaube, dass Sie ziemlich viel Berufserfahrung haben und ich glaube, da hätte man sich noch das ein oder andere abgucken können. Deswegen, da hätte ich mir einfach Beispiele oder so gewünscht, wie Sie das gemacht hätten."[143]

An dieser Stelle wird die Notwendigkeit der eigenen Erfahrungen des Dozenten im Rahmen seiner Vorbilds- oder Anleitungsfunktion in dem angebotenen Bildungsprojekt deutlich. Der Dozent kann so inspirieren und mit eigenen Beispielen an der Lösungsentwicklung mitwirken, ohne die Lösung vorwegzunehmen: „Ich bin tatsächlich eher die, die viel mitnimmt im Austausch. Also eben in einer Vorlesung, wenn da auch Interaktives mit drin ist, Fragen gestellt werden, die ich beantworte oder Fragen, die ich stellen kann. Da nehme ich auf jeden Fall viel draus mit. Ja, auch noch mal mehr als aus Folien."[144]

Eine befragte Person differenzierte in Lehrformate, bei denen es um das Wiedergeben oder aber das Aneignen von Wissen geht – *Lernen von Folien*: „[...] Teilweise kann man sich ja auch Vorlesungsinhalte nur rein von den Vorlesungsfolien aneignen, würde ich mal sagen und dann bringen [Vorlesungsunterlagen] natürlich schon recht viel (Abb. 5.11)."[145]

Vorlesungsunterlagen spielen für die überwiegende Anzahl der befragten Personen eine wichtige Rolle. Zum einem verschaffen sie einen Überblick über die relevanten Lerninhalte eines Bildungsprojektes und geben so einen inhaltlichen Rahmen vor, zum anderen stellen sie aber auch eine Grundlage für die individuelle Lernumgebung, beziehungsweise den individuellen Lernprozessen dar. Eine

[141] G1–03, Pos. 32.
[142] G2–01, Pos. 34.
[143] G2–02, Pos. 24.
[144] G3–02, Pos 34.
[145] G1–05, Pos. 32.

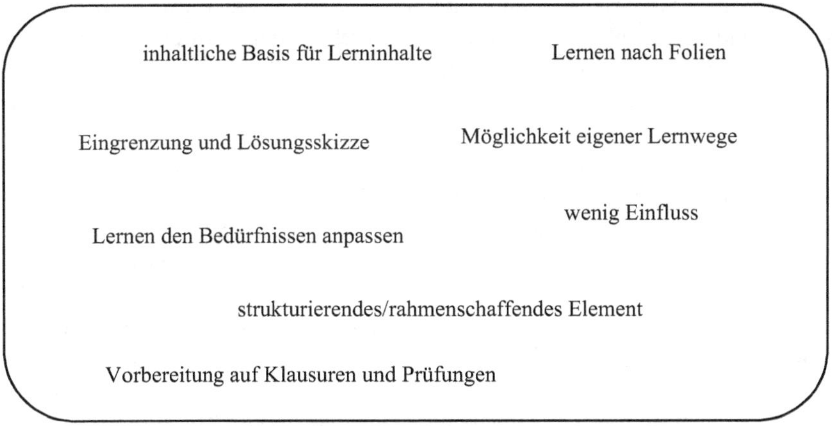

Abb. 5.11 Rahmenbedingung: Vorlesungsunterlagen[146]

direkte Kompetenzentwicklung, die nur aus Vorlesungsunterlagen hervorgeht, wird von keinem der befragten Personen bestätigt. Vielmehr scheint die Kombination aus fachlichen Informationen auf der einen Seite und der Interaktion mit dem Dozenten und eingebundenen Dritten, wie beispielsweise Unternehmensvertretern auf der anderen Seite wichtig zu sein. Dabei wird die direkte Möglichkeit aller Beteiligten jederzeit Rück- und Verständnisfragen stellen zu können, aber auch das Einstreuen von praktischen Beispielen als zentral erachtet und benötigt die unmittelbare Integration des Studierenden in ein Bildungsprojekt. Der hohe Stellenwert, dieser am Studierenden und seinen Entwicklungsbedürfnissen orientierten Ausrichtung eines Bildungsprojektes versinnbildlicht jedoch auch die Komplexität eines solchen didaktischen Aufbaus.

5.1.5.2 Rahmenbedingung: Dozent

Die Frage nach der Wirkung des Dozenten beziehungsweise der Lehrperson sollte Erkenntnisse über die zugeschriebene Rolle seitens der Studierenden und die daraus resultierende Erwartungshaltung generieren. Von Bedeutung sind hierbei zudem mögliche Rückschlüsse auf die didaktische und methodische Rolle eines

[146] Eigene Abbildung.

Dozenten innerhalb eines Bildungsprojektes. Diese Frage wurde in den Gruppen G1 und G2 gestellt und steht in einem direkten Bezug zu dem untersuchten Bildungsprojekt der Zukunftswerkstatt.[147]

Für acht der befragten Personen stellt der Dozent und seine didaktische Vorgehensweise eine wichtige Rolle im Lernprozess dar.[148]

Für drei der befragten Personen hat der Dozent eine *kontextbildende Wirkung*, die neben den *organisatorischen Rahmenbedingungen auch die inhaltlichen Vorgaben* regelt: „Wir machen ja erst mal diese paar Stunden Vorbereitung. Und das find ich schon sehr, sehr hilfreich, wie Sie das dann auch aufbauen. Und auch, dass wir dann am Anfang auch schon mal so Zwischenstände präsentieren müssen, das zwingt einen sozusagen ja schon mal, in irgendwelche Richtungen zu denken und so einen kleinen Plan zu erstellen, wo man dann hinmöchte.“[149,150]

Mit Bezug auf die *Einbindung von Studierenden* innerhalb der Veranstaltung als wichtiger Bestandteil des didaktischen und methodischen Konzeptes eines Bildungsprojektes: "[…] [Kenntnisse haben, um] Kommilitonen am besten zu integrieren und Inhalte nahezubringen.“[151]

Zudem schwing in sieben Antworten regelmäßig die stark *motivatorische Rolle des Dozenten* mit: „[…] Eine große Rolle, würde ich sagen. Also das kann natürlich, je nach Vortragsweise oder auch Gestaltung der Vorlesung, eine motivierende Wirkung haben. Also je nachdem, man merkt ja, ob er jetzt zum zehnten Mal den gleichen Vortrag hält oder wirklich die Intention hat, die Studenten für das Thema zu begeistern.“[152]

Besonders die *Interaktion mit den Studierenden* scheint einigen Studierenden wichtig zu sein: „[…] die Rolle des Dozenten ist wichtig, weil wenn jemand nur blöd sein Skript vorliest, dann, ja, find ich das eher nervig und geh dann erst recht nicht dahin.“[153]

Dabei kommt auch die eigene *Einstellung des Dozenten* zu seiner Aufgabe als Lehrperson zum Tragen: „[…] wie der Dozent auch zu dem Thema selbst eingestellt ist.“[154]

---

[147] Anmerkung: Die für die Auswertung notwendige Distanz und das eigene Rollenbild des Forschenden wurden bereits im Abschnitt 3.3.4.7 ausführlich dargestellt.

[148] Vgl. Anhang: Kodierte Segmente: Wirkung didaktischer Methoden, S. 141 ff.

[149] G2–05, Pos. 32.

[150] Vgl. G1–02, Pos. 32; G2–04, Pos. 28.

[151] G1–02, Pos. 32.

[152] G1–05, Pos. 34.

[153] G1–03, Pos. 34.

[154] G1–05, Pos. 34.

Zwei der Befragten sprachen innerhalb ihrer Antworten auch von der *Funktion eines Coaches*, die ihnen im Rahmen eines Austausches auf Augenhöhe Lernen und Weiterentwicklung ermöglichte:

„[…] und es ging nicht darum, wo sind jetzt Ihre Schwerpunkte, worauf legen sie [als Dozent] Wert, sondern wie können wir dem Unternehmen wirklich etwas liefern, was sinnvoll ist und nicht nur, was am Ende eine gute Note gibt.“[155] „[…] oder [Dozent] wirklich die Intention hat, die Studenten für das Thema zu begeistern. Und deswegen würde ich sagen, eine große Rolle.“[156]

Zwei der befragten Personen benennen den Dozenten als *wichtigen Ansprechpartner* innerhalb ihres Lernprozesses, bei der Fragen fachgerecht und lösungsorientiert beantwortet werden: „[…] wenn man Fragen hat und die fachmännisch beantwortet haben will, dann fragt man am besten den Dozenten.“[157]

Zudem moderiert der Dozent Diskussionsrunden innerhalb der Studierendengruppen und fördert so den Austausch und die Zusammenarbeit: „[…] [in Gruppen] kommt man dann auch ins Gespräch und kriegt eine gute Antwort und kann direkt Nachfragen stellen. Das ist dementsprechend sehr effektiv (Abb. 5.12).“[158]

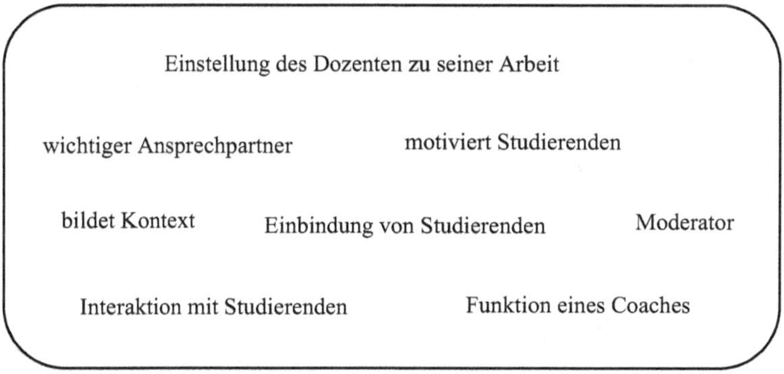

Abb. 5.12 Rahmenbedingung: Dozent[159]

[155] G2–04, Pos. 28.
[156] G1–05, Pos. 34.
[157] G1–01, Pos 39.
[158] G1–01, Pos. 41.
[159] Eigene Abbildung.

Fasst man die aus den Interviewantworten abgeleitete Rolle des Dozenten oder Lehrenden zusammen, so steht die motivierende Funktion an erster Stelle. Diese motivatorische Funktion scheint dabei ein wichtiges Element im Lernprozess des Studierenden zu sein, weil es einen starken Einfluss auf die Einstellung zu dem Bildungsprojekt allgemein, vor allem aber auch zu den darin vermittelten Lerninhalten hat. Eine Ablehnung des Dozenten auf Basis seiner persönlichen Vorlieben hinsichtlich des Vortragsstils, des didaktischen Aufbaus, oder der verwendeten Materialien erschwert als Rahmenbedingung die Vermittlung des zu vermittelnden Lerninhalts. Weiter ist der Umgang mit einem Studierenden auf Augenhöhe im Sinne eines wertschätzenden, vertrauensvollen und an den Bedürfnissen der Studierenden ausgerichteten Austausches wichtig. Damit lassen sich auch die von den Befragten angesprochenen Elementen des Coachings und des Feedbacks mit Einzelpersonen und Gruppen realisieren, für die vor allem ein offenes und wertschätzendes »Setting« notwendig ist. Ein weiterer für die Befragten wichtiger Aspekt in Bezug auf den Dozenten, stellt die kontextbildende Aufgabe, die neben den organisatorischen Rahmenbedingungen auch die inhaltlichen Vorgaben regelt, dar. Der Dozent oder die Dozentin bildet somit ein wichtiges Bindeglied zwischen den Studierenden und dem zu vermittelnden Lehrinhalten innerhalb eines Bildungsprojektes.

5.1.5.3 Rahmenbedingung: Impulsreferate

Impulsreferate stellen ein didaktisch/ methodisches Element innerhalb des hier untersuchten Bildungsprojekts dar. Dabei erstellen die Studierenden in kleinen Gruppen von zwei bis fünf Personen ein kurzes Referat und eine Präsentation zu einem zugeteilten Themengebiet und stellen dieses den anderen Teilnehmern vor. Das Besondere daran ist die Freiheit der Studierenden, alles an Theorien oder Modellen in ihre Referate und Lösungsvorschläge einzubauen, von denen sie annehmen sie seien nützlich und helfen dabei die Forschungsfrage beantworten zu können. Diese Nützlichkeit muss jedoch umfangreich begründet werden und ist die Grundlage für eine nachgelagerte Gruppendiskussion. Befragt wurden die Gruppen G1 und G2.

Impulsreferate erzeugen bei den befragten Personen unterschiedliche Reaktionen und Wirkungen, sie haben aber immer eine aufklärende und zusammenbringende Wirkung.

Zum einen erfolgt ein Abgleich innerhalb der einzelnen Arbeitsgruppen, dieser Abgleich führt zu einem arbeitsgruppenübergreifenden Verständnis zu den angedachten Methoden und Theorien der anderen Gruppen für die Bearbeitung der Forschungsfrage: „[...] man ist in ganz verschiedene Richtungen darangegangen. Aber letztendlich war das ja auch ein wichtiger Part, irgendwie auf den Weg zu kommen und dann auch hilfreich."[160] „Ja, das war definitiv auch wichtig, weil wir ja letztendlich eine Arbeit als Gesamtgruppe abgeben mussten und es dann auf jeden Fall gut war, dass wir [...] mit den Impulsvorträgen dieses, größere Bild der Gesamtausarbeitung schon mal zusammenschustern konnten."[161]

Vor allem auch in Bezug auf die Abstimmung der Gruppen untereinander welcher *Lösungsweg* denkbarer sein könnten. „Es kommt auf die Präsentation tatsächlich an, [...] für den Prozess an sich war es ganz spannend zu sehen, wo stehen eigentlich die anderen und wo stehen wir."[162]

Eine befragte Person beschrieb zudem das *persönliche Bedürfnis* einerseits verstehen zu wollen, was und wie die anderen Gruppen arbeiten möchten, aber auch selbst die *anderen Gruppen zu informieren.* „Ich fand das auf jeden Fall gut, weil sonst glaube ich, hätte mir der Bezug zu den anderen Gruppen einfach gefehlt, weil man sonst, glaube ich, nicht so in der Tiefe mitbekommt, woran ich arbeite."[163]

Dabei stellt sich durch die Abstimmung, auch eine *gewisse Entspannung im Sinne der Arbeitsgeschwindigkeit* beziehungsweise des Vorsprungs anderer Gruppen ein: „[...] Ich fand's nur gut zu sehen, dass die anderen Gruppen auch nicht so viel weiter sind. Und dann zu sehen, dass es ja ein Studierendenprojekt ist und halt wirklich dann auch kleine Schritte sind und dass man die auch präsentiert, dass fand ich ganz schön."[164]

Immer wieder kommt auch die persönliche Entwicklung bei der Präsentation und dem Vorstellen der eigenen Ansätze und Denkrichtungen als *individuelle Herausforderung* zum Tragen: „[...]im Großen und Ganzen habe ich voll viel davon mitgenommen und da habe ich auch wieder direkt eine Schwäche [beim Präsentieren und Diskutieren] gefunden, an der ich noch mal arbeiten kann."[165]

Bei der Perspektive des *gegenseitigen Lernens* stellte einer der Befragenden fest: „[...] und wir konnte auch aus den Fragen der anderen oder aus den [...] Inhalten und dem Stand der Dinge bei den anderen etwas für meine Gruppe mitnehmen."[166]

Keiner der Befragten aus der Gruppe G2 hat die Arbeitsaufgabe ein Referat zu verfassen und vorzutragen als Belastung eingestuft. Lediglich einer der Befragten

[160] G2–05, Pos. 38.
[161] G2–03, Pos. 32.
[162] G3–02, Pos. 41.
[163] G2–04, Pos. 34.
[164] G2–01, Pos. 41.
[165] G2–02, Pos. 31.
[166] G3–02, Pos. 41.

aus der Gruppen G1 äußerte sich kritisch: „[…] Ja, wenn ich das so sehe, wie das damals in der Schule gewesen ist, dann würde ich sagen, dass da nicht viel bei rumkommt (Abb. 5.13).“[167]

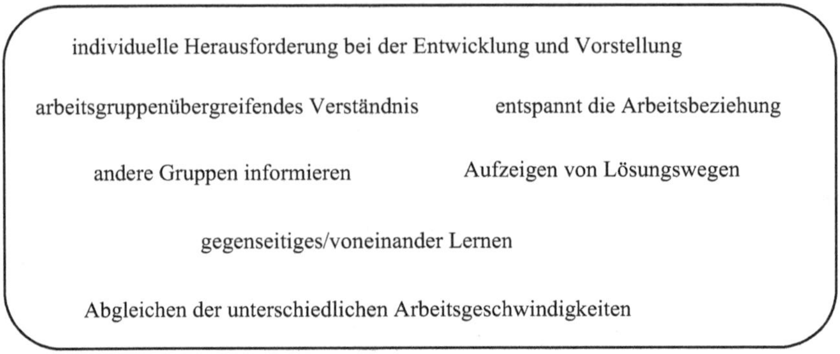

Abb. 5.13 Rahmenbedingung: Impulsreferate[168]

Die Analyse der Antworten konnte zeigen, dass Impulsreferate in Kombination mit einer Präsentation zum Entwickeln oder der Festigung einer gemeinsamen Arbeitsbasis bei der Arbeit in Gruppen beitragen können. Die Aufgabe einen eigenen Lösungsweg zu entwickeln hat hier einen intensiven und kritischen Umgang mit einem Thema oder der Aufgabenstellung zur Folge. Die Vorstellung dieses Lösungsweges mit seinen Meilensteinen und Herausforderungen führt wiederum zu einem Durchdenken dessen, was man geplant hat. Die Meinungen der anderen Studierenden tragen in einem kritischen und moderierten Austausch wiederum zu Lernprozessen und persönlicher Weiterentwicklung bei. Dabei scheint auch das Bedürfnis der Studierenden andere informieren zu wollen und damit die Basis für erfolgreiche Teamarbeit zu schaffen, eine zentrale Grundlage einer erfolgreichen Gruppendynamik zu sein.

5.1.5.4 Rahmenbedingung: Kontakt mit Unternehmensvertretern

Der Kontakt mit Unternehmensvertretern stellt ein weiteres elementares didaktisches und methodisches Element in dem untersuchten Bildungsprojekt dar. Die Möglichkeiten des Austausches mit Vertretern des untersuchten Unternehmens

[167] G1–01, Pos. 49.

[168] Eigene Abbildung.

oder einer Organisation erfolgen zu festgelegten Zeitpunkten im Veranstaltungsverlauf. Die Studierenden lernen die Unternehmensvertreter direkt nach der ersten konstituierenden Veranstaltung kennen. Das erste Kennenlernen dauert zwei Stunden und erfolgt in den Räumen der Hochschule im Rahmen einer Vorstellungsrunde, innerhalb derer die Unternehmensvertreter ihr Unternehmen und die Fragestellung vorstellen. Die folgenden Treffen finden dann innerhalb des Unternehmens selbst statt.

Die hier analysierten Antworten sollen die Auswirkungen der persönlichen Beziehung zwischen den Studierenden und den Unternehmensvertretern und deren Auswirkungen im Hinblick auf ihre Wirkung auf den Lernprozess offenlegen.[169]

Alle 14 Befragten stufen die Möglichkeit mit Unternehmensvertretern sprechen, beziehungsweise sich auf Augenhöhe austauschen zu können als wertvoll ein.[170]

Ein erster wichtiger Punkt für die Studierenden ist die Möglichkeit sich mit Vertreten aus der Praxis austauschen zu können und dabei auf Fragen *reale Beispiele* kommuniziert zu bekommen: „[...], weil die Externen direkten Bezug zu dem haben was sie sagen. Das ist dann schon immer sehr interessant und gibt 'n paar Beispiele, wie's ist.“[171]

Eine weitere befrage Person berichtete von einem *bisher fehlenden Kontakt zu Unternehmensvertretern in ihrer akademischen Ausbildung*: „[...] also deswegen bin ich jetzt auch so froh, dass das jetzt wirklich Teil des Studiums ist, weil ich auch während des Bachelorstudiums gemerkt habe, dass mir [der Austausch mit Unternehmensvertretern] noch fehlt. [...], weil ich einfach gemerkt habe, wie wichtig diese Praxis ist [...] und das Studium allein einfach nicht ausreicht für später.“[172]

In den Aussagen der befragten Personen wurden Unternehmensvertreter oftmals mit Profis oder einem professionellen Verhalten oder Auftreten in Verbindung gebracht: „[...] ich fand die waren alle sehr professionell.“[173]

Anderer Studierende beschreiben eine gewissen Dynamik innerhalb von Lehrveranstaltungen, wenn Unternehmensvertreter mit eingebunden sind: „[...] eine große Bedeutung. Also ich wähle schon gerne absichtlich Fächer, wo ich weiß,

169 Anmerkung: Die Analyse des praktischen Bezuges beziehungsweise einer realen Fragestellung und dessen Auswirkung auf die Studierenden erfolgt in Abschnitt 5.1.5.5.

170 Vgl. Anhang: Kodierte Segmente: Wirkung didaktischer Methoden. S. 146 ff.

171 G1–01, Pos 45.

172 G1–05, Pos. 36.

173 G2–01, pos. 70.

dass auch externe Personen dabei sind, einfach weil man eben aus der Erfahrung weiß, dass es dann immer bisschen praktischer ist und mit 'n bisschen mehr Schwung."[174]

Mehrfach wird ein Lerneffekt oder eine Kompetenzentwicklung beschrieben: „[...] natürlich ist auch spannend zu wissen, wie viel geben sie Preis, wie viel lassen sie zu, denn jeder will sich natürlich von der besten Seite zeigen und das machen wir auch alle auf der menschlichen Ebene."[175] „[...] ich finde [es spannend] den *Menschen zu lesen* so als kleine Kompetenz. Es war ganz interessant. Alle sind total unterschiedlich, haben ganz unterschiedlich auf die Fragen geantwortet und reagiert. Und wenn man dann diese gleichen Fragen vor sich hat bei drei verschiedenen Menschen, dann liest man ja schon [...] zwischen den Zeilen. [...] und das finde ich schon ganz interessant, dass man da 'n bisschen näher drauf achtet, wie verhält sich der Andere, wenn er bestimmte Fragen gestellt bekommt."[176] „[...] das war einfach sehr spannend und erkenntnisreich Konzernstrukturen kennenzulernen und mal in die Welt einer hochaufgehängten Person in einem Konzern reinschauen zu können. Also da habe ich auf jeden Fall auch noch mal einiges mitgenommen."[177]

Andere beschreiben eine *motivatorische Wirkung* durch die Persönlichkeit und das Verhalten eines Unternehmensvertreters. „[...] also man hat da schon auch ein Stück weit Motivation mitgenommen, weil der einfach nicht distanziert war, sondern weil er ganz auf Augenhöhe mit uns kommuniziert hat und auch locker drauf war und das Ganze nicht zu steif rübergebracht hat."[178]

Mit Bezug auf eigene *Veränderungen* in der Sicht auf ein Unternehmen, beziehungsweise eines Unternehmensvertreters beschreibt die folgende Aussagen Lernen und Erkenntnisgewinn: „[...] auf jeden Fall einen *Perspektivwechsel* und ich habe die Gespräche auch im Nachhinein noch mal reflektiert. Also ob es zum Beispiel einen Unterschied macht, ob ich jetzt mit einem Konzernchef spreche oder [mit] einfachen Mitarbeitenden."[179] „Ich weiß nicht, mein Bild von der Industrie ist nur noch mal ein bisschen schlechter geworden."[180]

Mit Bezug auf *die Kultur* innerhalb des untersuchten Unternehmens äußert sich eine befragte Person: „[...] man hat ein Unternehmen aus einer gewissen

---

[174] G1–04, Pos. 34.
[175] G1–02, Pos 44.
[176] G2–05, Pos 36.
[177] G3–02, Pos 36.
[178] G2–03, Pos 30.
[179] G3–02, Pos. 38.
[180] G2–1, Pos. 67.

Branche, und kann natürlich auch da schauen, welche Probleme sich ergeben oder welche vorhanden sind. Wie interagieren diese Führungspositionen oder Mitarbeiter miteinander in dem Unternehmen? Und ist das typisch für so eine Branche?“[181]

Vereinzelte Aussagen lassen Schlüsse zu prägenden *Erlebnissen* im Hinblick auf die eigene Berufswahl zu. „[…] der Dozent im Privatrecht, der arbeitet auch, der hat viel mehr Praxisnähe, der kann uns Beispiele aus dem wirklichen Leben mitgeben. Das ist dann schon immer, bin ich, sehr interessant und gibt ’n paar Beispiele, wie’s ist.“[182] „Man hat dementsprechend auch Interesse, in einer derartigen Branche zu arbeiten oder später vielleicht mit Freunden, Bekannten, Kommilitonen, so eine Firma zu gründen, die in diesem Zweig, ja, arbeitet. Also da das ist schon wichtig, [Unternehmen und deren Vertreter] mal so kennenzulernen (Abb. 5.14).“[183]

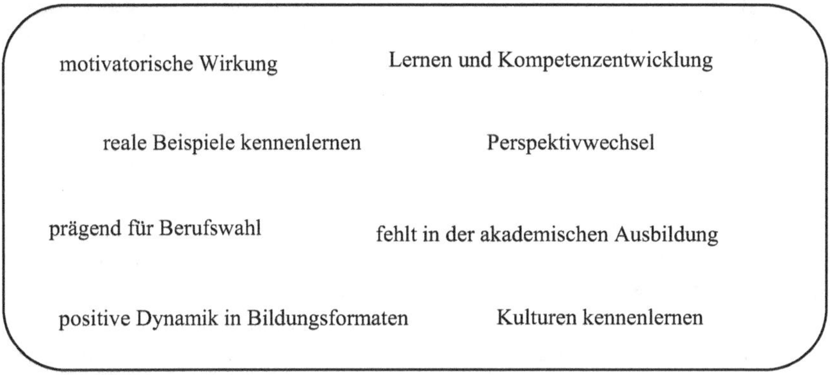

Abb. 5.14 Rahmenbedingungen: Kontakt mit Unternehmensvertretern[184]

Alle 14 befragten Personen halten den direkten Kontakt und die Möglichkeiten eines Austausches mit Unternehmensvertretern für wertvoll.[185]

Besonders hervorgehoben wird die Möglichkeit hinter die Kulisse eines Unternehmens schauen zu können. Ein weiterer Aspekt ist das Lernen über

[181] G1–02, Pos. 44.
[182] G1–01, Pos. 45.
[183] G1–02, Pos. 44.
[184] Eigene Abbildung.
[185] Vgl. Anhang: Kodierte Segmente: Wirkung didaktischer Methoden. S. 146 ff.

organisatorische Unterschiede innerhalb eines Unternehmens hinsichtlich seiner Kommunikation und der Vielfalt an Deutungen einer untersuchten Problemstellung durch die einzelnen Mitarbeiter. Damit ist auch ein Einblick in die Realität eines sozialen Systems mit seinen Akteuren und Kommunikation gemeint. Innerhalb eines solchen Systems mit eigenen Erfahrungen und einem Ziel agieren zu können stellt eine wertvolle Erfahrung für die Studierenden dar.

Einige der Befragten bezeichnen ihren Kontakt mit Unternehmensvertretern als richtungsweisend für ihre berufliche Ausrichtung und dieser leitet mit seinen neuen Eindrücken und Erfahrungen oftmals einen Perspektivwechsel bei den teilnehmenden Studierenden ein.

Der Kontakt mit Vertretern aus der Praxis stellt dabei vor allem in der Hochschule eine Erfahrungsquelle für Informationen und neues Wissen dar, welches Studierende vorab lediglich als Theorie oder bestenfalls aus Case Studies kennen gelernt haben.

Der fachliche Austausch zwischen erfahrenden Praktikern und Studierenden auf Augenhöhe eröffnet zudem die Möglichkeiten eigene Kompetenzen weiterzuentwickeln. So berichten beispielsweise Befragte davon, einen Menschen »lesen« gelernt zu haben. Hiermit kann man die Entwicklung sozialer Kompetenzen im Umgang mit Menschen erkennen, die in einem realen Umfeld stattfinden und damit realistisch und für den Studierenden einprägsamer sind als Case Studies.

5.1.5.5 Rahmenbedingung: Praxisnähe

Mit der Frage zu dem Einfluss der Praxisnähe auf die Kompetenzentwicklung sollten die befragten Personen über ihre Erfahrungen im Lösen einer realen Problemstellung innerhalb eins Unternehmens und einer daraus resultierenden Kompetenzentwicklung berichten. Diese Fragestellung unterscheidet sich damit zu der vorherigen Frage mit einem Fokus auf die Vorgabe eine praktische beziehungsweise reale Fragestellung mithilfe eines Unternehmens beantworten zu müssen.

Bei der Analyse der Antworten soll eine Unterscheidung in die Erwartungen an Praxisnähe und die Erfahrungen danach vorgenommen werden.

Erwartungen an Praxisnähe

Vor dem Praxisprojekt herrscht eine gewissen A*ufgeregtheit im Sinne einer neuen Situation oder Rahmenbedingung*, die die Befragten vorher teilweise nicht kannten: „[…] grundsätzlich bin ich auf jedem Fall gespannt, die kennenzulernen, weil ich mir darunter bisher natürlich noch kaum bis wenig vorstellen kann. Wie das Unternehmen ist und so weiter, weil ich eben auch noch keine Berührungspunkte damit hatte.“[186]

Eine Person spricht das Thema der *gestellten Erwartungen* an die Studierendengruppe an. „Zum einen, dass die Verständnis dafür haben, dass wir halt natürlich nur Studierende sind. Natürlich sind wir halt auch im Master und haben auch vielleicht Erfahrungen gesammelt. Das dass sie sich auch breit erklären, Dinge zu ändern, das erwarte ich auch noch, wenn es [in dem Unternehmen] wirklich was zu ändern gibt.“[187]

Eine weitere geäußerte Erwartung geht in Richtung der *Anwendbarkeit von theoretischem Wissen.* „[...] man kann so natürlich die Theorien in die Praxis umsetzen und sein Wissen mit einbringen. Und dementsprechend ist es da auch wichtig, dass man ständig [im Studium] einen Praxisbezug hat.“[188]

Weiter stellt sich eine befragte Person die Frage, wie *schnell ein Lernen oder eine Kompetenzentwicklung einsetzt*, beziehungsweise was dabei zu erwarten ist: „[...] ich freue mich auf jeden Fall darauf und bin einfach gespannt, was da so kommt. Also wie schnell man in ein Unternehmen quasi reinschauen kann, frag ich mich. Also wie lange das wohl dauert, bis wir so das Gefühl haben, ah, okay, hier und da sehen wir, was vielleicht irgendwie gut läuft oder ob es nicht so gut läuft oder so oder ob uns das überhaupt gelingt (Abb. 5.15).“[189]

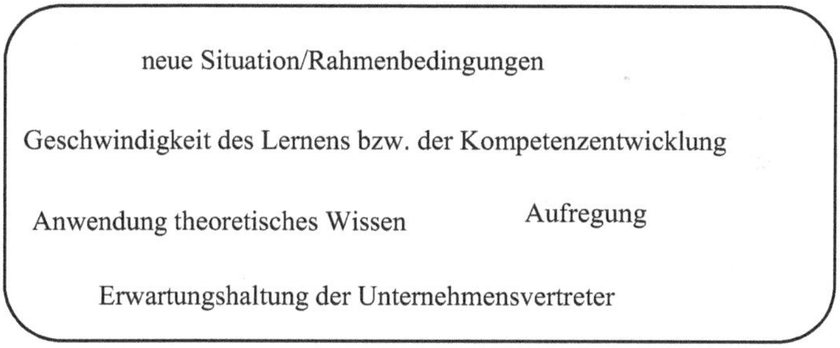

Abb. 5.15 Erwartungen an Praxisnähe[190]

[186] G1–04, Pos. 43.
[187] G1–03, Pos. 48.
[188] G1–02, Pos. 34.
[189] G1–04, Pos. 46.
[190] Eigene Abbildung.

Erfahrungen mit Praxisnähe

Die Erfahrungen nach Besuch des Bildungsprojektes der Zukunftswerkstatt lassen sich in Bezug auf die Praxisnähe in den Umfang des *Einflusses durch die Studierendengruppe* auf das untersuchte Unternehmen, die *Reflexion der eigenen Bedürfnisse* an einen Arbeitgeber, einen *Einblick in die Realität* zu erhalten und letztlich die Möglichkeit die vorab formulierten Ziele anhand eines *praktischen Anwendungsfalls in einem Unternehmen überprüfen* zu können beschreiben.

In Bezug auf den *Einfluss der Studierendengruppe auf Veränderungen*, war ein Studierender eher zurückhaltend: „[...] tatsächlich habe ich jetzt bei unserer Quote nicht das Gefühl gehabt, dass wir [...] [viel Einfluss nehmen] konnten, weil es tatsächlich nur ein paar Mails hin- und herschicken war und dann die Befragung [und Auswertung].“[191]

Mit Bezug auf den *Einfluss des Praxisbezuges auf die eigene Berufswahl*: [...] ein bisschen in Hinsicht auf die Zukunft, dass man ein bisschen darüber nachdenkt, ist das jetzt so ein Unternehmen, wenn man das so näher kennenlernt und auch die Person näher kennenlernt und zuhört, ob man sich da sehen würde oder was man so erwartet, überhaupt von einem Arbeitgeber später. Also ob ich mich da wohlfühlen könnte.“[192] „[...] bei einigen fand ich einfach den Werdegang interessant und auch in einer gewissen Weise einfach inspirierend, zu sehen: Okay, so viele verschiedene Wege gibt es eigentlich in der Berufswelt.“[193]

Mit Bezug zu der Möglichkeit einen *Blick in die Praxis* zu erhalten und sich eine Meinung zu der anstehenden Berufswahl machen zu können, äußerte sich eine befragte Person: „[...] man dann so natürlich die Theorien, in die Praxis umsetzen und sein Wissen mit einbringen. Und man immer die Theorie mit einfließen lässt und nicht einfach [nur] Theorie macht, im Studium.“[194]

Eine weitere befragte Person nennt die Möglichkeit *»Persönlichkeiten« kennen lernen* zu können als persönlichen Effekt der Weiterbildung: „[...] Leute, die was zu sagen haben in einem Unternehmen, von ihrer Persönlichkeit noch mal ein bisschen kennenzulernen und die Art, wie sie einfach arbeiten und auch mit anderen umgehen. Das fand ich interessant.“[195]

Für die Studierenden hat auch das Kennenlernen von anderen *Meinungen und Einschätzungen einer Situation eine kompetenzentwickelnde Wirkung*: „[...] es war

[191] G3–02, Pos. 61.

[192] G2–05, Pos. 54.

[193] G2–04, Pos. 52.

[194] G2–02, Pos. 34.

[195] G2–05, Pos. 54.

einfach interessant, zu sehen, klingt jetzt blöd, aber wie eingeschränkt sie noch denken.“[196]

Eine Person verwendete im Zusammenhang mit verschiedenen Wirklichkeiten den Begriff der Realität, weil durch die Praxisnähe die Arbeitsrealität für Studierende besser greifbar wird: „[...] gerade, wenn man studiert, [ist es wichtig] so einen Bezug zur Realität zu bekommen.“[197]

Durch Corona wurden die persönlichen Treffen mit den Unternehmen vermieden, diese Situation wird als ungünstig wahrgenommen: „[...] gut, das war in der Coronazeit, weil sonst hätte ich's auch voll gut gefunden, einfach mal dahin zu gehen und die zu beobachten, wie ist denn der Alltag? Weil man kann ja halt viel reden, aber trotzdem ist es dann oftmals, wenn man dann vor Ort ist, doch anders (Abb. 5.16).“

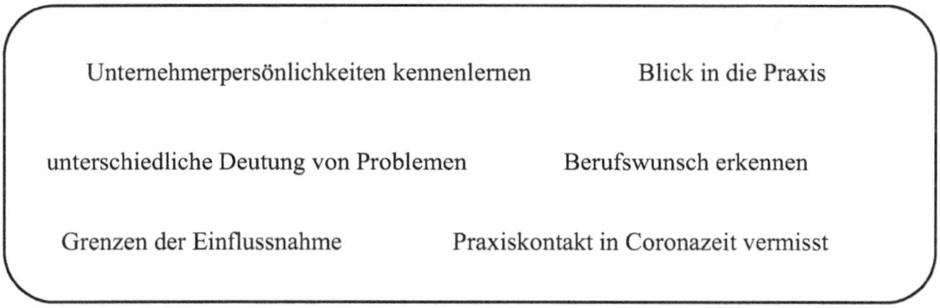

Abb. 5.16 Rahmenbedingung: Erfahrungen mit Praxisnähe[198]

Grundsätzlich lässt sich auch hier festhalten, dass alle befragten Personen den direkten Bezug zu einem Unternehmen oder einer Organisation in dem untersuchten Bildungsprojekt für ihr Lernen und eine Kompetenzentwicklung als wertvoll einstufen.[199]

Die befragten Personen berichten regelmäßig von einer unterstützenden Wirkung durch die praxisnahe Bearbeitung der Forschungsfrage und dem Einbinden von Unternehmensvertretern. Die Antworten zu den Erwartungen der Gruppe G1 werden von den Antworten zu den Erfahrungen der Gruppe G2 bestätigt.

---

[196] G2–04, Pos. 52.

[197] G2–04, Pos. 52.

[198] Eigene Abbildung.

[199] Vgl. Anhang: Kodierte Segmente: Wirkung didaktischer Methoden. S. 152 ff.

Drei der befragten Studierenden verbinden mit den Besuchen und dem Kontakt mit Unternehmensvertretern und Mitarbeitern einen Einfluss auf ihre zukünftige Berufswahl. Zudem begrüßen die Studierenden die Möglichkeit Theorien in einer realen Umgebung anwenden und damit verproben zu können. Dabei kommt es immer wieder zu Aussagen zur Kompetenzentwicklung hinsichtlich der Deutung beziehungsweise der Interpretation von Verhalten und Kommunikation der untersuchten Unternehmen und Organisationen als sozialen Systeme. Dieses stellt eine direkte Verbindung zu beratungspsychologischen Ansätzen hinsichtlich der Systemtheorie dar. Die Studierenden lernen in dem untersuchten Bildungsprojekt an praktischen Beispielen soziale Systeme zu lesen und deren bisheriges Handeln zu deuten.

5.1.5.6 Rahmenbedingung: Diskussion und Austausch in Arbeitsgruppen

Mit der Frage zu den Auswirkungen der Diskussion und des Austausches in den Arbeitsgruppen des untersuchten Bildungsprojektes sollen die Zusammenhänge zwischen Erfahrungsaustausch und einem daraus resultierenden gemeinsamen und individuellen Lernen im Hinblick auf Kompetenzentwicklung analysiert werden.

Die Studierenden werden innerhalb des untersuchten Bildungsprojektes in vier Gruppen aufgeteilt, die jeweils einen Teilaspekt der Forschungsfrage bearbeiten. Diese Teilaspekte werden am Ende zu einer gemeinsamen Ausarbeitung zusammengeführt und vorgestellt. Während des Projektes ist daher, neben den Arbeiten in den Gruppen, eine regelmäßige inhaltliche Abstimmung zwischen den einzelnen Gruppen notwendig.[200]

Eine befragte Person hielt diese inhaltliche Abstimmung für besonders wertvoll, weil sie dabei hilft Klein- und Großgruppen zu koordinieren und gemeinsam an einem Ergebnis zu arbeiten: „[...] tatsächlich noch mal eher die Großgruppe, weil Kleingruppen haben wir ständig im Studiengang gehabt, aber wirklich in einer so großen Gruppe ein Projekt auf die Beine zu stellen und dabei auch zusammenarbeiten zu müssen, also wie eine kleine Organisation im realen Arbeitsleben. [...] ganz, ganz hoher Stellenwert.“[201]

---

[200] Anmerkung: In den Interviews selber erfolgt daher eine Unterscheidung der Gruppen in eine »kleine Gruppe« mit vier Studierenden und der »großen Gruppe« mit ca.16 Studierenden.

[201] G3–02, Pos. 65.

Fünf Befragte sprechen in den Interviews über die *unterschiedlichen Meinungen und Lösungswege*, innerhalb einer Gruppe. Dabei wird regelmäßig die Meinungsvielfalt von Gruppenmitgliedern erwähnt, die im Ergebnis wiederum die Meinungen und Einstellungen aller Gruppenmitglieder berücksichtigt: „[…] Gruppenarbeit fördert ja auch die Meinungsverschiedenheiten untereinander. Da kann man dann auch mal was aus einer anderen Sichtweise sehen. [Man] verfährt sich vielleicht nicht in eine Richtung, sondern kriegt auch eine Sichtweise aus anderen Richtungen."[202]

[…] für mich der große Vorteil, dass man sich eben über die Themen austauschen kann und da dann halt noch mal andere Meinungen auch kriegt und andere Sichtweisen."[203]

Besonders die innerhalb des untersuchten Bildungsformates praktizierte *zufällige Zusammenstellung der Gruppen* wird als positiv bewertet: „[…] grade auch jetzt bei diesem Kurs, find ich es interessant, dass wir in einer Gruppe arbeiten, die zufällig gelost wurde. Wir haben keinen Einfluss auf die Sichtweisen der anderen Personen, ob die harmoniert. […] jemand hat auch sein Gebiet, seine Rolle hier in der Gruppe und sein Thema und da bin ich auch sehr gespannt drauf, wie jeder damit umgeht und ob man sich gegenseitig auch ergänzen kann."[204]

Ein Studierender meint dazu: „[…] und insgesamt fand ich das total hilfreich, dass die Gruppen eben nicht nur die Pluralos [Studierende der Pluralen Ökonomik] zusammen waren und die Management und Märkte, sondern dass wir eben so gemischt waren und dass wir halt [aufgrund anderer Sichtweisen] diskutieren konnten. Das hat auf jeden Fall viel dazu beigetragen, glaube ich, dass die Arbeit so gut geworden ist."[205]

Dazu noch eine weitere sehr prägnante Aussage: „[…] also ganz aus der pluralen Sicht gesehen, finde ich es unglaublich wichtig, nicht nur einen Punkt von Menschen zu haben, sondern ganz viele verschiedene Persönlichkeiten. Und das ist natürlich, wenn man verschiedene Studiengänge zusammenmixt. Das ist total super, also ich sehe es als unglaublich wertvoll an."[206]

Eine befragte Person spricht das *Missverhältnis zwischen dem Bachelor- und Masterstudiengang* hinsichtlich der Gruppenarbeiten an: „[…] ich hatte extrem

[202] G1–01, Pos. 53.
[203] G1–04, Pos. 42.
[204] G1–03, Pos. 40.
[205] G2–02, Pos. 53.
[206] G3–02, Pos. 51.

vielen Gruppenarbeiten im Master, habe aber dort von Organisationen und Auftreten auf jeden Fall deutlich mehr gelernt als im Bachelor."[207]

Zwei Befragte halten es für wichtig die *eigene Meinung formulieren und vertreten* zu können. Dabei steht der diskursive Austausch im Vordergrund und soll helfen eine gemeinsame Basis entwickeln zu können: „[...] ich habe immer gerne eine Diskussion und quatsch dann auch gerne über ein Thema mit einer anderen Meinung. Aber ich brauch auch jemanden, der dann wirklich auch in die Diskussion will und nicht einen, der sagt, nee, meine Meinung ist besser als deine. Das find ich dann immer schwierig. Die müssen dann halt auch aufgeschlossen sein."[208]

Wichtig ist für die Interviewteilnehmer der Lerneffekt, eine *Diskussion nicht in einem Konflikt münden* zu lassen: „[...] manche können aber nicht diskutieren. Die Diskussion kann ja auch mal ein bisschen lauter werden, was absolut nicht sein muss. Diskutieren heißt einfach nur die Meinungsverschiedenheiten austauschen und dann zu einem gemeinsamen Konsens kommen."[209]

Eine interviewte Person benennet die Möglichkeit einen *persönlichen Einfluss auf das Ergebnis* haben zu können: „[die eigene Meinung] hat dann Einfluss darauf, wie man auch quasi auf das Ergebnis hinarbeitet von Projekten."[210]

Eine weitere Person benennt eine Kompetenzentwicklung, bei den Dynamiken *in Gruppen* erkannt und genutzt werden können: „[...] Also ja, das ist immer interessant auch zu sehen, wie sich da die Dynamiken entwickeln, ne. Wer übernimmt da in Anführungsstrichen eine Führungsposition? Wer delegiert? Wer hat da Initiative, die ergriffen wird? Wer hält sich eher zurück? Und dementsprechend formt sich das. [...] damit könnte man auch potenziell zukünftig etwas anfangen."[211]

Einen generellen *Kompetenzeffekt durch die Arbeit in Gruppen* bescheinigt eine der befragten Studierenden: „[...] Gruppenarbeiten sind schon sehr wichtig und schön, [...] einfach, weil man da die Kompetenz entwickelt, in jeder Zusammenstellung zusammenzuarbeiten. Man kann sich das auch im Berufsleben nicht zu hundert Prozent aussuchen. In was für einer [Gruppen]-zusammenstellung lande ich hier? Und das lernt man dann im Studium auch in Gruppenarbeiten sehr stark."[212]

---

[207] G2–03. Pos. 54.

[208] G1–01, Pos. 59.

[209] G1–02, Pos. 40.

[210] G1–05, Pos. 40.

[211] G1–02, Pos. 36.

[212] G2–03, Pos. 54.

Eine Person nimmt Bezug auf die Entwicklung von Kompetenzen für die *Integration aller Gruppenmitglieder* innerhalb eines Treffens und die Berücksichtigung zurückhaltender Mitglieder: „[...] es gibt immer stillere Personen und einfach Leute, die gerne reden. Und man hat halt oft gemerkt, dass die Stilleren quasi übergangen worden sind. Und das fand ich halt irgendwie schade, weil klar, grade die ja oftmals halt auch wichtige Impulse setzen können. Und da habe ich noch mal für mich gemerkt, dass es halt superwichtig ist, die Leute dann einfach auch gezielt anzusprechen. Einfach zu sagen, hey, möchtest Du auch noch was dazu sagen? Wenn die Person das dann verneint, ist es ja in Ordnung, aber dass man sie wenigstens angehört hat und jeder was dazu gesagt hat, den Konsens quasi zu erweitern."[213]

Weiter wird die Möglichkeit genannt von anderen *Gruppenmitgliedern zu lernen*: „[...] vielleicht auch mal hier und da irgendwie einen Tipp, wie man an eine Sache rangeht oder sei es irgendwie ein Programm, das man vorher noch nicht kannte oder so. Und dann würde ich schon sagen, dass einem das schon gut weiterhelfen kann."[214] „[...] jemand hat auch sein Gebiet, seine Rolle hier in der Gruppe und sein Thema und da bin ich auch sehr gespannt drauf, wie jeder damit umgeht und ob man sich gegenseitig auch ergänzen kann."[215] „[...] da haben auch ein paar noch mal Sachen aus ihrer Bachelorarbeit als Beispiel eingebracht, wie sie da vorgegangen sind. Auch allein schon, welche Tools man so alles nutzen kann, ist schon ganz interessant. Das wusste ich auch nicht alles so [...] und ich nehme mir eigentlich auch immer was mit."[216]

Eine Person äußerte sich kritisch zu unmoderierten Gruppendiskussionen, weil sie nicht ergebnisorientiert seien: „[...] man ist dann immer schnell abgewichen und hat dann über was ganz anderes gesprochen. Und grade wenn zum Beispiel der Dozent nicht bei einem stand oder direkt präsent war, wurde über andere Themen gesprochen als über das zu diskutierende Thema (Abb. 5.17)."[217]

Alle 10 befragten Studierenden (Gruppen G1 und G2) beschreiben die Arbeit in Arbeitsgruppen als wichtig und bescheinigen ihnen einen hohen Stellenwert für die eigene Kompetenzentwicklung.[218] Als wichtigste Kompetenz werden das Verstehen und Berücksichtigen von Gruppendynamiken, sowie Kenntnisse für

[213] G2–02, Pos. 41.
[214] G1–04, Pos. 42.
[215] G1–03, Pos. 40.
[216] G2–05, Pos. 56.
[217] G1–03, Pos. 44.
[218] Vgl. Anhang: Kodierte Segmente: Wirkung didaktischer Methoden. S. 155 ff.

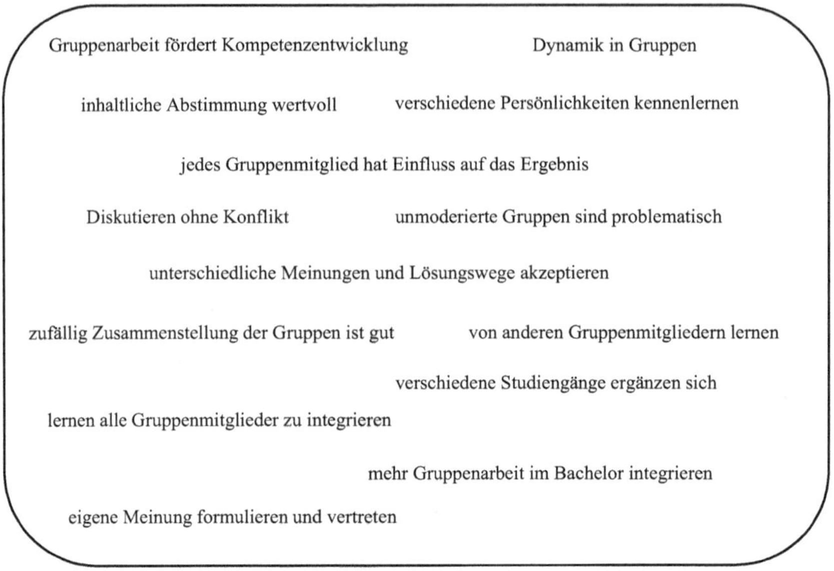

Abb. 5.17 Rahmenbedingung: Diskussion/Austausch in Arbeitsgruppen

die Integration alle beteiligten Personen genannt. Kenntnisse über diese Dynamiken finden sich im Übrigen auch als wichtige Rahmenbedingungen innerhalb der Beratungspsychologie mit Bezug auf soziale Systeme.

Eine weitere wichtige Kompetenz ist die Fähigkeit, seine individuellen Meinungen und Gedanken formulieren und vertreten zu können. Diese Kompetenz beinhaltet auch die Fähigkeit Diskussionen führen und moderieren zu können.

Die zufällige Zusammensetzung einer Gruppe, wie beispielsweise die Mischung von verschiedenen Studiengängen stellt eine zentrale methodische Rahmenbedingung dar, die Kompetenzentwicklung in dem untersuchten Bildungsprojekt möglich werden lässt. Der Grund dafür ist unter anderem das Zusammentreffen unterschiedlicher Denkschulen, beispielsweise wie oben genannt zwischen Studierenden der Pluralen Ökonomik und Studierenden der Studiengänge MM oder SME. Im Hinblick auf ein gemeinsames Ziel, also die Beantwortung der Forschungsfrage, treten in einer solchen Konstellation Perspektivwechsel ein und erzeugen so neue Wirklichkeiten. Diese Analyse zeigt auch die Notwendigkeit von Vielfalt innerhalb einer Arbeitsgruppe, denn sie gibt Raum für alle Beteiligten innerhalb der Gruppe miteinander und voneinander zu lernen und dabei neben methodischen Kompetenzen vor allem soziale und emotionale Kompetenzen entwickeln und ausbauen zu können.

Theoretisch deckt sich dieses Ergebnis mit Arbeiten von Rogoff, bei der ein Aufbau von Wissen und Kompetenz nicht nur individuell, sondern aus Gedächtnisinhalten miteinander kooperierender Personen hervorgeht, das Ergebnis ist eine soziokulturelle Sinnkonstruktion.[219] Lernen ist damit aus soziokultureller Sicht nicht auf Basis kognitiver Funktionalität des Einzelnen in Interaktion mit der umgebenden Umwelt, sondern durch soziale und personelle Impulse, beispielsweise in Form von Diskursen, Widersprüchen, Meinungsdifferenzen oder Dialogen zu betrachten.[220]

Wissensbildung entsteht somit in einem sozialen Rahmen durch Dialogprozesse, durch Anregung, sowie in Form eines individuellen und kollektiven Aushandelns.[221]

5.1.5.7 Rahmenbedingung: Abschlusspräsentation

Im Rahmen der Abschlusspräsentation werden die Ergebnisse den Unternehmensvertretern vorgestellt. Dieses geschieht im Rahmen einer klassischen Präsentation mit anschließender Diskussions- und Fragerunde. Die Frage wurde in der Gruppe G2 gestellt, da nur hier ein direkter Bezug zu einer Abschlusspräsentation vorlag.

Im Rahmen der Abschlusspräsentation haben die Studierenden im Vorfeld an den Inhalten und dem Aufbau ihrer Präsentation gearbeitet. Die Auswahl der präsentieren Inhalte und die Übersetzung der Ergebnisse in Wort und Bild gehören zu den Aufgaben der einzelnen Arbeitsgruppen. Jeder Studierende präsentiert dabei seinen vorab bearbeiteten Bereich.

Mit der Frage sollten Ausprägungen von Kompetenzentwicklung der Studierenden in dieser Phase gefunden werden. Dabei lässt sich schon hier in eine methodische Kompetenzentwicklung wie beispielsweise Präsentationstechniken, Auswahl und Aufbereitung der Inhalte und eine emotionale Kompetenzentwicklung wie beispielsweise Selbstbewusstsein, oder dem Umgang mit Nervosität und Ängsten unterscheiden.

Für die Studierenden ist die Abschlusspräsentation oftmals die erste Gelegenheit alle *Ergebnisse und die mündlich vorgetragenen Inhalte ihrer Kommilitonen kennenzulernen*: „[…] ich glaub, da ist mir erst mal aufgefallen, wie viel ich

[219] Vgl. Rogoff (1990), S. 11.

[220] Vgl. Bauersfeld (1993), S. 278.

[221] Vgl. Reusser (2006), S. 156.

gemacht hab, wie viele Theorien ich da rausgesucht habe und in die Organisation-[sanalyse] eingeordnet habe.“[222] „[…] und ich muss auch sagen, als ich dann noch mal die Teile der anderen gehört hab und noch mal so richtig bewusst zugehört hab […]. Ich hab’s noch mal ganz anders wahrgenommen und fand es auch richtig interessant und spannend, das dann noch mal so zu hören als Abschluss, so zusammengefasst, kompakt und auch die Reaktion der Anderen dann zu sehen.“[223]

Drei der befragten Personen berichten von einer Kompetenzentwicklung im Umgang mit *Nervosität und Aufregung*. Interessant ist dabei, dass sich das Gefühl der Aufregung letztlich weiterentwickelt in ein Gefühl der Zufriedenheit mit der eigenen Leistung: „[…] als ich da reingegangen bin, hatte ich so das Gefühl, oje, was wird das jetzt hier? Weil ich weiß nicht, ich hab immer so das Gefühl, wir sind ein paar kleine Studenten und tragen jetzt einem Unternehmen irgend einen Ansatz vor. Die denken sich wahrscheinlich, ja toll. Aber letztendlich auch wie im Bachelor waren die ja dann zufrieden damit. Ich war auch zufrieden mit uns.“[224] „[…] die Person, die präsentiert macht sich natürlich Gedanken, da ist eine größere Nervosität da.“[225]

Begründet wird diese *Nervosität* mit den anwesenden Unternehmensvertretern, deren Erwartungen man nicht kennt, aber auch nicht enttäuschen möchte: „[…] wenn dort die Personen vom [Unternehmen] […] dabei sind, die mit Sicherheit auch was erwarten, ist dort eine gewisse Nervosität dabei.“[226]

Eine befragte Person beschreibt ihre individuelle Weiterentwicklung im Umgang mit Nervosität so: „Was ich noch mal gemerkt habe oder für mich als in der Kompetenz quasi, dass man trotzdem locker bleiben muss. Also das sind auch nur Menschen und selbst wenn man sich mal verspricht, man darf Fehler machen und die sind halt auch gewollt […]. Und da hab ich noch mal gemerkt, dass die superdankbar sind. Da nehme ich mir einfach ein bisschen mehr Coolness quasi mit auch für das Arbeitsleben […].“[227]

Bei drei der befragten Personen, die sich zu einer Kompetenzentwicklung durch die Abschlusspräsentation geäußert haben, schwingt ein gewisser *Stolz* mit Bezug auf die angefertigten Arbeiten und deren Erkenntnisse mit. „[…] also wir waren schon zufrieden mit dem, was wir gemacht haben, […] mit unseren

---

222 G2–01, Pos. 55.
223 G2–05, Pos. 50.
224 G2–05, Pos. 50.
225 G2–03, Pos. 44.
226 G2–03, Pos. 48.
227 G2–02, Pos. 42.

Daten, die wir mit in den Interviews gesammelt haben, plus die Verknüpfung zur Literatur, das eigentlich sehr, sehr gut gemacht haben und die Angriffsflächen klar waren, aber es halt alles auf wirklich 'nem guten Fundament basiert hat. Dementsprechend waren wir da eigentlich sehr selbstbewusst."[228]

Die *Reaktionen der anwesenden Unternehmensvertreter* sind ein wichtiger Teil davon: „[...] und es war natürlich dann letztendlich positiv, dass sie auch alle positiv reagiert haben. Das war dann noch mal 'n guter Abschluss."[229]

Weiter können Abschlusspräsentationen zu einer *Reflexion* über einen bestimmten Zeitraum, beziehungsweise die in diesem Zeitraum durchgeführten Projekte anregen: „[...] auf jeden Fall 'ne sehr gute Wirkung, gerade halt auch für uns selbst. Einfach, zu sehen: Was haben wir in diesem halben Jahr erarbeitet."[230]

Drei der Interviewpartner berichten über Formen der *Wertschätzung* die sich im Rahmen der Abschlusspräsentation, die sie zum einen durch die große Anzahl der teilnehmenden Unternehmensvertreter empfunden haben: „[...] also ich fand's total spannend vor so vielen. Also ich hätte nicht gedacht, dass von unserem Kooperationspartner so viele dabei sind bei der Präsentation."[231] Zum anderen sind es die Reaktionen der anwesenden Unternehmensvertreter die als Wertschätzung interpretiert werden: „[...] auch die Reaktion der anderen dann zu sehen. Und es war natürlich dann letztendlich positiv, dass sie auch alle positiv reagiert haben (Abb. 5.18)."[232]

Die Abschlusspräsentation war für alle fünf befragten Personen der Grupp G2 eine hilfreiche Methode für die eigene Kompetenzentwicklung.[233]

Die Kompetenzentwicklung lässt sich dabei als sehr individuell beschreiben, da sie abhängig ist von den jeweiligen Entwicklungsstufen der einzelnen Studierenden. Für die Studierenden ist die Abschlusspräsentation eine Gelegenheit ihre Ergebnisse und die ihrer Kommilitonen zusammen vor Unternehmensvertretern vorzutragen. Dabei nehmen sie eine retroperspektivische Position ein. Die im Vorfeld oftmals angesprochene Nervosität wandelt sich dann in ein Gefühl des Stolzes. Ich habe bisher in keiner meiner über 120 Abschlusspräsentationen erlebt, dass die Unternehmensvertreter unzufrieden waren. Diese Zufriedenheit

---

[228] G2–03, Pos. 48.
[229] G2–05, Pos. 50.
[230] G2–04, Pos. 48.
[231] G2–02, Pos. 43.
[232] G2–05, Pos. 50.
[233] Vgl. Anhang: Kodierte Segmente: Wirkung didaktischer Methoden. S. 163 ff.

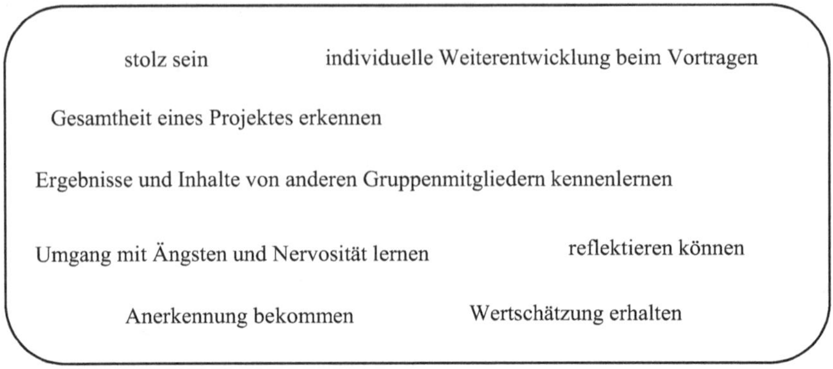

Abb. 5.18 Rahmenbedingung: Abschlusspräsentation[234]

ist eine hohe Form der Wertschätzung gegenüber den Studierenden und ihrer vorgestellten Arbeit. Die am Ende des Seminars erhaltene Note des Dozenten rückt dabei in den Hintergrund.

Eine Kompetenzentwicklung findet bei den Studierenden auf einer methodischen und emotionalen Ebene statt. Methodisch ist das Anfertigen einer Präsentation, beispielsweise durch das Selektieren wichtiger Inhalte, die Verbalisierung der Inhalte für den Vortrag und die Komposition der einzelnen Folien eine nützliche Kompetenz. Die emotionale Weiterentwicklung geht jedoch viel weiter und bewirkt eine individuelle und persönlichkeitsbezogene Kompetenzentwicklung, wenn aus anfänglicher Nervosität ein Gefühl des Stolzes wird. Zudem wird ihnen Wertschätzung zuteil, wenn die teilnehmenden Unternehmensvertreter Lob und Anerkennung aussprechen.

5.1.5.8 Rahmenbedingung: Abschlusstreffen

Das Abschlusstreffen stellt den letzten angesetzten Termin in dem untersuchten Bildungsprojekt dar und gliedert sich in zwei Teile. Der erste Teil findet in den Räumen der Universität statt und dient einer eingehenden Besprechung der vorangegangenen Veranstaltung als Feedbackrunde. Dabei werden beispielsweise die Erfahrungen der Studierenden und des Dozenten, die Bewertung oder Anregungen zu Verbesserungen diskutiert. Im Anschluss daran werden alle Teilnehmer zu einem gemeinsamen Mittagessen mit dem Dozenten eingeladen.

[234] Eigene Abbildung.

Die Befragung zu den Rahmenbedingungen des Abschlusstreffens sollte dazu dienen, in dieser Phase Ausprägungen der Kompetenzentwicklung der Studierenden zu ermitteln.

Eine Person benennt den gemeinsamen Abschluss als wichtiges *Ritual für eine Feedbackrunde*: „Also ich finde es eigentlich immer ganz gut. Einfach, weil man ja auch dieses Wirgefühl [...] nach so einer Zeit entwickelt und ein Team ist und dann einfach nochmal später vielleicht auch zu hören: Was haben wir jetzt geschafft? Was könnte man besser machen.“[235]

Eine weitere befragte Person beschreibt einen ähnlichen Sachverhalt, jedoch mit einem Fokus auf Gemeinsamkeit und dem Aufbauen und Pflegen von Freundschaften: „[...] ich find das eine schöne Sache, weil grade auch jetzt in dieser Gruppe, wie ich meinte, ich hab mich da wohlgefühlt. Ich fand alle super nett.“[236]

Auch die Wichtigkeit von physischen Treffen wird von einer Person genannt, da in der Corona Pandemie die Abschlusstreffen ausgesetzt werden mussten: „[...] über Zoom leider, da kommt mit Sicherheit nicht so die Stimmung auf, wie's sein könnte, wenn man das Ganze, wenn man zusammensitzt und eventuell, ob's jetzt in der Uni ist oder ob man sich in 'nem Lokal trifft et cetera, da war es einfach dann wirklich hauptsächlich der Tatsache geschuldet, dass es online war.“[237]

Zwei Personen setzten das Abschlusstreffen auch mit einer Feedbackrunde gleich, bei der die gegenseitigen Sichtweisen und Erfahrungen verglichen werden können. „Das war sicherlich auch noch mal interessant, von allen die Perspektive zu hören, was sie besonders interessant fanden und was sie daraus mitgenommen haben.“[238]

Dabei wird noch der Aspekt der Benennung von jeweiligen Kompetenzentwicklungen oder Lernerfolgen hervorgehoben, die möglicherweise ohne ein Abschlusstreffen nicht zutage getreten wären: „[...] dass man vielleicht auch in der Gruppe noch mal die Learning Outcoms besprechen kann, weil mir das auch in anderen Veranstaltungen aufgefallen ist, dass man gar nicht weiß, was man jetzt wirklich gelernt hat.“[239]

Die befrage Person führte weiter aus, dass im Ergebnis solche Erfahrungen dann besser in beispielsweise Bewerbungsgesprächen angeführt werden könnten:

[235] G2–04, Pos. 50.

[236] G2–05, Pos. 52.

[237] G2–03, Pos. 50.

[238] G2–03, Pos. 50.

[239] G2–01, Pos. 64.

„Wenn man das noch mal in der Gruppe diskutiert, herausarbeitet und auch vielleicht selbst notiert, kann man das vielleicht auch, für die berufliche Laufbahn oder für Bewerbungsgespräche [anbringen]. Was hat mir das Studium gebracht? (Abb. 5.19)[240]

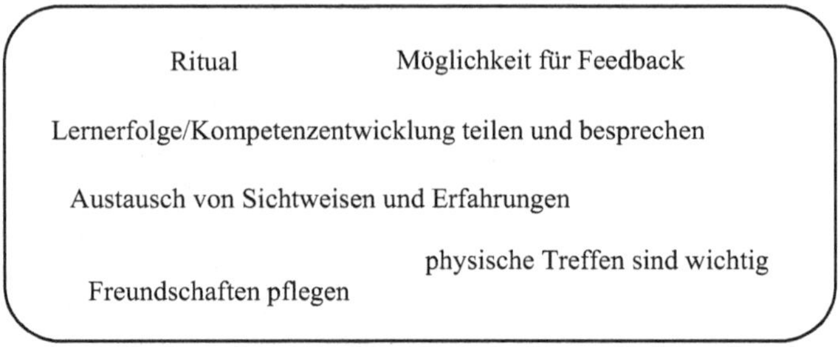

Abb. 5.19 Rahmenbedingung: Abschlusstreffen[241]

An dieser Stelle lässt sich festhalten, dass Abschlusstreffen von den befragten Studierenden als wichtig erachtet werden. Der Fokus liegt dabei auf einer Reflexions- oder Feedbackmöglichkeit gemeinsam mit den anderen Studierenden und dem Dozenten.

Dabei scheint vor allem der Rückblick auf die geleistete Arbeit und der dabei entwickelten Kompetenzen relevant zu sein. Es scheint fast so, als ob nicht immer ganz klar ist, was man eigentlich gelernt hat, oder welche Kompetenzen sich eigentlich eingestellt oder weiterentwickelt haben.

Von Seiten des Dozenten stellt die Einladung zum Mittagessen eine Geste der Wertschätzung dar. Es ist die Belohnung für gute Zusammenarbeit und den erfolgreichen Abschluss eines Projektes, welches auch für den Dozenten aufgrund der regelmäßigen Andersartigkeit der einzelnen Studierenden aber, auch der wechselnden Forschungsfragen eine Herausforderung darstellt.

5.1.5.9 Rahmenbedingung: Selbstorganisation

Innerhalb des untersuchten Bildungsprojekts wird von den Teilnehmern erwartet, dass sie beispielsweise alle Termine mit dem Kooperationsunternehmen (Kennenlernen, Befragungen usw.), und ihre eigenen Gruppentreffen selbstständig

---

240 G2–01, Pos. 64.

241 Eigene Abbildung.

organisieren und planen. Dazu ist immer eine Abstimmung und Koordination mit anderen Gruppenmitgliedern oder Beteiligten notwendig und führt zu einem hohen Grad an Enthierarchisierung. Es wird daher hier nicht von einem autonomen Handeln ausgegangen. Dieses Vorgehen ist fester didaktischer und methodischer Bestandteil des Bildungsprojekts und soll im Ergebnis die Selbstständigkeit der Studierenden fördern.

Die Frage nach dem Einfluss von Selbstorganisation auf die Kompetenzentwicklung der Studierenden sollte Aufschluss darüber geben, ob und in welchem Maß dieses der Fall ist und wie die Studierenden selbst über geforderte Selbstorganisation denken. Die Frage wurde in den Gruppen G1 und G2 gestellt.

Grundsätzlich hatten Aussagen zu der Rahmenbedingung Selbstorganisation den zweithöchsten Rang in der Anzahl der Aussagen, höher im Rang war lediglich die Rahmenbedingung der Freiheit.[242]

Alle befragen Personen gaben an, sehr von geforderter Selbstorganisation partizipiert und sich weiterentwickelt zu haben.

Eine Person spricht den *motivatorischen Aspekt* von Selbstorganisation innerhalb des untersuchten Bildungsprojekts an: „[…] man lernt selbst auf gut deutsch seinen Hintern hochzubewegen und nicht alles machen zu lassen."[243]

Zwei Personen beschreiben eine generelle Kompetenzentwicklung in den Bereichen *eigenständiges Arbeiten* und dem Entwickeln eigener *Lösungen*: „Und genau das fördert dann, glaube ich, auch viele Kompetenzen, die damit einhergehen, eben das *eigenständige Arbeiten* oder die *Möglichkeit Lösungen* anzugehen."[244] „Man lernt sich *selbst in Themen reinzuarbeiten*. Man lernt *eigenständig mit Themen zu arbeiten* oder auch mit den Materialien, die einem gegeben werden."[245]

Fünf der Befragten geben an erkannt zu haben, wie *unterschiedlich die Arbeitsweisen* im Rahmen der persönlichen Organisation von Aufgaben sein können und dass die Individualität von einzelnen Gruppenmitgliedern herausfordernd sein kann: „[…] im Studium hab ich festgestellt, dass jeder Mensch wirklich komplett anders arbeitet."[246] „[…] Kommunikation, ist einfach in Gruppen manchmal schwierig, sodass da jeder seine Zeit findet, weil wir dann auch das soweit fertig haben, dass wir's besprechen können und so. Aber das ist ja eine normale

---

242 Vgl. Anhang: Kodierte Segmente: Wirkung didaktischer Methoden. S. 165 ff.

243 G1–01, Pos. 51.

244 G1–04, Pos. 40.

245 G1–03, Pos. 42.

246 G1–03, Pos. 50.

Gruppendynamik, würde ich mal sagen. [...] aber letztendlich hat es ja alles geklappt."[247]

Um den Studierenden die Arbeit zu vereinfachen, wird in jeder Gruppe eine Person zum Gruppensprecher/-in gewählt. Dieser hat die Aufgabe innerhalb der Gruppe die Kommunikation nach außen zu übernehmen: „[...] bei uns, würde ich sagen, hat sich das relativ schnell so eingependelt, dass es bei uns eine Person gab, die immer die Termine festgelegt hat."[248]

Eine Person berichtet von einer Situation, in der eine *Person die inhaltliche und organisatorische Gruppenleitung* übernommen hatte und dann plötzlich ausfiel, im Ergebnis musste die Gruppe lernen sich neu aufzustellen und weiterarbeiten: „[...] der Nicola war ja aus einem anderen Studiengang. Und man hat das auch tatsächlich gemerkt. Er hatte dann immer [...] seine Richtung im Kopf. Und für mich, ich sag ja, ich hab gerne Vorgaben, dann hab ich mich auch gerne angepasst. Und dann war's natürlich im Nachhinein schwierig, als er dann weggefallen ist, weil er so gerne seine Richtung vorgegeben hat und wir uns dann halt danach gerichtet haben. [...] aber letztendlich hat es ja alles geklappt."[249]

Zwei Personen bewerten die Möglichkeit zu einem selbstorganisierten Handel als positiv, weil dabei die jeweiligen *Kompetenzen der einzelnen Gruppenmitglieder optimal eingesetzt* werden können: „[...] auf jeden Fall wichtig, dass man kein Korsett angezogen bekommen hat, so und so muss das aufgebaut sein und das und das sollt ihr behandeln, sondern es wurden letztendlich Themenbereiche vorgegeben und man hatte da die Möglichkeit, ja, erst mal, und so sehen wir's als Gruppe auch angegangen, vorher Assoziationen gesammelt, Brainstorming und daraus haben sich dann automatisch Felder ergeben, wo wir gesagt haben, okay, das ist wirklich spannend und wichtig für unser Thema [...]."[250]

Zudem führt die gemeinsame Organisation in der Gruppe zum Einsatz *innovativer Arbeits- und Organisationsmethoden* innerhalb einer Arbeitsgruppe, die an den eigenen Kompetenzen und Fähigkeiten ausgerichtet ist: „Wir haben dazu so Konzeptmappen benutzt, online, wo jeder dann gleichzeitig drin arbeiten konnte und die sind extrem schnell voll geworden mit Assoziationen, mit Inhalten zu den Themenfeldern und dadurch hatten wir einen Überblick wie [...] ein Whiteboard, auf dem wir zusammengearbeitet haben und dort die Assoziationen gesammelt haben. Das hat richtig weitergeholfen."

[247] G2–05, Pos. 40.

[248] G2–04, Pos. 36.

[249] G2–05, Pos. 40.

[250] G2–03, Pos. 56.

Die eigene Selbstorganisation als Teil einer Gemeinschaft oder der Arbeitsgruppe erfährt dabei auch immer *Limitierungen durch eine notwendige Rücksichtnahme* auf die einzelnen Mitglieder innerhalb einer Gruppe; davon berichten drei befragen Personen: „[…] man konnte sich nicht auf alle verlassen. Und das hat mir noch mal so auch gezeigt, dass man schon immer den Fokus auf andere haben muss. Manchen fällt es irgendwie leichter sich, mit Dingen zu beschäftigen, manchen fällt's schwerer. Und da muss man halt einfach Rücksicht drauf nehmen."[251]

Diese Rücksichtnahme wird zudem mit notwendigem Vertrauen in andere Personen kombiniert: „Ich arbeite sehr gerne eigenständig und wenn ich ein Ziel habe, dann […] weiß ich auch, wofür ich das mache und setze mich hin. Aber ich glaube halt, genauso gibt's andere Leuten, denen das nicht so leicht fällt. Und das ist halt so schwierig in der Gruppenarbeit, weil man sich auf andere verlassen muss. Irgendwie auch ein Kompetenzvertrauen in andere entwickeln."[252]

Die Kompetenzentwicklung ist dabei das Entwickeln von Vertrauen in andere Personen: „[…] da find ich immer dieses Vertrauen in die anderen zu entwickeln, dass sie ihre Arbeit dann auch gut und zuverlässig machen."[253]

Eine Person beschreibt ihre Kompetenzentwicklung im Bereich Team-Management: „[…] da habe ich eher so dieses Teamgeist oder Team Management mitgenommen."[254]

Auch die Entwicklung der Fähigkeit mit der unterschiedlichen Leistungsbereitschaft der jeweiligen Gruppenmitglieder umzugehen, wird als eine wichtige Kompetenzentwicklung beschrieben: „Ich habe gemerkt, dass es […] Personen in dieser Gruppe gibt, die sich sehr viel mehr reingehängt haben als andere und es schon einige Trittbrettfahrer gab, was von meiner Seite aus auch zu Frustration geführt hat. Aber auf der anderen Seite eben auch total die wertvolle Erfahrung, weil ich einfach, also ich […] das Team Management übernommen hab, weil ich am Ende alles zusammengefügt habe (Abb. 5.20)."[255]

Die vorangegangen vielen unterschiedlichen Aussagen zu der Wirkung der Selbstorganisation im Zusammenhang mit kollektiver Kompetenzentwicklung und Lernen machen seine Wichtigkeit als methodische und didaktische Rahmenbedingung deutlich. Kompetenzentwicklung funktioniert nicht nur individuell bzw.

---

[251] G2–02, Pos. 33.

[252] G2–02, Pos. 55.

[253] G2–02, Pos. 55.

[254] G3–02, Pos. 43.

[255] G3–02, Pos. 47.

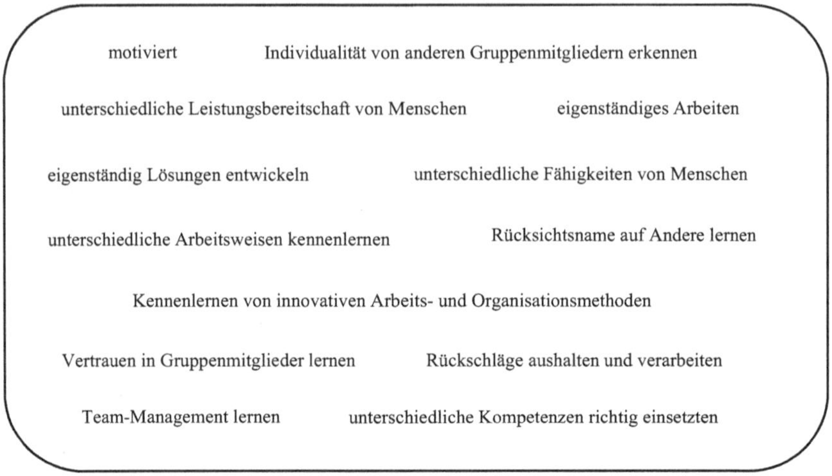

Abb. 5.20 Rahmenbedingung: Selbstorganisation[256]

autonom, sondern vor allem kollektiv. Es kommt zu Synergien innerhalb einer Systemgemeinschaft, die Gruppe entwickelt sich gemeinsam.

Selbstorganisation fördert dabei sieben elementare Kompetenzen bei den Studierenden: erstens die Fähigkeit gestellte Aufgaben in einer vorgegebenen Zeit erledigen zu können. Zweitens, sich dabei mit den notwendigen Materialen und Wissen auszustatten, um die einzelnen Arbeitsschritte in Etappen oder Arbeitspaketen organisieren zu können.

Die dritte Kompetenz besteht aus der Fähigkeit die Individualität von Menschen hinsichtlich ihrer Kompetenzen und Fähigkeiten bei der Bearbeitung von Aufgaben in Gruppen berücksichtigen zu können und die individuellen Kompetenzen der einzelnen Gruppenmitgliedern dabei angemessen einzubeziehen.

Die vierte Kompetenz besteht im Entwickeln von Rücksicht hinsichtlich der individuellen Fähigkeiten und deren Umsetzungsgeschwindigkeit von einzelnen Gruppenmitgliedern. Dabei steht die Gruppe als Ganzes im Vordergrund und nicht vorrangig die zu erarbeitende Lösung oder das Datum der Abgabe.[257]

---

[256] Eigene Abbildung.

[257] Anmerkung: Innerhalb des untersuchten Bildungsproprojektes vertritt der Dozent regelmäßig die Meinung, dass am Ende eines Projektes immer ein Ergebnis der gesamten Gruppe vorliegen muss. Eventuelle Unstimmigkeiten innerhalb der Gruppe sollen dabei selbstständig gelöst werden.

Die fünfte Kompetenz beschreibt die Fähigkeit Vertrauen in andere Personen entwickeln zu können und so in Kombination mit der vorherigen Kompetenz der Rücksichtnahme in einer gewissen Gelassenheit ruhen zu können. Die beiden letzten Kompetenzen spielen besonders unter gesellschaftlichen Gesichtspunkten eine zentrale Rolle, bilden sie doch beide ein Fundament für soziale und gesellschaftliche Fähigkeiten aus, bei denen die Gemeinsamkeit und nicht der Einzelne im Mittelpunkt steht.

Eine sechste Kompetenz kann in der Fähigkeit verortet werden die jeweiligen Kompetenzen der einzelnen Mitglieder für eine höhere Innovationsfähigkeit der Gruppe zu nutzen. Dabei führen das unterschiedliche Wissen und Fähigkeiten zu besseren Lösungsansätzen bei der Bearbeitung von Problemen, weil aus unterschiedlichen Perspektiven sowie methodischen und technischen Lösungsansätzen gearbeitet werden kann.

Eine siebte Kompetenz ist die Selbstorganisation in Kombination mit der Arbeit in Gruppen, dabei stellt das Führen von Gruppen bzw. wie oben festgehalten das Team-Management eine Kompetenzentwicklung dar. Darunter lassen sich aufgrund der vorliegenden Daten zwei Ausprägungen ausmachen, zum einen die Koordination der Gruppenmitglieder im Sinne einer organisatorischen Perspektive und zum anderen der Ausgleich unterschiedlicher »Leistungsstufen« einzelner Mitglieder durch Umverteilung von Arbeitsaufgaben.

Weiter lässt sich festhalten, dass Selbstorganisation die Eigenverantwortung eines Studierenden stärkt. Studierende können so ihre eigenen Lernziele setzen und verfolgen, was im Ergebnis ein höheres Maß an intrinsischer Motivation mitbringt. Eine solche Lernumgebung führt zu einem tieferen Engagement und einem nachhaltigeren Lernprozess.[258]

Zudem fördert selbstorganisiertes Lernen die Problemlösungsfähigkeiten, da Lernende aktiv nach verschiedenen Lösungen suchen, Informationen analysieren und letztlich auch bewerten müssen. Diese aktiven Lernprozesse verbessern das kritische Denken und die Fähigkeit, komplexe Probleme zu bewältigen.[259]

5.1.5.10 Rahmenbedingung: Freiheit

Die Wirkung von Freiheit als Rahmenbedingungen für Kompetenzentwicklung wurden in den Interviews in allen drei Gruppen (G1, G2, G3) abgefragt. Ziel der Frage war es, Erkenntnisse zu den möglicherweise unterschiedlichen und sehr individuellen Empfindungen bei zugestandenen Freiheiten zu erhalten. Die

[258] Vgl. Zimmerman (2002), S. 69.

[259] Vgl. Pintrich (2004), S. 401 ff.

Abgrenzung zur Selbstorganisation erfolgt hier über die Definition von Freiheit als Möglichkeit des freien Handelns und Entscheiden. Die oben analysierte Selbstorganisation bezog sich dabei eher auf organisatorische Fragen. Die Freiheit der Studierenden eigene Entscheidungen beispielsweise hinsichtlich möglicher Lösungswege, der dazu verwendeten Theorie und der organisatorischen Umsetzung zu helfen sind methodisch und didaktisch elementarer Bestandteil des untersuchten Bildungsprojektes. Die Studierenden bekommen eine Forschungsfrage und den Kooperationspartner genannt und bestimmen dann selbst, wie sie die Frage beantworten wollen. Der Dozent übernimmt nach der Vermittlung notwendiger fachlicher Informationen, wie beispielsweise der qualitativen Datenerhebung in Form von Interviews und deren Auswertung oder der Arbeit mit sozialen Systemen die Rolle des Coaches oder Mentors, der in regelmäßige Sprechstunden Rückfragen beantwortet, oder aber durch eigene Fragen an die Studierenden dabei hilft, das eigentliche Ziel nicht aus den Augen zu verlieren.

Die Aussagen und Inhalte zu dem Begriff der Freiheit in Bezug auf die Kompetenzentwicklung in dem untersuchten Bildungsprojekt der Zukunftswerkstatt nehmen in den Antworten der Befragten Personen den höchsten Stellenwert ein, beziehungsweise weisen die höchste Anzahl codierter Segmente auf.[260]

Eine befragte Person beschrieb die Wirkung auf Freiheit, als „[…] Versuch, sich den bestmöglichen Weg für sich selbst rauszusuchen, das Ziel zu erreichen“[261]. „[…] man kann natürlich selbst seine Prioritäten gut einteilen, was welches Projekt oder welche Aufgaben jetzt an erster Stelle stehen, beziehungsweise was Zeitmanagement angeht.“[262]

Eine Person entwickelt durch Freiheit die Kompetenz *eigene Lösungswege* erschaffen zu können, die zu ihr selbst und seinen Bedürfnissen und Neigungen passen: „[…] mittlerweile würde ich sagen, dass ich Freiheiten sehr schätze, weil man mehr halt das machen kann was man selber für richtig hält.“[263]

Eine Person verbindet mit Freiheit auch *Entspanntheit* im Sinne des selbst entscheiden zu können was und wie man etwas macht. Interessant ist dabei, dass Entspanntheit mit *Kreativität* korreliert: „[…] Freiheiten, würde ich sagen, geben mir einen Teil von Entspanntheit, dass ich mir jetzt alles selbst einteilen kann, jetzt in Bezug auf Zeitmanagement oder auch eine Möglichkeit, kreativer zu sein.“[264] Drei weitere Person bestätigen eine *Korrelation zwischen Freiheit*

---

[260] Vgl. Anhang: Kodierte Segmente: Wirkung didaktischer Methoden. S. 169 ff.

[261] G1–01, Pos. 61.

[262] G1–05, Pos. 52.

[263] G1–04, Pos. 48.

[264] G1–05, Pos. 52.

und Kreativität: „[...] also man kann kreativer sein."[265] Eine Person bezieht die Kreativität auf die ganze Gruppe: „hatte jetzt auch das Gefühl, dass bei den anderen so war, weil man dann einfach ideenreicher da rangeht oder vielleicht auch kreativer. Man macht sich mehr Gedanken, wie könnte ich das denn angehen, als wenn es jetzt vorgegeben wäre."[266]

Diese Person ist zu dem der Meinung, dass der Umgang mit Freiheit ein *gewisses Maß an vorhandenen Kompetenzen* voraussetzt: „Ich glaube aber auch, dass man irgendwie, also ich hab das Gefühl, dass man diese Freiheit erst, also damit erst gut umgehen kann, wenn man eben auch schon eine gewisses Maß an Kompetenzen entwickelt hat.[267;268]

Für eine Person ist das *Maß der Freiheit* im Sinne von gegebenen Grenzen entscheidend für seine Kompetenzentwicklung: „Ich würde sagen, die Dosis macht das Gift. Freiheit ist schon wichtig, dass man sich dementsprechend aufstellen kann, aber zu viel Freiheit kann natürlich auch, wie alles, wenn man es in Übermaße hat, negative Folgen haben."[269]

Mit Bezug auf *Freiheit Entscheidungen treffen zu dürfen* und dabei auch Fehler machen zu dürfen schätzte eine befragte Person als wertvoll für die eigene Entwicklung ein: „Ich finde nur durch Fehler kann man lernen und das kann man, wenn man schon mal auf die Schnauze fliegt. Und das kann man eigentlich auch nur [...] herauskitzeln, wenn man die Freiheit hatte, so was auch mal selbständig eine Entscheidungen zu treffen und in der Umsetzung frei ist."[270]

Eine interviewte Person beschreibt die Gesamtheit der *gesammelten Erfahrung* in den einzelnen Phasen der Gruppenarbeit als persönliche Kompetenzentwicklung. Dabei spielt vor allem die innerhalb der Gruppe durchgeführten *Zielfindungsphase* am Anfang eine wichtige Rolle: „[...] da ist auf jeden Fall aufgefallen, dass wir sehr viel Zeit erst mal für die Findung der Forschungsfrage oder unseres Ziels aufgewendet haben und erst im Anschluss dann Theoriearbeit und Literaturrecherche [und die] Integration von Interviews."[271]

---

[265] G1–04, Pos. 48.

[266] G2–04, Pos. 54.

[267] G1–04, Pos. 48.

[268] Anmerkung: Diese Aussage ist interessant, weil in vier Probeinterviews zu dieser Forschungsarbeit Studierenden im Bachelorstudiengang zu dem Begriff der Freiheit befragt wurden. In den Aussagen wurde Freiheit mehrheitlich als Belastung bezeichnet, weil sie eine eigene Meinung und Entscheidungen abverlangt. Bei Studierenden im Master scheint das nicht der Fall zu sein.

[269] G1–02, Pos. 46.

[270] G3–03, Pos. 50.

[271] G2–01, Pos. 74.

Eine der befragten Personen bewertet Freiheit in der Retrospektive als gut und positiv, zu Beginn eines Projektes wünscht er sich jedoch mehr Richtung und Vorgaben: „Aber letztendlich ist es ja schon immer [Freiheit], was einen weiterbringt, wenn man einfach die Sachen selbst strukturieren muss, selbst erarbeiten muss und für sich selbst einen Weg findet. […] im Nachhinein immer gut und positiv, aber währenddessen denk ich mir immer, ach man, ich hätte schon gern ein bisschen mehr Richtung und Vorgaben."[272]

Freiheit führt bei einer Person zudem zu *Vertrauen und Verantwortungsbewusstsein*: „Ich finde Freiheit ist immer gut, weil man dann auch so ein Vertrauen bekommt und ein Verantwortungsbewusstsein entwickelt."[273]

Eine Person führt *Vielfalt von möglichen Lösungen und Lösungswegen* auf Freiheit zurück, wenn sie sagt: „[In Standardveranstaltungen] arbeitet man halt einfach nur Schema F ab und beschäftigt sich vielleicht nicht mehr mit verschiedenen Methoden, die es gäbe oder verschiedenen Ansätzen, die man vielleicht auch als sinnvoll ansehen würde."[274]

Eine befragte Person verbindet Freiheit mit der Möglichkeit *eigene Entscheidungen treffen* zu können und diese auch *zu vertreten,* als eine für ihn wichtige Kompetenzentwicklung: „Letztendlich ist es aber auch eine Sache, wo man Entscheidungen treffen musste, und ich denke, das ist 'n größerer Lerneffekt als einfach was vorgegeben und das dann runter zu rattern. Dementsprechend haben wir da, ja, Entscheidungen treffen müssen, was meines Erachtens auch wichtig ist, nicht nur für eine berufliche Laufbahn, sondern auch fürs Leben."[275]

Freiheit als Entwicklungstreiber wird von einer Person vertreten, dabei geht die befragte Person davon aus, dass Freiheit auch bedeuten kann sich vor notwendigen Veränderungen verschließen zu können und Menschen im Rahmen von Veränderungen in ihren Komfortzonen bleiben: „Freiheit bedeutet ja auch, dass man sich vor Entwicklung drücken kann. Es gibt Personen, die gehen nicht gerne aus ihrer Komfortzone raus. Und Freiheit würde ja bedeuten, dass man das auch nicht machen muss."[276]

Jedoch ist es auch so, dass Veränderungen und die Reaktion darauf zum Leben dazugehören und daher auch angegangen werden müssen. Dieses zu tun führt dann wiederum zu Selbstbewusstsein etwas geschafft zu haben: „[…] ein gewisser

[272] G2–05, Pos. 58.

[273] G2–04, Pos. 54.

[274] G2–04, Pos. 54.

[275] G2–03, Pos. 58.

[276] G3–04, Pos. 44.

Rahmen ist da schon gut, dass man auch weiß, man muss auch mal über sich hinauswachsen und Dinge tun, die einem vielleicht nicht so leicht fallen."[277]

Freiheit als Mittel für die Entwicklung der eigenen Persönlichkeit wird von einem Studierenden der Pluralen Ökonomik angebracht. Bei allem Lernen und Weiterentwickeln steht die eigene Entwicklung im Vordergrund. „[...] was wir in der Pluralen Ökonomik so stark mitgegeben bekommen, es kommt nicht auf die Note an, sondern es kommt darauf an, was kann ich für mich persönlich mitnehmen? Und durch die Freiheit habe ich da noch mal sehr viel mehr die Möglichkeit, rechts und links zu schauen und zu gucken, was interessiert mich persönlich denn jetzt gerade daran und was kann ich daraus mitnehmen?"[278]

Eine weitere Person beschreibt *Freiheit als Kompetenz für sich selbst die eigenen Weiterentwicklungsbedürfnisse überlegen und umsetzten zu können*: „[...] ich kann mir glaube ich Freiheit selbst gut organisieren, auch in der [...] Kompetenzentwicklung und mir überlegen was könnte ich gebrauchen. Jetzt gerade habe ich ein weiteres Seminar angefangen und ja da würde ich sagen, ich habe auch großes Interesse daran, mir selbst auszusuchen, was und wie ich lernen will."[279]

Mit Bezug auf das untersuchte Bildungsprojekt beschreiben drei der befragten Personen einen Zusammenhang zwischen der *Freiheit sich innerhalb des Projektes an verschiedenen Themen theoretisch und praktisch auszuprobieren und der anschließenden Berufswahl*: „[...] sondern für meine berufliche Zukunft und wo ich hinmöchte. Und das war für mich persönlich unglaublich wertvoll, einfach auch, weil das Modul an sich, das Seminar an sich auch meinem beruflichen Werdegang reflektiert hat und auch noch reflektiert, was ich jetzt tatsächlich mache. Und dass ich dadurch das einfach auch noch mal auf einer anderen Ebene austesten konnte. Und das wäre sicherlich in einem anderen Rahmen einfach nicht möglich gewesen, wenn da nicht die Freiheit dazu gewesen wär."[280]

Freiheit, um Verantwortung zu lernen als Kompetenzentwicklung beschreibt eine weitere Person. Dabei steht die Übernahme von Verantwortung im Wechselspiel mit dem Erhalten von Verantwortung, daraus resultiert dann eine Weiterentwicklung: „[...] ich würde sagen das Verantwortung ein Wechselspiel ist von ich zeige, dass ich Verantwortung übernehme und gleichzeitig erhalte ich auch welche und dadurch habe ich dann auch Freiheit oder habe Räume, wo ich sie ausprobieren kann (Abb. 5.21)."[281]

[277] G3–04, Pos. 44.
[278] G3–02, Pos. 69.
[279] G3–01, Pos. 43.
[280] G3–02, Pos. 69.
[281] G3–01, Pos. 41.

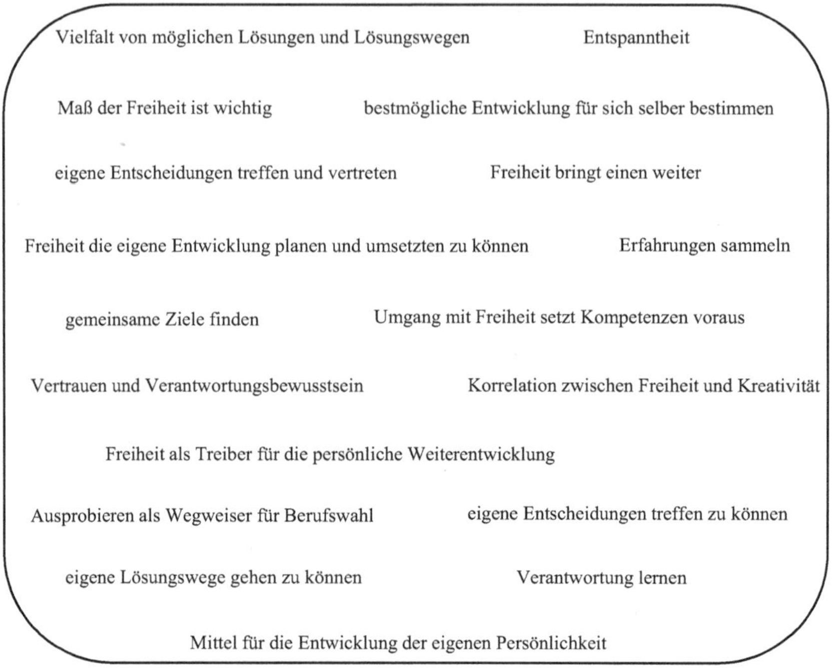

Abb. 5.21 Rahmenbedingung: Freiheit[282]

Die Antworten zu der Wirkung von Freiheit auf die Kompetenzentwicklung lassen sich aus zwei Dimensionen betrachten, zum einen ist Freiheit positiv und kann beflügeln und antreiben, zum anderen kann sie aber auch negativ sein und belasten.

Im Fall des hier untersuchten Bildungsprojekts wird Freiheit, als etwas sehr Positives betrachtet, was in seiner Auswirkung befreiend und fördernd wirkt. Freiheit wirkt daher konstruktiv und lässt Raum für Neues entstehen.

Unter der Rahmenbedingung Freiheit entstehen Kompetenzen daher in vielerlei Hinsicht und sind dabei stets sehr individuell zu betrachten. Dabei geben die befragten Personen an, dass es für sie wichtig sei eigene Wege bei der Lösung von Problemen und Herausforderungen gehen zu können. Diese Wege sind zum einen gedanklicher, zum anderen aber auch fachlicher und methodischer Natur. Freiheit setzt zudem für die Befragten Kreativität frei und erweitert

[282] Eigene Abbildung.

die Anzahl möglicher Lösungen. In diesem Zusammenhang wird Scheitern als wichtiger Teil der Freiheit genannt, dabei ist das Machen von Fehlern ein Teil der Kompetenzentwicklung und untrennbar mit ihr verbunden.

Seinen dabei gewählten Weg begründen zu müssen lässt Kompetenzen hinsichtlich der Verbalisierung und Verteidigung der eigenen Entscheidung aus der genutzten Freiheit entstehen. Diese eigenen Entscheidungen, als auch das Entscheiden über das eigene Lernen und die damit verbundenen individuelle Weiterentwicklung zeichnet eine oben genannte generelle Entwicklung von Kompetenzen in Bezug auf Freiheit aus. Im Ergebnis lässt sich so retrospektiv auf den eingeschlagenen Weg zurückblicken und die Erfolge und Misserfolge als gemachte Erfahrungen verbuchen. Die Fähigkeit stolz zu sein auf das, was hinter einem liegt ist eine weitere wichtige Kompetenz im Rahmen einer persönlichen Kompetenzentwicklung. Mit diesem Zusammenhang geht auch die Übernahme von Verantwortung als eine persönliche Entwicklung einher. Einer der befragen Personen beschrieb die Verbindung zwischen dem Übernehmen von Verantwortung und dem Übertragen von Verantwortung als wichtigen Teil des persönlichen Wachstums im gesellschaftlichen Kontext.

Im beruflichen Kontext konnten die oben angeführten Aussagen einen direkten Zusammenhang zwischen Freiheit innerhalb des untersuchten Bildungsprojektes und der späteren Berufswahl aufgezeigten. Dabei steht das »Ausprobieren dürfen« im Vordergrund und bemisst so die eigenen individuellen Interessen, Fähigkeiten und Neigungen eines Studierenden.

Freiheit wird aber auch in wenigen Fällen kritisch betrachtet. Um erfolgreich mit Freiheit umgehen zu können wird eine gewissen Kompetenzreife vorausgesetzt, die dabei helfen soll, die Herausforderungen von Freiheit meistern zu können.

Die didaktische und methodische Rahmenbedingung der Freiheit lässt sich abschließend als wertvoll für die individuelle Kompetenzentwicklung von Studierenden bezeichnen. Es scheint dabei jedoch wichtig zu sein, die individuellen Bedürfnisse der Studierenden im Auge zu behalten und bei der Betreuung beispielsweise in Sprechstunden oder Coachings zu berücksichtigen. Elementar ist dafür die Ausbildung des Dozenten oder Lehrenden, der über die notwendigen Fähigkeiten verfügen muss, um diesen Anforderungen gerecht zu werden. Benötigte Fähigkeiten sind hier vor allem beratungspsychologischer und pädagogischer Natur.

Mit Bezug zur Theorie des Capability Approach und dem Ziel eines guten Lebens kennzeichnet Bildung, dass sie über den Erwerb von Wissen hinausgeht. Vielmehr lässt sie einen Weg zu, bei dem über das Wissen hinaus eine Verbindung zu moralischen und ästhetischen Bezugspunkten geschaffen wird, bei dem mit menschlicher Freiheit und Verantwortung für sich und die Gesellschaft eine direkte Projektion des guten Lebens vollzogen wird.[283] Sen nennt als notwendige Aspekte der Weiterentwicklung des Menschen die Verbesserung von Kompetenz, Wissen und Fähigkeiten durch Aus- und Weiterbildung.[284]

Zentral ist dabei seinen eigenen Fokus auf das gute Leben richten zu können und Freiraum für Selbstbestimmung und Autonomie zu berücksichtigen.[285] Betrachtet man die Perspektive der Verwirklichungschancen steht die reale, praktische Freiheit des Studierenden sich in einem Entscheidungsprozess für oder gegen bestimmte Arten der Lebensführungen oder einer dafür notwendigen Entscheidung festlegen zu können, um daraus eine eigene Konzeption des guten Lebens andenken und umsetzen zu können.[286]

Zusammengefasst bietet der Capability Approach so die Möglichkeit eine Brücke im Sinne eines gerechtigkeitstheoretischen Ansatzes zwischen einer geisteswissenschaftlichen und einer sozialwissenschaftlich angelegten Erziehungswissenschaft zu bauen, die auf der Basis von Freiheit und Selbstbestimmtheit die Grundlage für die zukünftige Orientierung von universitären Bildungsformaten bilden kann.

5.1.6 Hauptkategorie: Anwendung erlernter Kompetenzen im Beruf

In der Hauptkategorie »Anwendung erlernter Kompetenzen im Beruf« sollten alle Sachverhalte erhoben werden, die einen direkten Bezug zu Kompetenzen aufzeigen, innerhalb der beruflichen Arbeit bewusst angewendet oder genutzt werden und deren Erwerb oder Weiterentwicklung dem Bildungsprojektes zugeordnet werden können.

Diese Kategorie wird auf die Interviews der Gruppe G3 als Studierende nach Besuch des Bildungsprojektes und Studienabschluss im Beruf angewendet.

Die befragten vier Personen befinden sich seit einiger Zeit in einer ersten beruflichen Anstellung nach ihrem Studienabschluss und sollten Kompetenzen benennen, die sie aktuell in ihrem beruflichen Umfeld anwenden und nach eigenen Angaben in dem untersuchten Bildungsprojekt entwickelt haben.[287]

---

[283] Vgl. Bleicher (2006), S. 365.

[284] Vgl. Sen (1999), S. 241.

[285] Vgl. Otto/Ziegler (2010), S. 11.

[286] Vgl. Sen (1992), S. 35; Sen (1999), S. 13.

[287] Vgl. Anhang: Kodierte Segmente: Anwendung von Kompetenzen im Beruf. S. 178 ff.

Eine Person berichtet von einer weiterentwickelten *Interviewkompetenz* in ihrem täglichen Arbeitsumfeld: „ [...] ich führe drei, vier Interviews die Woche. Die schüttle ich so aus dem Ärmel. Ich fühle mich total wohl in den Situationen. Ich freue mich Leute, neue Leute kennenzulernen. Das macht total Spaß.“[288]

Daran angelehnt berichtet eine weitere Person von einer Kompetenzentwicklung im Bereich der *Fragetechniken*: „Also die Fragetechniken auf jeden Fall. Je nachdem, welches Ziel ich habe, was ich gerne als Ziel da hätte beziehungsweise welche Antwort ich bekommen möchte, setze ich das ein.“[289]

Eine befragte Person berichtet von einer Weiterentwicklung im Bereich der *Gruppen- und Teamarbeit*: „[...] man muss emphatisch [...] sein. Man muss sich immer wieder auf die neuen Konstellationen hier einlassen können. Dann muss man auch offen für neue Ideen sein. Bei uns ist sehr viel in der Teamarbeit. Man muss mit den Kollegen auch über deren Ideen nachdenken. Und nicht nur sein eigenes durchboxen wollen.“[290]

Präsentationen halten zu können wird von einer weiteren Person als für sie wichtige Kompetenzentwicklung erwähnt: „Damals mussten wir auch eine Präsentation halten. Das war für mich vor einigen Jahren schon echt ein Thema, denn ich fühle mich nicht wohl in den Situationen, muss es aber heute zum Teil auch machen, nicht oft. Und es bessert sich.“[291]

Zwei der Befragten berichten von einer erlangten *Kommunikationskompetenz* im täglichen Umgang mit Menschen im beruflichen Umfeld: „Dadurch, dass ich jetzt in der Personalarbeit bin, habe ich total viel mit externen Bewerbern, Unternehmen, aber auch intern mit anderen Fachabteilungen zu tun. Und da ist einmal Kommunikationsstärke total wichtig und auch Koordination. Wir haben ja nicht nur Themen, die einen Bereich betreffen, sondern die fachübergreifend sind, die strategische Natur sind. Und da muss man einfach gewisse Kompetenzen an den Tag bringen, die unter anderem Organisation und auch Kommunikation mitbringen müssen.“[292]

Eine Person beschreibt diese *Fähigkeit zur Kommunikation* noch einmal expliziter: „[...] natürlich hängt es auch sehr viel damit zusammen wie mit welcher Intention und in welcher Art und welcher Haltung gehe ich mit Menschen ins

[288] G3–04, Pos. 46.

[289] G3–03, Pos. 42.

[290] G3–03, Pos. 20.

[291] G3–04, Pos. 46.

[292] G3–04, Pos. 26.

Gespräch. Wie gehe ich mit Menschen, die ich sonst in meinem alltäglichen Leben habe. [...] das ist glaub ich durch das Seminar [gewachsen].“[293]

Zwei Personen berichtet von erlangten sozialen/*emotionalen Kompetenzen* im Umgang mit Menschen und der notwendigen Fähigkeit einen individuellen Zugang zu den einzelnen Personen herstellen zu können: „[...] mit welchen Leuten spricht man gerade? Es hat [...] damit zu tun, wie alt die Personen sind, aber auch aus welchem sozialen Umfeld oder mit welcher Qualifikation. Also man spricht ganz anders mit gewerblichen Mitarbeitern als jetzt mit Entwicklungsingenieuren. Das muss man sich eigentlich immer vor Augen halten.“[294]

Eine weitere Aussage dazu: „[...] man muss emphatisch sein. Man muss sich immer wieder auf die neuen Konstellationen hier einlassen können. Man muss mit Azubis, mit Pflegefachkräften, mit Direktoren, mit Chefärzten – mit jedem muss man anders kommunizieren.“[295]

Eine Person bezieht seine Kompetenzentwicklung explizit auf *systemischen Arbeiten und dem Netzwerken mit Menschen*: „[...] als Wahlkreisleiter ist es essenziell mit Menschen in Kontakt zu kommen, mit denen ich sonst in meinem normalen alltäglichen Leben nie in Kontakt kommen würde. Dabei geht's konkret [...] vielmehr, um ein Netzwerk an Menschen aufzubauen rund den Bundestagsabgeordneten und dieses Netzwerk auch zu pflegen. Ich glaube das wurde [in dem Bildungsprojekt] nochmal deutlich geschärft.“[296]

Eine Person benennt *Durchsetzungsvermögen* als eine wichtige erlangte Kompetenz: „Durchsetzungsvermögen vor allen Dingen. Also wenn ich dann schon mal mit den Chefärzten oder mit irgendwem diskutieren muss, dass ich auch wirklich zu meiner Meinung stehe und auch mich nicht davon abbringen lasse, weil es einfach nicht anders funktioniert (Abb. 5.22).“[297]

Abschließend lässt sich festhalten, dass alle befragten Studierenden eigene Kompetenzen benennen konnten, die sie in ihrem heutigen beruflichen Umfeld nutzen und in der Zukunftswerkstatt erlangt oder weiterentwickelt haben. Eine Trennschärfe zu anderen universitären Bildungsangeboten lässt sich dabei eindeutig nachweisen. Die innerhalb des untersuchten Bildungsprojektes eingesetzten didaktischen und methodischen Elemente scheinen eine nachweisliche Wirkung auf die Kompetenzen der Studierenden ausgeübt zu haben.

[293] G3–01, Pos. 28.

[294] G3–04, Pos. 34.

[295] G3–03, Pos. 20.

[296] G3–01, Pos. 28.

[297] G3–03, Pos. 38.

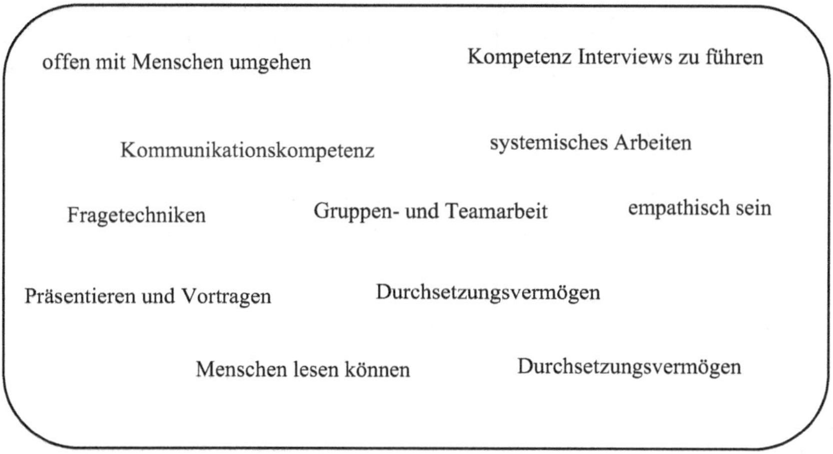

Abb. 5.22 Anwendung von Kompetenzen im Beruf[298]

Besonders die kommunikativen Fähigkeiten treten hier hervor. Gefolgt von sozialen und emotionalen Kompetenzen im Umgang mit den individuellen Bedürfnissen und Besonderheiten von Menschen und Gruppen. Dabei wurde die Fähigkeit einen »Zugang« zu Menschen herzustellen und aufrechterhalten zu können als wichtig erachtet. Dieser »Zugang« wird dann für die Umsetzung der eigenen und organisationalen Ziele verwendet.

5.1.7 Hauptkategorie: Lernen über soziale Systeme in der Zukunftswerkstatt

Mit der Frage sollten Erkenntnisse darüber gewonnen werden, welche Kompetenzen die Befragten Personen der Grupp 03 explizit benennen können, die aus ihrer Sicht als Interventionen in sozialen Systemen verwendet werden können.

Es lassen sich im Ergebnis vier Kompetenzbereiche benennen, die geeignet dafür sind.

Der erste Kompetenzbereich ist das generelle *Wissen über soziale Systeme.* Dabei ist die Form der Integration aller Beteiligten und dem Schaffen von Raum für Kommunikation und Austausch wichtig, um Veränderungen oder Lernen

[298] Eigene Abbildung.

möglich zu machen: „[…] um Gesellschaft mitzugestalten [muss man] […] maßgeblich in Räume vordringen, in Bereiche, wo dann zum Beispiel in meinem Fall die Politik vorher noch nicht war oder vertreten ist und dort im Sinne überhaupt Kontakt herzustellen.“[299]

In diesem Sinne ist es notwendig ein *weitreichendes Verständnis für die praktische Anwendung der Theorie* zu nutzen: „[…] das ist halt wirklich diese Fülle von Theorie in deine Praxis zu übersetzen und damit dann weiterarbeiten zu können. Ich glaube, das war ein wesentlicher Lern Baustein, den ich da mitgenommen habe.[300]

Ein zweiter Kompetenzbereich kann aus dem *Erkennen von Reaktionen und Verhalten* von Menschen in sozialen Systemen abgeleitet werden. Dabei erkennen die Studierenden bei der Analyse innerhalb eines Unternehmens die Individualität der einzelnen Mitarbeiter und lernen sie in einem Kontext zu betrachten, wie die folgende Aussage zeigt: „Da hat man vor allem Unterschiede gemerkt, wenn man jetzt mit einem Azubi gesprochen hat oder mit einem Mitarbeiter, der fünfunddreißig Jahre im Unternehmen war. Die haben halt anders reagiert. Die sind auch generell anders mit der Situation eines Interviews umgegangen. Also die dann ewig lang im Unternehmen waren, die konnten ja alle Fragen ganz schnell und simpel beantworten. Die jungen Leute, die waren ja zum Teil sogar aufgeregt, obwohl wir selber nur Studenten waren.“[301]

Einen dritten Kompetenzbereich bildet die Fähigkeit *Fragetechniken* in sozialen Systemen anzuwenden, um die eigenen oder strategischen Ziele eines Unternehmens realisieren zu können: „Wir hatten ja auch dann die Interviews geführt und dann musste man ja auch schon mal die Leute […], ohne zu kommentieren die Leute […] aussprechen lassen. Das war dann für mich teilweise schwierig, meinen Senf nicht dazu zu geben, was ich dazugelernt habe. Oder auch teilweise, wie man die Frage stellt, kann man die Antwort herauskitzeln, je nachdem welchen Tonfall oder wie man die Worte wählt hat, kann man dadurch natürlich auch schon viel bewirken.“[302]

Eine Person beschreibt den vierten Kompetenzbereich als das Erkennen und *Nutzen von Gruppendynamiken* in sozialen Systemen als eine wichtige Erkenntnis: „[…] in der Gruppendynamik selbst, das merkt man ja sofort. Man hat fünf Personen und jeder ordnet sich irgendwo in seinem Fachbereich. Der eine hat sich mehr [eingebracht] der andere das Auto besorgt. Die anderen, die wollten

[299] G3–01, Pos. 30.
[300] G3–01, Pos. 45.
[301] G3–04, Pos. 32.
[302] G3–03, Pos. 40.

eigentlich nur schreiben und genau das hat man auch in den Interviews gemerkt. Die einen, die haben dann gerne die Kommunikation übernommen, die anderen nicht (Abb. 5.23).“[303]

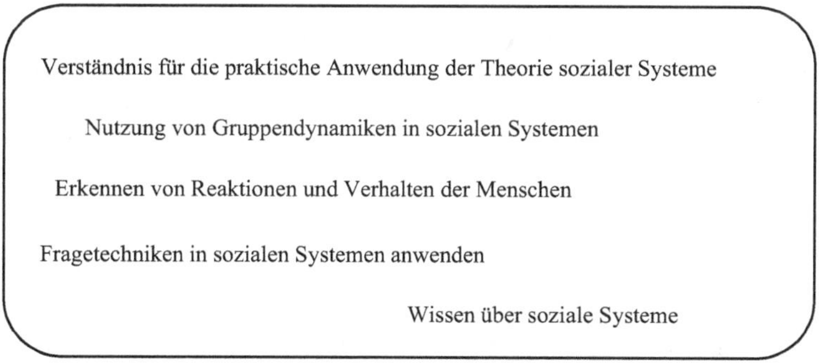

Abb. 5.23 Lernen über soziale Systeme in der Zukunftswerkstatt[304]

Bei drei der vier befragten Personen konnten erlernte Kompetenzen ausgemacht werden, die direkt mit dem hier untersuchten Bildungsprojekt in Zusammenhang stehen. Die Fähigkeit systemisch zu denken und damit Interventionen in sozialen Systemen anstoßen zu können ist zentral für Veränderungsberatung und wird von drei der befragten Personen als aktiv angewendete Kompetenz im Berufsleben beschrieben. Somit lässt sich an dieser Stelle festhalten, dass Absolventen des untersuchten Bildungsprojekts durchaus in der Lage sind notwendige Veränderungen in sozialen Systemen zu erkennen, anzustoßen und begleiten zu können.

Damit verfügen die befragten Personen über Methodenkompetenz für die Intervention in sozialen Systemen. Bezogen auf eine Metakompetenz sind das Fähigkeiten der Intervention, dem Erkennen der vorherrschenden und relevanten Interaktionsmuster, sowie die Fähigkeit bei Interaktionsmustern entscheiden zu können welchen Ursprung die Wirklichkeitskonstruktionen haben. Damit lässt sich entscheiden ob Interventionen eher bei den Individuen selbst oder aber bei den Spielregeln der Kommunikation angesetzt werden müssen.[305]

Die Aussagen der befragten Personen ermöglichen Rückschlüsse auf ihre systemische Kompetenz, wobei Fragetechniken sowie das Erkennen von Verhalten

[303] G3–04, Pos. 32.

[304] Eigene Abbildung.

[305] Vgl. Simon (2014), S. 24.

und Reaktionen zentrale Aspekte für systemische Veränderungen in sozialen Systemen darstellen. Diese erfüllen nach Schlippe und Schweizer wichtige Fragestellungen, wie etwa die nach der Wirklichkeit, dem Einfluss von Kausalität und der Bedeutung der Sprache.[306] Simon fügt dem noch Beschreiben, Bewerten und Kommunikation hinzu.[307]

Fasst man die relevanten Einflussbereiche für systemische Hilfestellungen bzw. dem Einleiten von Veränderungen in sozialen Systemen zusammen, ergeben sich vier relevante Arbeitsfelder für die praktische Arbeit: Wirklichkeit und Realität, Kommunikation und Sprache, Beschreiben/Bewerten, sowie Kausalität.

Die Studierenden sind nach dem Durchlaufen des Bildungsprojekt der Zukunftswerkstatt in der Lage, systemische Interventionsformen gezielt zu nutzen, um Veränderungen in einem sozialen System zu erzeugen.

5.2 Analyse der drei Fallbeispiele

Auf den folgenden Seiten sollen drei Beispiele von untersuchten Bildungsprojekten vorgestellt und anhand der eingetretenen Veränderungsprozesse analysiert werden. Veränderungsprozesse sind dabei die Folge von Interventionen durch eine Gruppe der Studierenden.

Die Fallbeispiele zeigen, wie die didaktischen und methodischen Elemente des untersuchten Bildungsprojektes ein Trainieren von Veränderungsberatung und dem Entwickeln von individuellen Kompetenzen bei Studierenden möglich machen können. Die Besonderheiten zu dem Bildungsprojekt der Zukunftswerkstatt wurden weiter oben in Kap. 4 ausführlicher vorgestellt.

Die in den nachfolgenden Beispielen ausgeführten betrieblichen und örtlichen Angaben zu den untersuchten Unternehmen und Organisationen sind aus Gründen der Anonymisierung verfremdet, die Inhalte und vorgefundenen Problemfelder entsprechen samt Lösungsansätzen realen Fällen.

Die Analyse der Fallbeispiele soll anhand eines Dreiklangs von Situation, Interventionsmethode und Ergebnis durchgeführt werde. Dabei beschreibt die Situation zum einen die vorgefundenen Rahmenbedingungen innerhalb des Unternehmens und zum anderen die empfundene Situation innerhalb der studentischen Arbeitsgruppe. Die Interventionsmethode benennt und differenziert die von der Studierendengruppe angewendeten Methoden der Intervention im Rahmen der

[306] Vgl. von Schlippe/Schweitzer (2007), S. 86.

[307] Vgl. Simon (2014), S. 11 ff.

Analyse des Unternehmens. Die Wirkung beschreibt die nach und während der Intervention eintretenden Veränderungen innerhalb des sozialen Systems.

5.2.1 Fallbeispiel 1: Alle Studierenden sind Ökos

Ein Unternehmen plant eine Nachhaltigkeitsstrategie und möchte dazu Fragestellungen mit einer Gruppe Masterstudierender der Universität Siegen bearbeiten lassen. Dazu wurden in Vorfeld Gespräche mit den für das Projekt bestimmten Ansprechpartner im Unternehmen geführt. Die Ansprechpartner waren auch die Initiatoren des Projektes. In den Vorbereitungsgesprächen, welche immer ohne die Studierendengruppe stattfinden, gestaltet es sich als problematisch eine Einigung darüber zu finden, was das Unternehmen bzw. deren Vertreter eigentlich ändern oder erreichen möchten, beziehungsweise auf welche Fragen man Antworten erhalten möchte. Grundsätzlich möchte man die Kosten im Einkauf senken, da diese durch die internationale Ausrichtung in den letzten Jahren stark gestiegen sind. Zudem kommt es immer mehr zu Problemen der Verfügbarkeit von Bauteilen und der Wunsch der Inhaber nach einer Nachhaltigkeitsstrategie. Weiterhin möchte man Alleinstellungsmerkmal für die Ansprache neuer Mitarbeiter formulieren.

Innerhalb der Vorgespräche wird mit den Unternehmensvertretern der folgende Arbeitstitel formuliert: »Deutschland als Produktionsstandort – Wege zu einer erfolgreichen Nachhaltigkeitsstrategie«. Innerhalb des Bildungsformates sollen Möglichkeiten aufzeigt werden, um langfristig erfolgreich am Produktionsstandort Deutschland Produkte entwickeln, fertigen und vertreiben zu können.

Dabei sollen aufbauend auf einer qualitativen Untersuchung Impulse für die zukünftige Ausgestaltung der Ansprache und Begeisterung von Mitarbeitern des Unternehmens durch eine Gruppe von Masterstudierenden abgeleitet werden. Dabei wird die folgende Ausgangslage festgehalten:

Das Unternehmen produziert in Deutschland und agiert als Weltmarktführer. Zukünftig soll der Produktionsstandort Deutschland weiterhin eine zentrale Rolle spielen und Grundlage für strategische Entscheidungsprozesse bilden. Die im Mittelpunkt dieser Strategieplanung stehenden Bereiche lassen sich in die Mitarbeitendensuche und die aktive Ansprache von neuen Kundengruppen mithilfe der geplanten Nachhaltigkeitsstrategie differenzieren.

Im Zuge dieser geplanten Entwicklung ist die Erforschung und Formulierung einer zukunftsorientierten Strategie für den Produktionsstandort Deutschland innerhalb des Unternehmens ein zentrales Ziel.

Diese Formulierungen dienten der Studierendengruppe als erste Anhaltspunkte für die anstehende Aufgabe. Im Ergebnis sollen potenziell neue Wege und Möglichkeiten gefunden werden, attraktive und glaubwürdige Leistungsversprechen auf Basis der Nachhaltigkeitsstrategie zu skizzieren, welche zum einen für die Mitarbeitersuche und zum anderen für die Kundenansprache Verwendung finden können.

Daher sollen neben der »Bekanntheit« auch die aktuell zugesprochenen Leistungen/ Angebote analysiert werden. Im Rahmen des Seminars soll der Fokus verstärkt auf digitale Angebote und Lösungen gelegt werden, die für die angedachte Anspruchsgruppe einen realen Mehrwert sicherstellen. Für das Unternehmen soll damit eine solide Basis für weitere Handlungsstrategien entstehen.

In weiteren Treffen wurden die folgenden Forschungsfragen definiert, welche beantwortet werden sollten:

1. Wie könnten die Leistungsversprechen des Unternehmens als Arbeitgeber in der Zukunft mit einem Fokus auf Nachhaltigkeit durch eine Deglobalisierungsstrategie aussehen, mit denen sich junge Menschen dem Unternehmen aktiv zuwenden und sich begeistern lassen?
   a. Wie könnte eine zukünftige Ansprache von potenziellen Mitarbeitern aussehen, wenn diese die regionalen Besonderheiten bzw. Bedürfnisse berücksichtigen soll?
   b. Welche Rolle könnte dabei der Produktionsstandort Deutschland spielen?

Die Forschungsfragen sollten durch eine Gruppe innerhalb eines Semesters von 15 Masterstudierenden aus den Studiengängen Plurale Ökonomik, Management und Märkte und SME bearbeitet werden. Die »Analyse« sollte auf Basis strukturierter und bewährter qualitativer Erhebungsverfahren erfolgen, etwa durch Interviews, sowie der Analyse bestehender Unterlagen, und einer Onlinebefragung.

Die schon in den ersten Treffen festgestellte »Uneinigkeit« über angestrebte Ziele wurden in den nachfolgenden Treffen und Online-Meetings immer deutlicher. Einem Teil der Unternehmensvertreter (Einkauf, 61 Jahre und Vertrieb 64 Jahre) gingen die Fragen viel zu weit, die jüngeren Ansprechpartner (Marketingleiter, 42 Jahre und die Personalleiterin, 46 Jahre) gingen wiederum die Ziele nicht weit genug.

Zu Beginn des Seminars findet regelmäßig ein Kennenlerntermin mit den Studierenden und Unternehmensvertretern in den Räumen der Universität in Siegen statt. Innerhalb dieses ersten Treffens sollen beide Seiten sich kennenlernen und erste organisatorische Fragen klären können. Zudem sollen die Unternehmensvertreter die Fragestellung, Hintergrund, Beweggründe usw. den Studierenden vorstellen. Für dieses ersten Treffen bereiten die Unternehmensvertreter in der Regel eine Präsentation vor und sprechen frei vor der Studierendengruppe.

Die vorab in den Vorgesprächen festgestellte Uneinigkeit über den Sinn und Zweck einer solchen Veranstaltung wurde auch im Kennenlerntermin deutlich. Dieses ging so weit, dass es zu öffentliche Machtattitüden zwischen den älteren und jüngeren Unternehmensvertretern kam, wer die Deutungshoheit über Angelegenheiten des Unternehmens haben würde.

Auf kritische Rückfragen der Studierendengruppe zu den Zielen des Unternehmens bezüglich seiner Rolle, beispielsweise hinsichtlich der Verantwortung für die Verwendung von Ressourcen für die Produktion von Produkten oder hinsichtlich der Rücknahme und des Recyclings von verkauften Produkten und Waren, wurden mit Unverständnis reagiert. Vor allem die beiden älteren Vertreter machten deutlich, dass ein Unternehmen »zum Geldverdienen da wäre« und nicht die Verantwortung für »jeden Zipfel in der Welt übernehmen könnte«.[308]

Am Ende des Termins meinte einer der beiden älteren Vertreter beim Verlassen des Seminarraums, dass er den Eindruck hätte, nur noch von »Ökos« umgeben zu sein.

Für die Studierenden stellen solche Treffen mitsamt den Reaktionen und Aussagen eine wichtige Quelle für die zukünftige Arbeit mit den Unternehmensvertretern dar. Dabei können schon zu diesem Zeitpunkt gute Einschätzungen über die vorherrschende Kultur gemacht werden. Die Reaktionen der Studierenden zu dem Kennenlerntermin gingen von »ich bin entsetzt«, bis zu »Herausforderung angenommen«.

Das nächste Treffen fand in den Räumen des Unternehmens statt. Dabei sollten die Studierenden das Unternehmen besser kennenlernen. Dafür wurde eine Unternehmensvorstellung mitsamt einer Betriebsbesichtigung durchgeführt. Dieses Treffen wurde von beiden Seiten als grundsätzlich sehr freundlich und entgegenkommend bezeichnet.

In den nächsten Schritten erfolgte innerhalb der Seminargruppe bei mehreren Treffen die Entwicklung einer Strategie, um die Forschungsfragen beantworten zu können. Die Entscheidung fiel auf qualitativen Erhebungsinstrumente, welche in diesem Fall Interviews mit Mitarbeitern und eine Onlinebefragung sein sollten.

Bei der Durchführung der ersten Probeinterviews wurde dann jedoch festgestellt, dass vor allem die älteren Mitarbeiter in Führungspositionen Probleme hatten die Fragen zu beantworten oder aber die Fragen nicht beantworten wollten,

308 Protokoll P1–01.

weil sie möglicherweise Angst vor den prognostizierten Veränderungen hatten. Die Studierendengruppe war bis zu diesem Zeitpunkt davon ausgegangen, dass ihre Sicht auf die Dinge (ökologische Verantwortung, Nachhaltigkeit usw.) ebenfalls von den Mitarbeitern des Unternehmens getragen würde.

Zu diesem Zeitpunkt kann die Stimmung innerhalb der Seminargruppe als schlecht bezeichnet werden, weil der Gruppe klar wurde, dass ihre Interviewfragen nicht kompatibel zu der vorherrschenden Unternehmenskultur waren, bzw. innerhalb des Unternehmens Widerstände auftraten, mit denen niemand gerechnet hatten.

Als Lösung wurde seitens der Seminarleitung und der Seminargruppe die Strategie dahingehend korrigiert, dass die Geschichte hinter der Erhebung eine andere wurde. Zudem wurde der Fragebogen angepasst und die Interviews erneut durchgeführt. In der ersten Geschichte hatten sich die Studierenden als Experten für die zukünftige Gestaltung von Unternehmenswelten dargestellt, die mit kritischem Hinterfragen die aus ihrer Sicht offensichtlichen Fehler der Verantwortlichen offenlegten. In der neuen Geschichte spielten die Studierenden eher die Rolle des Interessierten, der von den »alten Hasen« etwas lernen kann. Zudem wurde die Intensität der Kommunikation über das Projekt hinsichtlich seiner Innovations- und Veränderungskraft deutlich reduziert. Vielmehr sollte nun jeder Mitarbeiter sein Wissen für ein erfolgreiches Projekt der Studierendengruppe bereitstellen. Alle Interviews konnten so problemlos durchgeführt werden und lieferten wertvolle Anhaltspunkte zu der aktuellen Situation im Unternehmen.

Bei weiteren Treffen stellten die Studierenden fest, dass in den Interviews angesprochene Probleme bereits von einigen der interviewten Führungskräfte angegangen worden waren. So wurde bereits innerhalb des Projektzeitrahmens die Personalabteilung aufgestockt, um eine bessere Mitarbeiterbetreuung realisieren zu können. Bei der Befragung der Personalverantwortlichen waren seinerzeit erhebliche Schwachstellen in den Interviews aufgefallen, die auch auf Seite der verantwortlichen Mitarbeiter in den Interviews bemerkt wurden.

Einige Führungskräfte hatten sich Fachbücher zu Themenfeldern gekauft, innerhalb derer sich durch die Interviews Hinweise auf Verbesserungspotential gezeigt hatten.

Im Hintergrund bzw. im Rahmen der schriftlichen Analyse und dem Ableiten von möglichen Entwicklungsstrategien wurde jedoch von der Studierendengruppe unverändert an neuen und innovativen Möglichkeiten einer zukünftigen Unternehmensausrichtung mit Hinblick auf eine Deglobalisierungsstrategie gearbeitet. Diese wurde jedoch nicht aus finanziellen Optimierungsdenken, sondern mit dem Anspruch eines Alleinstellungsmerkmals entwickelt. Dabei wurden neben den bisherigen Unternehmensbereichen wie Einkauf und Produktion zusätzliche die

Personalabteilung und das Marketing berücksichtigt, weil beispielsweise viele der vorgeschlagenen neuen Strategien Alleinstellungsmerkmale für die Suche neuer Mitarbeiter/innen darstellen oder aber die Nachhaltigkeit des Produktes deutlich verbessern würden.

Die Abschlusspräsentation der Ergebnisse fand in den Räumen des Auftraggebers statt. Anwesend waren der komplette Vorstand, sowie die obersten Führungskräfte aller Abteilungen. Die Studierenden waren sehr nervös und unsicher wie die Anwesenden ihre Ergebnisse und Empfehlungen aufnehmen würden.

Im Rahme der Präsentation teilten sich die anwesenden Unternehmensvertreter in zwei Lager, laute und leise Zuhörer. Der Vorstand, Personal und Marketing waren begeistert von den vielen Anregungen und den guten Analysen zu ihrem Unternehmen, während die Führungskräfte aus den Bereichen Einkauf, Verkauf, Produktentwicklung und Produktion keinen Kommentar abgaben. Als sie von Seiten des Vorstandes aufgefordert wurden ihre Meinung zu den Ergebnissen auszusprechen, kamen lediglich verhaltene Aussagen zu den vielen Möglichkeiten, die man jetzt hätte und das das natürlich auch jemand machen müsste und dafür finanzielle Mittel bereitgestellt werden müssten (Abb. 5.24).

Analyse Fallbeispiel 1
Situation:

1. Innerhalb des Unternehmens herrschen auf Ebene der Führungskräfte unterschiedliche Vorstellungen von den Zielen und Prioritäten eines geplanten Projektes mit hohem Veränderungspotential (unterschiedliche Wirklichkeiten).
2. Einige zentrale Führungskräfte möchten einen langen bestehenden Zustand erhalten und sind nicht an Veränderungen interessiert (Veränderungsresistenz)
3. Um keine Veränderungen hinnehmen zu müssen bauen sich Widerstände unter einigen Führungskräften auf (interne Machtspiele)
4. Andere Führungskräfte glauben an notwendige Veränderungen und unterstützen die Studierenden (Vertrauen in Studierende)
5. Die Studierenden erwarten, dass ihre guten und zukunftsträchtigen Weltanschauungen von den Unternehmensvertretern angenommen und adaptiert werden (naives Verständnis)

Interventionsmethode:

1. Besuche und Gespräche der Studierenden mit Unternehmensvertretern (Kennenlernen und Vertrauen gewinnen)

2. Qualitative Interviews der Studierenden mit 20 Mitarbeitern (Reden über Veränderungen)
3. Einbettung des Vorhabens in eine Kommunikationsstrategie durch Geschichten und Erzählungen (Kommunikation und Austausch)
4. Entwicklung und Präsentation einer umfassenden Strategie mit mehreren möglichen Umsetzungswegen für das Unternehmen (Handlungsoptionen)
5. Berücksichtigung der Rollen aller Beteiligten mit einem Fokus auf eine positive Zukunft (alle finden sich wieder)

Wirkung:

1. Sinkende Widerstände gegenüber den vorgeschlagenen Veränderungen
2. Positiver Wandel im Hinblick auf die Sinnhaftigkeit einer Veränderung
3. Adaptieren von Vorschlägen der Studierenden
4. Treffen von Vorbereitungen für die anstehenden Veränderungen
5. Rückendeckung für die vorgeschlagenen Strategien der Studierenden durch die Unternehmensleitung

Abb. 5.24 Überblick systemischer Veränderungsprozess im Fallbeispiel 1[309]

Im Ergebnis konnte eine Gruppe von Studierenden innerhalb eines sozialen Systems Veränderungen durch Intervention erzeugen. Über deren Nachhaltigkeit oder Sinnhaftigkeit kann zu diesem Zeitpunkt noch keine verbindliche Aussage getroffen werden. Veränderungen wurden in jedem Fall angestoßen. Die Möglichkeit dazu hatten die Studierenden innerhalb eines universitären Bildungsprojektes. Innerhalb

309 Eigene Abbildung.

dieses Projektes konnten sie unter Anleitung eigene Wege erkunden und ausprobieren mit denen sie die Aufgabenstellung seitens des Bildungsprojektes erfüllen. Dabei hatten die Studierenden die Freiheit Erfahrungen zu machen und Korrekturen innerhalb ihrer Lösungsstrategie vornehmen zu können. Die Lösungsstrategie fußt dabei auf einer selbstbestimmten, innerhalb einer Gruppe entwickelten, Vorgehensweise und stellt aus Sicht des Autors eine ideale Form des Lernens und der Kompetenzentwicklung dar.

5.2.2 Fallbeispiel 2: Studierende und Bäcker

Im Rahmen eines Bildungsprojektes mit Bachelorstudierenden und einem Fokus auf das Thema Fachkräftesicherung war eine Bäckerei als Praxispartner involviert. Das Unternehmen ist seit Gründung im 19. Jahrhundert in Familienhand und betreibt Filialen in der Region.

Innerhalb dieses Projektes wurden die folgenden Fragestellungen mit einer achtköpfigen Seminargruppe bearbeitet:

- Warum sind bestimmte Unternehmen beliebter als andere?
- Was macht das untersuchte Unternehmen individuell?
- Gibt es die optimale Ansprache und Bindung von jungen Menschen an das Unternehmen und wenn ja, wie würde diese aussehen?

Die Studierenden innerhalb der Teams arbeiten inhaltlich an verschiedenen Themenbereichen, fügen diese aber zu einer Gruppenarbeit zusammen. Dabei erstellen die Studierenden neben einer schriftlichen Ausarbeitung zusätzlich eine Abschlusspräsentation, die abschließend den Entscheidern des Unternehmens bzw. der Institution präsentiert wird. Die »Erforschung« eines Unternehmens durch die Studierenden erfolgt auf verschiedenen Ebenen etwa durch Besuche, Mitarbeiterinterviews (vor Ort oder als Videokonferenz), sowie der Analyse bestehender Unterlagen, wie beispielsweise dem Internetauftritt oder Printmedien. Zudem laden die Studierenden bundesweit Personen ein, die Wirkung der Website ihres Kooperationspartners hinsichtlich der Mitarbeiteransprache zu bewerten. In diesem Rahmen analysieren und charakterisieren die Studierenden die bestehende Personalarbeit, die vorherrschende Unternehmenskultur, das allgemeine Arbeitsklima, die Motivationskultur, sowie den Internetauftritt und leiten Möglichkeiten der Optimierung ab.

Das Unternehmen hatte seinerzeit große Probleme offene Stellen in den Bereichen Bäckerei/Konditorei und Verkauf zu besetzten, daher barg die Teilnahme eine ausgeprägte Erwartungshaltung hinsichtlich der Ergebnisse und möglicher Handlungsempfehlungen.

Im Rahmen eines Seminars nehmen in der Regel fünf bis zehn Unternehmen als Kooperationspartner teil, die Zuteilung eines Unternehmens an eine Studierendengruppe erfolgt nach dem Zufallsprinzip. Viele Studierende möchten namenhaften, beziehungsweise innovativ klingenden Unternehmen zugeteilt werden. Dementsprechend konnte man eine gewissen Enttäuschung bei der Seminargruppe feststellen, »nur« einen Bäcker zu beforschen. In dem Seminar erfolgte kein Kennenlernen in den Räumen der Universität Siegen, die Studierenden sollen nach dem Seminarstart in ihre Unternehmen fahren und diese kennenlernen. In der Regel bereiten die Unternehmensvertreter eine Präsentation mit Inhalten zu dem Unternehmen selbst und eine Betriebsführung vor.

Nachdem die Gruppe das Unternehmen besucht hatte, waren diese begeistert davon. Obwohl die Geschäftsräume in einem über die Jahre gewachsenen/angebautem Wohnhaus untergebracht waren und nicht dem modernen Bild eines Unternehmens entsprachen, schwärmten die Studierenden von dem Handwerk, welches sie vor Ort beobachten konnten. Sie sprachen von frischen Zutaten, selbst gemahlenem Mehl, selbst gemachten Pizzasoßen, im Haus aufgeschlagenen Eiern und vielen leckeren Produkten, die sie bei ihrem Besuch probieren durften. Keiner der Studierenden hatte bisher eine Bäckerei von innen gesehen, noch wussten sie wie die einzelnen Produkte wie Brote und Gebäck hergestellt wurden.

In den darauffolgenden Wochen begannen die Interviews mit Mitarbeitern und Unternehmensvertretern, bei diesen Interviews kristallisierte sich eine starke Verbundenheit der Mitarbeiter mit dem Unternehmen, aber vor allem mit den hergestellten Produkten heraus. Viele der Mitarbeiter waren bereits seit vielen Jahren im Unternehmen und stolz darauf die Region mit Backwaren zu versorgen.

Innerhalb der Interviews werden naturgemäß Fragen an Mitarbeiter gestellt, viele dieser Fragen erzeugten bei den Befragten Bestrebungen bisherige Rahmenbedingungen, die innerhalb der Interviews als eher negativ beschrieben wurden, nach den Interviews anzugehen. So stellten beispielsweise die Studierenden fest, dass bisher über die frischen Zutaten, oder dass selbst hergestellte Mehl nicht nach Außen in werblicher Form berichtet wurde. Es wurde seitens des Unternehmens als selbstverständlich angesehen so etwas zu machen.

Die Aufgabe der Studierenden war die des kritischen Hinterfragens von Situationen und Sachverhalten, in ihren Rollen wurden sie dabei als freundlich, hilfsbereit und kooperativ wahrgenommen. Diese Rolle erzeugt bei den beteiligten Mitarbeitern keine Abwehrhaltung, sondern eine Willkommenskultur.

Den Studierenden fielen zudem eine »unprofessionelles« Bespielung von Social-Media-Kanälen auf, auch hier war von den stolzen Mitarbeitern, der Kollegialität und dem vorherrschenden Teamgeist nichts zu sehen. Bereits im laufenden Seminar wurden die Inhalte überarbeitet und an die Anforderungen einer aktuellen und ansprechenden Darstellung des Unternehmens und seiner Mitarbeiter angepasst.

Weiterhin waren der Gruppe die räumlichen Bedingungen aufgefallen. Im Laufe der letzten Jahrzehnte wurden durch An- und Umbauten immer wieder Veränderungen am Grundriss vorgenommen, sodass die Büroräume für Außenstehende wenig ansprechend wirkten. Im Hinblick auf Vorstellungsgespräche mit potenziellen Bewerbern/innen und Besuche von Schulklassen war dieses wenig hilfreich und wirkte unprofessionell. Auch hier entwickelten die Inhaber und Mitarbeiter schon während des Projektes Ansätze, mit denen diese Situation verbessert werden sollte. Ein Besprechungsraum wurde entrümpelt und neu gestrichen. In allen Büroräumen wurde aufgeräumt und neue Möbel beschafft. Im Vorfeld hatten bereits der Steuerberater und ein externer Berater erfolglos versucht Veränderungen innerhalb des Unternehmens anzuregen (Abb. 5.25).

Situation:

1. Innerhalb des Unternehmens herrschen auf Ebene der Inhaber ein Veränderungswille, dieser findet aber keinen Startpunkt (Fehlende Priorisierung).
2. Problemstellen bzw. der Bedarf für Veränderung ist bekannt, wird aber wegen eines einnehmenden Tagesgeschäftes nicht angegangen (Überforderung)
3. Bisherigen Impulse in Richtung einer Problemlösung wurden ignoriert (ungeeignete Hilfestellungen/Impulse von extern)
4. Während der Erforschung glauben Mitarbeiter und Führungskräfte an notwendige Veränderungen und unterstützen die Studierenden (Vertrauen in Studierende)

Interventionsmethode:

1. Besuche und Gespräche der Studierenden mit Unternehmensvertretern (Kennenlernen und Vertrauen gewinnen)
2. Qualitative Interviews der Studierenden mit 20 Mitarbeitern (Reden über Veränderungen)
3. Einbettung des Vorhabens in eine Kommunikationsstrategie durch Geschichten und Erzählungen (Kommunikation und Austausch)
4. Entwicklung und Präsentation einer umfassenden Strategie mit mehreren möglichen Umsetzungswegen für das Unternehmen (Handlungsoptionen)

5. Berücksichtigung der Rollen aller Beteiligten mit einem Fokus auf eine positive Zukunft (alle finden sich wieder)

Wirkung:

1. Einsetzende Veränderungen schon während des Bildungsprojekts
2. Priorisierung
3. Positiver Wandel im Hinblick auf die die Bereitstellung von Zeitressourcen
4. Adaptieren von Vorschlägen der Studierenden
5. Dankbarkeit für die erfolgte Arbeit

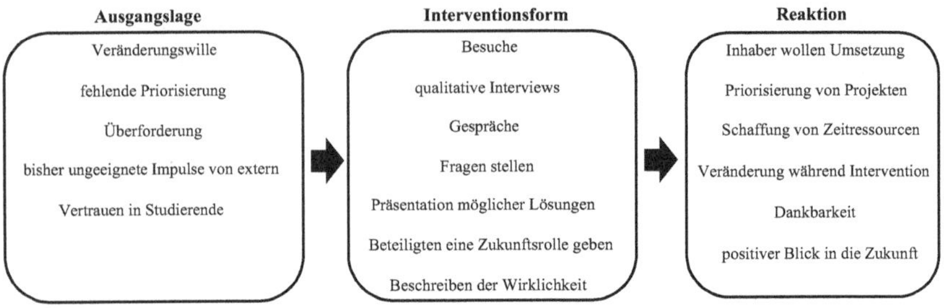

Abb. 5.25 Überblick systemischer Veränderungsprozess im Fallbeispiel 2[310]

In diesem Beispiel konnten die Studierenden ebenfalls durch Interventionen Veränderungen in einem sozialen System bewirken. Ob diese Veränderungen langfristig oder sinnvoll sind, lässt sich derzeit jedoch nicht abschließend beurteilen. Die Veränderungen wurden jedoch zweifellos angestoßen. Diese Möglichkeit bot sich den Studierenden im Rahmen eines universitären Bildungsprojekts, in dem sie unter Anleitung eigene Ansätze entwickeln und erproben konnten, um die gestellten Aufgaben zu lösen. Dabei hatten sie die Freiheit, Erfahrungen zu sammeln und ihre Lösungsstrategien bei Bedarf anzupassen. Die Lösungsstrategie basiert auf einem selbstbestimmten, innerhalb der Gruppe entwickelten Vorgehen und wird vom Autor als ideale Form des Lernens und der Kompetenzentwicklung betrachtet. Bemerkenswert ist dabei, dass auch Bachelorstudierende, die in der Regel deutlich weniger theoretisches Wissen besitzen als Masterstudierende,

310 Eigene Abbildung.

auf Grundlage ihrer bereits erworbenen Kompetenzen und unter entsprechender Anleitung solche Veränderungen in sozialen Systemen bewirken können.

5.2.3 Fallbeispiel 3: Menschen oder Kennzahlen

Im Rahmen eines Bildungsprojektes mit Masterstudierenden und dem Fokus auf das Thema Fachkräftesicherung war ein mittelständiges Unternehmen aus dem Bereich Holzverarbeitung und -veredelung als Praxispartner involviert. Das Unternehmen hat eine lange Tradition im Raum Hessen und wurde vor einigen Jahren in eine Aktiengesellschaft umgewandelt. Innerhalb des Projektes sollte das Thema Fachkräftesicherung mit all seinen Facetten untersucht werden. Besonderes Augenmerk dabei liegt auf der Berücksichtigung der Perspektive junger Fachkräfte im Alter zwischen 20 und 30 Jahren. Innerhalb dieses Projektes wurden die folgenden Fragestellungen mit einer achtköpfigen Seminargruppe bearbeitet:

- »Wie kann zukunftsorientiertes Handeln mit Fokus auf die Personalarbeit praktisch aussehen?«
- »Wie lassen sich damit Alleinstellungsmerkmale für die Ansprache neuer Mitarbeiter generieren?«

Die Studierenden der Teams bearbeiten inhaltlich verschiedene Themenbereiche, die sie anschließend zu einer gemeinsamen Gruppenarbeit zusammenführen. Neben einer schriftlichen Ausarbeitung erstellen sie eine Abschlusspräsentation, die abschließend den Entscheidern des Unternehmens oder der Institution vorgestellt wird. Die Untersuchung des Unternehmens durch die Studierenden erfolgt auf mehreren Ebenen, etwa durch Besuche, Interviews mit Mitarbeitern sowie die Analyse vorhandener Materialien, wie dem Internetauftritt oder Printmedien. Darüber hinaus laden die Studierenden bundesweit Personen ein, um die Wirkung der Website ihres Kooperationspartners in Bezug auf die Ansprache von Mitarbeitern zu bewerten. In diesem Zusammenhang analysieren und beschreiben sie die bestehende Personalpolitik, die Unternehmenskultur, das Arbeitsklima, die Motivationskultur sowie den Internetauftritt des Unternehmens und erarbeiten Vorschläge zur Optimierung.

Das Unternehmen hatte seinerzeit aufgrund einer hohen Fluktuation generell Probleme offene Stellen zu besetzten, daher barg die Teilnahme eine ausgeprägte Erwartungshaltung hinsichtlich der Ergebnisse und möglicher Handlungsempfehlung.

In einem Seminar nehmen in der Regel fünf bis zehn Unternehmen als Kooperationspartner teil, wobei die Zuteilung der Unternehmen an die Studierendengruppen zufällig erfolgt. Viele Studierende bevorzugen es, bekannten oder innovativ klingenden Unternehmen zugeteilt zu werden. Entsprechend konnte man in der Seminargruppe eine besondere Begeisterung feststellen, da sie einem renommierten Unternehmen zugewiesen wurden. Die Studierenden besuchen nach dem Seminarbeginn ihr zugeteiltes Unternehmen, um es kennenzulernen. Üblicherweise bereiten die Unternehmensvertreter eine Präsentation mit Informationen über das Unternehmen sowie eine Betriebsführung vor.

Die Räumlichkeiten für das Kennenlernen waren besonders hochwertig, professionell und einladend ausgestattet. Zudem befand sich dort auch die Ausstellung mit aktuellen und neuen Produkten, da man dort auch Veranstaltungen für Kunden und Lieferanten durchführte.

Nach Rückkehr der Studierendengruppe erfolgt regelmäßig die Abfrage nach einem »ersten Eindruck«. Dabei sollen die Studierenden alles berichten, was ihnen aufgefallen ist und alle Eindrücke innerhalb der Gruppe beschreiben. Bei dem Treffen war vielen Studierenden aufgefallen, dass keine Vertreter aus dem Personalbereich, sondern nur aus dem Marketing und dort speziell aus der Sparte Social-Media anwesend waren. Zudem hielt sich der Eindruck, zu viel Schönes gezeigt bekommen zu haben, zudem hatten bereits zu diesem Zeitpunkt alle Studierenden ein Geschenk des Kooperationspartners erhalten – was sehr ungewöhnlich ist. Weiterhin drohte das geplante Projekt durch einen plötzlichen Wechsel in der Geschäftsführung zu scheitern. Es bestand die Sorge, dass durch den Führungswechsel nicht repräsentative Ergebnisse bei der geplanten Mitarbeiterbefragung zutage traten. Aus diesem Grund mussten die geplanten Interviews um zwei Monate nach hinten verschoben werden.

Im Rahmen der weiteren Vorbereitungen wurde an einer Strategie gearbeitet, wie die notwendigen Informationen generiert werden könnten. Dabei wurden die angesprochenen Ängste vor schlechten Ergebnissen thematisiert. Die Gruppe stellte sich die Frage, wer Angst vor schlechten Ergebnissen haben müsste und warum?

Im Rahmen eines professionellen Umgangs mit den Befindlichkeiten von Kooperationspartner innerhalb eines Seminars wurden die Ängste berücksichtigt und die geplanten Fragen zu Themenkomplex Geschäftsführung herausgenommen.

Die Studierenden entwickeln in Masterseminaren der Zukunftswerkstatt eigene qualitative Fragebögen auf Basis ihrer ausgewählten theoretischen Literatur. Dabei werden grundsätzlich keine Skalenwerte erhoben, da diese für dieses Veranstaltungsformat eine nur sehr eingeschränkte Informationsdichte aufweisen. Die

Mitarbeiter sollen vielmehr in ein Gespräch mit den Studierenden kommen und so die eingeflochtenen Fragen beantworten.

Die Interviews konnten dann mit Verzögerung an 20 Mitarbeitern durchgeführt werden. Interessanterweise war für keine der interviewten Personen der Wechsel der Geschäftsführung in seinen Aussagen relevant.

In den Vorgesprächen wurden von Seiten der Unternehmensvertreter gewisse finanzielle Schwierigkeiten in der Vergangenheit angesprochen, zudem wurden die Begriffe Insolvenz und drohende Schließung des Betriebes und Verkauf angesprochen. Weiter wurde von einer sehr großen Hilfsbereitschaft innerhalb der Belegschaft berichtet, diese Situation durch eigene finanzielle Einschnitte wie beispielsweise Lohnverzicht oder Mehrarbeit abwenden zu können. Diese Sachverhalte fanden ebenfalls Berücksichtigung in den Mitarbeiterinterviews.

Während der Interviews kristallisierte sich ein stark ausgeprägtes Teamgefühl innerhalb der einzelnen Abteilungen heraus, die jedoch zudem von einer ausgeprägten Rivalität zwischen den einzelnen Abteilungen begleitet wurde. Führungskräfte schotteten sich, bzw. ihre Abteilungen ab und berichteten nur einzeln und nicht als Gruppe mit anderen Abteilungsleitern an die Geschäftsführung.

In weiteren Interviews trat eine stark kennzahlenorientierte Unternehmensleitung hervor, die einen starken Fokus auf die betriebswirtschaftlichen Erfolge hatte. Diese starke Sicht darauf führte zu einem gewissen Wettkampf zwischen den Abteilungen, wer denn die besten Zahlen vorzuweisen hatte. Dieser Machtkampf führte weiter zu einer ausgeprägten Unzufriedenheit im Umgang zwischen Führungskräften und Mitarbeiter, da diese sich nicht mehr als Kollege ihrer Führungskraft sahen, sondern als Befehlsempfänger. Im Ergebnis führte diese Situation zu einer starken Fluktuation, obwohl viele Mitarbeiter immer noch Vertrauen in eine imaginäre Lösung für die Zukunft setzten, dass alles wieder gut würde und die alten Zeiten wieder kommen würden. Frühere Zeiten wurden als ein von familiären Werten geprägtes Arbeitsumfeld beschrieben, das sich nicht an Kennzahlen orientierte, sondern durch ein handlungsorientiertes Vorgehen, das auf die Bedürfnisse von Kunden, Lieferanten und Mitarbeitern ausgerichtet war.

Die Studierenden haben in solchen Fällen regelmäßig Probleme damit, die »schlechten Ergebnisse« übermitteln zu können.

Die Abschlusspräsentation wurde wieder in den Räumen des Kooperationspartners durchgeführt. Anwesend waren Teile des Vorstandes, die Marketingleitung, sowie eine Vertretung für die Personalabteilung.

Im Ergebnis wurden den Unternehmensvertretern das Missverhältnis zwischen kennzahlenorientiertem Denken, Führen und Handeln und einem menschenorientierten beziehungsweisen an deren Bedürfnissen orientierte Führung vorgestellt. Die Aussagen der Mitarbeiter aus den Interviews belegten diese Ergebnisse.

Interessanterweise bestätigten alle teilnehmenden Unternehmensvertreter die vorgefundene Situation im Unternehmen, beschrieben aber ihre Hilflosigkeit, weil man nicht wüsste, wo man anfangen sollte dieses zu ändern.[311] Im Rahmen der Präsentation werden immer von Seiten der Studierenden Vorschläge unterbreitet, wie eine vorgefundene negative Ausprägung in der Unternehmenskultur verändert oder verbessert werden könnte. Diese Vorschläge haben oftmals einen so professionellen Charakter, dass sie umgehend umgesetzt werden, oder, wie in diesem Fall, die Ergebnisse in ein Führungskreistreffen mitgenommen werden. Einige Woche nach der Abschlusspräsentation kontaktierte mich der neue Geschäftsführer und bat um einen Telefontermin. In dem Termin bedankte er sich für die guten Erkenntnisse der Studierenden und sein Interesse ein weiteres Projekt mit Studierenden durchzuführen. Innerhalb der Führungskreises waren die Ergebnisse der Studierenden Grundlage eines Workshops geworden. In diesem Workshop sollten alle Führungskräfte nach Lösungen für die vorgefunden Situation suchen. Wichtig war aber daran, dass auch die Geschäftsführung nach eigener Aussage einen neuen Weg hinsichtlich einer gemeinsamen Strategie für die Zukunft anstrebt (Abb. 5.26).

Situation:

1. Auf Führungsebene des Unternehmens besteht der Wunsch, Veränderungen in der Personalarbeit vorzunehmen, jedoch fehlt ein konkreter Ausgangspunkt für die Umsetzung. (Fehlende Priorisierung)
2. Die Problemstellen und der Bedarf für Veränderungen sind zwar bekannt, werden jedoch aufgrund des intensiven Tagesgeschäfts und des Drucks, notwendige Kennzahlen zu liefern, nicht angegangen. (Überforderung)
3. Bisherigen Impulse in Richtung einer Problemlösung wurden ignoriert (ungeeignete Hilfestellungen/Impulse von extern)
4. Während der Untersuchung sind Mitarbeiter und Führungskräfte überzeugt, dass Veränderungen notwendig sind, und unterstützen die Studierenden dabei. (Vertrauen in Studierende)

Interventionsmethode:

1. Besuche und Gespräche der Studierenden mit Unternehmensvertretern (Kennenlernen und Vertrauen gewinnen)

[311] Anmerkung: Bei der überwiegenden Anzahl von Abschlusspräsentationen bestätigen die Unternehmensvertreter die Eindrücke der Studierenden, Wissen aber in der Regel nicht, wie man eine Veränderung herbeiführen könnte.

2. Qualitative Interviews der Studierenden mit 20 Mitarbeitern (Reden über Veränderungen)
3. Einbettung des Vorhabens in eine Kommunikationsstrategie durch Geschichten und Erzählungen (Kommunikation und Austausch)
4. Entwicklung und Präsentation einer umfassenden Strategie mit mehreren möglichen Umsetzungswegen für das Unternehmen (Handlungsoptionen)
5. Berücksichtigung der Rollen aller Beteiligten mit einem Fokus auf eine positive Zukunft (alle finden sich wieder)

Wirkung:

1. Einsetzende Veränderungen schon während des Bildungsprojekts
2. Positiver Wandel im Hinblick auf die die Bereitstellung von Zeitressourcen
3. Adaptieren von Vorschlägen der Studierenden
4. Dankbarkeit für die erfolgte Arbeit

Abb. 5.26 Überblick systemischer Veränderungsprozess im Fallbeispiel 3[312]

Die Ergebnisse zeigen, dass es einer weiteren Gruppe von Studierenden gelang, innerhalb eines sozialen Systems durch Interventionen Veränderungen herbeizuführen. Diese Veränderungen beeinflussen wiederum Menschen, deren Kommunikation und Verhalten. Zum aktuellen Zeitpunkt lässt sich jedoch noch keine endgültige Bewertung hinsichtlich der Nachhaltigkeit oder Sinnhaftigkeit dieser Veränderungen abgeben. Es steht fest, dass Veränderungen in jedem Fall initiiert wurden. Die Studierenden hatten im Rahmen eines universitären Bildungsprojekts die Möglichkeit, durch Interventionen Veränderungen in sozialen

312 Eigene Abbildung.

Systemen anzustoßen und dies zu üben. In diesem Projekt konnten sie unter Anleitung eigene Ansätze entwickeln und erproben, um die Aufgaben des Projekts zu erfüllen. Dabei hatten sie die Freiheit, Erfahrungen zu sammeln und ihre Lösungsstrategien nach Bedarf anzupassen. Diese Vorgehensweise, die auf einer selbstbestimmten und gruppenintern entwickelten Strategie basiert, wird vom Autor als optimale Form des Lernens und der Kompetenzentwicklung angesehen.

6 Mögliche Umsetzung: Der Solution-Cycle oder Lern- und Lösungszyklus

Am Ende dieser Forschungsarbeit stellt sich die Frage nach einer möglichen Berücksichtigung der Ergebnisse und Erkenntnisse in universitären Bildungsprojekten.

Die Einbettung der Erkenntnisse bedarf einer Methode, die zum einen geeignet ist Veränderungen zu begleiten und zum anderen auf einen langjährigen und zuverlässigen Einsatz zurückblicken kann. Eine solche Methode stellt der Lern- und Lösungszyklus bzw. der Solution Cycle dar.

Seinen Ursprung hat der Solution Cycle in einem gestaltungstherapeutischen Ansatz der Organisationsentwicklung von Edwin Nevis.[1] Die hier verwendet Form ist eine Weiterentwicklung von Gustav Bergmann, der den Gestaltzyklus zu seinem Lern- und Lösungszyklus durch inhaltliche Ergänzungen erweiterte und so für die die Beratung von sozialen Systemen entwickelte.[2] Neben dem Gestaltzyklus werden darin auch die Lernstufen nach Gregory Bateson (Ökologie des Geistes) verwendet, der ausgehend vom Erkennen der multiplen Realitäten, das adaptive und das double loop learning aufzeigte.[3]

[1] Vgl. Nevis (1988), S. 37 ff.

[2] Vgl. Bergmann (2014), S. 16.

[3] Vgl. Bergmann (2014), S. 25.

R. Kebbekus, *Bildung für Transformationsprozesse*,
https://doi.org/10.1007/978-3-658-47589-5_6

Der Prozess des Lern- und Lösungszyklus gliedert sich in acht Phasen, wobei jede der Phasen für sich genommen eine eigenständige Stufe darstellt, die bei Bedarf auch wiederholt werden kann.[4] Dieser Sachverhalt ist für die Umsetzung der Erkenntnisse dieser Arbeit wichtig, da von regelmäßigen Anpassungen und notwendigen Korrekturen im Umsetzungsprozess ausgegangen werden kann.

Im Folgenden sollen nun die acht Phasen des Lern- und Lösungszyklus vorgestellt und jeweils in den einzelnen Phasen praktisch im Rahmen der Umsetzung in einem universitären Bildungsprojekt generisch genutzt werden. Die acht Phasen werden bei Bergmann durch einen perzeptiven, einen kreativen und einen reflektiven Modus in drei Bereiche zusammengefasst (Abb. 6.1).[5]

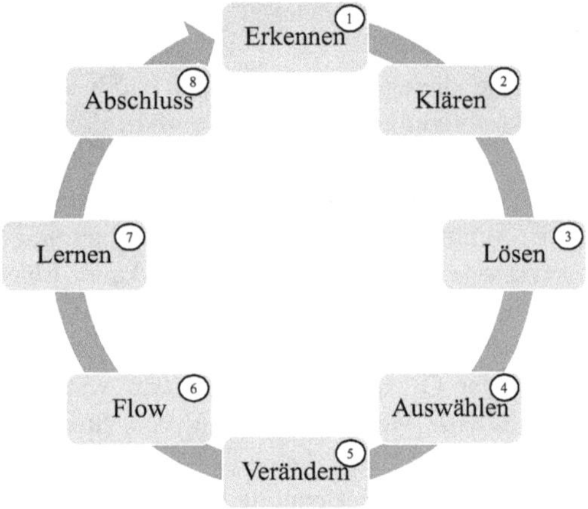

Abb. 6.1 Solution Cycle oder Lern- und Lösungszyklus[6]

Phase 1: Erkennen, Wahrnehmen und Beobachten (perzeptiver Modus)
Die Phase eins beginnt mit einer Diagnose des Systems an sich, dabei gilt es eine möglichst breite und tiefe Aufnahme der vorhandenen Situation zu erhalten. Es gilt eine gemeinsame Beschreibung der vorherrschenden Wirklichkeit mit allen Beteiligten zu generieren. Teile dieser Systemdiagnose umfassen beispielsweise die Beschreibung von aktuellen Problemen, Mangelzuständen oder Chancen.[7] Die

[4] Vgl. Bergmann (2014), S. 23.
[5] Vgl. Bergmann (2014), S. 23.
[6] Eigene Darstellung i.A. an Bergmann (2014), S. 33.
[7] Vgl. Bergmann (2014), S. 34 f.

Diagnose der Ist-Situation bildet dadurch eine mögliche Grundlage für Veränderungen und zur Berücksichtigung und Integration von verschiedenen Perspektiven. Wesentlich ist die Einbeziehung verschiedener Akteure, da dies dazu beiträgt, unterschiedliche Perspektiven und Wahrnehmungen von Problemen, Mangelzuständen oder Chancen zu berücksichtigen.[8]

Bezogen auf die Neuausrichtung eines universitären Bildungsprojektes wäre die Einbindung aller beteiligten Akteure notwendig. Dieses wären beispielsweise Studierende, Lehrende, Unternehmensvertreter, aber auch interessierte Bürger und ehemalige Studierende. Diese Gruppen sollten ein breites Bild der Universität und der Gesellschaft abbilden können, um alle Bedürfnisse an eine zukünftige Ausbildung von Studierenden berücksichtigen zu können. Ehemalige Studierende könnten beispielsweise von ihren Erfahrungen aus der Zeit nach dem Studium berichten, dabei können die Erfahrungen der Ehemaligen eine Grundlage für die zukünftigen Studierenden bilden. Ebenso wertvoll sind die Erfahrungen der Lehrenden, ihre bisherige Rolle wird hinterfragt und muss in einer ganzheitlichen Wahrnehmung Berücksichtigung finden. Es können zudem ähnliche Formate an anderen Hochschulen herangezogen werden. Zudem lassen sich deren Entwickler und Dozenten als Vermittler ihrer eigenen Erfahrungen gewinnen und möglicherweise einbinden.

Phase 2: Probleme Beschreiben, Visionen entwickeln (perzeptiver Modus)
In der Phase zwei geht es vorrangig um die Klärung der verschiedenen Sichtweisen und der damit eintretenden Annäherung aller Beteiligten.[9] Die beteiligten Akteure verfügen naturgemäß über ein breites Band an Sichtweisen und Wirklichkeitskonstruktionen, daher ist der Versuch einer gemeinsamen Realität/Wirklichkeit hier vorrangiges Ziel.[10] Nach der Systemtheorie umfasst die Konstruktion der Wirklichkeit die Gesamtheit aller Denk-, Gefühls- und Verhaltensmuster, die Individuen im Verlauf ihres Lebens entwickeln.[11] Daher sollen hier Tabus und Machteinflüsse, aber auch erste Lösungsvorschläge erfasst und beschrieben werden.[12] An dieser Stelle lassen sich zum einen erste Umsetzungsbarrieren und Probleme, aber auch sich eröffnende Chancen und Stärken lokalisieren. Unter Berücksichtigung der verschiedenen Sichtweisen auf die Auslegung eines universitären Bildungsprojekts für Veränderungsprozesse können hier Aufgaben formuliert, abgegrenzt und eine erste gemeinsame Ausgangsbasis für Veränderung ausgebildet werden.

[8] Vgl. Bergmann (2014), S. 36 f.

[9] Vgl. Bergmann (2014), S. 51 f.

[10] Vgl. Bergmann (2014), S. 51 f.

[11] Vgl. Schlippe/Schweizer (2013), S. 126.

[12] Vgl. Bergmann (2014), S. 53.

Hier kann methodisch mit Metaphern, Sculpturing oder Collagen gearbeitet werden.[13] Weiter eignet sich die Methode des Open Space, die für jeden offen ist und einen Raum für ideenreiches Zusammenarbeiten mit vielen Teilnehmern eröffnet.[14] Wichtig ist die gleichberechtigte Berücksichtigung aller Teilnehmer ohne ein beispielsweise an Universitäten übliches Standesdenken in Forscher bzw. Lehrende und Studierende. Die Wünsche der Studierenden an eine bedarfsgerechte Ausbildung sollte hier an erster Stelle stehen, daneben aber natürlich auch die Bedürfnisse der Universität hinsichtlich des Forschernachwuchses.[15]

Phase 3: Energie mobilisieren, alte Muster verlassen (perzeptiver Modus)
Auf der Basis der bisher erarbeitenden Probleme und Herausforderungen erfolgt in der dritten Phase die Entwicklung von vielfältigen Lösungsansätzen und -mustern. Das Ziel ist dabei schon an dieser Stelle einen Raum für die Vielfalt möglicher Lösungen oder Möglichkeiten zu schaffen.[16] Die Grundlage für ein solches Ergebnis stellen das Vorhandensein von kreativer Freiheit, gegenseitigem Vertrauen und eine möglichst inhomogene Gruppenzusammensetzung dar. Kreativität ist dabei keine Methode, sondern das Ergebnis einer förderlichen Rahmenbedingung in der angstfrei und inspirierend gearbeitet und Neues entwickelt werden kann.[17] In einem solchen Umfeld findet keine Bewertung statt oder wird Anerkennung für das Entstandene erteilt, hier zählt die Begeisterung ohne Zeitdruck gemeinsam an einer guten Lösung für die Zukunft zu arbeiten.[18]

In Bezug auf eine Universität kann ein solches Vorhaben durch Bereitstellung offener Gestaltungsräume und Experimentiermöglichkeiten, kreativer und inspirierenden Architekturen sowie durch den Einsatz ungewöhnlicher Präsentationstechniken oder Diskussionsformate in außergewöhnlichen Umgebungen realisiert werden. Dabei können und sollen auch digitale Medien und Anwendung unterstützen und zum Einsatz kommen.[19] In einem solchen Rahmen könnten Studierende, Lehrende, Unternehmen, Bürger und die politischen Vertreter eingeladen werden gemeinsam eine Universität der Zukunft zu entwickeln. Dabei werden für

[13] Vgl. Bergmann/Daub (2006), S. 170.

[14] Vgl. Bergmann (2000), S. 95.

[15] Anmerkung: Ich kann mir nicht verkneifen an dieser Stelle die Priorisierung der Ausbildung des Forschernachwuchses mit ihrer Methodenlehre in Frage zu stellen. Möglicherweise partizipieren von den Effekten einer bedarfsgerechten und lebensdienlichen Ausbildung auch die zukünftigen Forscher dieser Welt.

[16] Vgl. Bergmann (2014), S. 71 f.

[17] Vgl. Bergmann/Daub (2006), S. 178.

[18] Vgl. Bergmann (2014), S. 73.

[19] Vgl. Bergmann/Daub (2006), S. 217.

einen definierten Zeitraum vorherrschende Regeln, wie beispielsweise die Distanz zwischen Studierenden und Lehrendem aufgehoben und auf Augenhöhe zusammen neue Ideen und Lösungen generiert.

Phase 4: Planen, Organisieren und Auswählen (kreativer Modus)
Die vierte Stufe dient der Übersetzung von möglichen Lösungsansätzen hin zu Struktur und realisierbaren Konzepten, dazu werden die einzelnen Akteure koordiniert und die erarbeiteten Lösungsansätze und Ideen systematisiert.[20] Die erarbeiteten Lösungen und Ziele werden in umsetzbare Konzepte überführt, die anschließend priorisiert werden.

Bei der Priorisierung stehen die Konzeption und Prüfung sowie die Gestaltung der Umsetzung, einschließlich der Festlegung eines Zeitrahmens und der Wahl von Methoden, im Mittelpunkt der Maßnahmen.[21]

Bezogen auf die Entwicklung eines neu orientierten universitären Bildungsprojekts gilt es nun beispielsweise die neuen generierten Inhalte, Zielsetzungen und Zeitpläne zu strukturieren und Personen mit der Weiterentwicklung verbindlich zu betrauen. Dieses sollten Arbeitsgruppen mit Personen aus allen beteiligten Akteuren sein, die im Rahmen dieser Aufgabe ihr persönliches Engagement einbringen und damit an einem guten Gelingen beteiligt sind. Diese Arbeitsgruppen sollten aus gemischten Teams bestehen und so alle beteiligten Gruppen und deren Bedürfnisse berücksichtigen.

Phase 5: Aktives Verändern, Intervenieren und Gestalten (kreativer Modus)
Mit der fünften Phase findet die kreative Phase ihren Abschluss, nun soll an der Verwirklichung der gemeinsam priorisierten Ideen und Lösungen gearbeitet werden.[22] Die vorab gebildeten Arbeitsgruppen beginnen mit ihrer Arbeit und verwirklichen mit ihrer Arbeit die gemachten Planungen. Zu diesem, und auch zu jedem anderen Zeitpunkt, ist das Einbringen von Bedenken unbedingt gewollt, es kann so jederzeit im Prozess ein Schritt zurückgegangen werden und etwaige Bedenken einbeziehen und durch Anpassung ausgeräumt werden. Die so umsetzten oder weiterentwickelten Lösungen sind beispielsweise nicht von der Hochschulleitung oder dem Dekanat bestimmt, sondern werden partizipativ bestimmt.[23] Damit lassen sich, in Bezug auf neue Bildungsprojekte beispielsweise, curriculare Anpassungen, methodisch und

[20] Vgl. Bergmann (2014), S. 83 ff.
[21] Vgl. Bergmann (2014), S. 83 f.
[22] Vgl. Bergmann (2014), S. 113 f.
[23] Vgl. Bergmann (2014), S. 114 ff.

didaktische Methoden, Zielgruppe unter den Studierenden, Lehrinhalte oder die notwendige Qualifikation des Dozenten festlegen.

Phase 6: Veränderungen und Lösungen erfahren (reflexiver Modus)
In der nun folgenden sechsten Phase tritt man in den letzten Reflexionsmodus ein, in dem die ersten Ergebnisse, umgesetzten Lösungen und eingetretenen Veränderungen erkannt und praktisch wahrgenommen werden.[24] Ab diesem Zeitpunkt lassen sich Veränderungen beobachten und erstes Feedback etwa von den Studierenden einholen. Hier können nun die vorab gestellten Erwartungen mit den praktischen Erfahrungen verglichen werden. Die Bewertung der Erfahrung kann entweder positiv (Flow) oder negativ (Flop) sein. Bei einer positiven Bewertung erleben die Beteiligten ein Flow-Gefühl, und das Projekt schließt mit einem erfolgreichen Lernen ab.[25]

Bezogen auf die Implementierung eines neuen Bildungsformates ist der direkte Kontakt beispielsweise zu Studierenden oder beteiligten Unternehmen und Organisationen ein wichtige Feedbackquelle. Hier sollen die unterschiedlichen Erwartungen aller Beteiligten im Idealfall erfüllt und die daraus resultierende Zufriedenheit (Flow) als gute Reklame in die Welt getragen werden.

Phase 7: Lernen und Erkenntnis (reflexiver Modus)
In der siebten Phase liegt der Schwerpunkt auf der Strukturierung des Konzeptes als Prozess, da dies die Basis für den Erkenntnisprozess bildet.[26] Der Prozess des Lernens und der Weiterentwicklung findet über den gesamten Prozessverlauf statt, dabei werden zudem Muster und Regeln entdeckt, die es zu dokumentieren gilt.[27]

Hier wird hinterfragt, ob das neu entwickelt Bildungsprojekt auch den gesetzten Ansprüchen und Erwartungen beispielsweise hinsichtlich der vermittelten Kompetenzen aller Beteiligten genügt, an welche Stelle korrigiert werden muss oder welche Ansprüche aktuell nicht zu befriedigen sind.

Wenn alle Beteiligten grundsätzlich zufrieden sind, sollten mögliche Reglementierungen oder ablehnende Ergebnisse als neue Lernmöglichkeiten und als Ausgangspunkte für zukünftige Strategien betrachtet werden.[28]

---

[24] Vgl. Bergmann (2014), S. 139.

[25] Vgl. Bergmann/Daum (2006), S. 96; Bergmann (2014), S. 24.

[26] Vgl. Bergmann (2014), S. 163.

[27] Vgl. Bergmann (2014), S. 163 f.

[28] Vgl. Bergmann (2014), S. 165 ff.

Phase 8: Abschluss, Loslösen (reflexiver Modus)
Die achte und letzte Phase beendet ein Projekt mit der Reflexion und dem Loslösen.[29] An diesem Punkt erfolgt die Evaluierung des gesamten Prozesses aus der Sicht von allen beteiligten Akteuren. Die Reflexion findet dabei ein einer entspannten Atmosphäre statt, Ziel ist die Würdigung aller beteiligten Akteure, des Prozessablaufs, sowie der Lösungen. Die Phase der Reflexion ist Teil des Lerneffekts und stellt die Grundlage für weitere Entwicklungen dar.[30] An dieser Stelle werden unter anderem neue Lehrpläne, innovative Bildungsprojekte, überarbeitete Prüfungsordnungen sowie neu formulierte Präambeln des BWL-Studiengangs vorgestellt und deren Einführung in einem Pilotlauf angekündigt. Zudem sind bereits zukünftige Treffen und Diskussionen angesetzt, die in der Zukunft Aufschluss über mögliche Verbesserungen oder notwendige Anpassungen geben sollen.

Für einen guten Abschluss bietet sich die externe Begleitung eines Coaches oder einer Supervision an. Dabei stehen dann nicht die gewohnten Personen auf der Bühne und halten ihre gewohnten Reden, es geht vielmehr um die Sache und die Benennung der Erfolge und Würdigung aller beteiligten Akteure. Jeder soll auf seine Arbeit, Ideen oder Beiträge stolz sein dürfen, weil sein Antrieb der Wunsch war, etwas verändern zu wollen.

[29] Vgl. Bergmann (2014), S. 187.

[30] Vgl. Bergmann (2014), S. 188 ff.

Schlussbetrachtung 7

7.1 Zusammenfassung und kritische Diskussion der Ergebnisse

Die Ergebnisse dieses Forschungsprojekts sollten Anhaltspunkte für zukünftige Methoden der Ausbildung von Studierenden der Sozialwissenschaften an Universitäten aufzeigen. Die Studierenden sollen damit in die Lage versetzt werden, Kompetenzen zu entwickeln, um nachhaltige Veränderungsprozesse in sozialen Systemen zu erkennen, anzustoßen und umsetzen zu können. Mit so ausgebildeten Fachkräften sollen soziale Systeme besser in der Lage sein, aktuelle und zukünftige Herausforderungen bewältigen zu können. Ein wichtiges Ziel ist die aktive und bewusste Einbindung der Menschen in die zukünftige Gestaltung der Gesellschaft und Sozialsysteme und damit die Schaffung von gesellschaftlicher Teilhabe.

Aufgrund der ausgemachten Forschungslücke sollte die folgende zentrale Forschungsfrage beantwortet werden: »Welche Bildungsinhalte, Fähigkeiten und Methoden müssten Studierende lernen, um Transformationen in sozialen Systemen auslösen zu können?«

Mit der Beantwortung der Forschungsfrage konnten zentrale didaktische Methoden und Lerninhalte für die zukünftige Ausbildung von Studierenden in den Sozialwissenschaften an Universitäten gefunden werden, um Transformationsprozesse in sozialen Systemen realisieren zu können.

Neben der oben angeführten zentralen Forschungsfrage ergaben sich vier weitere Teilfragen auf, die mit dieser Forschungsarbeit Antworten gefunden wurden:

R. Kebbekus, *Bildung für Transformationsprozesse*,
https://doi.org/10.1007/978-3-658-47589-5_7

1. Wie funktioniert am Beispiel des Bildungsprojekts der Zukunftswerkstatt der Universität Siegen der Transfer vom erlernten universitären Wissen hin zu einem praxisnahen Können?
2. Auf welcher methodischen und didaktischen Basis muss eine solche Lehrveranstaltung aufbauen, um ein zukunftsfähiges Ergebnis bei den Studierenden sicherzustellen?
3. Wie müssen Anleitungen und Hilfestellungen in den jeweiligen Phasen eines so gearteten Bildungsprojektes gestaltet werden, um den unterschiedlichen Bedürfnissen und Ausgangssituationen allen Akteuren gerecht zu werden und eine individuelle, aber zielgerichtete Kompetenzentwicklung möglich zu machen?
4. Welche Wirkung hat dabei die persönliche Freiheit Entscheidungen eigenständig zu treffen und einen eigenen Lösungsweg entwickeln zu können?

Die Ergebnisse zeigen, dass die Studierenden in der Lage sind, im Rahmen eines universitären Bildungsprojekts und auf der Grundlage der darin erlernten Methoden soziale Systeme nachhaltig und zielgerichtet beeinflussen zu können.

Die eingesetzten didaktischen Methoden setzten dabei vor allem an den Rahmenbedingungen der individuellen Lerninhalte an. Neben didaktischen und methodischen Elementen auf der formalen Ebene scheinen vor allem die Freiheit des Einzelnen zur Befriedigung seiner individuellen Lern- und Kompetenzentwicklungsbedürfnisse und das Vorhandensein einer Vielfalt von Kompetenzen wesentlich für ein erfolgreiches Intervenieren in sozialen Systemen zu sein (Abb. 7.1).

Weiter oben wurden die Wirkungen der einzelnen Rahmenbedingungen bereits besprochen, im Folgenden sollen nun die wichtigsten der angewendeten didaktische Methoden kritisch diskutiert werden.

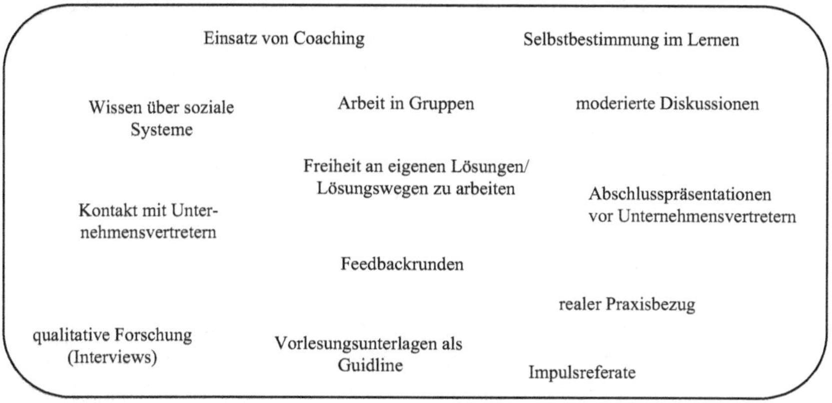

Abb. 7.1 Zentrale didaktische und methodische Rahmenbedingungen[1]

7.1.1 Kontakt zu Unternehmensvertretern

Studierende aus dem Bildungsprojekt berichten über inspirierenden Treffen mit Unternehmens- bzw. Organisationsvertretern und schreiben diesen Treffen eine Kompetenzentwicklung zu. Alle 14 befragten Personen halten den direkten Kontakt und die Möglichkeiten eines Austausches mit Unternehmensvertretern für wertvoll.[2]

Besonders hervorgehoben wird dabei die Möglichkeit hinter die »Kulisse« eines Unternehmens schauen zu können. Möglicherweise wird hier der Wunsch nach praktischem Verständnis deutlich. Ein weiterer Aspekt sind die organisatorischen Unterschiede innerhalb eines Unternehmens hinsichtlich seiner Kommunikation und der Vielfalt an Deutungen einer untersuchten Problemstellung durch die einzelnen Mitarbeiter. Damit ist auch ein Einblick in die Realität eines sozialen Systems mit seinen Akteuren und deren Kommunikation gemeint. Innerhalb eines solchen Systems mit eigenen Erfahrungen und einem Ziel agieren zu können stellt eine gewünschte und wertvolle Erfahrung für die Studierenden dar.

Einige der Befragten bezeichnen ihren Kontakt mit Unternehmensvertretern als richtungsweisend für ihre berufliche Ausrichtung welcher mit seinen neuen

[1] Eigene Abbildung.

[2] Vgl. Anhang: Kodierte Segmente: Wirkung didaktischer Methoden. S. 146 ff.

Eindrücken und Erfahrungen oftmals einen Perspektivwechsel einleitet. Der Perspektivwechsel meint hier das Verstehen von systemischen Zusammenhängen und deren Komplexität im Rahmen von Veränderungsprozessen auf Seiten der Studierenden.

Der Kontakt mit Vertretern aus der Praxis stellt in der Hochschule vor allem eine lebensnahe Erfahrungsquelle für Informationen und neues Wissen dar, welches Studierende vorab lediglich als Theorie oder bestenfalls aus Case Studies kennen gelernt haben.

Der fachliche Austausch zwischen erfahrenden Praktikern und Studierenden auf Augenhöhe eröffnet zudem die Möglichkeiten fachliche und emotionale Neigungen zu erkennen und eigene Kompetenzen weiterzuentwickeln. So berichten beispielsweise Befragte davon einen Menschen »lesen« gelernt zu haben. Damit sind die Entwicklung emotionaler Kompetenzen im Umgang mit Menschen gemeint, die in einem realen Umfeld stattfinden und damit realistisch und für den Studierenden einprägsamer sind als Case Studies.

7.1.2 Praxisbezug: Bezug zu realen und praxisnahen Aufgabenfeldern

Durch den direkten Bezug zu real existierenden Aufgabenstellungen in Kooperation mit Unternehmen und Organisationen innerhalb des Bildungsprojektes erhalten Studierenden einen idealen Trainingsraum, um ihr bisheriges theoretisches Wissen und Lerninhalte, die im Rahmen des untersuchten Bildungsprojektes angeboten wurden, aktiv anzuwenden.[3] Relevant ist dabei vor allem die Möglichkeit des »freien sich selbst Ausprobierens« eigener Ideen und Ansätze, um die gestellte Aufgabe lösen zu können. Die Basis dafür bildet ein offen gestalteter Bildungsraum, ohne im Vorfeld feststehende Lösungserwartungen und feste Vorgehensweisen. Die entstehenden Lösungsansätze unterscheiden sich dabei von einer Studierendgruppe zur anderen, welches aber im Rahmen gemeinsamer Gruppendiskussionen und dem Kennenlernen neuer und andersartiger Denkweisen zu Vielfalt führt. Hier ist besonders der Studiengang Plurale Ökonomik interessant, weil Studierende der anderen Masterstudiengänge die Andersartigkeit der PÖ'ler im Denken über praktische Problemstellungen in der gemeinsamen Gruppenarbeit schätzen.

[3] Vgl. Kebbekus (2024), S. 127 ff.

Grundsätzlich lässt sich auch hier festhalten, dass alle befragten Personen den direkten Bezug zu einem Unternehmen oder einer Organisation in dem untersuchten Bildungsprojekt für ihr Lernen und eine Kompetenzentwicklung als wertvoll einstufen.[4]

Die befragten Personen berichten regelmäßig von einer unterstützenden Wirkung durch die praxisnahe Bearbeitung der Forschungsfrage und dem Einbinden von Unternehmensvertretern. Die Antworten zu den Erwartungen der Gruppe G1 werden von den Antworten der Gruppe G02 bestätigt.[5]

Drei der befragten Studierenden verbanden mit den Besuchen und dem Kontakt mit Unternehmensvertretern und Mitarbeitern zudem einen wichtigen Einfluss auf ihre zukünftige Berufswahl. Dieser Effekt ist bemerkenswert, da er eine Entscheidungsbasis für den gut gewählten Eintritt in das Berufsleben ermöglicht.

Weiter begrüßen die Studierenden die Möglichkeit, Theorien in einer realen Umgebung anwenden und damit regelrecht verproben zu können. Dabei kommt es immer wieder zu Aussagen zur Kompetenzentwicklung hinsichtlich der Deutung beziehungsweise der Interpretation von Verhalten und Kommunikation der untersuchten Unternehmen und Organisationen als sozialen Systeme. Dieses stellt eine direkte Verbindung zu beratungspsychologischen Ansätzen hinsichtlich der Systemtheorie dar. Die Studierenden lernen in dem untersuchten Bildungsprojekt an praktischen Beispielen selbstständig soziale Systeme zu lesen und deren Handeln zu deuten.

7.1.3 Rolle der Studierenden: Kommunikation und Geschichten

Die Rolle der Studierenden scheint in Vorfeld keine »Abwehrhaltung« des sozialen Systems zu erzeugen, vielmehr bewirkt die Zusammenarbeit mit einer Studierendengruppe eine Form von Willkommenskultur oder Herzlichkeit. Dabei scheint die Geschichte, mit der die involvierten und interviewten Personen des untersuchten sozialen Systems zu Beginn vertraut gemacht werden wichtig zu sein – Geschichte: Studierende wollen ihr theoretisches Wissen praktisch verproben und brauchen dafür ein(e) Unternehmen/Organisation als Partner. Es kommen also keine klassische Beratung in das Unternehmen/Organisation.

[4] Vgl. Anhang: Kodierte Segmente: Wirkung didaktischer Methoden. S. 152 ff.

[5] Vgl. Anhang: Kodierte Segmente: Wirkung didaktischer Methoden, S. 146 ff.; S. 152 ff.

Die Studierenden lernen daraus, wie wichtig kommunikative Kompetenzen und ihre Bedeutung innerhalb von sozialen Systemen sind. Unter Kommutation ist hier jedoch nicht nur die Kommunikation in Bezug auf soziale Systeme zu verstehen, vielmehr berichten die Studierenden ihre generellen Kommunikationskompetenzen bei der Arbeit in ihren Arbeitsgruppen und darüber hinaus mit der kompletten Seminargruppe verbessert zu haben.

Beispielhaft kann hier die Fähigkeit genannt werden, die eigenen Gedanken in Worte fassen zu können, sie an die anderen Gruppenmitglieder weiterzugeben und letztlich auch als eigene Meinung vertreten zu können.[6]

7.1.4 Interviewfragen: qualitative Forschung

Darüber hinaus führen die während der Interviews gestellten Fragen bei den Interviewpartnern, insbesondere in Führungspositionen, zu Veränderungen in sozialen Systemen. Häufig bewirken sie einen Perspektivwechsel in Bezug auf bestimmte Aspekte des Unternehmens, die bislang unbeachtet blieben. Obwohl dieses Phänomen aus dem Coaching und der systemischen Beratung bekannt ist, bietet es in Verbindung mit den anderen Interventionsformen und den Reaktionen des sozialen Systems eine neue Sichtweise auf die Einflussnahme auf soziale Systeme durch qualifizierte Fachkräfte.[7] Von Bedeutung scheint hier der verbale Austausch zwischen den Akteuren zu sein, der zu einer neuen Beschreibung der Realität führt und innerhalb des sozialen Systems als Interventionsform Veränderungen auslöst.

7.1.5 Selbstbestimmung und Freiheit

Das Konzept der »Freiheit« spielt eine zentrale Rolle für die individuelle Kompetenzentwicklung der Studierenden. Freiheit wird dabei sowohl als wichtige Rahmenbedingung als auch als Herausforderung betrachtet, um sich innerhalb des Bildungsprojekts persönlich weiterzuentwickeln. Die hier befragten Masterstudierenden sehen darin eine Chance für ihre persönliche Entwicklung und den Ausbau ihrer Kompetenzen.

[6] Vgl. Anhang: Kodierte Segmente: Kompetenzentwicklung, S. 130 ff.

[7] Vgl. Schippe/Schweitzer (2010), S. 40.

Die Befragten betrachten die Freiheit, selbst zu entscheiden, was und wie sie lernen, als essenziell für ihre persönliche Weiterentwicklung. Es geht dabei weniger um die Wahl des Lernzeitpunkts, sondern vielmehr darum, auf Grundlage der eigenen Interessen und Bedürfnisse individuelle Lösungsansätze für Problemstellungen zu entwickeln und so den Lernprozess und die Kompetenzentwicklung zu fördern.

Didaktisch sollte in einem Bildungsprojekt lediglich eine theoretische Grundlage zu möglichen Lösungsansätzen bereitgestellt und erläutert werden. Die konkrete Ausarbeitung, wie etwa die Erstellung von Fragebögen, die Vorgehensweise, die Organisation der Gruppe, die Aufgabenverteilung sowie die Kommunikation und Koordination mit den beteiligten Unternehmen, sollte den Studierenden selbst überlassen bleiben. Die Rolle des Dozenten beschränkt sich nach der Vermittlung der Grundlagen hauptsächlich auf regelmäßige Sprechstunden und das Coaching von Gruppen und Einzelpersonen. Selbstbestimmung – als ein Aspekt der Freiheit – erweist sich als bedeutender »Sensor/Indikator« für die eigenen Bedürfnisse und Fähigkeiten, der es dem Einzelnen erlaubt, eigenständige Entscheidungen zu treffen. Studierende tendieren dazu, sich innerhalb einer Gruppe stärker an ihren persönlichen Vorlieben und Interessen zu orientieren, wodurch sie ein individuell zugeschnittenes Kompetenzprofil entwickeln.

Die in der Analyse festgestellten unterschiedlichen Aussagen zu der Wirkung der Selbstorganisation im Zusammenhang mit Kompetenzentwicklung und Lernen sind ein Indikator für seine Relevanz als methodische und didaktische Rahmenbedingung innerhalb eines universitären Bildungsprojekts.

Selbstorganisation fördert sechs elementare Kompetenzen bei den Studierenden, erstens die Fähigkeit gestellte Aufgaben in einer vorgegebenen Zeit erledigen zu können. Sich dabei mit den notwendigen Materialen und Wissen auszustatten und die einzelnen Arbeitsschritte in Etappen oder Arbeitspaketen organisieren zu können.

Die zweite Kompetenz besteht aus der Fähigkeit, die Individualität von Menschen hinsichtlich ihrer Kompetenzen und Fähigkeiten bei der Bearbeitung von Aufgaben in Gruppen berücksichtigen zu können und die individuellen Kompetenzen der einzelnen Gruppenmitgliedern dabei angemessen einzubeziehen.

Die dritte Kompetenz liegt in der Fähigkeit, auf die individuellen Stärken der anderen Gruppenmitglieder Rücksicht zu nehmen. Dabei rückt das Wohl der Gruppe als Ganzes in den Vordergrund, anstatt den Fokus primär auf die erarbeitete Lösung oder den Abgabetermin zu legen.

Die vierte Kompetenz beschreibt die Fähigkeit Vertrauen in andere Personen aufbauen zu können und auf eine gute Gruppenlösung hinzuarbeiten. In Kombination mit der vorherigen Kompetenz der Rücksichtnahme wird eine gewisse

Gelassenheit gelernt. Diese Kompetenzen spielen besonders unter gesellschaftlichen Gesichtspunkten eine zentrale Rolle, bilden sie doch beide ein Fundament für soziale und gesellschaftliche Fähigkeiten, bei denen die Gemeinsamkeit und nicht der Einzelne im Mittelpunkt von zukunftsorientierten Lösungen steht.

Eine fünfte Kompetenz bildet die Fähigkeit die jeweiligen Kompetenzen der einzelnen Mitglieder für eine höhere Innovationsfähigkeit der gesamten Gruppe zu nutzen. Dabei führen das unterschiedliche Wissen und Fähigkeiten der einzelnen Mitglieder zu besseren Lösungsansätzen bei der Bearbeitung von Problemen, weil aus unterschiedlichen Perspektiven und Zielen methodischen und technisch an Lösungsansätzen gearbeitet werden kann.

Selbstorganisation in Kombination mit der Arbeit in Gruppen bildet die sechste Kompetenz aus. Sie beschreibt das Führen von Gruppen bzw. wie oben festgehalten das Team-Management. Darunter lassen sich aufgrund der vorliegenden Daten zwei Ausprägungen ausmachen: Zum einen die Koordination der Gruppenmitglieder im Sinne einer organisatorischen Perspektive und zum anderen der Ausgleich unterschiedlicher »Leistungsstufen« einzelner Mitglieder durch Umverteilung von Arbeitsaufgaben. Dabei wird deutlich, dass die individuelle Organisation als Teil einer Gruppe die Eigenverantwortung eines Studierenden stärkt. Die individuelle Entwicklung geht als Synergie aus dem Kollektiv der Gruppe hervor. Die Studierenden können so ihre eigenen Lernziele setzen und verfolgen, was im Ergebnis ein höheres Maß an intrinsischer Motivation mitbringt. Eine solche Lernumgebung führt zu einem tieferen Engagement und einem nachhaltigeren Lernprozess.[8]

Zudem fördert selbstorganisiertes Lernen fördert die Problemlösungsfähigkeiten, da Lernende aktiv nach verschiedenen Lösungen suchen, Informationen analysieren und letztlich auch bewerten müssen. Diese aktiven Lernprozesse verbessern das kritische Denken und die Fähigkeit, komplexe Probleme zu bewältigen.[9]

Im Rahmen des untersuchten Bildungsprojekts wird Freiheit überwiegend als etwas sehr Positives wahrgenommen, das befreiend und förderlich wirkt. Freiheit schafft eine konstruktive Atmosphäre und eröffnet Raum für Neues. Unter dieser Bedingung entstehen Kompetenzen in vielfältiger Weise und müssen stets individuell betrachtet werden. Die befragten Personen betonen, dass es für sie von großer Bedeutung ist, eigenständige Wege zur Lösung von Problemen und Herausforderungen zu finden – sowohl in gedanklicher als auch in fachlicher und methodischer Hinsicht. Zudem fördert Freiheit ihre Kreativität und erweitert die

[8] Vgl. Zimmerman (2002), S. 69.

[9] Vgl. Pintrich (2004), S. 401 ff.

Anzahl möglicher Lösungsansätze. In diesem Zusammenhang wird Scheitern als wichtiger Teil der Freiheit genannt, dabei ist das akzeptieren von Fehlern Teil der Kompetenzentwicklung und untrennbar mit ihr verbunden.

Die Notwendigkeit, einen gewählten Weg zu begründen, fördert die Kompetenz zur Verbalisierung und Verteidigung eigener Entscheidungen, die aus der genutzten Freiheit resultieren. Diese Entscheidungen sowie die eigenständige Steuerung des Lernprozesses tragen wesentlich zur individuellen Weiterentwicklung bei. Rückblickend können Erfolge und Misserfolge als wertvolle Erfahrungen betrachtet werden. Stolz auf das Erreichte zu sein, stellt dabei eine weitere zentrale Kompetenz in der persönlichen Entwicklung dar. Zudem fördert die Übernahme von Verantwortung die persönliche Reifung im Rahmen dieser Kompetenzentwicklung. Eine der befragten Personen betonte die Bedeutung der Verknüpfung von Verantwortung übernehmen und Verantwortung übertragen bekommen als zentralen Aspekt des persönlichen Wachstums im sozialen Kontext. Im beruflichen Bereich zeigte sich zudem ein direkter Zusammenhang zwischen der Freiheit im untersuchten Bildungsprojekt und der späteren Berufswahl. Im Fokus steht hierbei das »Ausprobieren dürfen«, wodurch die individuellen Interessen, Fähigkeiten und Neigungen der Studierenden erkundet und bewertet werden können. Freiheit wird aber auch in wenigen Fällen kritisch betrachtet. Um erfolgreich mit Freiheit umgehen zu können wird eine gewissen Kompetenzreife vorausgesetzt, die dabei helfen soll, die Herausforderungen von Freiheit meistern zu können.

Die didaktische und methodische Gestaltung der Freiheit erweist sich als bedeutend für die individuelle Kompetenzentwicklung der Studierenden. Wichtig ist jedoch, die persönlichen Bedürfnisse der Studierenden zu beachten und diese in Betreuungssituationen, wie Sprechstunden oder Coachings, einfließen zu lassen. Dabei spielt die Qualifikation des Dozenten oder Lehrenden eine entscheidende Rolle, da er über die erforderlichen beratungspsychologischen und pädagogischen Fähigkeiten verfügen muss, um diesen Anforderungen gerecht zu werden.

In Anlehnung an die Theorie des Capability Approach und das Streben nach einem erfüllten Leben zeigt sich, dass Bildung mehr ist als nur der Erwerb von Wissen. Sie eröffnet vielmehr die Möglichkeit, Wissen mit moralischen und ästhetischen Werten zu verknüpfen. Durch Bildung wird die menschliche Freiheit und Verantwortung für sich selbst und die Gesellschaft gestärkt, wodurch eine direkte Umsetzung des guten Lebens ermöglicht wird.[10] Sen betrachtet die

[10] Vgl. Bleicher (2006), S. 365.

Weiterentwicklung des Menschen als abhängig von der Verbesserung von Kompetenzen, Wissen und Fähigkeiten, die durch Aus- und Weiterbildung erreicht werden.[11]

Dabei ist es entscheidend, den Schwerpunkt auf ein gutes Leben zu legen und gleichzeitig Spielraum für Selbstbestimmung und Autonomie zu berücksichtigen.[12] Aus der Perspektive der Verwirklichungschancen betrachtet, ermöglicht die tatsächliche Freiheit des Studierenden, sich in Entscheidungsprozessen für oder gegen bestimmte Lebensweisen zu entscheiden. Diese Freiheit erlaubt es dem Studierenden, eine persönliche Vorstellung vom guten Leben zu entwickeln und umzusetzen.[13]

Zusammengefasst ermöglicht der Capability Approach den Aufbau einer Brücke zwischen geisteswissenschaftlichen und sozialwissenschaftlichen Ansätzen in der Erziehungswissenschaft, indem er auf den Prinzipien von Freiheit und Selbstbestimmung basiert. Dieser Ansatz kann die Grundlage für die zukünftige Ausrichtung universitärer Bildungsformate bieten.

7.1.6 Gruppenarbeit: Vielfalt der individuellen Kompetenzen

Hinsichtlich der Kompetenzen scheint die individuelle Vielfalt innerhalb einer Studierendengruppe entscheidend zu sein, um Veränderungsprozesse in sozialen Systemen auslösen zu können und die eigenen Kompetenzen weiterzuentwickeln.[14] Die Unternehmensvertreter berichten in den Befragungen über einzelne Studierende aus der Gruppe und deren unterschiedlichen Kompetenzen, die ihnen während der Zusammenarbeit aufgefallen sind. Das Fehlen dieser vielfältigen Kompetenzen einer Studierendengruppe wird auf Unternehmensseite als potenzielles Defizit erkannt, welches behoben werden sollte.

Dabei scheinen vor allem die individuellen Kompetenzen der einzelnen Gruppenmitgliedern in moderierten Diskussionen innerhalb der Gruppe relevant zu sein. Aus didaktischer Sicht kann dieses durch Studierende mit unterschiedlichen Studienrichtungen und Schwerpunkten unterstützt werden, so dass es unterschiedliche akademische Hintergründe in den Projektgruppen gibt.

[11] Vgl. Sen (1999), S. 241.

[12] Vgl. Otto/Ziegler (2010), S. 11.

[13] Vgl. Sen (1992), S. 35; Sen (1999), S. 13.

[14] Vgl. Kebbekus (2024), S. 127 f.

Mit den gewonnenen Erkenntnissen könnten erste Korrekturen an Bildungsinhalten und -methoden an Universitäten und Hochschulen vorgenommen werden, die sich an den Bedürfnissen von Veränderungsprozessen in sozialen Systemen orientieren.

Das bestehende Hochschulbildungssystem sieht eine wie oben angeführte individuelle Freiheit der Studierenden beim Lernen und in der Kompetenzentwicklung derzeit nicht vor. Prämissen und Anforderungen an Bildung und Kompetenzentwicklung orientieren sich primär an den Bedürfnissen des Arbeitsmarktes und dem Einsatz als Fachkraft.[15]

Ziel dieser Forschungsarbeit war es zu untersuchen, unter welchen Bedingungen und Parametern Studierende der Sozialwissenschaften während des untersuchten Bildungsprojekts eine individuelle Kompetenzentwicklung erfahren können. Im Mittelpunkt steht dabei die Wirkung der eingesetzten didaktischen Methoden auf die Entwicklung individueller Kompetenzen und Fähigkeiten, die sich im Laufe eines Bildungsprojekts mit Studierenden einstellen.

Auf Basis des Capability Approach erfordert eine Hochschulausbildung, die methodisch auf der Theorie sozialer Systeme basiert, eine Orientierung an den individuellen und vielfältigen Bedürfnissen der Studierenden. In Folge können Absolventen hervorgebracht werden, die über weitreichendere Kompetenzen verfügen, und somit eine Metakompetenz entwickeln, die über das bisherige Kompetenzdenken hinausgehen kann. Die Grundlage dafür stellen weitreichende Freiheiten und Entscheidungsbefugnisse der Studierenden in der Auswahl und Bearbeitung der Bildungsangebote dar.

Zudem ebnet fundiertes Wissen über soziale Systeme den Weg, um bei aktuellen und anstehenden Herausforderungen adäquat zu unterstützen und notwendige Transformationsprozesse innerhalb sozialer Systeme zu erkennen, zu initiieren und erfolgreich umsetzen zu können. Die Theorie sozialer Systeme liefert eine Fülle von Forschungsergebnissen darüber, wie soziale Systeme beraten und nachhaltig verändert werden können. Viele Methoden und Erkenntnisse daraus sollten zumindest in die Curricula sozialwissenschaftlicher Studiengänge aufgenommen werden, um Bildung für Veränderungsprozesse zu ermöglichen.

Didaktisch könnte eine Rückbesinnung auf ein breit aufgestelltes Angebot an Bildungsangeboten mit fachübergreifenden Möglichkeiten der Spezialisierung hier Abhilfe schaffen. Unter Berücksichtigung der Bedürfnisse eines Studierenden, selbst darüber entscheiden zu dürfen, welche Bildungsinhalte zu welcher Zeit und mit welchen Methoden erlernen werden sollen, kommen die aktuell bestehenden Studienangebote an ihre Grenzen.

[15] Vgl. Zeuner (2009), S. 263.

Im Ergebnis würden Menschen ausgebildet, die soziale und gesellschaftliche Verhältnisse im Hinblick auf die Bedürfnisse ihres individuellen und sinnvollen Lebens beeinflussen können. Ein solcher Einfluss würde den Menschen mit seinen Bedürfnissen und Wünschen in den Vordergrund stellen, und wirtschaftliche Indikatoren würden in einer solchen Art der universitären Ausbildung eine weniger wichtige Rolle spielen.

Fazit

8

Ziel dieser Arbeit war es mit der Forschungsfrage »Welche Bildungsinhalte, Fähigkeiten und Methoden müssten Studierende lernen, um Transformationen in sozialen Systemen auslösen zu können?« zu überprüfen, aufgrund welcher Rahmenbedingungen und Parameter Studierende eine individuelle und gruppenspezifische Kompetenzentwicklung während des untersuchten Bildungsprojektes erfahren können. Im Fokus standen dabei die Wirkung der dabei eingesetzten didaktischen Methoden auf die Entwicklung der individuellen und gruppenspezifischen Kompetenzen und Fähigkeiten, die sich über den zeitlichen Verlauf eines Bildungsprojektes bei Studierenden einstellen.

Als Forschungsobjekt wurde ein Bildungsprojekt an der Universität Siegen untersucht, bei der Studierendengruppen Kulturanalysen in sozialen Systemen durchführen. Untersucht wurden darin zum einen die Verknüpfung zwischen didaktischen Methoden und der Kompetenzentwicklung der Studierenden, sowie die Reaktionen der untersuchten sozialen Systeme hinsichtlich der eintretenden Veränderungen und Reaktionen durch die Arbeit der Studierendengruppe.

Als methodischer theoretischer Unterbau dienten der Capability Approach, die Theorie sozialer Systeme, sowie die Lerntheorie.

Die Ergebnisse konnten zeigen, dass Studierende innerhalb eines universitären Bildungsprojektes mit darin erlernten Methoden soziale Systeme nachhaltig und zielgerichtet beeinflussen können. Dabei stellen vor allem die innerhalb eines solchen Bildungsprojekt angewendeten didaktischen Methoden und oben aufgeführten Parameter ein wichtiges Element für die individuelle Kompetenzentwicklung dar. Die Studierenden lernen dabei beispielsweise durch Interventionen Irritationen auszulösen. Im Ergebnis können sie gemeinsam transformativ innerhalb des Systems Eigenschaften evozieren.

R. Kebbekus, *Bildung für Transformationsprozesse*,
https://doi.org/10.1007/978-3-658-47589-5_8

Neben den didaktischen und methodischen Aspekten auf der formalen Ebene sind für eine erfolgreiche Intervention in sozialen Systemen zum einen die Freiheiten eines Individuums, seine spezifischen Lern- und Entwicklungsbedürfnisse zu erfüllen, und zum anderen die Präsenz einer Vielfalt an Kompetenzen entscheidend.[1]

Das bisherige universitäre Bildungssystem sieht eine solche individuelle Freiheit im Lernen und der Kompetenzenzentwicklung nicht vor. Prämissen und Anforderungen an Bildung und Kompetenzentwicklung sind vorrangig an den Bedürfnissen des Arbeitsmarktes und dem dortigen Einsatz als Fachkraft ausgerichtet.

Die innerhalb des Capability Approach geforderte individuellen und damit vielfältigen Handlungs- und Daseinsweisen sind bisher marginal vorhanden und mindern somit die daraus entstehenden Verwirklichungschancen mit einer Reduktion der nachgelagerten Lern- und Kompetenzentwicklung.[2]

Eine universitäre Ausbildung, die methodisch auf der Grundlage der Theorie sozialer Systeme und deren Besonderheiten auf Metakompetenz geprägter Ebene ausbildet, benötigt aber genau eine Ausrichtung an den individuellen und vielfältigen Bedürfnissen der Studierenden, um im Ergebnis Absolventen hervorzubringen, die über eine Kompetenz verfügen, die über das bisherig Kompetenzdenken hinausgehen kann, nämlich einer Metakompetenz. Diese bildet sich durch das gelingende Zusammenwirken diverser Akteure mit ihren unterschiedlichen Fähigkeiten aus. Das System kommt zur Entfaltung durch Kooperation und Koevolution.

Fundiertes Wissen über soziale Systeme eröffnet dabei einen Weg soziale Systeme bei aktuellen und anstehenden Herausforderungen adäquat unterstützen zu können und notwendige Transformationsprozesse innerhalb von sozialen Systemen zuerkennen, anzustoßen und erfolgreich verwirklichen zu können.

Um diesen Anspruch realisieren zu können, wären weitreichende Transformationen auf bildungspolitischer Ebene notwendig, zudem müssen als Bedarfsgrundlage vorzugsweise gesellschaftliche Kompetenzen und Bedürfnisse herangezogen werden, eine Reduzierung auf die Bedürfnisse des Arbeitsmarktes und die Ökonomisierung von Bildung und Kompetenzen greifen hier zu kurz.

Die Theorie der sozialen Systeme stellt eine probate Menge an Forschungsergebnissen bereit, wie soziale Systeme beraten und nachhaltig verändert werden können; viele Methoden und Erkenntnisse daraus sollten ihren Einzug in die

[1] Vgl. Kebbekus (2024), S. 128.

[2] Vgl. Nussbaum (2012), S. 200.

Curricula mindesten der sozialwissenschaftlichen Studiengänge aufgenommen werden, um Bildung für Veränderungsprozesse möglich zu machen.

Im Ergebnis würden Menschen ausgebildet, die mit Blick auf die Bedürfnisse ihres individuellen und lebenswerten Lebens Einfluss auf soziale und gesellschaftliche Rahmenbedingungen nehmen könnten. Eine solche Einflussnahme würde den Menschen mit seinen Bedürfnissen und Wünschen mehr in den Vordergrund rücken, ökonomische Kennziffern, Benotungen oder Messungen von Kompetenzen würden dann eine eher unwichtige Rolle in einer solchen Welt spielen.

Mit diesen Erkenntnissen könnten dann erste Korrekturen von Bildungsinhalten für Veränderungsprozesse an Universitäten und Hochschulen vorgenommen werden.

Menschen lernen ihre Unterschiedlichkeit als Ressource zu erkennen. Durch Gleichbehandlung ohne Berücksichtigung von individuellen Bedürfnissen und Umständen wird man Niemandem gerecht. Es braucht also eine differenzierte Förderung durch Herausforderung. Durch das kollektive Zusammenwirken wird eine individuelle und kollektive Problemlösefähigkeit, die mit einer höheren Resilienz und Lernfähigkeit einhergeht, erzeugt. Diese Metakompetenz ergibt dann die Multistabilität von sozialen Systemen, in kontingenten, krisenhaften Mitwelten zu bestehen.

Der Capability Approach bildet dafür eine Klammer, indem er die Theorie sozialer Systeme und die Lerntheorie unter dem Aspekt des Befähigungsansatzes und dem Recht auf gesellschaftliche Teilhabe und Mitbestimmung zusammenführt und im Ergebnis zu einer individuellen und gesellschaftlichen Wohlfahrt führt.

Die Ergebnisse dieser Arbeit stellen daher einen Vorschlag für die Neuausrichtung der Bildung für Transformationsprozesse und damit eine wertvolle Bereicherung für beispielsweise die Organisationswissenschaften und die Managementforschung dar.

Literaturverzeichnis

Abels, Gabriele (2012): Bologna-Prozess. In: Bergmann, Jan (Hrsg.): Handlexikon der Europäischen Union, 4. Auflage, Baden-Baden: Nomos Verlagsgesellschaft, S. 169–173.

Adorno, Theodor W. (1971): Erziehung zur Mündigkeit, Frankfurt: Suhrkamp.

Aldrich, Howard, E./ Jennings, Jennifer, E. (2003): The pervasive effects of family on entrepreneurship: Toward a family embeddedness perspective. In: Journal of business venturing 18 (5), 2003, S. 573–596.

Alfieri, Louis/ Brooks, Patricia, J./ Aldrich, Naomi, J./ Tenenbaum, Harriet (2011): Does discovery-based instruction enhance learning? In: Journal of Educational Psychology, 103(1), S. 1–18.

Alkire, Sabina (2002): Valuing Freedoms: Sen's Capability Approach and Poverty Reduction, New York: Oxford University Press.

Alkire, Sabina (2010): Human Development: Definitions, Critiques and Related Concepts. Background Paper for the 2010 Human Development Report, OPHI Working Paper 36, Oxford University.

Alkire, Sabina (2015): Capability Approach and Well-Being Measurement for Public Policy, OPHI Working Paper 94, Oxford University.

Ameln, Falco von (2004): Konstruktivismus: Die Grundlagen systemischer Therapie, Beratung und Bildungsarbeit. Tübingen: UTB.

Andelfinger, Volker, P. (2017): Einführung. In: V.P. Andelfinger/ T. Hänisch (Hrsg.), Industrie 4.0: Wie cyber-physische Systeme die Arbeitswelt verändern. Wiesbaden: Springer Gabler, S. 1–8.

Anderson, E. Sabine (1999): What is the point of equality? In: Ethics 109: S. 287–337.

Andersen, E. Sabine/ Otto, Hans-Uwe/ Ziegler, Holger (2010): Bildung als menschliche Entwicklung: Eine pädagogische Sicht auf den Capabilities-Ansatz. In: Otto Hans-Uwe/ Ziegler Holger (Hrsg.): Capabilities – Handlungsbefähigung und Verwirklichungschancen in der Erziehungswissenschaft, 2. Auflage. Wiesbaden: VS Verlag für Sozialwissenschaften.

Arndt, Christian/ Volkert „Jürgen (2006): Amartya Sens Capability Approach- Ein neues Konzept der deutschen Armuts-und Reichtumsberichterstattung. In: Vierteljahrshefte zur Wirtschaftsforschung 75(2006),1, Berlin: Dunker & Humbolt, S. 7–29.

R. Kebbekus, *Bildung für Transformationsprozesse*,
https://doi.org/10.1007/978-3-658-47589-5

Arnold, Rolf (2011): Weiterbildung und Beruf. In: Tippelt Rudolf/ Aiga von Hippel (Hrsg.): Handbuch Erwachsenenbildung/ Weiterbildung, 5. Auflage. Wiesbaden: VS Verlag. S. 653–664.

Arnold, Rolf (1997): Von der Weiterbildung zur Kompetenzentwicklung: Neue Denkmodelle und Gestaltungsansätze in einem sich verändernden Handlungsfeld. In: Arbeitsgemeinschaft QUEM (Hrsg.): Kompetenzentwicklung '97: Berufliche Weiterbildung in der Transformation – Fakten und Visionen. Münster, S. 253–307.

Arnold, Rolf/ Schüssler, Ingeborg (2001): Entwicklung des Kompetenzbegriffs und seine Bedeutung für die Berufsbildung und für die Berufsbildungsforschung. In: G. Franke (Hrsg.): Komplexität und Kompetenz: Ausgewählte Fragen der Kompetenzforschung. Bielefeld: Bertelsmann. S. 52–74.

Arnold, Rolf (2002): Von der Bildung zur Kompetenzentwicklung. In: Nuissl E./ Schiersmann Ch./ Siebert H. (Hrsg.): Literatur- und Forschungsreport Weiterbildung, Nr. 49 Juni, Bielefeld: W. Bertelsmann Verlag, S. 26 – 39.

Arlin, Marshall (1984): Time, equality and mastery learning. Review of Educational Research, Volume 54, Issue 1, S. 65–86.

Ausubel ,David P. (1974): Psychologie des Unterrichts. Weinheim: Beltz.

Bandura, Albert (1971): Social learning theory, New York: General Learning Press.

Baros, Wassilos/ Otto, Hans-Uwe (2010): Befähigungs- und Verwirklichungsgerechtigkeit als Aufgaben interkultureller Bildung. In: Baros, Wassilios/ Hamburger, Franz/ Mecheril, Paul (Hrsg.): Zwischen Praxis, Politik und Wissenschaft. Die vielfältigen Referenzen interkultureller Bildung. Berlin: Regener, S. 250–267.

Bateson, Gregory/ Jackson, Don D./ Haley, Jay/ Weakland, John D. (1956): Toward a theory of schizophrenia. Behavioral Science, 1(4), S. 251–264.

Bateson, Gregory (1985): Ökologie des Geistes. Anthropologische, psychologische, biologische und epistemologische Perspektiven. Frankfurt: Suhrkamp.

Bauer, Ullrich/ Bittlingmayer, Uwe, H./ Scherr, Albert (Hrsg.) (2012): Handbuch Bildungs- und Erziehungssoziologie. Wiesbaden: Springer Fachmedien.

Bauersfeld, Heinrich (1993): Tätigkeitstheorie und radikaler Konstruktivismus, In: Ballhorn H./ Brügelmann H. (Hrsg.): Bedeutungen erfinden – im Kopf, mit Schrift und miteinander, Jahrbuch der Gesellschaft für Lesen du Schreiben, 5. Konstanz: Libelle Wissenschaft.

Baumert, Jürgen/ Kunter, Mareike (2006): Stichwort: Professionelle Kompetenz von Lehrkräften. In: Zeitschrift für Erziehungswissenschaft, 9 (4), S. 469–520.

Baumgartner, Peter/ Payr, Sabine (1999): Lernen mit Software. Innsbruck: Studien-Verlag.

Baumgartner, Peter (2012): Didaktische Modellierung und der Begriff „E-Learning". In: Zeitschrift für E-Learning (ZEL) 7, Nr. 4: S. 46–56.

Baumgartner, Peter (2014): Taxonomie von Unterrichtsmethoden: ein Plädoyer für didaktische Vielfalt, 2. aktualisierte und korrigierte Auflage. Münster: Waxmann.

Baumgartner, P./ Häfele, H./ Maier-Häfele, K. (2004): Content Management Systeme in e-Education. Innsbruck: Studienverlag.

Bausch, Madeleine (2023): Clifford Geertz: Kultur als Bedeutungssystem. In: Barmeyer, Christophe/ Busch, Dominic (Hrsg.): Meilensteine der Interkulturalitätsforschung. Biographien, Konzepte, Positionen. Wiesbaden: Springer VS.

Bäuerle, Lukas/ Hantke, Harald/ Schröder, Lisa-Marie/ Urban, Janina (2021): Wirtschaft neu Lernen – eine Einleitung in: Urban Janina, Schröder Lisa Maria, Hantke

Harald, Bäuerle Lukas (Hrsg.): Wirtschaft neu Lernen – Erfahrungen aus der pluralen, sozioökonomischen Hochschulbildung. Wiesbaden: Springer Verlag.

Baraldi, Claudio/ Corsi, Giancarlo/ Esposito, Elena (2015): GLU. Glossar zu Niklas Luhmanns Theorie sozialer Systeme. Frankfurt am Main: Suhrkamp.

Barth, Matthias (2021): Bildung für nachhaltige Entwicklung. In: Schmohl, Tobias, Philipp, Thorsten (Hrsg.): Handbuch Transdisziplinäre Didaktik. Bielefeld: Transcript Verlag. S. 35–44.

Behrmann, Detlef (2006): Bildung, Qualifikation, Schlüsselqualifikation, Kompetenz. Gestaltungsperspektiven pädagogischer Leitkategorien. Frankfurt a. M.: VAS Verlag.

Benhabib, Seyla (1989): Der verallgemeinerte und der konkrete Andere. Ansätze zu einer feministischen Moraltheorie. In: List, E./ Studer, H. (Hrsg.): Denkverhältnisse. Frankfurt a. M.: Suhrkamp.

Berger, P. L./ Luckmann, T. (1970): Die gesellschaftliche Konstruktion der Wirklichkeit. Frankfurt: Suhrkamp.

Berghaus, Margot (2011): Luhmann leicht gemacht: Eine Einführung in die Systemtheorie. Böhlau, Stuttgart: UTB

Bergmann, Gustav (2005): Gelingende Kommunikation ist Information. Ein systemischer Ansatz des Kommunikationsmanagements. In: Lars Rademacher (Hrsg.): Distinktion und Deutungsmacht: Studien zu Theorie und Pragmatik der Public Relations. VS Verlag für Sozialwissenschaften, S. 109–134.

Bergmann, Gustav, Daub, Jürgen (2006): Systemisches Innovations- und Kompetenzmanagement, Grundlagen-Prozesse-Perspektiven. Wiesbaden: Gabler Verlag.

Bergmann, Gustav/ Daub, Jürgen/ Meurer, Gerd (2006): Metakompetenzen und Kompetenzentwicklung. Teil II: Metakompetenzen und Kompetenzentwicklung in systemisch-relationaler Sicht. Selbstorganisationsmodelle und die Wirklichkeit von Organisationen. QUEM-report Schriften zur beruflichen Weiterbildung. Heft 95/Teil II, Berlin.

Bergmann, Gustav/ Daub, Jürgen (2008): Systemisches Innovations- und Kompetenzmanagement. Grundlagen – Prozesse – Perspektiven, 2. aktualisierte Auflage. Wiesbaden: Gabler Verlag.

Bergmann, Gustav (2014): Die Kunst des Gelingens. Wege zum vitalen Unternehmen – Ein Lehrbuch. 3. Auflage. Sternenfels: Verlag Wissenschaft & Praxis.

Bergmann, Gustav (2022): Radikale Zuversicht. Möglichkeiten einer Mitweltgestaltung. München: Oekom Verlag.

Bergmann, Gustav, Daub, Jürgen (2012): Das menschliche Maß. Ein Entwurf einer Mitweltökonomie. München: Oekom Verlag.

Berlin, Isaiah (1969): Two Concepts of Liberty. Four Essays On Liberty, Oxford: Oxford University Press, S. 118–172.

Bertalanffy, Ludwig von (1969): General System Theory: Foundations Development Applications. New York: George Braziller.

Beste, Gisela (2007): Kompetenz statt Bildung? Das PISA- Konzept von Literacy – Aufklärung über Irrtümer und Missverständnisse. Vortrag an der Evangelischen Akademie Arnoldshain am 06.05.2007.

Bernien, Maritta (1997): Anforderungen an eine qualitative und quantitative Darstellung der beruflichen Kompetenzentwicklung. Kompetenzentwicklung, 97. Berufliche Weiterbildung in der Transformation – Fakten und Visionen. S. 17–83.

Beushausen, Jürgen (2007): Ein Überblick über die Theorie sozialer Systeme, In: Levold, Tom (Hrsg.): Systemagazin, Online Journal für systemische Entwicklungen. Online: https://www.systemagazin.de/bibliothek/texte/beushausen-systemtheoretische-grundl agen.pdf, geprüft am 12.10.2023.

Blättler, Andrea, C./ Imhof, Franz-Dominik (2019): Bologna emeritus? 20 Jahre hochschulpolitische Integration Europas – Analyse und Kritik. GEW-Materialien aus Hochschule und Forschung, 125. Bielefeld: wbv Media.

Bleicher, Josef (2006): Bildung. In: Theory, Culture & Society, 23, S. 364–365.

Bloom, Benjamin S. (1971): Mastery learning. In J. H. Block (Hrsg.), Mastery learning: Theory and practice. New York: Holt, Rinehart & Winston, S. 47–63.

Buckley, Walter (1972): A systems approach to epistemology. In: Klir, Georg: Trends in General System Theorie. New York: Wiley-Interscience, S. 188–202.

Bundesgesetzblatt (2007): Teil II Nr. 15, ausgegeben zu Bonn am 22. Mai 2007. Bonn: Bundesanzeiger Verlag, S. 712.

Bunk, Gerhard, P. (1994): Kompetenzvermittlung in der beruflichen Aus- und Weiterbildung in Deutschland. Europäische Zeitschrift für Berufsbildung, 1, S. 9–15.

Bührmann, Andrea, D./ Schmidt, Matthias (2014): Entwicklung eines reflexiven Befähigungsansatzes für mehr Gerechtigkeit in modernen, ausdifferenzierten Gesellschaften. In: Fink, Philipp/ Brandherum, Ruth (Hrsg.): Was macht ein gutes Leben aus? Der Capability Approach im Fortschrittsforum. Paderborn: Friedrich- Ebert-Stiftung, S. 37–46.

Böhm, Winfried/ Sabine Seichter (2017): Wörterbuch der Pädagogik, 17. Auflage, UTB.

Bohnenkamp, H./ Dirks, W./ Knab, D. (Hrsg.) (1966): Empfehlungen und Gutachten des Deutschen Ausschusses für das Erziehungs- und Bildungswesen 1953 – 1965, Gesamtausgabe. Stuttgart: Klett-Verlag. S. 857–928.

Bohnsack Ralf (2008): Rekonstruktive Sozialforschung. Einführung in qualitative Methoden, 7. Auflage. Opladen: Leske.

Bönsch, Manfred (2000): Unterrichtsmethoden konstruieren Lernwege. In: Norbert Seibert/ Helmut Serve/ Roswita Terlinden (Hrsg.): Problemfelder der Schulpädagogik. Bad Heilbrunn: Klinkhardt, S. 23–70.

Borich, Gary, D. (2017): Effective teaching methods: research-based practice, 9. Auflage. Upper Saddle River, New Jersey: Pearson Merrill Prentice Hall.

Böss-Ostendorf, Andreas/ Senft, Holger (2019): Einführung in die Hochschul-Lehre: Ein Didaktik-Coach. Leverkusen: Budrich.

Bourdieu, Pierre (1986): The Forms of Capital. In: J. Richardson (Hrsg.): Handbook of Theory and Research for the Sociology of Education. New York: Greenwood, S.241–258.

Boszormenyi-Nagy, Ivan (1981): Kontextuelle Therapie. Therapeutische Strategien zur Schaffung von Vertrauen. In: Familiendynamik 6: Heft 2, S. 176–195.

Boyatzis, Richard. E. (1982): The competent manager: A model for effective performance, New York: Wiley.

Boysen, Werner (2011): Kybernetisches Denken und Handeln in der Unternehmenspraxis. Komplexes Systemverhalten besser verstehen und gezielt beeinflussen. Wiesbaden: Springer Gabler.

Brock, Adolf (1999): Soziologische Phantasie, exemplarisches Lernen. Arbeit – Kompetenzen – Perspektiven. Zu Oskar Negts Grundpositionen zur Arbeiterbildung und politischen Bildung. In: Lenk, Wolfgang/ Rumpf, Mechthild/ Hieber, Lutz (Hrsg.): Kritische Theorie und politischer Eingriff. Oskar Negt zum 65. Geburtstag, Hannover, S. 461–473

Brock, Adolf/ Haussmann, Robert/ Leithäuser, Gerhard/ Zeuner, Christine (2005): Politische Partizipation durch gesellschaftliche Kompetenz: Curriculumentwicklung für die politische Grundbildung. Ökonomische Kompetenz. Flensburg: Universität Flensburg.

Brödel, Rainer (2002): Relationierungen zur Kompetenzdebatte. In: Nuissl/Schiersmann/ Siebert (Hrsg.) Bielefeld: Bertelsmann. S. 39–74.

Brophy, J. E. & Good, T. L. (1986): Teacher behavior and student achievement. In: M. Wittrock (Hrsg.): Handbook of research on teaching. New York: Macmillan. S. 328–375.

Bruner, Jerome S. (1961): The act of discovery. In: Harvard Educational Review. 31 (1), S. 21–32.

Bruner, Jerome S. (1990): Acts of meaning. Cambridge: Harvard University Press.

Brühwiler, Christian/ Helmke, Andreas/ Schrader, Friedrich-Wilhelm (2017): Determinanten der Schulleistung. In: Schweer, M. (Hrsg.): Lehrer-Schüler-Interaktion. Schule und Gesellschaft, Vol. 24. Wiesbaden: Springer VS.

Carroll, John, B. (1963): A model of school learning. In: Teacher College Record, 64(8), S. 723 -733.

Chisholm, Lynne/ Spannring, Reingard/ Mitterhofer, Hermann (2007): Competence development as worplace learning in German-speaking Europe. In: Chisholm, L./ Fennes/ Spannring (Hrsg.): Competence development as workplace learning. Innsbruck: innsbruck university press, S. 99–120.

Chomsky, Noam (1965): Aspects of the theory of syntax. Cambridge: MIT Press.

Cohen, Erik H. (2001): A Structural Analysis of the R. Kahane Code of Informality: Elements toward a Theory of Informal Education. In: Sociological Inquiry 71, 3: S. 357–380.

Collins, A./ Brown, J.S./ Newman, S.E. (1989): Cognitive apprenticeship: Teaching the crafts of reading, writing, and mathematics. In: Resnick, L.B. (Hrsg.): Knowing, learning, and instruction. Hillsdale: Erlbaum, S. 453–494.

Crocker, David, A. (1995): Functionings and Capability. The Foundations of Sen's and Nussbaum's Development Ethic, Part 2. In: Nussbaum, Martha C./Glover, Jonathan (Hrsg.): Women, Culture, and Development. Oxford: Clarendon Press, S. 153–198.

Danneberg, Lutz (2007): Dissens, ad personam Invektiven und wissenschaftliches Ethos in der Philologie des 19. Jahrhunderts. In: Ralf Klausnitzer/ Carlos Spoerhase (Hrsg.): Kontroversen in der Literaturtheorie – Literaturtheorie in der Kontroverse. Publikationen zur Zeitschrift für Germanistik. Neue Folge. Band 19. Bern, Berlin, Bruxelles, Frankfurt am Main, New York, Oxford, Wien: Verlag Peter Lang, S. 93–147.

Dasgupta, Poulimi (2019: Using Academic Travel to Teach Sustainable Economic Development. In: Urban, Janina, Schröder, Lisa Marie, Handke, Harald, Bäuerle Lukas (Hrsg.): Wirtschaft neu lehren. Sozioökonomische Bildung und Wissenschaft. Wiesbaden: Springer VS, S. 125–143.

Daub, Jürgen (2017): System, Kommunikation und Dienstleistung. Systemtheoretische Perspektiven zur Dienstleistungsproduktivität. Wiesbaden: Springer VS.

De Corte, Erik (2000): Marrying theory building and the improvement of school practice: a permanent challenge for instructional psychology. Learning and Instruction, 10, S. 249–266.

De Jong, Ton/ Ferguson-Hessler, Monika G. M. (1996): Types and qualities of knowledge. In: Educational Psychologist, 31/2. S. 105–113.

Deci, Edward L./ Ryan, Richard M. (1993): Die Selbstbestimmungstheorie der Motivation und ihre Bedeutung für die Pädagogik – In: Zeitschrift für Pädagogik 39 (1993) 2, S. 223–238.

Delors, Jacque (1996): Learning: the Treasure Within. Report to UNESCO of the International Commission on Education for the Twenty-first Century. Paris: Unesco Publishing.

Deutscher Bildungsrat (1974): Deutscher Bildungsrat: Empfehlungen der Bildungskommission zur Neuordnung der Sekundarstufe II, Konzept für eine Verbindung von allgemeinem und beruflichem Lernen, Bonn.

Deutscher Bundestag (2013): Antrag der Fraktionen CDU/CSU, SPD, FDP und Bündnis 90/DIE GRÜNEN. Schlussbericht Enquete-Kommission „Wachstum Wohlstand, Lebensqualität". Wege zu nachhaltigem Wirtschaften und gesellschaftlichem Fortschritt in der Sozialen Marktwirtschaft. Drucksache BT-Drs. 17/1300 vom 03.05.2013, Online: https://dserver.bundestag.de/btd-/17/133/1713300.pdf, geprüft: 23.05.

Dirks, Walter (1983): Wissen und Bildung. In: Existenzwissen. Frankfurter Hefte extra, 5, S. 9–16.

Diesner Thomas (2015): Die Allgemeine Systemtheorie bei Ludwig von Bertalanffy: Eine Begründung interdisziplinärer Wissenschaftspraxis. Berliner Studien zur Wissenschaftsphilosophie und Humanontogenetik. Band 31, Berlin: Logos Verlag.

Dochy, Filip/ Segers, Mien/ Van den Bossche, Piet/ Gijbels, David (2003): Effects of problem-based learning: A meta-analysis. In: Learning and Instruction. Volume 13, Issue 5, S. 533–568.

Dochy, Filip/ Segers, Mien/ Van den Bossche, Piet/ Gijbels, David/ Dolch, Josef (1971): Grundbegriffe der pädagogischen Fachsprache. 8. Auflage, München: Ehrenwirth Verlag.

Dörner, Dietrich (2005): Die Logik des Misslingens: Strategisches Denken in komplexen Situationen. 4. Auflage, Reinbek bei Hamburg: Rowohlt.

Drèze, Jean/ Sen, Amayrta (2002): India: Development and Participation. Oxford: Oxford University Press.

Drexel, Ingrid (2002): Das Konzept von Kompetenz und die Interessen der gesellschaftlichen Akteure: Erfahrungen aus dem europäischen Ausland. In: Dehnbostel, P./Elsholz, U./Meister, J./Meyer-Menk, J. (Hrsg.): Vernetzte Kompetenzentwicklung: Alternative Positionen zur Weiterbildung. Berlin: Edition Sigma, S. 339–355.

Dworschak, Bernd/ Karapidis,, Alexander/ Zaiser, Helmut/ Weisbecker, Anette (2020): Kompetenzmanagement 4.0 – Kompetenz und Kompetenzentwicklung in einer digitalisierten Arbeitswelt. In: Knackstedt, Ralf/ Kutzner, Kristin/ Sitter, Miriam/ Truschkat, Inga (Hrsg.): Grenzüberschreitungen im Kompetenzmanagement. Trends und Entwicklungsperspektiven. Berlin: Springer, S. 145–157.

Ebert, Wolfgang (2001): Systemtheorien in der Supervision: Bestandsaufnahme und Perspektiven. Opladen: Leske & Budrich.

Ehea.info (2007): Londoner Kommuniqué, Online: http://www.ehea.info/media.ehea.info/file-/200-7_London/70/0/2007_London_Communique_German_588700.pdf, geprüft: 03.02.2023.

Efran, Jay, S/ Lukens, Michael D./ Lukens, Robert (1992): Sprache, Struktur und Wandel. Bedeutungsrahmen der Psychotherapie. Dortmund: Verlag modernes lernen.

Elger, Christian E. (2013): Neuroleadership, Planegg: Haufe Lexware.

Ellrich, Lutz (1999): Verschriebene Fremdheit. Die Ethnographie kultureller Brüche bei Clifford Geertz und Stephen Greenblatt. Frankfurt, New York: Campus.

Engel, Gerhard (2010): Regeln, Ordnungen und Freiheit. Zur pädagogischen Relevanz von Thomas Hobbes' Sozialphilosophie. In: Hansel, Toni (Hrsg.): Soft Skills. Alternative zur Fachlichkeit oder weiche Performance? Freiburg: Centaurus, S. 57–83.

Ericsson, K. ,Anders (2006): The influence of experience and deliberate practice on the development of superior expert performance. In: K. A. Ericsson/ N. Charness/ R. R. Hoffman/ P. J. Feltovich (Hrsg.): The Cambridge handbook of expertise and expert performance. Cambridge University Press, S. 685–706.

Erpenbeck, John (1997): Selbstgesteuertes, selbstorganisiertes Lernen. In: Arbeitsgemeinschaft QUEM (Hrsg.): Kompetenzentwicklung ´97: Berufliche Weiterbildung in der Transformation – Fakten und Visionen. Münster; New York; München, S. 309–362.

Erpenbeck, John/ Heyse, Volker (2021): Die Kompetenzbiographie. Strategien der Kompetenzentwicklung durch selbstorganisiertes Lernen und multimediale Kommunikation. 3. Auflage, Münster, New York: Waxmann.

Erpenbeck, John/ von Rosenstiel, Lutz (2003): Einführung. In: Erpenbeck, J. und Rosenstiel, L. von (Hrsg.): Handbuch Kompetenzmessung. Stuttgart: Schäfer-Poeschel, S. IX–XL.

Erpenbeck, John/ Lutz, von Rosenstiel/ Sven, Grote/ Werner, Sauer (2017): Handbuch Kompetenzmessung. Erkennen, verstehen und bewerten von Kompetenzen in der betrieblichen, pädagogischen und psychologischen Praxis. 3. Auflage, Stuttgart: Schäfer-Poeschel.

Erpenbeck, John (2014): Stichwort Kompetenz. In: DIE Zeitschrift für Erwachsenenbildung 2014 (3), Bonn, S. 20–21.

Europäischer Rat (2000): Schlussfolgerungen des Vorsitzes, European Parliament. Online: https://www.europarl.europa.eu/summits/lis1_de.htm, geprüft: 14.02.2023, 9:00 Uhr.

Europäische Union (2006): Amtsblatt der Europäischen Union. Empfehlung des Europäischen Parlaments und des Rates vom 18. Dezember 2006 zu Schlüsselkompetenzen für lebensbegleitendes Lernen (2006/962/EG). Brüssel.

Europäische Union (2018): Anhang des Vorschlags für eine Empfehlung des Rates zu Schlüsselkompetenzen für lebenslanges Lernen. SWD (2018) 14 final. Online: https://eur-lex.europa.eu/resource.html?uri=cellar:395443f6-fb6d-11e7-b8f5-01aa75ed71a1.0010.02/-DOC_2&format=PDF, Brüssel, geprüft: 17.01.2023.

Faustich, Peter (2002): Verteidigung von „Bildung" gegen die Gebildeten unter ihren Verächtern. In: Literatur- und Forschungsreport Weiterbildung 49, Bielefeld: Bertelsmann Verlag. S. 15–25.

Faix, Werner/ Kisgen, Stefanie/ Schwinn, Alisa/ Windisch, Liane (2021): Führung, Persönlichkeit und Bildung. Mit Führungskraft die Zukunft erfolgreich und nachhaltig gestalten. Wiesbaden: Springer Gabler.

Fend, Helmut (1981): Theorie der Schule (2. Aufl.), München: Urban & Schwarzenberg.

Flavell, John (1979): Metacognition and cognitive monitoring: A new area of cognitive-developmental inquiry. In: American Psychologist, 34, S. 906–911.

Flechsig, Karl-Heinz (1983): Der Göttinger Katalog Didaktischer Modelle: theoretische und methodologische Grundlagen. Göttingen, Nörten-Hardenberg: Zentrum für didaktische Studien.

Flores-Crespo, Pedro (2007): Situating Education in the Human Capabilities Approach. In: Walker, M., Unterhalter, E. (Hrsg.): Amartya Sen's Capability Approach and Social Justice in Education. New York: Palgrave Macmillan.

Foerster, Heinz von (1981): Die Konstruktion einer Wirklichkeit. In: Paul Watzlawick (Hrsg.): Die erfundene Wirklichkeit. München: Pieper. S. 39–60.

Foerster, Heinz von (1993): Wissen und Gewissen. Frankfurt a. M.: Suhrkamp.

Foerster, Heinz von/ Pörksen, Bernhard (2006): Wahrheit ist die Erfindung eines Lügners: Gespräche für Skeptiker. Heidelberg: Carl-Auer.

Franken, Swetlana (2010): Verhaltensorientierte Führung. Handeln, Lernen und Diversity in Unternehmen. 3. Auflage, Wiesbaden: Gabler.

Froschauer, Ulrike/ Lueger, Manfred (2003): Das qualitative Interview. Wien: Fakultas Verlag.

Fuchs, Herbert (2013): Systemtheorie und Organisation. Die Theorie offener Systeme als Grundlage zur Erforschung und Gestaltung. Band 21, Wiesbaden: Springer.

Gage, Nathaniel Lees (1963): Handbook of research on teaching. Chicago: Rand McNally.

Garrett, Jan (2001): The Ethics of Substantial Freedom. Western Kentucky University. Online: http://people.wku.edu/jan.garrett/ethics/senethic.htm. geprüft: 14.05.2023.

Galamanga, Adam (2014): Philosophie der Menschenrechte von Martha C. Nussbaum. Eine Einführung in den Capabilties Approach. Wissenschaftliche Beiträge aus dem Tectum Verlag. Reihe Philosophie, Band 22. Marburg: Tectum.

Geertz, Clifford (1974): From the native's point of view: On the nature of anthropological understanding, Bulletin of the American Academy of Arts and Sciences, 28(1), S. 26–45.

Geertz, Clifford (1983): Local Knowledge. Further Essays in the Interpretive Anthropology. Cambridge: Mass.

Gerstenmeier, Jochen/ Mandl, Heinz (1995): Wissenserwerb unter konstruktivistischer Perspektive. In: Zeitschrift für Pädagogik, 41 (6), S. 867–888.

Gessler, Michael (2010): Das Kompetenzmodell. In: Reiner Bröckermann/ Michael Müller-Vorbrüggen (Hrsg.): Handbuch Personalentwicklung. Die Praxis der Personalbildung, Personalförderung und Arbeitsstrukturierung. 3. Auflage, Stuttgart: Schäffer-Poeschel Verlag.

Giaconia, R./ Hedges, L. V. (1982): Identifying features of effective open education. Review of Educational Research, 52(4), S. 579–602.

Gibbons, Michael/ Helga, Nowotny/ Simon, Schwartman/ Peter, Scott/ Martin, Trow (1994): The new production of knowledge. The dynamics of science and research in contemporary societies, London, Sage Verlag.

Graf, Gunter/ Kapferer, Elisabeth/ Sedmak, Clemens (2003): Der Capability Approach und seine Anwendung, Fähigkeiten von Kindern und Jugendlichen erkennen und fördern, Wiesbaden, Springer Fachmedien.

Grote, Sven (2006): Kompetenzen und deren Management: ein Überblick. In: S. Grote/ S. Kauffeld/ K. Denison/ E. Frieling (Hrsg.): Kompetenzmanagement – Grundlagen und Praxisbeispiele. Stuttgart: Schäffer-Poeschel. S. 15–32.

Glasersfeld, Ernst von (1987a): Siegener Gespräche über den radikalen Konstruktivismus. In S. J. Schmidt (Hrsg.): Der Diskurs des Radikalen Konstruktivismus. Frankfurt a. M.: Suhrkamp, S. 401–440.

Glasersfeld, Ernst von (1987b): Wissen, Sprache und Wirklichkeit. Braunschweig: Vieweg.

Glasersfeld, Ernst von (1996): Radikaler Konstruktivismus. Idee, Ergebnisse, Probleme. Frankfurt am Main: Suhrkamp.

Goldschmidt, Nils/ Nutzinger, Hans G. (2009): Handlung und Verhalten in der Ökonomie. Eine Einführung aus kulturökonomischer Sicht. In: Goldschmidt, Nils/ Nutzinger, Hans

G. (Hrsg.): Vom homo oeconomicus zum homo culturalis. Kulturelle Ökonomik, Bd. 8. Berlin: LIT-Verlag, S. 9–19.

Gottowik, Volker (2007): Zwischen dichter und dünner Beschreibung. Clifford Geertz Beitrag zur Writing Culture Debatte. In: Iris Därmann / Christoph Jamme (Hrsg.): Theorien, Konzepte und Autoren der Kulturwissenschaften. München: Wilhelm Fink, S. 119–142.

Greeno, J. G./ Moore, J. L./ Smith, D. R. (1993): Transfer of situated learning. In: D., K., Detterman/ R., J., Sternberg (Hrsg.): Transfer on trial: Intelligence, cognition, and instruction, Ablex Publishing, S. 99–167.

Haarmann, Moritz-Peter (2019: Lehre im Interesse der Studierenden: Selbstverständnis, Prinzipien und Praktiken einer bildungswirksamen Hochschullehre. In: Urban, Janina/ Schröder, Lisa Marie/ Handke, Harald/ Bäuerle, Lukas (Hrsg.): Wirtschaft neu lehren. Sozioökonomische Bildung und Wissenschaft. Wiesbaden: Springer VS. S. 25–46.

Habermas, Jürgen (1981): Theorie des kommunikativen Handelns (Band 2). Frankfurt: Suhrkamp Verlag.

Habermas, Jürgen (1983): Diskursethik – Notizen zu einem Begründungsprogramm. In: Habermas J.: Moralbewusstsein und kommunikatives Handeln. Frankfurt: Suhrkamp Verlag.

Habermas, Jürgen (1996): Eine genealogische Betrachtung zum kognitiven Gehalt der Moral. In: Habermas, J. (Hrsg): Die Einbeziehung des Anderen. Studien zur politischen Theorie. Frankfurt a. M.: Suhrkamp.

Hardy, I./ Jonen, A./ Möller, K./ Stern, E. (2006): Effects of instructional support within constructivist environments for elementary school students' understanding of „Floating and Sinking". Journal of Educational Psychology, 98(2), S. 307–326.

Hasselhorn, Marcus/ Andreas, Gold (2013): Pädagogische Psychologie. Erfolgreiches Lernen und Lehren, 3. Auflage, Stuttgart: W. Kohlhammer Verlag.

Heidack, Clemes (1997): Veränderung der Lernenden Organisation – Gestaltung durch Projekte und kooperative Selbstqualifikation. In: Schleicken, T./ Winkelhofer, G. (Hrsg.): Unternehmenswandel mit Projektmanagement. München: Lexika Verlag, S. 28–64.

Helmke, Andreas (2012): Unterrichtsqualität und Lehrerprofessionalität. Diagnose, Evaluation und Verbesserung des Unterrichts, 4. Auflage, Seelze: Kallmeyer.

Helmke, Andreas/ Christian, Brühwiler/ Schrader, Friedrich-Wilhelm (2017): Determinanten der Schulleistung. In: Schweer, M. (Hrsg.): Lehrer-Schüler-Interaktion. Schule und Gesellschaft, Vol. 24. Wiesbaden: Springer VS.

Hericks, Nicola (2018): Hochschulen im Spannungsfeld der Bologna-Reform, Erfolge und ungewollte Nebenfolgen aus interdisziplinärer Perspektive. Wiesbaden: Springer VS.

Herriger, Norbert (2014) Empowerment in der Sozialen Arbeit. Eine Einführung, 5. Auflage, Stuttgart, Kohlhammer Verlag

Hilbrich, Romy/ Schuster, Robert (2013): Qualität durch Differenzierung? Lehrprofessuren, Lehrqualität und das Verhältnis von Lehre und Forschung. In: Beiträge zur Hochschulforschung, 36. Jahrgang, 1/2014, S. 70–89.

Hmelo-Silver, C., E./ Duncan, R., G./ Chinn, C., A. (2007): Scaffolding and achievement in problem-based and inquiry learning: A response to Kirschner, Sweller, and Clark (2006). In: Educational Psychologist, 42 (2), S. 99–107.

Hochschulgesetz des Lands NRW (2006): §3, Aufgaben, Online: https://recht.nrw.de/lmi/-owa/br_be-s_-detail?bes_id=9796&aufgehoben=J&det_id=316671&anw_nr=2&menu=1&sg=0, geprüft 03.04.2023, 15:00 Uhr.

Hof, Christina (2002): Von der Wissensvermittlung zur Kompetenzorientierung in der Erwachsenenbildung? Anmerkungen zur scheinbaren Alternative zwischen Kompetenz und Wissen. In: Nuissl, Ekkehard/ Schiersmann, Christiane/ Siebert, Horst (Hrsg.): Literatur- und Forschungsreport Weiterbildung, Nr. 49, Bielefeld: Bertelsmann, S. 80–89.

Hoffmann, Joachim/ Engelkamp, Johannes (2013): Lern- und Gedächtnispsychologie, Berlin, Heidelberg: Springer Verlag.

Honneth, Axel (1994): Der Kampf um Anerkennung. Zur moralischen Grammatik sozialer Konflikte. Frankfurt am Main: Suhrkamp.

Honneth, Axel (2011): Das Recht der Freiheit. Grundriss einer demokratischen Sittlichkeit. Frankfurt am Main: Suhrkamp.

Honneth, Axel (2020): Die Armut unserer Freiheit. Aufsätze 2012–2019. Frankfurt am Main: Suhrkamp.

Hurka, Thomas (1993): Perfectionism. Oxford: Oxford University Press.

Illeris, Knud (2010): Lernen verstehen – Bedingungen erfolgreichen Lernens. Bad Heilbrunn: Julius Klinkhardt.

Jahn, Thomas (2008): Transdisziplinarität in der Forschungspraxis. In: M. Bergmann/ E. Schramm (Hrsg.): Transdisziplinäre Forschung. Integrative Forschungsprozesse verstehen und bewerten, New York, Frankfurt: Campus Verlag, S. 21–37.

Jank, Werner/ Meyer, Hilbert (2002): Didaktische Modelle. 5. Auflage, Frankfurt am Main: Cornelsen Scriptor.

Jank, Werner/ Meyer, Hilbert (1991): Didaktische Modelle. Frankfurt am Main: Cornelsen.

Jaynes, Julian (1988). Der Ursprung des Bewusstseins durch den Zusammenbruch der bikameralen Psyche. Reinbek: Rowohlt.

Jordan, Bill (2003): Social Work, Mobility and Membership. Social Work & Society 1, Online: https://ejournals.bib.uni-wuppertal.de/index.php/sws/article/view/250/310, geprüft am 12.10.2023, 16:00 Uhr, S. 1–12, geprüft 12.06.2023.

Kahane, Reuven (1975): Informal youth organizations: A general model. In: Sociological Inquiry 45, 4: S. 17–28.

Kaiser, Armin (1992): Grundlagen der Weiterbildung: Schlüsselqualifikationen in der Arbeitnehmerweiterbildung. Gutachten erstellt im Auftrag der Landesarbeitsgemeinschaft für katholische Erwachsenenbildung in NW e.V., Neuwied.

Kaiser, Armin/ Kaiser, Ruth (1998): Studienbuch Pädagogik, 9. Auflage, Weinheim: Julius Beltz.

Kaiser, Armin/ Kaiser, Ruth (2001): Studienbuch Pädagogik. Grund- und Prüfungswissen. Berlin: Cornelsen.

Kant, Immanuel (1785): Grundlegung zur Metaphysik der Sitten. Riga: Verlag J. F. Hartknoch.

Katz, Daniel/ Kahn, Robert L. (1966): The social psychology of organizations. New York: Wiley.

Kapitanova, Janeta (2013): Regeln in sozialen Systemen. Wiesbaden: Springer VS.

Kebbekus, Robert (2024): Metacompetence as an educational goal of future-oriented higher education. In: Salman Nazir/ Lauren Reinerman-Jones (Hrsg.):Training, Education, and Learning Sciences. AHFE (2024) International Conference. AHFE Open Access, Vol. 155, AHFE International, S. 123–129.

Keller, Andreas (2019): 20 Jahre Bologna-Prozess – und kein Ende? In: Blättler, Andrea C./ Imhof, Franz-Dominik (Hrsg.): Bologna emeritus? 20 Jahre hochschulpolitische Integration Europas – Analyse und Kritik. GEW-Materialien aus Hochschule und Forschung, 125, Bielefeld,: wbv Media.

Khine, M. S. (2008): Knowing, knowledge, and beliefs: Epistemological studies across diverse cultures. New York: Springer.

Kirchgässner, Gebhard (2013): Homo oeconomicus: Das ökonomische Modell individuellen Verhaltens und seine Anwendung in den Wirtschafts- und Sozialwissenschaften. Einheit der Gesellschaftswissenschaften, Band 74. Tübingen: Mohr Siebeck.

Kirschner, Paul, A./ Sweller, John/ Clark, Richard, E. (2006): Why minimal guidance during instruction does not work: an analysis of the failure of constructivist, discovery, problem-based, experiential, and inquiry-based teaching. In: Educational Psychologist, 41(2), S. 75–86.

Klafki, Wolfgang (1964): Das pädagogische Problem des Elementaren und die Theorie der kategorialen Bildung, 4. Auflage. Weinheim: Julius Beltz Verlag.

Klasen, Stephan/ Günther, Isabel (2006): Amartya Sen: Perspectives on the Economic and Human Development of India and China. Göttingen: Universitätsverlag.

Klauer, Karl Josef/ Leutner, Detlev (2012): Lehren und Lernen, 2. Auflage. Weinheim, Basel: Beltz Verlag.

Kleve, Heiko (2010): Problem als System. Eine Präzisierung der systemischen Perspektive. In: Kontext, 41 (1), S. 3–11.

Kluge, Friedrich/ Elmar, Seebold (2015): Etymologisches Wörterbuch der deutschen Sprache, Berlin, Boston: Walter de Gruyter.

Kneer, Georg/ Nassehi, Armin (2009): Niklas Luhmanns Theorie sozialer Systeme: Eine Einführung. UTB, Paderborn: Fink Verlag.

Koffka, Kurt (1921): Die Grundlagen der Psychischen Entwicklung. Osterwieck am Harz. In: Psychological Research, Zickfeldt Verlag.

Kommission der Europäischen Gemeinschaften (1985): Art. 165 AEUV, Online: https://europa.eu/documents/comm/white_papers/pdf/com1985_0310_f_de.pdf, o.V. geprüft 01.05.2022.

Königswieser, Roswita/ Hildebrand, Martin (2011): Einführung in die systemische Organisationsberatung. Heidelberg: Carl-Auer.

Kornmesser, Stephan/ Büttemeyer, Wilhelm (2020): Wissenschaftstheorie. Eine Einführung. Berlin: J.B. Metzler Verlag.

Krieger, David J. (1998): Einführung in die allgemeine Systemtheorie. München: UTB, W. Fink.

Krohn, Wolfgang/ Küppers, Günther (1992): Emergenz. Die Entstehung von Ordnung, Organisation und Bedeutung. Frankfurt am Main: Suhrkamp.

Krohn, Wolfgang/ Grunwald, Armin/ Ukowitz, Martina (2017): Transdisziplinäre Forschung revisited. Erkenntnisinteresse, Forschungsgegenstände, Wissensform und Methodologie. In: GAIA, 26 (4), S. 341–347.

Krüger, Dirk/ Riemeier, Tanja (2014): Die qualitative Inhaltsanalyse – eine Methode zur Auswertung von Interviews. In: Krüger, Dirk/ Parchmann, Ilka/ Schecker, Horst (Hrsg.): Methoden in der naturwissenschaftsdidaktischen Forschung. Berlin, Heidelberg: Springer-Verlag.

Kuckartz, Udo/ Rädiker, Stefan (2024): Fokussierte Interviewanalyse mit MAXQDA. Schritt für Schritt. 2. Auflage, Wiesbaden: Springer VS.

Kuhn, Deanna (2005): Education for thinking. Harvard University Press.

Kühl, Stefan, Strodtholz, Petra/ Taffertshofer, Andreas (2009): Handbuch Methoden der Organisationsforschung: quantitative und qualitative Methoden. Wiesbaden: VS Verlag für Sozialwissenschaften.

Kunter, Mareike/ Baumert, Jürgen/ Blum, Werner/ Klusmann, Uta/ Krauss, Stefan/ Neubrand, Michael (2011): Professionelle Kompetenz von Lehrkräften. Ergebnisse des Forschungsprogramms COACTIV. Münster: Waxmann.

Lamneck, Siegfried/ Krell, Claudia (2016): Qualitative Sozialforschung, 6. Auflage. Weinheim: Belz Verlag

Langewand, Alfred (2004): Bildung. In: Lenzen, D. (Hrsg.): Erziehungswissenschaft. Ein Grundkurs. Reinbek: Rowohlt, S. 69–98.

Lave, Jean (1988): Cognition in Practice: Mind, Mathematics and Culture in Everyday Life. Cambridge: Cambridge University Press.

Lederer, Bernd (2014): Kompetenz oder Bildung. Eine Analyse jüngerer Konnotationsverschiebungen des Bildungsbegriffs und Plädoyer für eine Rück- und Neubesinnung auf ein transinstrumentelles Bildungsverständnis. Innsbruck: innsbruck university press.

Lenzen, Dieter (2012): Hochschulen sind keine Fertigungsstraßen. Neun provokative Anmerkungen zum Bologna-Prozess. In: Forschung & Lehre Jahrgang 19, Heft 5, S. 356–358.

Lepenies, Philipp (2013): Die Macht der einen Zahl: Eine politische Geschichte des Bruttoinlandsprodukts. Berlin: Suhrkamp.

Leßmann, Ortrud (2012): Indikatoren im Capability-Ansatz und der Bezug zur Nachhaltigkeit: Welchen Beitrag kann der CA leisten? GeNECA7. Leipzig: UFZ Discussion Papers, Helmholtz Zentrum für Umweltforschung UFZ.

Leßmann, Ortrud (2011): Verwirklichungschancen und Entscheidungskompetenz. In: Clemens Sedmak/ Babic Bernhard/ Bauer Reinhold/ Posch Christian (Hrsg): Der Capability-Approach in sozialwissenschaftlichen Kontexten. Überlegungen zur Anschlussfähigkeit eines entwicklungspolitischen Konzepts. Wiesbaden: VS Verlag für Sozialwissenschaften.

Leßmann, Ortrud (2006): Lebenslagen und Verwirklichungschancen (capability) – Verschiedene Wurzeln, ähnliche Konzepte. Vierteljahreshefte zur Wirtschaftsforschung 75, 1, S. 30–42.

Leßmann, Ortrud (2007): Konzeption und Erfassung von Armut – Vergleich des Lebenslage-Ansatzes mit Sens ›Capability‹-Ansatz. Berlin: Duncker & Humblot.

Lieb, Hans (1995): Verhaltenstherapie, Systemtheorie und die Kontrolle menschlichen Verhaltens. Regensburg: S. Roderer Verlag.

Liessmann, Konrad, Paul (2006): Theorie der Unbildung. Die Irrtümer der Wissensgesellschaft. Wien: Zsolnay.

Lindemann, Holger (2019): Konstruktivismus, Systemtheorie und praktisches Handeln: Eine Einführung für pädagogische, psychologische, soziale, gesellschaftliche und betriebliche Handlungsfelder. Göttingen: Vandenhoeck & Ruprecht.

Lipowsky, Frank (2002): Zur Qualität offener Lernsituationen im Spiegel empirischer Forschung – Auf die Mikroebene kommt es an. In: U. Drews/ W. Wallrabenstein (Hrsg.): Freiarbeit in der Grundschule. Frankfurt/Main: Arbeitskreis Grundschule. S. 126–159.

Lipowsky, Frank (2006): Auf den Lehrer kommt es an. In: C. Allemann-Ghionda/ E. Terhart (Hrsg.): Kompetenzen und Kompetenzentwicklung von Lehrerinnen und Lehrern. In: Ausbildung und Beruf. Zeitschrift für Pädagogik, 51, Beiheft. Weinheim: Beltz. S. 47–70.

Lipowsky, Frank (2015): Unterricht. In: Wild Elke/ Möller Jens (Hrsg.): Pädagogische Psychologie, 2. Auflage, Heidelberg, Berlin, Springer-Verlag, S. 69–98.

Löw-Beer, David (2023), Ökonomische Bildung für nachhaltige Entwicklung – Erkenntnisse und Forschungsperspektiven. In: Birke, F./ Kaiser, T./ Oberrauch, L./ Remmele, B. (Hrsg.): Ökonomische Bildung als Allgemeinbildung. Wiesbaden: Springer VS.

Luhmann, Niklas (1973): Zweckbegriff und Systemrationalität. Über die Funktion von Zwecken in sozialen Systemen. Frankfurt/M.: Suhrkamp.

Luhmann, Niklas (1985): Soziale Systeme. Grundriss einer allgemeinen Theorie. 2. Auflage. Frankfurt am Main: Suhrkamp.

Luhmann, Niklas (1988): Was ist Kommunikation? In: Simon F. B. (Hrsg.), (1997): Lebende Systeme. Wirklichkeitskonstruktionen in der systemischen Therapie. Frankfurt a.M.: Suhrkamp. S. 19–31.

Luhmann, Niklas (1990): Soziologische Aufklärung, Band 5: Konstruktivistische Perspektiven. Oplanden: Westdeutscher Verlag.

Luhmann, Niklas (1992): Die Wissenschaft der Gesellschaft. Frankfurt a.M.: Suhrkamp.

Luhmann, Niklas (1997): Die Gesellschaft der Gesellschaft 1. Frankfurt a.M.: Suhrkamp.

Luhmann, Niklas (2002): Das Erziehungssystem der Gesellschaft. Lenzen Dieter (Hrsg.). Frankfurt: Suhrkamp Verlag.

Luhmann, Niklas (2015): Soziale Systeme: Grundriss einer allgemeinen Theorie. Frankfurt am Main: Suhrkamp.

Luhmann, Niklas (2017): Die Realität der Massenmedien. Wiesbaden: Springer.

Ludewig, Kurt (1997): Problem – »Bindeglied« klinischer Systeme. Grundzüge eines systemischen Verständnisses psychosozialer und klinischer Probleme. In: L., Reiter, E., J., Brunner, S., Reiter-Theil (Hrsg.): Von der Familientherapie zur systemischen Perspektive, 2. Auflage. Berlin u. Heidelberg: Springer. S. 305–330.

Lutterer, Wolfram (2000): Auf den Spuren ökologischen Bewusstseins. Eine Analyse des Gesamtwerks von Gregory Bateson, Norderstedt: Libri BoD.

Magna Charte Universitatum (1988): Online: https://www.magna-charta.org/magna-charta/en/magna-charta-universitatum/mcu-1988. Geprüft am 02.04.2023, 13:00 Uhr.

Marx, Karl/ Engels, Friedrich (1968): Ökonomisch-philosophische Manuskripte. In: MEW 40 Ergänzungsband 1, Berlin (Ost): Dietz.

Maturana, Humberto, R. (1987): Erkennen: Die Organisation und Verkörperung von Wirklichkeit. Ausgewählte Arbeiten zur biologischen Epistemologie. Braunschweig: Friedrich Vieweg & Sohn.

Maturana, Humberto, R. (1978): Repräsentation und Kommunikation. In: Maturana H. (1982): Erkennen: Die Organisation und Verkörperung von Wirklichkeit. Braunschweig: Vieweg & Sohn, S. 272–296.

Maturana, Humberto R./ Varela, Francisco J. (1987): Der Baum der Erkenntnis. München u. a.: Scherz.

Maturana, Humberto R./ Varela, Francisco J. (2009): Der Baum der Erkenntnis. Die biologischen Wurzeln menschlichen Erkennens. Frankfurt am Main: Fischer Taschenbuch Verlag.

Maturana, Humberto R./ Pörksen, Bernhard (2014): Vom Sein zum Tun. Die Ursprünge der Biologie des Erkennens. Heidelberg: Carl-Auer.

Mayer, Richard, E. (1998): Cognitive, metacognitive, and motivational aspects of problem solving. Instructional Science 26, Kluwer Academic Publishers, S. 49–63.

Mayring, Philipp (2022): Qualitative Inhaltsanalyse. Weinheim: Beltz Verlagsgruppe.

Mayring, Philipp (2010): Qualitative Inhaltsanalyse – Grundlagen und Techniken, 11. Auflage. Basel: Beltz.

Mandl, Heinz/ Friedrich, Helmut, F. (2006): Handbuch Lernstrategien. Göttingen: Hogrefe.

Merten, Klaus (1999): Grundlagen der Kommunikationswissenschaft. Einführung in die Kommunikationswissenschaft, Bd. 1, 3. Aufl., Berlin: LIT-Verlag.

Mertens, Dieter (1974): Schlüsselqualifikationen: Thesen zur Schulung für eine modernde Gesellschaft. In: Mitteilungen zur Arbeitsmarkt- und Berufsforschung, Heft 01/1974, S. 36–43.

Misoch, Sabine (2015): Qualitative Interviews, Berlin, München, Bosten: Walter De Gryter Oldenburg Verlag.

Mittelstraß, Jürgen (2018): Forschung und Gesellschaft. Von theoretischer und praktischer Transdisziplinarität. GAIA, 27 (2), S. 201–204.

Mill, John, Stuart (1859): On Liberty. Nachdruck in: On Liberty, John Stuart Mill 1859. Ontario: Batoche Books.

Mills, Charles, Wright (1963): Kritik der soziologischen Denkweise. Neuwied, Berlin: Luchterhand Verlag.

Moser, Heinz (2008): Einführung in die Netzdidaktik. Lehren und Lernen in der Wissensgesellschaft. Baltmannsweiler: Schneider Verlag Hohengehren.

Mudra, Peter (2004): Personalentwicklung: Integrative Gestaltung betrieblicher Lern- und Veränderungsprozesse, München: Vahlen.

Müller, Klaus (1996): Allgemeine Systemtheorie – Geschichte, Methodologie und sozialwissenschaftliche Heuristik eines Wissenschaftsprogramms. Band 164, Opladen: VS Verlag für Sozialwissenschaften.

Nash, Robert J./ Kathleen, Manning (1996): The passion of teaching: student affairs professors in the classroom. Journal of College Student Development 37: S. 550–560.

Negt, Oskar (1975): Soziologische Phantasie und exemplarisches Lernen. Zur Theorie und Praxis der Arbeiterbildung, Frankfurt a.M.: Europäische Verlagsanstalt.

Negt, Oskar (1978): Marxismus und Arbeiterbildung – Kritische Anmerkungen zu meinen Kritikern. In: A. Brock/ H. D. Müller/ O. Negt (Hrsg.): Arbeiterbildung. Soziologische Phantasie und exemplarisches Lernen in Theorie, Kritik und Praxis. Hamburg/Reinbek: Rororo Verlag, S. 43–86.

Negt, Oskar (1986): Phantasie, Arbeit, Lernen und Erfahrung – Zur Differenzierung und Erweiterung der Konzeption „Soziologische Phantasie und exemplarisches Lernen“, Vortrag, veröffentlicht. In: Arbeit und Politik. Mitteilungsblätter der Akademie für Arbeit und Politik an der Universität Bremen 4/5 (1991/92, 8–10), S. 32–44.

Negt, Oskar (1990): Überlegungen zur Kategorie „Zusammenhang“ als einer gesellschaftlichen Schlüsselqualifikation. In: Literatur- und Forschungsreport Weiterbildung 26, S. 11–19.

Negt, Oskar (1993): Wir brauchen eine zweite, gesamtdeutsche Bildungsreform. In: Gewerkschaftliche Monatshefte, 11, S. 657–668

Negt, Oskar (1998): Lernen in einer Welt gesellschaftlicher Umbrüche. In: H. Dieckmann, B. Schachtsiek (Hrsg.): Lernkonzepte im Wandel. Die Zukunft der Bildung. Stuttgart, S. 21–44.

Niegemann, Helmut, M. (2004): Modelle des Instruktionsdesigns. Zu Möglichkeiten und Grenzen didaktischer Hilfestellungen. In: Rinn, U./ Meister, D. M. (Hrsg.): Didaktik und Neue Medien. Konzepte und Anwendungen in der Hochschule. Münster: Waxmann, S.102–122.

Nussbaum, Martha, C. (1999): Gerechtigkeit oder das gute Leben. Frankfurt a. M: Suhrkamp.

Nussbaum, Martha, C. (2000): Women and Human Development. The Capabilities Approach. Cambridge: Cambridge University Press.

Nussbaum, Martha , C. (2003): 'Women's education: A global challenge'. Signs 29 (2), S. 325–55.

Nussbaum, Martha, C. (1990): Aristotelian Social Democracy. In: Douglass, R., Bruce/ Mara, Gerald M./ Richardson Henry S. (Hrsg.): Liberalism and the Good. New York, London: Routledge, S. 203–252.

Nussbaum, Martha, C. (2006): Frontiers of Justice. Cambridge. London: Harvard University Press.

Nussbaum, Martha, C. (2011): Creating Capabilities. The Human Development Approach, London: Harvard University Press.

Nussbaum, Martha, C. (2012): Gerechtigkeit oder das gute Leben. Hrsg.: Pauer-Studer, Herlinde. Frankfurt am Main: Suhrkamp.

Nußbeck, Susanne (2010): Einführung in die Beratungspsychologie. 2. Auflage, München, Basel: Ernst Reinhardt Verlag.

Ochs, Matthias, Schweitzer Jochen (2012): Handbuch Forschung für Systemiker. Göttingen: Vandenhoek & Ruprecht.

Otto, Hans-Uwe/ Ziegler, Holger (Hrsg.) (2010): Capabilities – Handlungsbefähigung und Verwirklichungschancen in der Erziehungswissenschaft, 2. Auflage. Wiesbaden: VS Verlag für Sozialwissenschaften.

Otto, Hans Uwe/ Schrödter, Marc (2010): „Kompetenzen" oder „Capabilities" als Grundbegriffe einer kritischen Bildungsforschung und Bildungspolitik? In: Krüger Hans-Hermann/ Rabe-Kleberg, Ursula/ Kramer, Rolf-Torsten/ Budde Jürgen (Hrsg.): Bildungsungleichheit revisited. Wiesbaden: VS Verlag, S.163–183.

Ötsch, Walter, Otto (2009): Kognitive Grundlagen menschlichen Verhaltens. Kognitionswissenschaften und neoklassische Standardtheorie. In: Goldschmidt, Nils/ Nutzinger, Hans, G. (Hrsg.): Vom homo oeconomicus zum homo culturalis – Handlung und Verhalten in der Ökonomie. Berlin.

Özdemir, Feriha (2018): Managing Capability. Ein Ansatz zur Neubestimmung von Diversity Management. Wiesbaden: Springer Gabler.

Pachler, Daniela/ Nieberle, Karolina, W./ Frey, Dieter (2019): Studierende motivieren: Leistung mit Wertschätzung verbinden. In: J. Noller/ C. Beitz-Radzio/ D. Kugelmann/ S. Sontheimer/ S. Westerholz (Hrsg.): Methoden in der Hochschullehre. Interdisziplinäre Perspektiven aus der Praxis. Wiesbaden: Springer Nature. S. 3–20.

Parsons, Talcot (1976): Zur Theorie sozialer Systeme. Studienbücher zur Sozialwissenschaft, Band 14. Opladen: Westdeutscher Verlag.

Parsons, Talcot (2023): Zur Theorie sozialer Systeme. In: Staubmann Helmut/ Reinbacher Paul (Hrsg.): Klassiker zur Sozialwissenschaft. Wiesbaden: VS Verlag für Sozialwissenschaften.

Perret-Clermont, Anne-Nelly/ Carugati, Felice (2001): Learning and instruction, social-cognitive perspectives. In: N.J. Smelser/ P.B. Baltes (Hrsg.): International encyclopedia of the social and behavioral sciences. Oxford: Pergamon, S. 8586–8588.

Pfeiffer-Bohnen, Friederike (2017: Vom Lehren zum Lernen, Digitale Angebote in universitären Lehrveranstaltungen. Oldenbourg: De Gryter.

Pfeifer, Wolfgang et. al. (1993): Etymologisches Wörterbuch des Deutschen digitalisierte und von Wolfgang Pfeifer überarbeitete Version im Digitalen Wörterbuch der deutschen Sprache. Online: https://www.dwds.de/wb/etymwb/Lehre, geprüft 15.02.2023.

Pintrich, Paul R. (2004): A Conceptual Framework for Assessing Motivation and Self-Regulated Learning in College Students. Educational Psychology Review, 16(4), S. 385–407.

Pohl, Christian/ Gertrude, Hirsch, Hadorn (2006): Gestaltungsprinzipien für die transdisziplinäre Forschung. München: Oekom Verlag.

Pogge, Thomas (2010): A Critique of the Capability Approach. In: Brighouse, Harry/ Robeyns, Ingrid (Hrsg.): Measuring Justice – Primary Goods and Capabilities. Cambridge/New York: Cambridge University Press, S.17–60.

Pogge, Thomas (2012): Can the capability Approach Be Justefied?, https://www.mit.edu/~shaslang/mprg/PoggeCCABJ.pdf, geprüft am 15.02.2023.

Pörksen, Bernhard (2001): Die Gewissheit der Ungewissheit. Gespräche zum Konstruktivismus. Heidelberg: Carl-Auer-Systeme.

Priddat, Birger (2015): Bewegungen in Unsicherheit/Unsicherheit in Bewegung. Ökonomische Untersuchungen. Konstanzer Beiträge zum Nichtwissen der Ökonomie 2. Marburg: Metropolis-Verlag.

Probst, Gilbert, J. (1987): Selbst-Organisation. Ordnungsprozesse in sozialen Systemen aus ganzheitlicher Sicht. Berlin: Parey.

Quante, Michael (2003): Einführung in die Allgemeine Ethik. Darmstadt: Wissenschaftliche Buchgesellschaft.

Ragaller, Sabine (2000): Die Methodenfrage im Sachunterricht der Grundschule. In: Norbert Seibert/ Helmut Serve/ Roswita Terlinden (Hrsg.): Problemfelder der Schulpädagogik, Bad Heilbrunn: Klinkhardt, S. 177–212.

Raithel, Jürgen/ Dollinger, Bernd/ Hörmann, Georg (2009): Einführung Pädagogik, Begriffe Strömungen Klassiker Fachrichtungen. 3. Auflage. Wiesbaden: VS Verlag für Sozialwissenschaften.

Rapoport, Anatol (1972): The uses of mathematical isomorphism in general system theory. In: Klir, Georg: Trends in General System Theorie. New York: Wiley-Interscience, S. 42–77.

Rawls, John (1971): A Theory of Justice, Massachusetts: Harvard University Press Cambridge.

Reeves, Lauretta, M./ Weisberg, Robert, W. (1994): The role of content and abstract information in analogical transfer. In: Psychological Bulletin 115, S. 381–400.

Rehm, Miriam (2012): Getarntes Lobbyieren. Eine Zusammenfassung der Kritik an Länderreihungen der Wettbewerbsfähigkeit, In: Wirtschaft und Gesellschaft, 38 (3), S. 615–622.

Reichenbach, Hans (1938): Experience and Prediction: An Analysis of the Foundations and the Structure of Knowledge. University of Chicago Press.

Reinmann, Gabi (2013): Didaktisches Handeln. Die Beziehung zwischen Lerntheorien und Didaktischem Design. In: Ebner, Martin, Schön, Sandra (Hrsg.): L3T. Lehrbuch für Lernen und Lehren mit Technologien, 2. Auflage, o.V., o.O.

Reinmann-Rothmeier, Gabi/ Mandl, Heinz (2001): Unterrichten und Lernumgebungen gestalten. In: B. Weidenmann, A. Krapp/ G. L. Huber/ M. Hofer/ H. Mandl (Hrsg.): Pädagogische Psychologie. Weinheim: PVU, S. 603–648.

Renkl, Alexander (2008): Lernen und Lehren im Kontext der Schule. In: Renkl, A. (Hrsg): Lehrbuch Pädagogische Psychologie, Bern: Huber, S. 109–153.

Renkl, Alexander (2009): Lehren und Lernen. In: Tippelt, R., Schmidt, B. (Hrsg.): Handbuch Bildungsforschung. Wiesbaden: VS Verlag für Sozialwissenschaften.

Renkl, Alexander (2015): Wissenserwerb, S. 4–22. In: Wild Elke/ Möller Jens (Hrsg.): Pädagogische Psychologie. 2. Auflage. Wiesbaden: Springer.

Renn, Ortwin (2019): Geleitwort. Transdisziplinär und transformativ forschen. Eine Methodensammlung. Band 2, Rico Defila und Antonietta Di Giulio (Hrsg.), V-VII. Wiesbaden: Springer Verlag.

Reusser, Kurt (2001): Co-constructivism in educational theory and practice. In: N.J. Smelser/ P.B. Baltes/ F. E. Weinert (Hrsg.): Internationalen cyclopedia of the social and behavioral sciences, Oxford: Pergamon, S. 2058–2062.

Reusser, Kurt (2006): Konstruktivismus – vom epistemologischen Leitbegriff zur Erneuerung der didaktischen Kultur. In: M. Baer/ M. Fuchs/ P. Füglister/ K. Reusser/ H. Wyss (Hrsg.): Didaktik auf psychologischer Grundlage. Von Hans Aeblis kognitionspsychologischer Didaktik zur modernen Lehr-Lernforschung. Bern: hep, S. 151–168.

Reusser, Kurt/ Pauli, Christine (2011): Berufsbezogene Überzeugungen von Lehrerinnen und Lehrern. In: E. Terhart, H. Bennewitz, & M. Rothland (Hrsg.): Handbuch der Forschung zum Lehrerberuf. Münster: Waxmann,S. 478–495.

Rey, Günter D. (2009): E-Learning. Theorien, Gestaltungsempfehlungen und Forschung, Bern: Huber.

Ribolits, Erich (2009): Bildung ohne Wert. Wider die Humakapitalisierung des Menschen. Wien: Löcker.

Ritter, Joachim/ Gründer, Karlfried (2007): Historisches Wörterbuch der Philosophie Gesamtwerk Bd. 1–13: Historisches Wörterbuch der Philosophie. Basel: Schwabe AG.

Robeyns, Ingrid (2003): 'Sen's capability approach and gender inequality: selecting relevant capabilities'. In: Feminist Economics 9 (2/3), S. 61–92.

Robeyns, Ingrid (2005): The Capability Approach: A Theoretical Survey. Journal of Human Development, 6 (1), S.93–114.

Robeyns, Ingrid (2006): Three models of education: rights, capabilities and human capital. Theory and Research in Education 4 (1), Sage Publications, S. 69–84.

Robeyns, Ingrid (2017): Wellbeing, Freedom and Social Justice: The Capability Approach Re-Examined. Cambridge: Open Book Publishers.

Rogoff, Barbara (1990): Apprenticeship in thinking. New York: Oxford University Press.

Rohde, Marcus/ Klamma, Ralf/ Jarke, Matthias/ Wulf, Volker (2007): Reality is our laboratory: communities of practice in applied computer science. In: Behaviour & Information Technology, Vol. 26, Nr.1, Taylor & Francis, S. 81–94.

Rousseau, Jean-Jacque (1946): Der Gesellschaftsvertrag, I, 4, Zürich: Pegasus

Ropohl, Günter (2012): Allgemeine Systemtheorie. Einführung in transdisziplinäres Denken. Berlin: Edition Sigma.

Rosenshine, Barak/ Fürst, N. (1973): The use of direct observation to study teaching. In: R.M.W.Travers (Hrsg.): Second handbook of research on teaching. Chicago: Rand McNally, S. 122–183.

Rosenshine, Barak/ Stevens, Robert (1986): Teaching functions. In: M. C. Wittrock (Hrsg.): Handbook of research on teaching. New York: Macmillan. S. 376–391.

Roth, Heinrich (1966): Pädagogische Anthropologie. Bd. I: Bildsamkeit und Bestimmung. Hannover 1966. Band II: Entwicklung und Erziehung. Hannover: Hermann Schroedel.

Roth, Heinrich (1971): Pädagogische Anthropologie. Bd. II Entwicklung und Erziehung. Hannover: Hermann Schroedel.

Roidner, Jan (1973): Clifford Geertz (1926–2006), Dichte Beschreibung. Bemerkungen zu einer deutenden Theorie von Kultur. In: KulturPoetik Bd. 11,1 (2011), Göttingen: Vandenhoeck & Ruprecht, S. 111–119.

Röh, Dieter (2013): Soziale Arbeit, Gerechtigkeit und das gute Leben Eine Handlungstheorie zur daseinsmächtigen Lebensführung. Wiesbaden: Springer Fachmedien

Rösler, Frank (2011): Psychophysiologie der Kognition. Eine Einführung in die Kognitive Neurowissenschaft. Heidelberg: Spektrum Akademischer Verlag.

Rump, Jutta/ Eilers, Silke (2006): Managing Employability. In: J. Rump/ T. Sattelberger/ H. Fischer (Hrsg.): Employability Management, Wiesbaden: Gabler Verlag, S. 13–73.

Saam, Nicole J./ Bielefeldt, Heiner (2023): Die Idee der Freiheit und ihre Semantiken Zum Spannungsverhältnis von Freiheit und Sicherheit. Bielefeld: transkript.

Saito, Madoka (2003): Amartya Sen's Capability approach to Education: A critical exploration. In: Journal of Philosophy of Education 37 (1), S. 17–33.

Samulat, Peter (2017): Die Digitalisierung der Welt: Wie das Industrielle Internet der Dinge aus Produkten Services macht. Wiesbaden: Springer Gabler.

Gerechtigkeit, München: Ullstein Verlag.

Sauter, Roman/ Sauter, Werner/ Wolfig, Roland (2018): Agile Werte- und Kompetenzentwicklung. Wege in eine neue Arbeitswelt. Berlin: Springer-Gabler.

Schelten, Andreas (2010): Einführung in die Berufspädagogik, 2. Auflage. Stuttgart: Frank Steiner.

Scherzberg, Arno (2006): Systemtheorie als sozialtheoretische Grundlage der Verwaltungslehre. Vortrag an der Universität Hamburg, o.V.

Schlippe, Arist von/ Schweizer, Jochen (1997): Lehrbuch der systemischen Therapie und Beratung. Göttingen: Vandenhoeck & Ruprecht.

Schlippe, Arist von / Schweitzer, Jochen (2007): Lehrbuch der systemischen Therapie und Beratung. 10. Auflage. Göttingen: Vandenhoeck & Ruprecht.

Schlippe, Arist von/ Schweizer, Jochen (2010): Lehrbuch der systemischen Therapie und Beratung. Göttingen: Vandenhoeck & Ruprecht.

Schlippe, Arist von/ Schweizer, Jochen (2010): Systemische Interventionen. 2. Auflage. Göttingen: Vandenhoeck & Ruprecht.

Schlippe, Arist von/ Schweitzer, Jochen (2013): Lehrbuch der systemischen Therapie und Beratung I. Das Grundlagenwissen. 2. Auflage. Göttingen: Vandenhoeck & Ruprecht.

Schmidt, Uwe (2012): Einführung des geschäftsführenden Herausgebers. In: Qualität in der Wissenschaft, Zeitschrift für Qualitätsentwicklung in Forschung, Studium und Administration, S. 57, Heft 3, Bielefeld: Universitäts-Verlag Webler.

Schmidt, Siegfried, J. (2005): Lernen, Wissen, Kompetenz, Kultur. Vorschläge zur Bestimmung von vier Unbekannten. Heidelberg: Carl-Auer-Systeme Verlag.

Schmidt, Siegfried, J. (2003): Eine Philosophie der Geschichten und Diskurse. In: Löffelholz, M. Quandt, Th. (Hrsg.): Die neue Kommunikationswissenschaft. Theorien, Themen und Berufsfelder im Internetzeitalter. Eine Einführung. Wiesbaden: Westdeutscher Verlag. S. 113–130.

Schmidt, Henke, G./ Loyens, Sofie, M./ Van Gog, Tamara/ Paas, Fred (2007): Problem-Based learning is compatible with human cognitive architecture: Commentary on Kirschner, Sweller, and Clark (2006). In: Educational Psychologist, 42(2), S. 91–97.

Schmohl, Tobias (2021): Seminar. In: Schmohl, Tobias, Philipp, Thorsten (Hrsg.): Handbuch Transdisziplinäre Didaktik. Bielefeld: Transcript Verlag, S. 277–288.

Schroder, Harold, M. (1989): Managerial competence: the key to excellence, Dubuque: Kendall Hunt.

Schröder, Hartwig (2002): Lernen – Lehren – Unterricht: Lernpsychologische und didaktische Grundlagen, München: Oldenbourg Wissenschaftsverlag.

Schubarth, Wilfried/ Speck, Karsten (2014): Employability und Praxisbezüge im wissenschaftlichen Studium. HRK-Fachgutachten, HRK Hochschulrektorenkonferenz, Projekt NEXUS. Bonn: o. V.

Schuster, Corinna/ Stebner, Ferdinand/ Wirth, Joachim/ Leutner, Detlef (2018): Förderung des Transfers metakognitiver Lernstrategien durch direktes und indirektes Training. Unterrichtswissen. In: Unterrichtswissenschaft. Zeitschrift für Lernforschung. Volume 46, S. 409–435.

Scott, Bernhard (1993): Heinz von Foerster. Eine Würdigung. In: von Foerster, Heinz (Hrsg.): Wissen und Gewissen. Frankfurt: Suhrkamp, Frankfurt, S. 9–16.

Seel, Norbert, M. (1998): Wege einer Philosophie des Glücks. In: Schummer, J. (Hrsg.): Glück und Ethik. Würzburg: Königshausen & Neumann.

Seiffert, Helmut (2001): Einführung in die Wissenschaftstheorie, Band 3, 13. Auflage, München: Ch. Beck.

Seel, Norbert, M. (2003): Psychologie des Lernens: Lehrbuch für Pädagogen und Psychologen. 2. Auflage. München: Ernst Reinhardt.

Sen, Amartya K. (1985): Commodities and Capabilities. Amsterdam: North-Holland.

Sen, Amartya, K. (1977): Rational Fools: A Critique of the Behavioural Foundations of Economic Theory. In: Ders. (Hrsg.): Choice, Welfare, Measurement. Oxford: Blackwell, S.84–106.

Sen, Amartya, K. (1979): 'Equality of What?'. In The Tanner Lectures on Human Values, Hrsg.: McMurrin. Salt Lake City: University of Utah Press. S. 196–220.

Sen, Amartya, K. (1990a): The Concept of Development. In: Chenory, Hollis/Srinvasan, T.N. (Hrsg.): Handbook of Development Economics, Amsterdam, Elsevier, S. 9 – 26.

Sen, Amartya, K. (1992): Inequality Re-examined. Oxford: Oxford University Press.

Sen, Amartya K. (1993): Capability and Well-Being. In: Nussbaum, Martha/ Sen, Amartya (Hrsg.): The Quality of Life Oxford: Clarendon Press, S. 30–52.

Sen, Amartya K. (1999): Development as Freedom. New York: Alfred A. Knopf Inc.

Sen, Amartya K. (2000): Ökonomie für den Menschen, Wege zu Gerechtigkeit und Solidarität in der Marktwirtschaft, München: Hanser Verlag.

Sen, Amartya K. (2009): The Idea of Justice, Cambridge: Harvard University Press.

Sen, Amartya K. (2012): Die Idee der Gerechtigkeit, München: Dtv.

Shiva, Vandana (2016): Who Really Feeds the World? The Failures of Agribusiness and the Promise of Agroecology. Berkeley: North Atlantic Books.

Simon, Fritz, B. (1991): Innen- und Außenperspektive. Wie man systemisches Denken im Alltag nützen kann. In: Watzlawick, Paul/Krieg, Peter (Hrsg.): Das Auge des Betrachters. Beiträge zum Konstruktivismus. München: R. Piper.

Simon, Fritz, B. (1997): Lebende Systeme. Wirklichkeitskonstruktionen in der systemischen Therapie. Frankfurt am Main: Suhrkamp.

Simon, Fritz, B. (2014): Einführung in die (System-)Theorie der Beratung. Heidelberg: Carl-Auer Verlag.

Simon, Fritz, B. (2015): Einführung in die systemische Organisationstheorie. Heidelberg: Carl-Auer Verlag.

Simon Fritz B. (2020): Einführung in die Systemtheorie und Konstruktivismus. Heidelberg: Karl-Auer Verlag.

Skyttner, Lars (2001): General Systems Theory. Singapore: World Scientific Publishing.

Spencer, Lyle, M. (1983): Soft skill competencies. Edinburgh: Scottish Council for Research in Education.

Sprenger, Reinhard, K. (2000): The Principle of Responsibility: Pathways towards Motivation, Frankfurt/New York: Campus.

Standing, Guy (2003): CI, COAG and COG: a comment on a debate. In: Wright, E. O. (Hrsg.): Redesigning Distribution: basic income and stakeholder grants as alternative cornerstones for a more egalitarian capitalism. The Real Utopias Project Volume V. London: Verso.

Steinmann, Horst/ Schreyögg, Georg/ Koch, Jochen (2013): Management. Grundlagen der Unternehmensführung. Konzepte, Funktionen, Fallstudien. Wiesbaden: Springer.

Stern, Elsbeth (2003): Lernen – der wichtigste Hebel der geistigen Entwicklung. Stuttgart: Universitas Verlag.

Stichweh, Rudolf (2005): Neue Steuerungsformen der Universität und die akademische Selbstverwaltung. In: Sieg, Ulrich u.a. (Hrsg.): Die Idee der Universität heute. München: Saur, S. 123–132.

Stiglitz, Joseph, E./ Sen Amartya K./ Fitoussi, Jean-Paul (2009): The Measurement of Economic Performance and Social Progress Revisited. Columbia University, IEP, OFCE Working Paper, S. 1–63.

Strzelewicz, Willy (1973): Bildung und gesellschaftliches Bewusstsein – Sozialhistorische Darstellung. In: Strzelewicz, Willy/ Raapke Hans-Dietrich/ Schulenberg Wolfgang (Hrsg.): Bildung und gesellschaftliches Bewusstsein. Stuttgart: Ferdinand Enke, S. 1–37.

Stoltenberg, Ute/ Simon Burandt (2014): Bildung für eine nachhaltige Entwicklung. In: Harald Heinrichs und Gerd Michelsen (Hrsg.): Nachhaltigkeitswissenschaften. Berlin, Springer Verlag, S. 567–594.

Straubhaar, Thomas (2018): BIP verliert im digitalen Zeitalter an Aussagekraft. In: Die Volkswirtschaft 3/2018, S. 9–12.

Sturma, Dieter (2000): Universalismus und Neoaristotelismus. Amartya Sen und Martha C. Nussbaum über soziale Gerechtigkeit. In: Kersting, W. (Hrsg.): Politische Philosophie des Sozialstaats. Weilerswist: Velbrück.

Skinner, Burrhus, Frederic (1954): The science of learning and the art of teaching. In: The Harvard Educational Review 24 (2), S. 86–97.

Solow, Robert (1992): An Almost Practical Step toward Sustainability. Washington, Resources for the Future.

Spencer-Brown, G. (1969): Laws of Form. New York: Dutton.

Taylor, Charles (1985): "What's Wrong With Negative Liberty," In: Philosophy and the Human Sciences: Philosophical Papers, Vol. 2. Cambridge: Cambridge University Press, S. 211–229.

Tennyson, R. D./ Elmore, R. L. (1997): Learning theory foundations for instructional design. In R. D. Tennyson/ F. Schott/ N. M. Seel/ S. Dijkstra (Hrsg.): Instructional design: International perspectives, Vol. 1. Theory, research, and models. Lawrence Erlbaum Associates Publishers, S. 55–78.

Terhart, Ewald (2002): Fremde Schwestern. Zum Verhältnis von Allgemeiner Didaktik und empirischer Lehr-Lernforschung. In: Zeitschrift für Pädagogische Psychologie, 16 (2), S. 77–86.

Terhart, Ewald (2019): Didaktik. Eine Einführung, Stuttgart: Verlag Reclam.

Thomas, Tanja (2009): Michel Foucault: Diskurs, Macht und Subjekt. In: Hepp, A./ Krotz, F./ Thomas, T. (Hrsg.): Schlüsselwerke der Cultural Studies. Medien – Kultur – Kommunikation. Wiesbaden: VS Verlag für Sozialwissenschaften.

Toffler, Alvin (1971): FutureShock. 10. Auflage, Bantam Books.

Ulrich, Immanuel (2016): Gute Lehre in der Hochschule. Praxistipps zur Planung und Gestaltung von Lehrveranstaltungen. Wiesbaden: Verlag Springer.

Ul Haq, Mahbub (1973): The Poverty Curtain: Choices for the Third World. New York: Columbia University Press.

Ul Haq, Mahbu (1995): Reflections on Human Development, New York: Oxford University Press.

United Nations (2015): Transformation unserer Welt: die Agenda 2030 für nachhaltige Entwicklung. Resolution der Generalversammlung, verabschiedet am 1. September 2015. Online: https://www.un.org/Depts/german/gv-70/band1/ar70001.pdf, geprüft: 01.01.2023.

United Nations Development Report UNDP (1990): Human Development Report. United Nations Development Programme. Oxford: Oxford University Press.

Unterhalter, Elaine (2003): 'Education, capabilities and social justice'. Background paper for the EFA Global Monitoring Report 2003/4. Paris: UNESCO.

Urban, Janina/ Schröder, Lisa-Marie/ Hantke, Harald/ Bäuerle, Lukas (2021): Wirtschaft neu lehren: Erfahrungen aus der pluralen, sozioökonomischen Hochschulbildung. Wiesbaden, Imprint: Springer VS.

Varela, Francisco (1981): Der kreative Zirkel, Skizzen zur Naturgeschichte der Rückbezüglichkeit. In: Watzlawick, P. (Hrsg.): Die erfundene Wirklichkeit. München: Pieper, S. 294–309.

Volkert, Jürgen (2014): Der Capability-Ansatz als gesellschaftspolitischer Analyserahmen. In: Fink, Philipp/ Brandherum, Ruth (Hrsg.): Was macht ein gutes Leben aus? Der Capability Approach im Fortschrittsforum. Paderborn, Friedrich-Ebert-Stiftung, S. 8–19.

Vonken, Matthias (2001): Von Bildung zur Kompetenz: Die Entwicklung Erwachsenenpädagogischer Begriffe oder die Rückkehr zur Bildung. In: Zeitschrift für Berufs- und Wirtschaftspädagogik. Heft 04/2001, S.503–522.

Vonken, Matthias (2005): Kompetenz in der Berufspädagogik. In: Handlung und Kompetenz. Wiesbaden: VS Verlag für Sozialwissenschaften.

Walker, Melanie (2004): Insights from and for education: the capability approach and South African girls' lives and learning. Paper presented at the 4th International Capability Approach conference. Pavia: University of Pavia.
Watzlawick, Paul/Beavin, Janet H./Jackson, Don D. (1974): Menschliche Kommunikation. Formen, Störungen, Paradoxien. 4. Auflage. Bern, Stuttgart, Wien: Hans Huber.
Watzlawick, Paul (1995): Wie wirklich ist die Wirklichkeit – Wahn, Täuschung, Verstehen. München: Piper.
Watzlawick, Paul (2000): Menschliche Kommunikation. Bern: Hans Huber.
Watzlawick, Paul (2005): Wie wirklich ist die Wirklichkeit? Wahn, Täuschung, Verstehen, 2. Auflage. München: Piper.
Watzlawick, Paul (2010): Bausteine ideologischer Wirklichkeit. In: Paul Watzlawick (Hrsg.): Die erfundene Wirklichkeit, Wie wissen wir, was wir zu wissen glauben? Beiträge zum Konstruktivismus, 5. Auflage, Piper, München, S. 192–228.
Watzlawick, Paul/Beavin, Janet H./Jackson, Don D. (2016): Menschliche Kommunikation. Formen, Störungen, Paradoxien. 13. Auflage. Bern: Hofgrefe AG.
Weber, Erich (1977): Pädagogik. Eine Einführung. Donauwörth: Auer Verlag.
Weinert, Franz E. (2014): Leistungsmessungen in Schulen. 3. Auflage. Weinheim/Basel: Beltz Verlagsgruppe.
Welter, Friederike (2011): Contextualizing entrepreneurship – conceptual challenges and ways forward. In: Entrepreneurship Theory and Practice 35 (1), 2011, S. 165–184.
White, Robert W. (1959): Motivation reconsidered: The concept of competence. Psychological Review, 66(5), S. 297–333.
Wiener, Norbert (1968): Kybernetik. Regelung und Nachrichtenübertragung im Lebewesen und in der Maschine. Hamburg/Reinbeck: Rowohlt.
Wilke, Helmut (2006): Systemtheorie I: Grundlagen. 7. Auflage. Stuttgart: Lucius & Lucius.
Willemse Joop/ von Ameln Falko (2018): Theorie und Praxis des systemischen Ansatzes. Die Systemtheorie Watzlawicks und Luhmanns verständlich erklärt. Wiesbaden: Springer.
Winter, Martin (2018): Bologna – die ungeliebte Reform und ihre Folgen. Hochschulen im Spannungsfeld der Bologna-Reform. Erfolge und ungewollte Nebenfolgen aus interdisziplinärer Perspektive Online: https://www.bpb.de/themen/bildung/dossier-bildung/204059/bologna-vom-politischen-prozess-in-europa-zur-studienreform-in-deutschland/, geprüft: 01.01.2023.
Wissenschaftsrat (2008): Empfehlungen zur Qualitätsverbesserung von Lehre und Studium. Online Internet unter: https://www.wissenschaftsrat.de/download/archiv/8639-08.pdf?__blob-=publicationFile&v=1, geprüft: 01.02.2023.
Wittpoth, Jürgen (2001): Erwachsenenbildung und Zeitdiagnose. Bielefeld: Bertelsmann
Wolf, Ada (2021): Zur Konstruktion des Erwachsenen. Grundlagen einer erwachsenenpädagogischen Lerntheorie. 3. Auflage. Wiesbaden: Springer VS.
Wolf, Ursula (1998): Zur Struktur der Frage nach dem guten Leben. In: Steinfath, Holmer (Hrsg.): Was ist ein gutes Leben? Philosophische Reflexionen. Frankfurt am Main: Suhrkamp, S. 32–46.
Wolff, Stephan (2000): Clifford Geertz. In: Kardorff, Ernst von/ Steinke, Ines/ Uwe, Flick (Hrsg.): Qualitative Forschung. Ein Handbuch. Reinbek: Rowohlt Verlag, S. 84–96.
Zahn, Erich (1972): Systemforschung in der Bundesrepublik Deutschland. Göttingen: Vandenhoeck und Ruprecht Verlag.

Zeuner, Christine (2007): Gerechtigkeit und Gerechtigkeitskompetenz: Diskurs und Praxis für eine kritische politische Bildung. In: Report. Zeitschrift für Weiterbildungsforschung 2007, S. 4, 39–50.

Zeuner, Christine (2009): Zur Bedeutung gesellschaftlicher Kompetenzen im Sinne eines kritischen bildungstheoretischen Ansatzes. In: Axel Bolder, Rolf Dobischat (Hrsg.): Eigen-Sinn und Widerstand. Wiesbaden: VS-Verlag, S. 260–281.

Ziegler, Holer (2004): Jugendhilfe als Prävention: Die Refiguration sozialer Hilfe und Herrschaft in fortgeschritten liberalen Gesellschaftsformationen. Bielefeld: VS Verlag für Sozialwissenschaften.

Ziemann, Andreas (2013): Systemtheorie. In: Kneer Georg/ Schroer Markus (Hrsg.): Handbuch der Soziologischen Theorien. Wiesbaden: VS-Verlag für Sozialwissenschaften, S. 469–490.

Zimmerman, Barry J. (2002): Becoming a Self-Regulated Learner: An Overview. In: Theory Into Practice, 41(2), S. 64–70.

Zürcher, Reinhardt (2010): Kompetenz – eine Annäherung in fünf Schritten. In: Magazin erwachsenenbildung.at (09), Graz, S. 2–12.

FSC
www.fsc.org
MIX
Papier | Fördert gute Waldnutzung
FSC® C083411

Kolibri 360 GmbH
Ferdinand-Jühlke-Straße 7
99095 Erfurt, Deutschland
produktsicherheit@kolibri360.de